"十二五"江苏省高等学校重点教材（编号：2015-1-154）
普通高等教育机电类"十三五"规划教材

机械制造工艺与装备

叶文华　主　编
陈蔚芳　副主编

電子工業出版社
Publishing House of Electronics Industry
北京 · BEIJING

内 容 简 介

本书根据近年来机械制造技术的发展，以及教育部高等学校机械类专业教学指导委员会推荐的指导性教学计划，并结合近几年国防工业院校“机械制造工艺与装备”类课程的实际教学需要编写而成。

本书以机械制造工艺、机械制造装备的基本理论和基本知识为主线，并将与之有关的切削加工原理、增材制造（3D 打印）、智能制造等内容进行优化整合。全书共分九章，分别为绪论、金属切削过程、机械制造中的加工方法及装备、机械加工工艺规程设计、机床夹具设计、机械加工精度、机械加工表面质量、机械装配工艺和先进机械制造技术。

本书主要作为高等工科院校（特别是国防工业院校）机械工程、机械设计制造及其自动化、机械电子工程、飞行器制造工程等本科专业教材，也可供高职高专学校、继续教育学校作为教材或参考书使用；同时，也可供工厂企业、科研院所从事机械制造的工程技术人员参考。

图书在版编目（CIP）数据

机械制造工艺与装备 / 叶文华主编. —北京：电子工业出版社，2020.8
ISBN 978-7-121-38616-9

Ⅰ. ①机…　Ⅱ. ①叶…　Ⅲ. ①机械制造工艺－高等学校－教材　Ⅳ. ①TH16

中国版本图书馆 CIP 数据核字（2020）第 034629 号

策划编辑：赵玉山
责任编辑：刘真平
印　　刷：北京七彩京通数码快印有限公司
装　　订：北京七彩京通数码快印有限公司
出版发行：电子工业出版社
　　　　　北京市海淀区万寿路 173 信箱　　邮编：100036
开　　本：787×1 092　1/16　印张：19.75　字数：505.6 千字
版　　次：2020 年 8 月第 1 版
印　　次：2025 年 4 月第 7 次印刷
定　　价：59.00 元

凡所购买电子工业出版社图书有缺损问题，请向购买书店调换。若书店售缺，请与本社发行部联系，联系及邮购电话：（010）88254888，88258888。

质量投诉请发邮件至 zlts@phei.com.cn，盗版侵权举报请发邮件至 dbqq@phei.com.cn。

本书咨询联系方式：zhaoys@phei.com.cn。

前　言

“机械制造工艺学”是机械工程、机械设计制造及其自动化等专业的主干课程。目前虽然很多高等工科院校机械制造类专业已把“机械制造工艺学”与“切削原理与刀具”“金属切削机床”“机床夹具设计”等课程整合为“机械制造技术基础”课程，但仍有不少院校坚持单独开设“机械制造工艺学”课程。本书兼顾上述两类院校和国防工业院校的实际教学需求，在保证机械制造工艺学基本内容完整的前提下整合了切削原理与刀具、金属切削机床、机床夹具设计及先进制造技术等内容。

本书将机械制造工艺基本理论与金属切削原理、机械制造工艺装备、先进制造技术等基本内容进行有机结合。与一般的《机械制造技术基础》教材相比，本书强化了机械制造工艺学内容的介绍；与一般的《机械制造工艺学》教材相比，本书不仅加强了机械加工方法、金属切削原理、金属切削机床、典型零件加工工艺等内容的介绍，还简要介绍了增材制造（3D打印）、复合材料制造、智能制造等先进制造技术的原理和应用，以求拓展学生的知识面，激发学生的创新思维。作为教材，力求在保证基本内容的基础上，为反映现代制造工艺与装备技术及国防工业技术的发展，增加一些新内容，注意理论联系实际，而且每章均有一定数量的习题与思考题，便于读者思考和掌握要点。本书按课内48～72学时设计，可根据学时的多少进行删减。

本书由南京航空航天大学叶文华主编，陈蔚芳任副主编。第1章由叶文华编写，第2、6、7章由梁睿君编写，第3章由陈富林编写，第4章由马万太、冷晟编写，第5章由陈蔚芳编写，第8章由叶文华、武星编写，第9章由叶文华、陈富林编写。另外，郝小忠老师提供了部分夹具资料，周燕飞教授对本书提出了有益建议，作者的多位研究生参与了插图绘制工作，在此一并表示衷心感谢。编写过程中还参阅了大量文献与教材，谨此向各位作者表示感谢。本书还得到“江苏高校品牌专业建设工程资助项目”（Top-notch Academic Programs Project of Jiangsu Higher Education Institutions，简称TAPP）的支持，在此表示感谢。

由于水平有限，加之时间仓促，书中难免有不妥之处，敬请广大师生、读者提出宝贵意见，以求改进。

编　者

前 言

"机械制造工艺学"是机械工程、机械设计制造及其自动化专业的主干课程。目前国内很多高等工科院校机械制造类专业已把"机械制造工艺学"与"金属切削原理与刀具""金属切削机床""机床夹具设计"等课程整合为"机械制造技术基础"课程，但仍有不少院校保持单独开设"机械制造工艺学"课程。本书根据上述高等院校机械制造工程类专业的教学需求，在保证机械制造工艺学基本内容完整的前提下兼顾了切削原理与刀具、金属切削机床、机床夹具设计及先进制造技术等内容。

本书将机械制造工艺基本理论与金属切削原理、机械制造工艺装备、先进制造技术等主要内容进行有机结合。与一般的《机械制造技术基础》教材相比，本书强化了机械制造工艺学内容的介绍；与一般的《机械制造工艺学》教材相比，本书不仅加强了先进加工方法、金属切削原理、金属切削机床、典型零件加工工艺等内容的介绍，还简要介绍了增材制造（3D打印）、复合材料制造、智能制造等先进制造技术的原理和应用，以求拓展学生的知识面，激发学生的创新思维。作为教材，力求在保证基本内容的基础上，为反映现代制造工艺与装备技术及国际工业技术的发展，增加一些新内容，注意理论联系实际。而且每章均有一定数量的习题与思考题，便于读者理解和掌握要点。本书按课内48~72学时设计，可根据学时的多少进行删选。

本书由南京航空航天大学叶文华主编，陈蔚芳任副主编。第1章由叶文华编写，第2、6、7章由[illegible]编写，第3章由陈蔚芳编写，第4章由[illegible]编写，第5章由[illegible]编写，第8章由[illegible]编写，第9章由[illegible]编写。另外，[illegible]提供了部分文字资料，[illegible]对本书提出了宝贵建议，[illegible]参与了部分插图绘制工作，在此一并表示衷心感谢。编写过程中还参阅了大量文献与教材，谨向各位作者表示感谢。本书得到"江苏高校品牌专业建设工程资助项目"（Top-notch Academic Programs Project of Jiangsu Higher Education Institutions，简称TAPP）的支持，在此表示感谢。

由于水平有限，加之时间仓促，书中难免有不妥之处，恳请广大师生、读者批评指正，以求改进。

编 者

目　录

第1章　绪　论

1.1　机械制造技术的发展及其重要性

1.1.1　机械制造技术的发展

最初的制造是靠手工来完成的，以后逐渐用机械代替手工，以达到提高产品质量和生产率的目的，同时也为了解放劳动力和减轻繁重的体力劳动，因此出现了机械制造技术。机械制造技术有两方面的含义：其一是指用机械来加工零件（或工件）的技术，这种机械通常称为机床、工具机或工作母机；其二是指制造某种机械的技术，如飞机、汽车等。此后，由于在制造方法上有了很大的发展，除了用机械方法加工外，还出现了电加工、光学加工、电子加工、化学加工等非机械加工方法，因此，人们把机械制造技术简称为制造技术。

从17世纪中叶开始，制造业及其技术经历了工厂手工加工制造时代、18世纪60年代开始的第一次工业革命及其蒸汽机时代、19世纪70年代开始的第二次工业革命及其电气化时代、20世纪中叶开始的第三次工业革命及其自动化时代、目前正在进行的第四次工业革命及其智能化时代五个发展阶段。其过程呈现如下特点。

（1）在制造规模上，从单件小批量→少品种大批量→多品种变批量→大批量定制→个性化定制的发展；

（2）在生产方式上，呈现出从劳动密集型→设备密集型→信息密集型→知识密集型的变化；

（3）在制造装备上，从手工→机械化→单机自动化→刚性自动线→柔性自动线→智能自动化的发展；

（4）在制造技术上，从单纯的机械发展为以机械为主体，交叉融合光、电、信息、材料、管理等学科的综合体，并与社会科学、文化、艺术等关系密切；

（5）在范畴上，从加工、装配这个狭义制造发展到覆盖需求分析、产品设计、生产准备、加工制造、装配、销售、维修、报废回收全生命周期的广义制造。

1.1.2　机械制造技术的重要性

1．制造技术推动人类的发展

人类的发展过程就是一个不断制造的过程。在人类发展的初期，为了生存，制造了石器，以便于狩猎。此后，相继出现了陶器、铜器、铁器和一些简单的机械，如刀、剑、弓、箭等兵器，锅、壶、盆、罐等生活用具，犁、磨、碾、水车等农用工具，这些工具和用具的制造过程都是简单的，主要围绕生活必需和存亡征战，制造资源、规模和技术水平都非常有限。随着社会的发展，制造技术的范围和规模在不断扩大，技术水平也在不断提高，向文化、艺术、工业发展，出现了纸张、笔墨、活版、石雕、珠宝、钱币、金银饰品等制造技术。到了资本主义社会和社会主义社会，出现了大工业生产，使得人类的物质生活和文明有了很大的提高，对精神和物质有了更高的要求，科学技术有了更快、更新的发展，从而与制造技术的关系就更为密切。蒸汽机制造技术的问世带来了工业革命和大工业生产，内燃机制造技术的出现和发展形成了现代汽车、火车和舰船，喷气涡轮发动机制造技术促进了现代喷气客机和超音速飞机的发展，集成电路制造技术的进步左右了现代计算机的水平，纳米技术的出现开创了微型机械的先河。因此，人类的活动与制造密切相关，人类活动的水平受到了制造水平的极大约束，宇宙飞船、航天飞机、人造卫星及空间工作站等制造技术的出现，使人类的活动走出了地球，走向了太空。

2．制造业是国民经济的支柱

制造业是所有与制造有关的行业的总体。制造业为国民经济各部门和科技、国防提供技术装备，是整个工业、经济与科技、国防的基础，是现代化的动力源，是现代文明的支柱，是一个国家的立国之本，也是实现国防安全与军事变革的基础。据统计，1990 年 20 个工业化国家制造业所创造的财富占国民生产总值（GDP）的比例平均为 22.15%；2005 年我国制造业增加值占 GDP 的 33.3%，财政收入的三分之一来自制造业，制造业从业人员占全国工业从业人员总数的 90%。

机械制造业是制造业的最主要组成部分，它是为用户创造和提供机械产品的行业。机械制造业是国民经济的装备部，它以各种机器设备供应和装备国民经济的各个部门。国民经济各部门的生产水平和经济效益在很大程度上取决于机械制造业所提供的装备的技术性能、质量和可靠性。机械制造技术水平的提高与进步将对整个国民经济的发展及科技、国防实力产生直接的作用和影响，是衡量一个国家科技水平的重要标志之一，在综合国力竞争中具有重要的地位。

1.2 制造的基本概念

1．制造的定义

制造在英文中是 Manufacture，这个英文单词起源于两个拉丁字 manus（手）和 factus（做）。它的起源准确地反映了几百年来人们对制造的理解，即用手来做。制造从现代的意义上指的是运用物理或化学的方法改变毛坯（初始材料）的几何形状、特性和/或外观，最后制成零件或产品。制造包含将多个零件装配成产品的操作。完成制造过程必须结合机器、工具、能源和人力四个因素，如图 1-1 所示。制造通常是一个操作序列，每一步都使原材料更接近于最终状态，并增加材料的价值，即材料通过作用在它身上的制造操作而增值。例如，铁变成钢而增值，砂变成玻璃而增值，石油变成塑料而增值，将塑料压成手机外壳则进一步增值。

随着社会的进步和制造活动的发展，“制造”的概念和内涵在“范围”和“过程”两个方面大大拓展。在范围方面，制造涉及的工业领域不只局限于机械制造，还包括了机械、电力、化工、轻工、食品、军工等国民经济的大量行业。在过程方面，制造不是仅指具体的工艺过程，而是包括市场分析、产品设计、生产工艺过程、装配检验、销售服务等产品整个生命周期过程。“制造”目前有两种理解，一是通常的制造概念，指产品的“制作过程”或称作“小制造”，如机械加工过程；二是广义的制造概念，包括产品整个生命周期过程，又称为“大制造”。

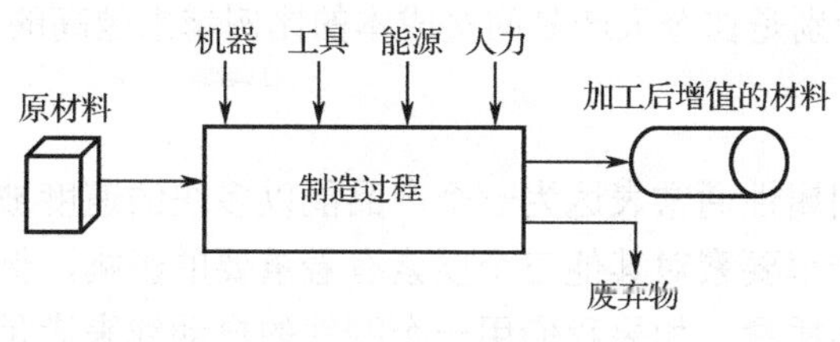

图 1-1　制造的定义

2．制造业及其产品

制造业是通过制造活动为人们提供生活消费品或工业品的行业，如汽车工业、航空工业、机械工业等。制造业的产品通常分为两类：生活资料（消费品）和生产资料。消费品（如电视）直接由消费者购买，而生产资料（如机床）则由公司购买来制造别的产品。此外，还有大量的非最终产品（螺钉），它们被用来装配最终产品。因此，制造业有着非常复杂的结构，它包含多种门类和多层中间供应商。

批量和品种是产品的两个重要特性，对产品制造中人员、设备和工艺的组织有着非常重要的影响。产品批量指企业在单位时间内生产特定产品的数量，产品品种指企业生产不同产品的种类数，一个企业每年生产很多种产品，则被认为是多品种生产。尽管产品品种可以被定量地定义，但其内涵远不如产品批量确切，原因在于很难确切地定量定义其不同。例如，汽车和空调的不同与不同颜色的汽车之间的不同在程度上有很大区别。差异小的不同产品可以在同一条生产线上生产，如不同颜色的汽车；而差异大的不同产品只能在不同的生产线上生产，如小轿车和卡车。

1.3　制造的要素

制造可以认为是一个系统，它的输入是产品的设计，而它的输出则是送到市场的产品，制造领域综合了工程和管理的多个方面。通常我们将制造问题分为三个方面：制造工艺、制造设备和制造系统。

制造有四个要素：成本、时间、质量和柔性。这四个要素反映了对制造的基本要求。对于一个制造系统来说，使四个要素同时达到最优是不可能的，只能折中选择。在不同年代，对四个要素的折中选择是不同的。20 世纪初，以美国汽车工业为代表的大批量生产，其选择的重点是成本和时间（生产率）；20 世纪 70 年代，日本和德国进入世界市场的法宝是质量；到了 80 年代，柔性成为制造工业竞争的武器；进入 21 世纪，敏捷性成为企业赢得竞争的关键，而敏捷性实际上是一个对时间、成本和柔性进行综合度量的指标。

1．成本

广义地讲，产品的成本包含制造商成本、用户成本和社会成本。产品成本发生在从产品构思到制造、使用和回收的每一阶段。

一般所说的产品成本是指制造商成本。制造商成本由直接成本和间接成本构成，直接成本可通过工时和工时费率、材料用量和材料价格来计算；间接成本通过对直接成本以外所发生的各种费用按某种分摊方式进行估计。这是一种最费时和高成本的传统方法，因为它要求具有对产品和制造过程非常详细的知识，但同时它也是最精确的成本估计方法。它的最大难点是间接成本的计算，特别是在今天产品间接成本的比例越来越高的情况下。

2．时间（生产率）

在制造系统中，时间属性通常表达为一个产品能以多快的速度被生产出来，这个属性有时又被称为生产率。生产率要素对其他三个要素有着重要的影响，例如，一个高的生产率往往意味着低的生产成本和质量，如果我们用一个刚性的自动线来满足高生产率的要求，这又意味着低的柔性。

理论生产率又称为机器周期，即单位时间内加工的件数。实际上由于整个制造系统的种种随机性（如机床故障），实际的生产率只能接近理论生产率，通常我们还用系统产量表征实际生产率。实际生产率主要取决于系统内设备的可靠性和系统的结构。例如，一条小串联的流水线，如果每台机床的机器周期是225件/h，可靠性是0.8且机床间无缓冲区，那么单台机床的生产率是225×0.8=180件/h，两台机床组成的生产线的线生产率是180×0.8=144件/h，5台机床组成的生产线的线生产率是$180\times0.8^4\approx74$件/h，而10台机床组成的生产线的线生产率是$180\times0.8^9\approx24$件/h；同样，如果每台机床的可靠性提高到0.9，则单台机床的生产率约是203件/h，两台机床组成的生产线的线生产率提高到约182件/h，5台机床组成的生产线的线生产率约是133件/h，而10台机床组成的生产线的线生产率约是78件/h。如果改变流水线结构，在每两台机床间增加足够的缓存，则线生产率将等于单台机床的生产率。

3．质量

按照ISO9000标准的定义，产品的质量是顾客对产品和服务的满意程度。按照这样一个广义的定义，则很难对质量进行定量的定义，因为顾客的满意除了依赖产品的特点以外，还与产品的实用性、可维护性和顾客的主观爱好有关。从质量的产生过程看，产品质量可以分为两大类，即设计质量和生产质量。

定量定义质量是十分重要的，因为只有定量定义才能对制造的四个要素进行权衡。质量可以较为笼统地定义，也可以按照单个特定特征进行定义。通常质量的定义越笼统，就越难进行定量描述，因为它较多地基于顾客报告和主观感觉；而基于细节特征进行的质量描述则较为容易定量化，它们常被用于指导实际生产。

在笼统意义上两个最为常用的对质量的测度是废品率和保修期成本，这两个测度都不需要了解制造的细节而能对不同的方案做出评价。另一类更为涉及细节的质量测度与工艺过程的物理、化学机理密切相关，如切削加工的表面质量。不同的进给速率导致不同的表面质量，同时也导致不同的生产率和加工成本，较高的进给速率通常意味着高的生产率、低的质量。我们可以选择不同的加工参数来满足对制造要素不同的选择要求。

4．柔性

自20世纪初起，成本和生产率一直是制造最重要的目标。然而近二十年来，一方面随着生活水平的提高，人们对产品个性化提出越来越高的要求，这使得新的制造系统不得不应付多品种、小批量的生产；而另一方面市场的快速变化，使生产对象的不确定性大为增加，这些都对制造系统提出了新的要求，即柔性。柔性要素对制造系统的竞争力有着极为重要的影响，是 20 世纪 90 年代制造系统研究中最活跃的要素。例如，可重组制造、精益生产和敏捷制造的概念都与柔性要素有着密切的关系。

柔性通常定义为制造系统适应环境和过程变化的能力。这个定义中提出了柔性的内生和外生性质，外部柔性来自市场的要求，内部柔性来自工艺过程的技术革新。柔性的分类有多种，最典型的是将柔性分为产品柔性、操作柔性、能力柔性等。

1.4 制造的工艺

制造工艺可以定义为运用一种或几种物理或化学原理，改变材料形状或特性，使之更接近于最终零件/产品。最古老的制造工艺可追溯到远古时期（木材加工），发展至今其种类已经相当多了。广义地讲，制造工艺包括材料制备，但在本书中，制造工艺是指从原材料到产品形成过程中的工艺，而不包括原材料的制备。制造工艺的分类如图 1-2 所示。

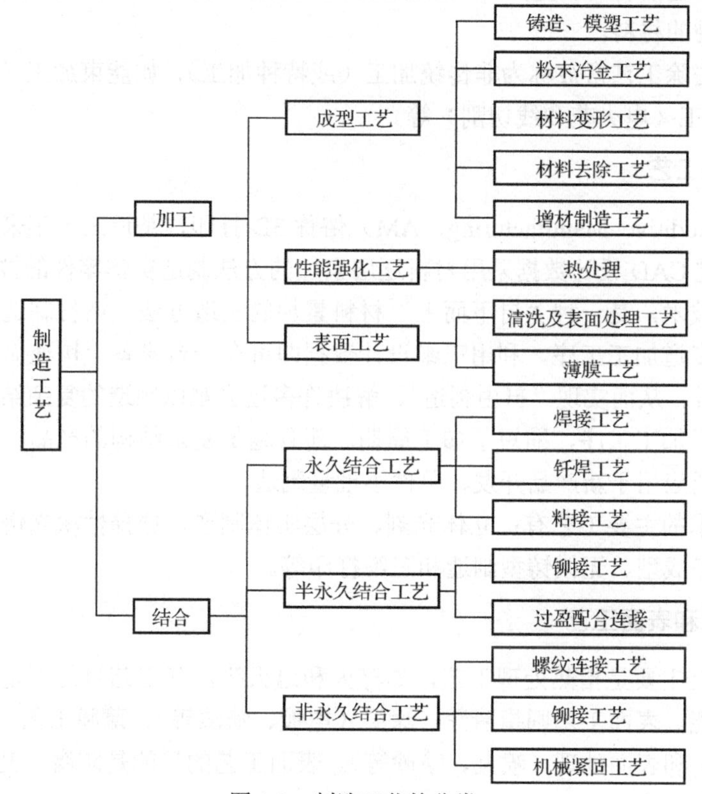

图 1-2 制造工艺的分类

1. 铸造、模塑和粉末冶金工艺

铸造、模塑工艺是一种将材料加热成液体或半液体注入模具中，材料冷却后成型的工艺。铸造工艺有着非常广泛的应用，其最基本的方法是砂型铸造，还有些特种铸造方法，如熔模铸造、离心铸造、压力铸造和金属成型铸造等。模塑工艺则主要应用于塑料、玻璃等非金属材料的成型。与铸造工艺不同，粉末冶金工艺的原始材料是粉末状的，在特定型腔中加热和加压成型。

2. 材料变形工艺

材料变形工艺是借助外力的作用，使坯料产生塑性变形，从而获得具有一定形状、尺寸和机械性能的零件的工艺。常用的材料变形工艺有锻压、轧制、挤压和拉拔等。

3. 材料去除工艺

材料去除工艺是最常用的制造工艺之一。根据去除材料的机理不同，可将材料去除工艺分为以下四类。

- 机械的去除工艺：用刀具克服被加工材料的强度；
- 热的去除工艺：用热能熔化或汽化工件材料；
- 电化学的去除工艺：通过电场产生电化学反应，断开原子连接从而去除工件材料；
- 化学的去除工艺：通过化学反应断开原子连接，去除工件材料。

最常用的材料去除工艺是切削加工工艺，如车削、钻削和铣削；另一类常用的精密材料去除工艺是磨削（包括研磨和抛光），它利用磨粒（砂轮）去除工件材料，其特点是加工精度较高和能加工较硬的材料。

其他的材料去除工艺常被称为非传统加工（或特种加工），如能束加工（激光束、电子束和离子束）、电加工（电火花和线切割）等。

4. 增材制造工艺

增材制造（Additive Manufacturing，AM）俗称 3D 打印，是近三十年来快速发展的先进制造技术，是通过 CAD 设计数据采用材料逐层累加的方法制造实体零件的技术，相对于传统的材料去除工艺技术，是一种“自下而上”材料累加的制造方法。增材制造技术不需要传统的刀具、夹具及多道加工工序，利用三维设计数据即可在一台设备上快速而精确地制造出任意复杂形状的零件，从而实现“自由制造”，解决许多过去难以制造的复杂结构零件的成型问题，并大大减少了加工工序，缩短了加工周期。而且越是复杂结构的产品，其制造的速度作用越显著，可广泛应用于新产品开发、单件小批量制造。

增材制造技术的主要工艺有：立体光刻、分层实体制造、选择性激光烧结、熔融沉积成型、激光工程化净成型、无模铸型制造和三维打印等。

5. 性能强化和表面工艺

性能强化工艺主要是指热处理工艺，如淬火和退火等，其工艺目的不是改变形状而是改变基体的材料性能。表面工艺则指清洗、涂层（电镀、喷漆等）、薄膜工艺（化学气相沉积、物理气相沉积等）和表面处理（喷丸、喷砂等）。表面工艺的目的是防腐、美观、抗磨损和作为下一工序的准备工序。

6. 结合工艺

结合工艺就是广义的装配工艺，是最常用的现代制造工艺。由于大部分产品不可能作为一个整体进行制造，因此需要将单个零件分别制造后，再进行组装。一些零件需要考虑维护和修理，也需要结合工艺，以便以后拆卸。结合工艺分为三大类：永久结合工艺，如焊接、钎焊、粘接等；半永久结合工艺，如航空工业中广泛使用的铆接工艺和机械装配过程中使用的由孔和柱过盈配合所形成的连接；非永久结合工艺，如螺纹连接工艺、铆接工艺等。最常用的永久结合工艺是焊接，包括弧焊、气焊、激光焊等，锡焊则较广泛地应用于电子工业，它主要用于没有负载的场合；粘接也是一种常用的永久结合工艺，它被广泛运用于聚合物、复合材料的装配中。机械紧固工艺是一种常用的非永久结合工艺，一些机械紧固方法允许有一些自由度，如铰链和滑道。

选择一个合适的工艺，要考虑产品的要求和四个要素之间的平衡等。表 1-1 则比较了不同工艺的成本、生产率、质量和柔性。

表 1-1 不同制造工艺的成本、生产率、质量和柔性比较

要 素	工 艺					
	铸造、模塑和粉末冶金工艺	材料变形工艺	材料去除工艺	结合工艺	增材制造工艺	性能强化和表面工艺
成本	设备与工具成本高、劳动力成本低	设备与工具成本高、劳动力成本低	设备与工具成本中、劳动力成本高	设备成本低、劳动力成本高	设备与工具成本中到低、劳动力成本高	设备成本中到高、劳动力成本低
生产率	高	高	中到高	中到低	中到低	低
质量	中到低	中到低	中到高	中到低	中到低	高
柔性	低	低	高	高	高	中到高

1.5 制造设备与工具

制造设备与工具（或许还有人）是各种制造工艺的完成载体。从 17 世纪工业革命开始，机器就被广泛地运用于完成制造工艺。最早发明并被广泛应用的是金属切削机床，动力驱动刀具实现切削加工，现代机床仍然遵循当时的基本概念，但自动化程度和精度更高。其他的生产设备包括压力机、锻压机、轧钢机、焊机等。

生产设备通常需要用工具来完成加工，工具使得生产设备可以适应不同工件的加工要求，所以一般工具是按照产品的特定要求而专门设计的。工具的类型取决于制造工艺，表 1-2 所示是为完成各种特定工艺所需要的设备和工具。

表 1-2 工艺、制造设备和工具

工 艺	制 造 设 备	工 具	工 艺	制 造 设 备	工 具
铸造	各种各样	模具	冷挤压	压力机	冷压模
注塑模	模压机	模具	切削加工	金属切削机床	刀具、夹具
轧制	轧钢机	轧辊	磨削	磨床	砂轮
锻压	锻压机	冲模	焊接	焊机	电极、夹具

1.6 生产过程、生产类型与工艺过程

1.6.1 机械产品生产过程

生产各类机械产品的工厂，虽然各有不同的产品对象和生产特点，但其生产过程大体相

同，一般都是：①根据定型产品的图纸，制定工艺技术文件；②组织坯料、工艺装备的制造和配套供应；③采用各种工艺方法，将坯料加工成各种零件；④将合格的零件装配成完整的机器，并进行检验和试车；⑤油漆和包装机器，并发运给用户。

现今，一种或一类产品的生产过程往往是由许多专业化生产的工厂联合起来共同完成的。这就是组织专业化协作分工的生产方式。它有利于零部件的标准化，也有利于提高产品质量、生产效率和降低成本。

工厂的生产过程又可分为若干车间的生产过程。某一车间所用的原材料或半成品，可能是另一车间的成品。而它的成品，又可能是其他车间的原材料或半成品。例如，机械加工车间的原材料（毛坯），往往是铸造车间或锻造车间的成品，而机械加工车间的成品，又是装配车间的半成品。

如上所述，我们可给机械产品生产过程做如下定义。

狭义的生产过程是指机械产品从原材料到成品之间各相互关联的工作过程的总和，它包括原材料的运输和保管、生产技术准备、毛坯制造、工件加工与热处理、部件和产品的装配、检验调试及油漆、包装等。广义的生产过程是指原材料—成品—用户整个劳动过程的总和。

在生产过程中按一定顺序逐渐改变生产对象的形状（铸造、锻造等）、尺寸（机械加工）、位置（装配）和性能（热处理）使其成为成品的过程称为工艺过程。因此，工艺过程又可具体地分为铸造、锻造、冲压、焊接、机械加工、热处理和装配等。本书的内容主要是研究机械加工工艺过程中的一系列问题。

1.6.2 生产纲领与生产类型

虽然各种机械产品的结构、技术要求不同，但其制造工艺却存在着很多共同的特征。这些共同的特征取决于生产类型，而生产类型又由生产纲领决定。

1. 生产纲领和生产批量

生产纲领是指企业在计划期内应当生产的产品产量和进度计划。计划期通常定为一年，所以生产纲领也称年产量。

零件的生产纲领要计入备品和废品的数量，可按式（1-1）计算，即

$$N=Qn(1+\alpha+\beta) \tag{1-1}$$

式中 N——零件的年产量（件/年）；

Q——产品的年产量（台/年）；

n——每件产品中该零件的数量（件/台）；

α——备品的百分率；

β——废品的百分率。

年生产纲领是设计或修改工艺规程的重要依据，是车间（或工段）设计的基本文件。生产纲领确定后，还应该确定生产批量。

生产批量是指一次投入或产出的同一产品（或零件）的数量。确定生产批量的大小主要应考虑三个因素：①资金周转要快；②零件加工、调整费用要少；③保证装配和销售有必要的储备量。零件生产批量的计算公式如下：

$$n_p = \frac{NA}{F} \tag{1-2}$$

式中　n_p——每批中的零件数量；

A——零件应该储备的天数；

F——一年中的工作日天数。

2．生产类型

制造系统按生产批量不同分为小批量制造系统、中批量制造系统和大批量制造系统。生产类型相应地也可以分为单件小批生产、成批生产和大量生产三种类型。

1）单件小批生产

产品产量很少，品种很多，各工作地加工对象经常改变，很少重复。例如，重型机械制造、专用设备制造和新产品试制等都属于单件小批生产。

2）成批生产

一年中分批轮流地制造几种不同的产品，每种产品均有一定的数量，工作地的加工对象周期性地重复。例如，通用机床和电动机等的生产都属于成批生产。

3）大量生产

产品产量很大，工作地的加工对象固定不变，长期进行某零件的某道工序的加工。例如，汽车、轴承等的生产都属于大量生产。

生产类型不同，则零件的加工工艺、工艺装备、毛坯制造等工艺特点也不同。各种生产类型的生产纲领及其工艺特点如表 1-3 所示。

表 1-3　各种生产类型的生产纲领及其工艺特点　（单位：件）

<table>
<tr><th colspan="2" rowspan="3">生产纲领及特点</th><th colspan="5">生产类型</th></tr>
<tr><th rowspan="2">单件小批生产</th><th colspan="3">成批生产</th><th rowspan="2">大量生产</th></tr>
<tr><th>小批</th><th>中批</th><th>大批</th></tr>
<tr><td rowspan="3">产品类型</td><td>重型机械</td><td><5</td><td>5～100</td><td>100～300</td><td>300～1000</td><td>>1000</td></tr>
<tr><td>中型机械</td><td><20</td><td>20～200</td><td>200～500</td><td>500～5000</td><td>>5000</td></tr>
<tr><td>轻型机械</td><td><100</td><td>100～500</td><td>500～5000</td><td>5000～50000</td><td>>50000</td></tr>
<tr><td rowspan="5">工艺特点</td><td>加工对象</td><td colspan="2">经常变换</td><td>周期性变换</td><td colspan="2">固定不变</td></tr>
<tr><td>毛坯制造方法及加工余量</td><td colspan="2">自由锻造、木模手工造型，毛坯精度低，余量大</td><td>部分采用模锻、金属模造型，毛坯精度及余量中等</td><td colspan="2">广泛采用模锻、机器造型等高效方法，毛坯精度高、余量小</td></tr>
<tr><td>机床设备及机床布置</td><td colspan="2">通用机床按机群布置，部分采用数控机床及柔性制造单元</td><td>通用机床和部分专用机床及高效自动机床，机床按零件类别分工段排列</td><td colspan="2">广泛采用自动机床、专用机床，采用自动线或专用机床流水线排列</td></tr>
<tr><td>夹具及尺寸保证</td><td colspan="2">通用夹具、标准附件或组合夹具，划线试切保证尺寸</td><td>通用夹具、专用或成组夹具，定程法保证尺寸</td><td colspan="2">高效专用夹具，定程及自动测量控制尺寸</td></tr>
<tr><td>刀具、量具</td><td colspan="2">通用刀具、标准量具</td><td>专用或标准刀具、量具</td><td colspan="2">专用刀具、量具，自动测量</td></tr>
</table>

续表

<table>
<tr><td colspan="2" rowspan="3">生产纲领及特点</td><td colspan="5">生 产 类 型</td></tr>
<tr><td rowspan="2">单件小批生产</td><td colspan="3">成批生产</td><td rowspan="2">大量生产</td></tr>
<tr><td>小批</td><td>中批</td><td>大批</td></tr>
<tr><td rowspan="6">工
艺
特
点</td><td>零件的互换性</td><td colspan="2">配对制造，互换性低，多采用钳工修配</td><td>多数互换，部分试配或修配</td><td colspan="2">全部互换，高精度偶件采用分组装配、配磨</td></tr>
<tr><td>工艺文件的要求</td><td colspan="2">编制简单的工艺过程卡片</td><td>编制详细的工艺规程及关键工序的工序卡片</td><td colspan="2">编制详细的工艺规程、工序卡片、调整卡片</td></tr>
<tr><td>生产率</td><td colspan="2">用传统加工方法，生产率低，用数控机床可提高生产率</td><td>中等</td><td colspan="2">高</td></tr>
<tr><td>成本</td><td colspan="2">较高</td><td>中等</td><td colspan="2">低</td></tr>
<tr><td>对工人的技术要求</td><td colspan="2">需要技术熟练的工人</td><td>需要一定熟练程度的技术工人</td><td colspan="2">对操作工人的技术要求较低，对调整工人的技术要求较高</td></tr>
<tr><td>发展趋势</td><td colspan="2">采用成组工艺、数控机床、加工中心及柔性制造单元</td><td>采用成组工艺，用柔性制造系统或柔性自动线</td><td colspan="2">用计算机控制的自动化制造系统、车间或无人工厂，实现自适应控制</td></tr>
</table>

注：“重型机械”“中型机械”和“轻型机械”可分别以轧钢机、柴油机和缝纫机作为代表。

1.6.3 机械加工工艺过程

机械加工工艺过程是机械产品生产过程的一部分，是直接生产过程，其原意是指采用金属切削刀具或磨具来加工工件，使之达到所要求的形状、尺寸、表面粗糙度和力学物理性能，成为合格零件的生产过程。由于制造技术的不断发展，现在所说的加工方法除切削和磨削外，还包括其他加工方法，如电加工、超声加工、电子束加工、离子束加工、激光加工，以及化学加工等几乎所有的材料去除工艺方法。

机械加工工艺过程是由一个或若干个顺序排列的工序组成的，而工序又可细分为安装、工位、工步和走刀等。

1．工序

一个（或一组）工人，在一个工作地点，对一个（或同时几个）工件所连续完成的那部分工艺过程叫作工序。根据这一定义，只要工人、工作地点、工作对象（工件）之一发生变化或不是连续完成，则应成为另一个工序。工序是工艺过程的基本单元，也是生产计划的基本单元。

同一零件，同样的加工内容可以有不同的工序安排。对如图 1-3 所示的阶梯轴，如果各表面都需要进行机械加工，则根据其生产类型和生产车间的不同，应采用不同的加工方案。属于单件小批生产时可用表 1-4 所示的方案加工；如果属于大批大量生产，则应改用表 1-5 所示的方案加工。

2．安装

在一个加工工序中，有时需要对工件进行多次装夹加工，工件经一次装夹后所完成的那部分工序称为安装。表 1-4 中的工序 10 在一次装夹后需要掉头再次进行安装，才能完成全部工序内容，因此，该工序有 2 个安装；工序 20 是在一次装夹下完成全部工序内容，故该工序只有 1 个安装，见表 1-6。

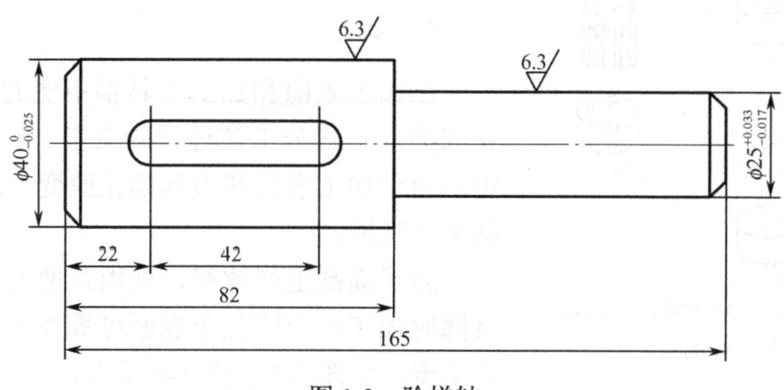

图 1-3 阶梯轴

表 1-4 单件小批生产的工艺过程

工 序 号	工 序 内 容	设 备
10	车小端面，对小端面打中心孔，车小端外圆，对小端倒角，调头车大端面，对大端面打中心孔，车大端外圆，对大端倒角	车床
20	铣键槽，手工去毛刺	铣床

表 1-5 大批大量生产的工艺过程

工 序 号	工 序 内 容	设 备
10	铣两端面，打中心孔	专用机床
20	车大外圆及倒角	车床
30	车小外圆及倒角	车床
40	铣键槽	键槽铣床
50	手工去毛刺	钳工台

表 1-6 工序和安装

工 序 号	安 装 号	工 序 内 容	设 备
10	1	车小端面，对小端面打中心孔，车小端外圆，对小端倒角	车床
	2	车大端面，对大端面打中心孔，车大端外圆，对大端倒角	
20	1	铣键槽，手工去毛刺	铣床

3. 工位

在工件的一次安装中，通过分度（或移位）装置，使工件相对于机床床身变换加工位置，则把每一个加工位置上的安装内容称为工位。在一个安装中，可能只有一个工位，也可能有多个工位。

采用多工位夹具、回转工作台或在多轴机床上加工时，工件在机床上一次安装后，就要经过多工位加工。多工位加工可减少工件安装次数，从而缩短了工时，提高了效率。图 1-4 所示多工位加工为利用回转工作台使工件变换加工位置的例子。在该例中，共有 4 个工位，

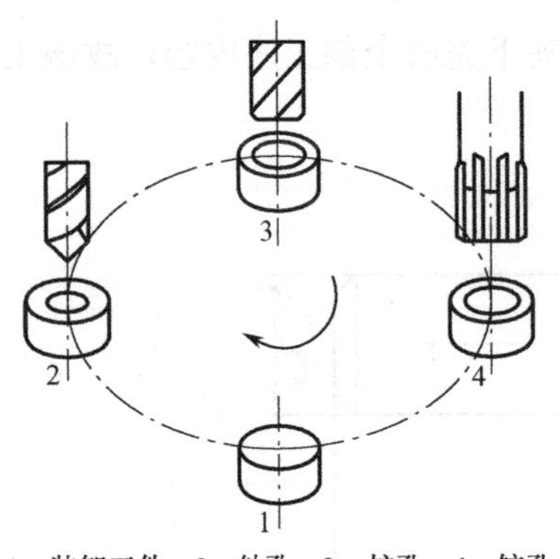

1—装卸工件；2—钻孔；3—扩孔；4—铰孔

图 1-4 多工位加工

依次为装卸工件、钻孔、扩孔和铰孔，实现了在一次安装中同时进行钻孔、扩孔和铰孔加工。

4．工步

在加工表面和加工工具都不变的情况下，所连续完成的那一部分工艺过程叫工步。在表 1-4 的工序 10 中，由于加工表面和刀具都在改变，所以这个工序包括 8 个工步。

为了提高生产效率，采用几把刀具或一把复合刀具同时加工一个或几个表面可算作一个工步，称为复合工步，如图 1-5 和图 1-6 所示。

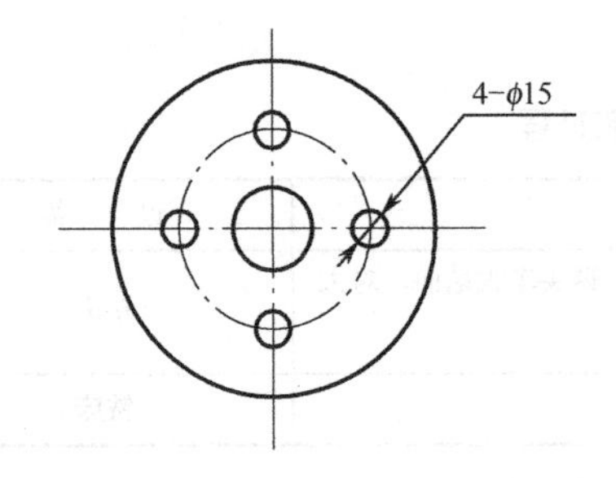

图 1-5 包含 4 个相同表面加工的复合工步

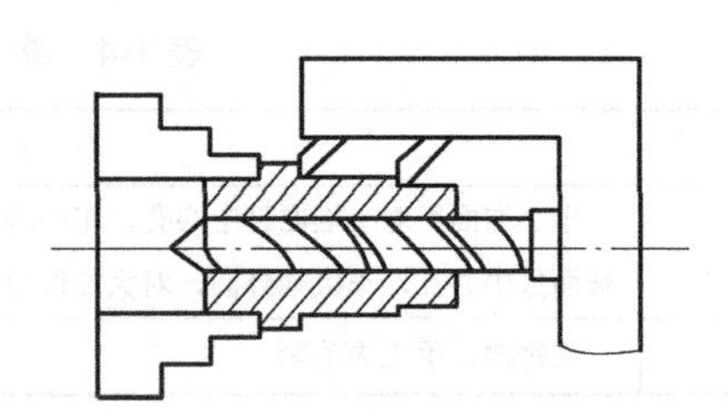
图 1-6 多刀加工的复合工步

5．走刀

有些工步，由于余量较大，需要同一刀具对同一表面进行多次切削。刀具在加工表面切削一次所完成的工步内容称为一次走刀。如图 1-7 所示，一个工步可包括一次或数次走刀。

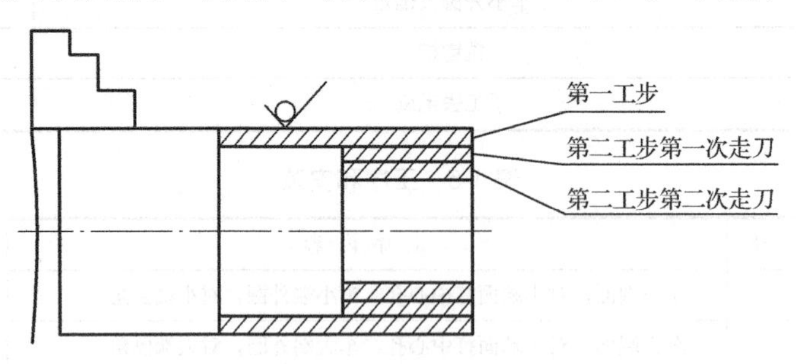

图 1-7 棒料车削加工成阶梯轴的多次走刀

习题与思考题

1-1 什么是制造？试述大制造的含义。

1-2 制造要素有哪些？分析各制造要素之间的关系。

1-3 试分析制造工艺的特点，并比较不同制造工艺的成本、生产率、质量和柔性。

1-4 什么是机械制造的生产过程和工艺过程？

1-5 什么是生产纲领？如何确定企业的生产纲领？

1-6 什么是生产类型？如何划分生产类型？各生产类型有什么特点？

1-7 什么是工序、安装、工位、工步和走刀？试举例说明。

1-8 某机床厂年产 CA6140 车床 2500 台，已知每台车床只有一根主轴，主轴零件的备品率为 8%，机械加工废品率为 2%，试计算机床主轴零件的年生产纲领。从生产纲领分析，试说明主轴零件属于何种生产类型，其工艺过程有何特点。若一年按 282 个工作日、一月按 22 个工作日来计算，试计算主轴零件的月平均生产批量。

第 2 章　金属切削过程

金属切削加工是指通过工件与金属切削刀具的相对运动，切除工件表面多余材料，获得一定精度和表面质量的零件的加工方法。在金属切削加工过程中，被切削的金属层和刀具相互作用，将产生切削变形、切削力、切削热和刀具磨损等现象。本章旨在揭示金属切削过程的基本理论和基本规律，分析上述物理现象产生的原因和相互之间的内在联系。

2.1　金属切削的基本概念

2.1.1　切削运动和工件加工表面

刀具和工件之间的相对运动即为切削运动，按照在切削加工中所起的作用不同，切削运动可分为主运动和进给运动。在切削过程中，工件上通常存在三个不断变化的表面：待加工表面（工件上有待被切除的表面）、已加工表面（被切去材料而形成的新表面）和过渡表面（刀具切削刃正在切削的表面，它处于已加工表面和待加工表面之间）。以外圆车削和平面刨削为例，它们的切削运动和工件加工表面如图 2-1 所示。

1．主运动

主运动是使刀具直接切除工件上的切削层，使之转变为切屑，以形成新表面的运动。它通常是速度最高、消耗功率最大的切削运动。图 2-1（a）所示的外圆车削中，工件的旋转运动为主运动；图 2-1（b）所示的平面刨削中，刀具的直线往复运动为主运动。

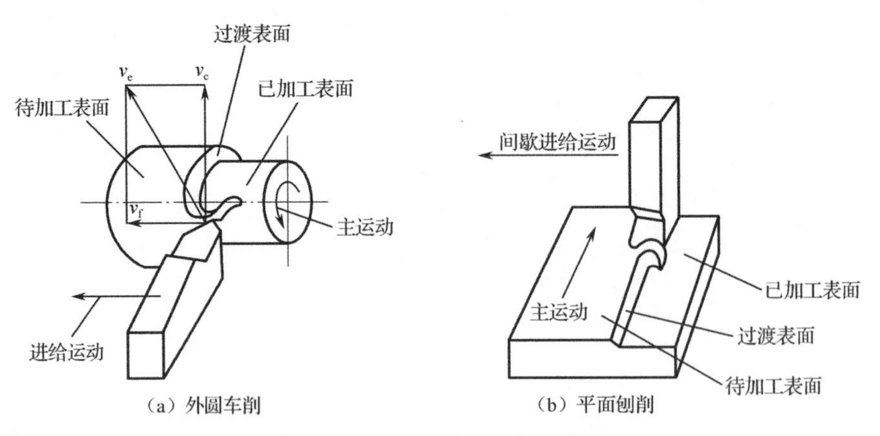

（a）外圆车削　　（b）平面刨削

图 2-1　切削运动和工件加工表面

2．进给运动

进给运动是刀具和工件之间的附加运动，使待切削金属不断投入切削，配合主运动持续进行以形成所需工件表面。通常其速度和消耗的动力都比主运动小。图 2-1（a）所示的外圆车削中，刀具沿工件轴线方向的连续直线运动是纵向进给运动；图 2-1（b）所示的平面刨削中，工件在水平面上与主运动垂直方向的间歇直线运动是进给运动。

主运动和进给运动合成后的运动称为合成切削运动。合成切削运动速度是主运动速度和进给运动速度的矢量和。

2.1.2　切削用量

切削用量是切削时各运动参数的总称，包含切削速度、进给量和背吃刀量（切削深度）。切削加工时，需根据工件加工质量要求选用适宜的切削用量，切削用量也是计算切削力、切削效率和工时定额的依据。车削外圆的切削用量三要素为切削速度 v_c、进给量 f 和背吃刀量 a_p，如图 2-2 所示。

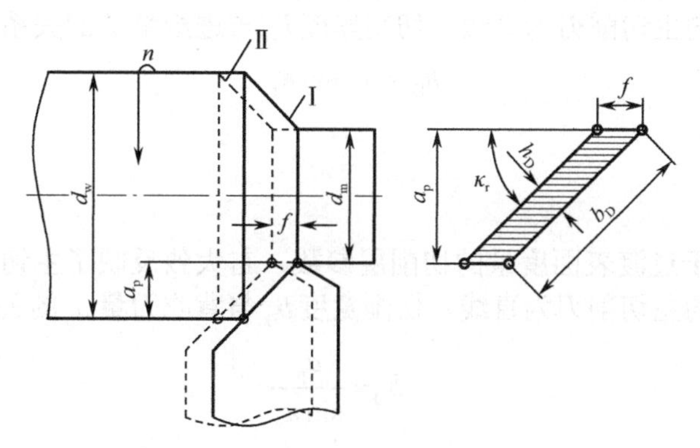

图 2-2　切削用量和切削层参数示意图

1．切削速度

切削速度是刀具切削刃上的某一点相对于待加工表面在主运动方向上的瞬时速度，单位为 m/s 或 m/min。外圆车削的切削速度计算式为

$$v_c = \frac{\pi d n}{1000} \tag{2-1}$$

式中　d——工件的最大直径（mm）；

n——主运动转速（r/s 或 r/min）。

2．进给量

进给量是指刀具在进给运动方向上相对工件的位移量。车外圆时，进给量是指工件每转一周，刀具切削刃在进给方向上相对于工件的位移量，单位是 mm/r。在单位时间内，两者在进给方向上的相对位移量称为进给速度，单位是 mm/s（或 mm/min）。对于铣刀、钻头、铰刀、拉刀、齿轮滚刀等多齿刀具（齿数用 z 表示），还常使用每齿进给量，单位是 mm/z。进给速度 v_f、进给量 f 和每齿进给量 f_z 之间的关系为

$$v_f = n \cdot f = n \cdot z \cdot f_z \tag{2-2}$$

3．背吃刀量

在与主运动和进给运动方向垂直的方向上，工件已加工表面和待加工表面之间的距离，称为背吃刀量，单位是 mm。外圆车削的背吃刀量为

$$a_p = \frac{d_w - d_m}{2} \tag{2-3}$$

式中 d_w——待加工表面直径（mm）；

d_m——已加工表面直径（mm）。

2.1.3 切削层参数

切削刃在一次走刀中切除的工件材料层，称为切削层。切削层在与主运动方向相垂直的平面内度量的截面尺寸参数，称为切削层参数，如图 2-2 所示。

1．切削厚度

切削厚度是垂直于过渡表面度量的切削层参数，它大致反映了切削刃单位长度上的切削负荷。假设外圆车削的主切削刃为直线，切削厚度 h_D 与进给量 f 的关系为

$$h_D = f \cdot \sin\kappa_r \tag{2-4}$$

式中 κ_r——主偏角。

2．切削宽度

切削宽度是平行于过渡表面度量的切削层参数，它大致反映了主切削刃参加切削工作的长度。假设外圆车削的主切削刃为直线，切削宽度 b_D 与背吃刀量 a_p 的关系为

$$b_D = \frac{a_p}{\sin\kappa_r} \tag{2-5}$$

3．切削层面积

切削层面积是在切削层参数平面内度量的横截面积。车削的切削层面积为

$$A_D = h_D \cdot b_D = f \cdot a_p \tag{2-6}$$

2.2 切削刀具基础

金属切削刀具种类繁多、结构各异，但其切削部分的几何参数具有共性，都可以近似地以外圆车刀的切削部分为基本形态。下面以外圆车刀为例，给出刀具几何参数的有关定义。

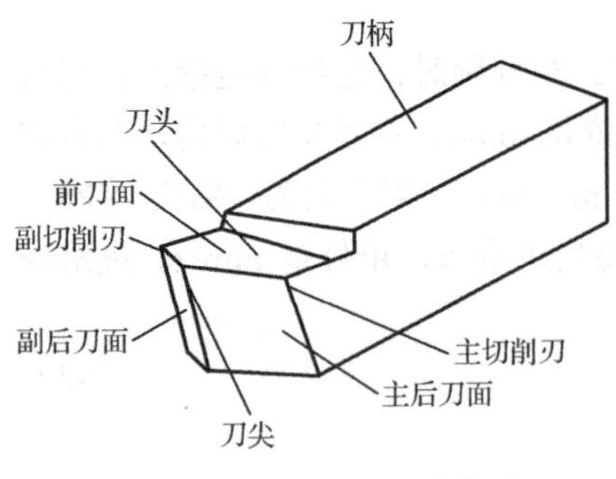

图 2-3 普通外圆车刀的构造

2.2.1 刀具构造

普通外圆车刀的构造如图 2-3 所示，由刀头（切削部分）和刀柄（装夹部分）两部分组成。

切削部分由一个刀尖、两个刀刃、三个刀面构成，分别为：

（1）前刀面：刀具上切屑流过的表面。

（2）主后刀面：刀具上与工件过渡表面相对的表面。

（3）副后刀面：刀具上与工件已加工表面相对的表面。

（4）主切削刃：前刀面与主后刀面的交线，用于切出工件过渡表面，担负主要的切削工作。

（5）副切削刃：前刀面与副后刀面的交线，协助主切削刃完成切削工作，最终形成工件已加工表面。

（6）刀尖：主切削刃和副切削刃连接的一小段切削刃。

2.2.2　刀具角度

1．刀具角度参考系

刀具切削部分各个刀面和切削刃的空间位置通过在一定空间参考坐标系的几何角度来表示，称为刀具角度。刀具角度有两种参考系：静止参考系和工作参考系。

静止参考系有如下两个假设。

（1）忽略进给运动。不考虑进给运动的影响，即假定 $v_f = 0$，此时合成切削运动的方向就是主运动方向。

（2）假定理想安装位置。刀杆在水平面内没有倾斜，在垂直面内没有俯仰，刀尖与工件回转中心等高，即刀杆轴线与进给运动方向垂直，刀具的安装基面（即刀杆底面）与主运动方向垂直。

静止参考系常采用由三个在空间相互垂直的参考平面构成的正交平面参考系，各参考平面的定义如下（见图 2-4）。

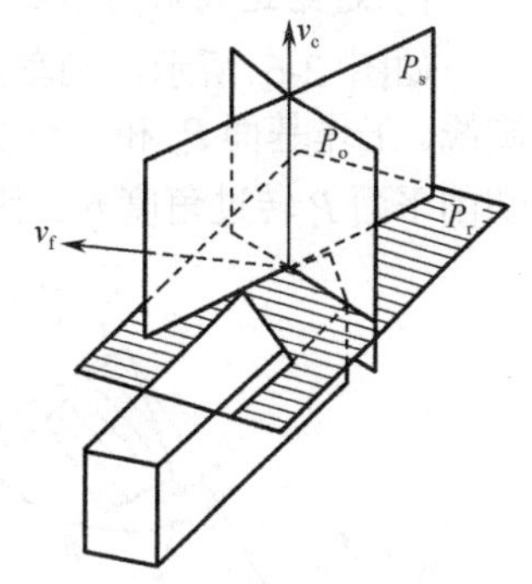

图 2-4　正交平面参考系

（1）基面 P_r：通过主切削刃上选定点，并与该点主运动方向相垂直的平面。根据静止参考系假设条件，基面可理解为平行于车刀底面的平面。

（2）切削平面 P_s：通过主切削刃上选定点，与主切削刃相切并垂直于该点基面的平面。

（3）正交平面 P_o：通过主切削刃上选定点，同时垂直于该点基面和切削平面的平面。

2．刀具的标注角度

刀具的标注角度是以静止参考系为基准定义的刀具角度，标注于刀具的设计图上，用于刀具制造、刃磨和测量。在正交平面参考系中，主切削刃及其前、后刀面的空间位置通过 4 个角度来确定，分别为前角、后角、主偏角和刃倾角。刀具的角度定义如下（见图 2-5）。

1）在正交平面 P_o 内标注的角度

（1）前角 γ_o：前刀面和基面 P_r 间的夹角。前刀面低于基面时，γ_o 为正值；前刀面高于基面时，γ_o 为负值。

（2）后角 α_o：主后刀面与切削平面 P_s 间的夹角。主后刀面在切削平面内侧时，α_o 为正值；主后刀面在切削平面外侧时，α_o 为负值，α_o 一般为正值。

（3）楔角 β_o：前、后刀面之间的夹角，由 γ_o 和 α_o 派生而来。

2）在基面 P_r 内标注的角度

（1）主偏角 κ_r：主切削刃在基面上的投影与进给运动方向 v_f 间的夹角。

（2）副偏角 κ_r'：副切削刃在基面上的投影与进给运动反方向间的夹角。

（3）刀尖角 ε_r：主、副切削刃之间的夹角，由 κ_r 和 κ_r' 派生而来。

3）在切削平面 P_s 内标注的角度

刃倾角 λ_s：主切削刃与基面之间的夹角，反映了在切削平面上主切削刃的倾斜程度。主切削刃比基面低即刀尖为最高点时，λ_s 为正值；主切削刃比基面高即刀尖为最低点时，λ_s 为负值。

为了确定副切削刃及其前、后刀面的空间位置，还需标注副前角 γ_o'、副后角 α_o'、副偏角 κ_r' 和副刃倾角 λ_s'。它们的定义与主切削刃 4 个角度的定义类似。

3. 刀具的工作角度

刀具的标注角度建立于静止坐标系。如果考虑进给运动和刀具实际安装位置的影响，则正交平面参考系应按合成切削运动方向来确定。工作参考系是在实际切削条件下的参考系，以工作参考系为基准定义的刀具角度称为刀具的工作角度。

1）进给运动对刀具工作角度的影响

如图 2-6 所示，当车刀横向进给切削工件时，合成切削运动加工轨迹是一条阿基米德螺旋线。工作基面 P_{re} 和工作切削平面 P_{se} 根据合成切削速度 v_e 的方向确定，分别相对于基面 P_r 和切削平面 P_s 转过角度 η。因此，工作前角 γ_{oe} 和工作后角 α_{oe} 也会相应变化。

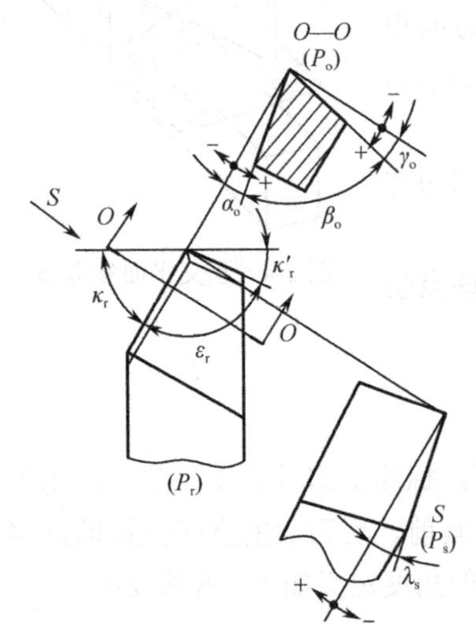

图 2-5 刀具的标注角度

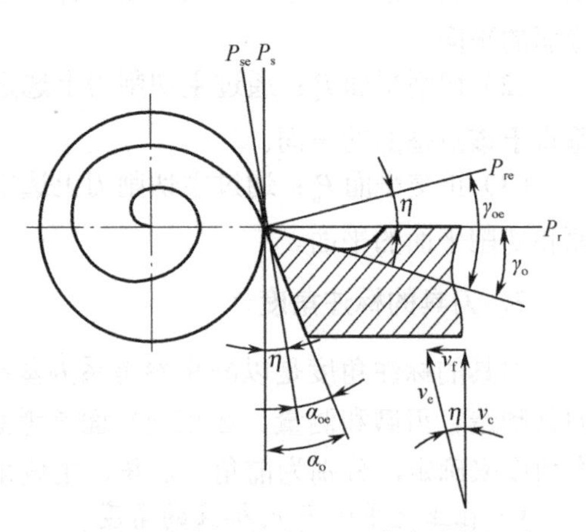

图 2-6 进给运动对刀具工作角度的影响

2）刀具安装对刀具工作角度的影响

刀具安装高度、刀杆与进给方向的垂直度都会引起刀具工作角度的变化。

安装刀具时，如果刀尖高于或低于工件中心，会引起刀具工作角度的变化。如图 2-7 所示，以车刀车槽为例，若不考虑车刀横向进给运动的影响，如果刀尖安装得高于工件中心，则基面由 P_r 变为 P_{re}，切削平面由 P_s 变为 P_{se}，实际工作前角 γ_{oe} 将大于标注前角 γ_o，工作后角 α_{oe} 将小于标注后角 α_o；如果刀尖安装得低于工件中心，则工作角度的变化情况恰好相反，γ_{oe} 小于γ_o，α_{oe}大于α_o。

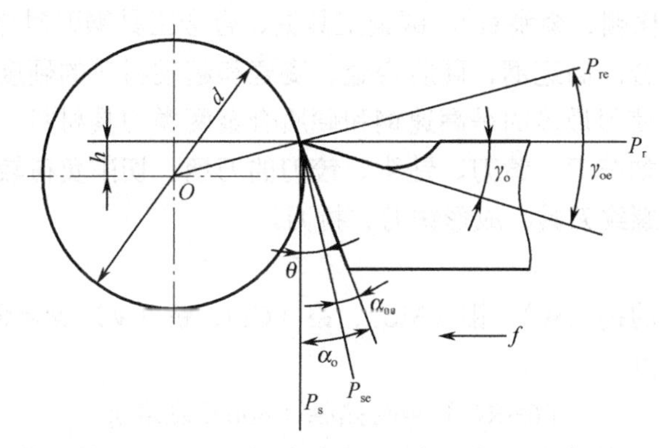

图 2-7　刀具安装高低对刀具工作角度的影响

2.2.3　刀具材料

刀具的切削性能主要取决于刀具材料、切削部分几何形状和刀具结构。刀具材料一般指刀具切削部分的材料，它是影响切削效率、刀具寿命和零件加工表面质量的主要因素。

1．刀具材料的性能要求

金属切削过程中，刀具切削部分承受高温、高压、剧烈摩擦、冲击和振动，刀具材料须具有以下方面的性能。

（1）硬度和耐磨性。刀具材料的硬度必须比工件材料的硬度高，一般室温下的硬度应在60HRC 以上，并具有良好的耐磨性。

（2）强度和韧性。切削中刀具要承受切削力、冲击和振动，刀具材料必须有足够的抗弯强度和冲击韧性，以避免崩刃和断裂。

（3）耐热性和化学稳定性。耐热性是指刀具材料在高温作用下保持其硬度、耐磨性、强度和韧性的能力。耐热性越好，刀具抵抗塑性变形的能力越强。化学稳定性是指刀具材料在高温下不易和工件材料及周围介质发生化学反应的能力。化学稳定性越好，刀具的磨损越慢。

（4）导热性和耐热冲击性。刀具材料的导热性要好，有利于切削热散出。刀具材料的耐热冲击性要好，材料内部不得因受热冲击而产生裂纹。

（5）工艺性和经济性。刀具材料应具有锻造、热处理、刃磨等良好的工艺性能，便于刀具制造，并具有良好的经济性。

以上性能中有些是相互制约的，很难找到各方面都最佳的材料。例如，材料的硬度高，耐磨性会提高，但强度和冲击韧性会下降。一般，材料硬度高允许的切削速度高，而韧性越高可承受的切削力也越大。

在选择刀具材料时，应根据工艺要求，首先保证主要的性能要求。例如，粗加工锻造毛坯，刀具应选用具有较高强度和韧性的材料，而加工高硬度的工件，刀具材料需要具有较高的硬度和耐磨性。

2．常用刀具材料

刀具切削部分的材料通常分四类：工具钢（包括碳素工具钢、合金工具钢、高速钢）、硬质合金（钨钴类硬质合金、钨钛钴类硬质合金、钨钛钽类硬质合金、镍钼钛类硬质合金）、陶瓷和超硬材料（立方氮化硼、金刚石）。碳素工具钢、合金工具钢因耐热性差，仅用于手工切削或切削速度较低的场合。高速钢、硬质合金、陶瓷和超硬材料的硬度呈递增趋势，韧性则相反。目前，机加工中使用最多的是高速钢和硬质合金两类刀具材料。刀具装夹部分一般采用普通碳钢或合金钢，如车刀、镗刀、钻头、铰刀的刀柄。切削负荷较大的刀具采用合金工具钢或整体高速钢，如螺纹刀具、成形铣刀、拉刀。

1）高速钢

高速钢是含有较多的钨（W）、钼（Mo）、铬（Cr）、钒（V）等合金元素的合金工具钢。高速钢具有以下性能特点。

- 具有较高的硬度（62～66HRC）和耐热性（600℃左右）；
- 强度高、韧性好，抗弯强度是一般硬质合金的2～3倍，是陶瓷的5～6倍；
- 工艺性好，能锻易磨，特别适用于制造刃形复杂的刀具，如钻头、拉刀、铣刀、成形刀具、螺纹刀具、齿轮刀具等。

高速钢刀具可用于加工有色金属、结构钢、铸铁、高温合金等工件。

高速钢按化学成分分为钨类（钨系）高速钢和钨钼类（钨钼系）高速钢；按切削性能分为普通高速钢和高性能高速钢；按制造工艺方法分为熔炼高速钢和粉末冶金高速钢。

（1）普通高速钢。普通高速钢的常温硬度为62～66HRC，600℃时的硬度为47～48.5HRC，是切削硬度在250～280HBW以下的结构钢和铸铁的基本刀具材料，切削普通钢料时的切削速度一般不高于40～60m/min。

普通高速钢的典型牌号有W18Cr4V（简称W18，属于钨系）、W6Mo5Cr4V2（简称M2，属于钨钼系）。W18的综合性能较好，缺点是碳化物分布不均匀，不宜做大截面的刀具，又因钨价高，国内在逐渐减少使用，国外已很少使用。M2的碳化物分布均匀，抗弯强度和韧性好，热塑性好，可用来制造热轧刀具（如麻花钻）和尺寸较大承受较大冲击力的刀具。M2的缺点是淬火温度范围窄，脱碳敏感性大。

（2）高性能高速钢。高性能高速钢是在普通高速钢中增加碳、钒，并添加钴、铝等合金元素熔炼而成的，常温硬度为67～70HRC，耐磨性和耐热性也进一步提高。它主要用于切削高温合金、钛合金、不锈钢、高强度钢等难加工材料工件。

高性能高速钢的典型牌号有W2Mo9Cr4VCo8（简称M42，属于钴高速钢）、W6Mo5Cr4V2Al（简称501，属于铝高速钢）。M42在钢中加入钴，成本较高，但常温硬度达70HRC，600℃时硬度为55HRC，导热性提高，摩擦系数降低，刃磨性能好。501钢是我国研制的牌号，是一种含铝的无钴高速钢，600℃时硬度达54HRC。501的切削性能与M42大体相当，成本较低，但刃磨性能较差，热处理工艺要求较严。

2）硬质合金

硬质合金由高硬度和高熔点的金属碳化物（WC、TiC、TaC等）和金属黏结剂（Co、Mo、Ni等）通过高温粉末冶金工艺制成。硬质合金的常温硬度达89～94HRA（相当于71～76HRC），在800～1000℃的高温条件下还能切削，切削速度比高速钢高5～10倍，刀具寿命比高速钢高几倍到几十倍，可加工包括淬硬钢在内的多种材料。

硬质合金刀具的缺点是抗弯强度低，韧性差，承受切削振动和冲击的能力较差。

按化学成分和使用性能，硬质合金刀具分为以下三类。

（1）钨钴类（WC+Co）：K 类，相当于我国的 YG 类。常用牌号有 YG3、YG6、YG8 等，YG 后面数字代表 Co 的含量。合金中钴含量越大，抗弯强度、韧性会越高，适用于粗加工；钴含量越小，硬度、耐磨性会越高，适用于精加工。YG 类硬质合金刀具主要用于加工铸铁、有色金属和非金属材料等。

（2）钨钛钴类（WC+TiC+Co）：P 类，相当于我国的 YT 类。这类硬质合金刀具主要用于加工钢材。常用牌号有 YT5、YT15 和 YT30 等，YT 后面的数字代表 TiC 的含量。随着合金中 TiC 含量的增加，Co 含量就减小，硬度及耐磨性增加，抗弯强度下降。此类硬质合金不宜加工不锈钢和钛合金。

（3）钨钛钽（铌）类（WC+TiC+TaC（NbC）+Co）：M 类，相当于我国的 YW 类。常用牌号有 YW1、YW2 等。加 TaC（或 NbC）后，改善了材料的综合性能。YW 硬质合金刀具不仅适合加工钢铁材料，还适合加工有色金属和非金属材料，甚至可以加工高温合金、不锈钢等难加工材料，有通用硬质合金之称。

3．其他刀具材料

1）陶瓷

陶瓷是以氧化铝（Al_2O_3）或氮化硅（Si_3N_4）为基体，添加少量金属在高温下烧结而成的一种刀具材料。陶瓷刀具硬度高、耐磨性好、耐热性好，与金属抗黏结能力强、不易黏刀，但热导率低、热膨胀系数高，因此抗热冲击性能较差，切削时不宜有较大温度波动，一般不加切削液。

Al_2O_3基陶瓷脆性大、抗弯强度低、韧性差、易崩刃，适用于在高速下半精加工和精加工难加工材料，如冷硬铸铁、淬硬钢等；Si_3N_4基陶瓷有较高的抗弯强度和韧性，适于加工灰铸铁、球墨铸铁、可锻铸铁等，切削钢料效果不显著。

2）立方氮化硼

立方氮化硼（CBN）由六方氮化硼在高温、高压下加催化剂转化而成，是 20 世纪 70 年代发展起来的一种超硬刀具材料。其硬度高达 8000HV，仅次于金刚石；可耐 1300～1500℃的高温，热稳定性很高；导热性好，与钢铁的摩擦系数小；抗弯强度和韧性介于陶瓷和硬质合金之间。立方氮化硼适用于对高硬材料，如冷硬铸铁、淬硬钢、高温合金、热喷涂材料等进行加工。

3）金刚石

金刚石是碳的同素异形体，是在高温、高压下由石墨转化而成的。金刚石刀具的主要优点如下。

（1）硬度可达 10000HV，是目前已知的最硬物质，可用于加工陶瓷、硬质合金、铝硅合金等高硬度、高耐磨材料。

（2）导热性好，热膨胀系数低，切削加工时不会产生很大的热变形，有利于精密加工。

（3）刃口非常锋利，刃面粗糙度小，适合超精密加工的薄层切削。

金刚石刀具的缺点如下。

（1）耐热性差。金刚石不是碳的稳定状态，遇热易氧化和石墨化，因此切削时必须对切削区进行强制冷却。

（2）金刚石中的碳能够和铁产生强烈的亲和力，因此不宜用于加工含碳的黑色金属。

4）涂层

为了提高高速钢刀具、硬质合金刀具的耐磨性和使用寿命，涂层技术被广泛采用。

涂层刀具是指在韧性较好的刀具基体上，涂覆一层耐磨性好的难熔金属化合物（如 TiC、TiN、Al_2O_3 等），这样既能提高刀具表面的硬度和耐磨性，又不会降低基体的强度和韧性。可采用 CVD 法（化学气相沉积法）或 PVD 法（物理气相沉积法）制作涂层。

2.3 金属切削过程中的变形

金属切削过程是通过刀具对工件切削层进行摩擦和挤压，产生以剪切滑移为主的塑性变形，形成切屑和已加工表面的过程。在此过程中，将产生诸多现象，如切削变形、切削力、切削热、刀具磨损等。本节讨论切削变形现象，其余部分在后面几节介绍。

2.3.1 切削变形区

图 2-8 所示是在直角自由切削条件下金属切削过程中滑移线和流线（被切金属在切削过程中流动的轨迹）的示意图，根据滑移线和流线，切削层金属的变形大致可划分为三个区域。

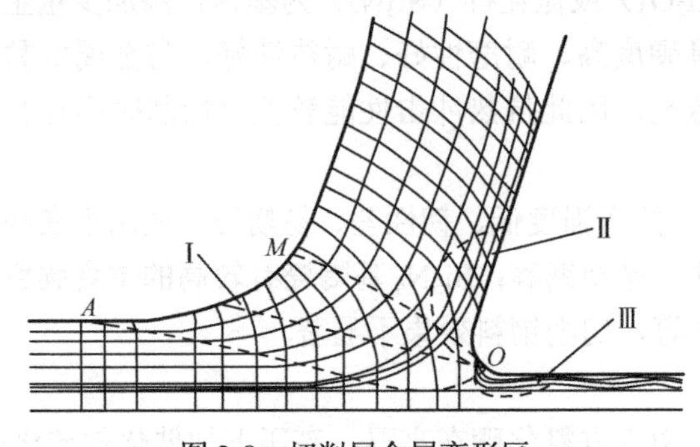

图 2-8 切削层金属变形区

（1）第Ⅰ变形区。金属材料受压时内部产生应力和应变，在与受力方向约 45° 的斜面内，切应力随载荷增大而逐渐增大，当切应力超过材料的剪切屈服强度极限时，金属沿着 45° 方向剪切滑移，导致被切金属层脱离工件表面，形成切屑。图 2-8 中，$\overline{OA}$ 面称为始滑移面，$\overline{OM}$ 面称为终滑移面，被切金属从进入 $\overline{OA}$ 面开始塑性变形，到 $\overline{OM}$ 面晶格的剪切滑移基本完成。$\overline{OA}-\overline{OM}$ 之间的塑性变形区称为第Ⅰ变形区，也称主要剪切变形区。

（2）第Ⅱ变形区。当切屑沿前刀面排出时，进一步受到前刀面的挤压和摩擦，使切屑底层与前刀面接触的区域变形加剧、晶粒拉长并纤维化，这一区域称为第Ⅱ变形区。第Ⅱ变形区对切削力、切削热、积屑瘤及刀具磨损都有直接影响。

（3）第Ⅲ变形区。已加工表面受到切削刃钝圆弧和后刀面的挤压和摩擦，使表面金属变形加剧、晶粒拉长、纤维化和加工硬化。这一区域称为第Ⅲ变形区。第Ⅲ变形区对已加工表面加工质量及刀具后刀面磨损都有很大影响。

2.3.2 切屑的形成

切削层金属形成切屑的过程就是在刀具作用下被加工材料发生变形的过程。

在第Ⅰ变形区内，变形的主要特征是沿滑移线的剪切变形，以及随之产生的加工硬化。图2-9中，*OA*、*OB*、*OC*和*OM*等都是等切应力曲线。*OA*称作始滑移线，*OM*称作终滑移线。随着切削运动的进行，*P*点金属逐渐趋近切削刃，*P*点到达*OA*线上点1时，其切应力τ达到金属材料的屈服强度τ_s，此时产生塑性变形。过点1后，*P*点在继续向前移动的同时还沿滑移线*OA*滑移，即从点1运动到点2，未运动到的点2′与运动到的点2之间2′–2就是2′的滑移量。同样，*P*点也未运动到滑移线*OC*、*OM*上的3′、4′点，而是运动到3、4点，3′–3、4′–4也是滑移量。随着滑移的进行，由于塑性变形中的加工硬化现象，切应力也逐步增加，即当*P*点沿1、2、3、4点移动时，切应力逐步增加，直到到达4点时，不再产生塑性变形而沿滑移线滑移，其流动方向与前刀面平行。

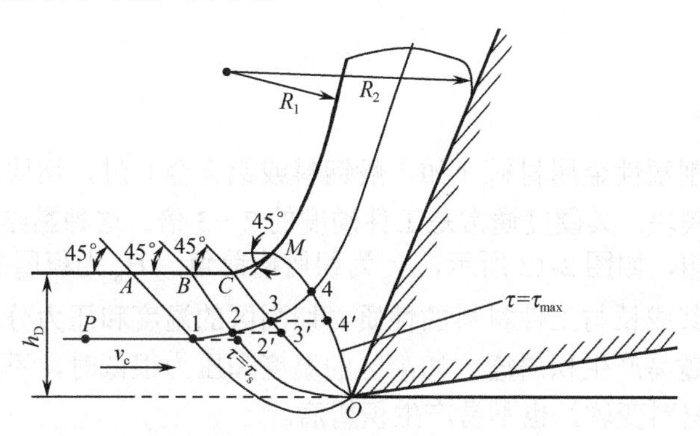

图2-9 第一变形区金属的剪切滑移

金属晶粒可假定为圆形，在始滑移线*OA*之前，晶粒仅产生弹性变形，仍为圆形；在第Ⅰ变形区，晶粒受切应力沿滑移线做剪切变形，伸长为椭圆形，如图2-10所示。图中，h_D为切削厚度，h_{ch}为切屑厚度，Δh_D为切削厚度的变化量，ψ为晶粒伸长方向与滑移方向（即剪切面方向）之间的夹角，剪切角ϕ为剪切面与切削速度方向之间的夹角。

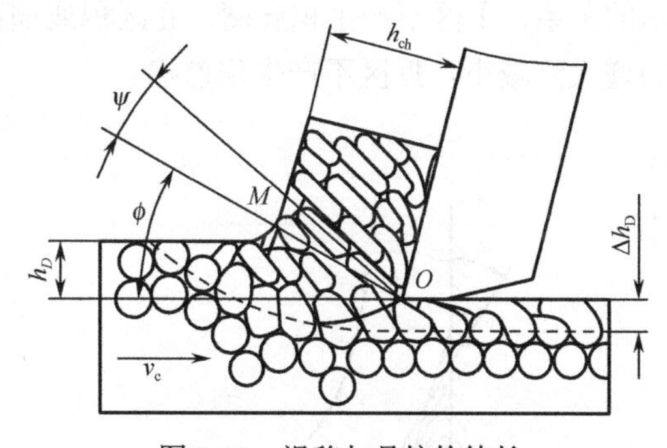

图2-10 滑移与晶粒的伸长

切削变形是材料微观组织的动态变化过程，通常用变形系数Λ来表示切削变形程度。变形系数以切屑形成前后外形尺寸的变化来衡量切削变形程度。切屑厚度h_{ch}与切削厚度h_D之比称为厚度变形系数Λ_h；切削层长度l_C与切屑长度l_{ch}之比称为长度变形系数Λ_l。通常，$h_{ch}>h_D$，而$l_{ch}<l_C$。

根据剪切滑移后形成的外形，切屑分为四种类型，如图2-11所示。

（1）带状切屑。切削层塑性变形后被切离，形成绵延不断的带状从前刀面流出。加工塑性金属时，在切削厚度较小、切削速度较高、刀具前角较大的工况下常产生此类切屑。

（2）节状切屑。切削层塑性变形过程中，剪切面上局部位置的切应力达到材料强度极限，引起切屑顶部局部开裂而形成节状。在切削厚度较大、切削速度较低、刀具前角较小时产生此类切屑。

（3）粒状切屑。如剪切面上的切应力超过材料强度极限，则切屑被剪切断裂成颗粒状。

（4）崩碎切屑。切削铸铁类脆性金属时，由于材料塑性很小，抗拉强度较低，切削层未经明显的塑性变形就在材料组织中的石墨和铁素体之间产生不规则的脆断，形成崩碎切屑。

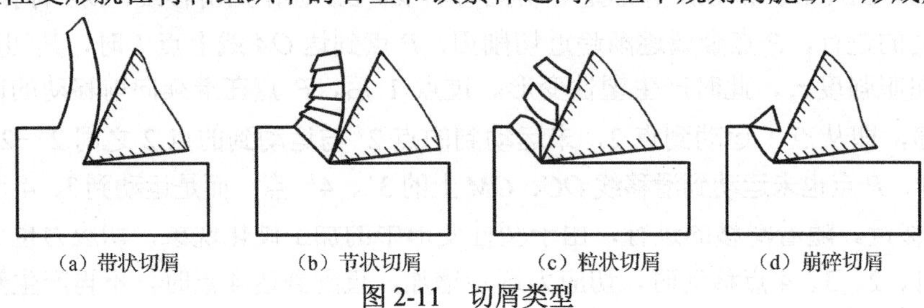

（a）带状切屑 （b）节状切屑 （c）粒状切屑 （d）崩碎切屑

图 2-11 切屑类型

2.3.3 积屑瘤

1. 积屑瘤的形成

在以中等速度切削塑性金属材料（如一般钢料或铝合金）时，切屑经常在前刀面上靠刃口处黏结成一小块硬楔块，其硬度通常是工件硬度的 2～3 倍。这种黏结（冷焊）在前刀面刃口的硬楔块称为积屑瘤，如图 2-12 所示，γ_b 为积屑瘤前角，H_b 为积屑瘤高度。

积屑瘤的产生及其成长与工件材料的性质、切削区的温度和压力分布有关。工件材料的加工硬化倾向越强，越易产生积屑瘤；切削区的温度和压力很低时，不易产生积屑瘤；切削区温度太高时，由于材料变软，也不易产生积屑瘤。

切削速度对积屑瘤的影响也与切削温度有关，在背吃刀量 a_p 和进给量 f 一定时，由于切削温度是随切削速度的提高而增大的，因此积屑瘤高度 H_b 与切削速度 v_c 之间有如图 2-13 所示的关系，Ⅰ区不产生积屑瘤，Ⅱ区积屑瘤高度 H_b 随 v_c 的增大而增高，Ⅲ区积屑瘤高度随 v_c 的增大而减小，Ⅳ区不产生积屑瘤。

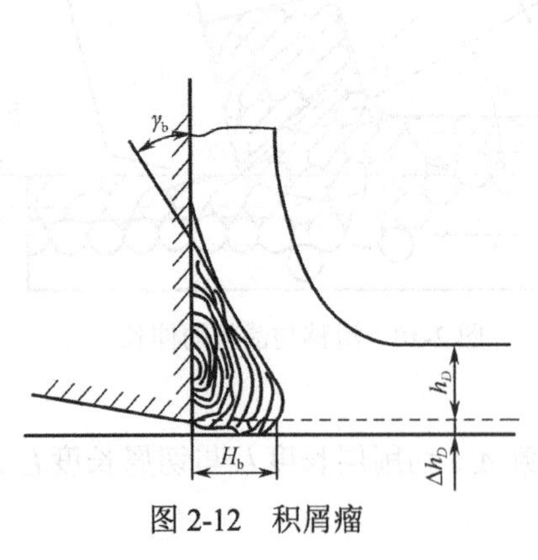

图 2-12 积屑瘤

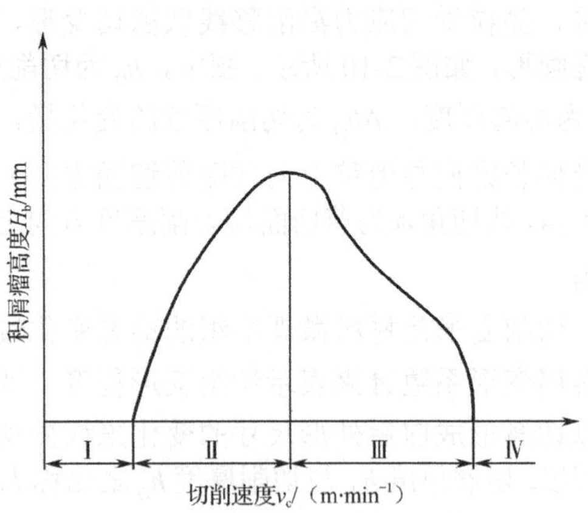

图 2-13 积屑瘤高度与切削速度的关系

2. 积屑瘤对切削过程的影响

积屑瘤对切削过程的影响有有利的一面，也有不利的一面。主要表现如下。

（1）使刀具工作前角变大。在前刀面上的积屑瘤使刀具工作前角增大（参见图 2-12），有利于减小切削力和切削变形。

（2）使切削厚度变化。积屑瘤前端超过了切削刃，使切削厚度 h_D 增大，其增量为 Δh_D，如图 2-12 所示。Δh_D 随着积屑瘤的增长而增大，可一旦积屑瘤在外力或振动作用下脱落或断裂，Δh_D 将迅速减小。切削厚度的变化会造成切削力大小波动和振动。

（3）使加工表面粗糙度值增大。积屑瘤高低不平、形状不规则，破裂脱落的积屑瘤也有可能黏结在已加工表面上，使加工表面粗糙度值增大。

（4）对刀具寿命的影响。积屑瘤可代替切削刃切削，有利于减小刀具磨损，但积屑瘤从刀具前刀面上频繁脱落，反而使刀具寿命下降。

2.3.4 影响切削变形的因素

1．工件材料

工件材料的强度、硬度增高，切屑和前刀面间的平均正应力 σ_{av} 将增大，而摩擦系数为材料剪切屈服强度 τ_s 与正应力的比值，因此前刀面与切屑间的摩擦系数 μ 将减小，摩擦角 β 将减小（根据 $\mu=\tan\beta$），剪切角 ϕ 将增大，变形系数 Λ_h 将随之减小。

2．刀具前角

一方面，刀具前角 γ_o 增大，剪切角 ϕ 将随之增大，变形系数 Λ_h 将随之减小；但另一方面，刀具前角 γ_o 增大，切屑和前刀面间的平均正应力 σ_{av} 将减小，摩擦系数 μ 和摩擦角 β 将增大，导致剪切角 ϕ 减小。这两方面影响中，由于后者影响较小，因此变形系数 Λ_h 还是随前角 γ_o 的增大而减小。

3．切削速度

切削速度是通过积屑瘤或切削温度来影响切削变形的。在无积屑瘤产生的切削速度范围内，切削速度 v_c 越大，切削层来不及充分变形就已被切离，因此变形系数 Λ_h 将越小。此外，提高切削速度 v_c，切削温度将增高，被切材料的剪切屈服强度 τ_s 将略有下降，前刀面摩擦系数 μ 将减小，变形系数 Λ_h 也将随之减小。

4．进给量

在无积屑瘤产生的切削速度范围内，当进给量增大时，根据式（2-4）可知，切削厚度 h_D 将增大，前刀面上的法向压力 F_n 将增大，切屑和前刀面间的平均正应力 σ_{av} 将增大，变形系数 Λ_h 将随之减小。

2.4 切削力与切削热

在切削加工中，切削力是一个非常重要的参数，切削热、刀具磨损、加工表面质量等现象都与切削力有关。

2.4.1 切削力和切削功率

1．切削力

切削时，使被加工材料发生变形而成为切屑所需的力称为切削力。切削力主要用于抵抗两个方面的变形和阻力：

● 切削层材料和工件表面层材料的弹性变形、塑性变形；
● 刀具前刀面与切屑、刀具后刀面与工件表面间的摩擦阻力。

上述各力的总和作用在切削刃附近的前刀面上，称为切削合力 F，可分解为三个互相垂直的分力：F_c、F_p 和 F_f，如图 2-14 所示。

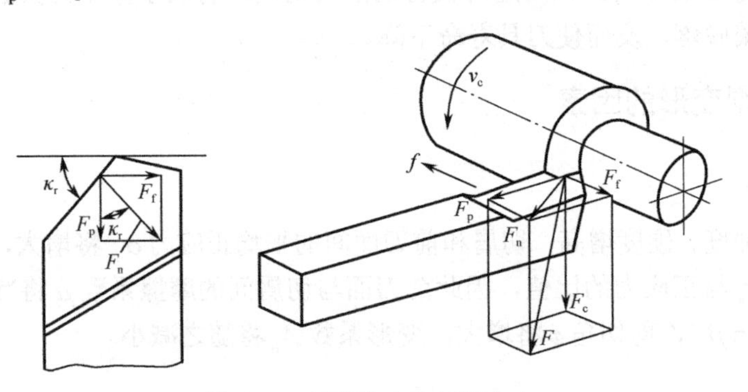

图 2-14 切削分力和切削合力

主切削力 F_c：切削合力在主运动方向（即切削速度方向）上的分力，垂直于基面，也称切向力。F_c 是计算切削机床所需功率和校验机床刚度的主要参数。

背向力 F_p：切削合力在基面上并垂直于进给方向的分力，也称切削抗力。背向力会使工件发生弯曲变形或引起振动，影响工件的加工精度和表面粗糙度。

进给力 F_f：切削合力在进给方向上的分力，也称轴向力，是校验切削机床进给机构强度的主要参数。背向力和进给力在基面上的合力称为法向力 F_n。

一般情况下，F_c 最大；F_p 次之，为（0.15～0.7）F_c；F_f 最小，为（0.1～0.6）F_c。

2．切削功率

消耗在切削过程中的功率称为切削功率，用 P_c（kW）表示。由于在切削抗力方向的位移极小，可近似认为 F_p 不做功，即不消耗功率。切削功率计算公式为

$$P_c=\left(F_c v_c+\frac{F_f n_w f}{1000}\right)\times 10^{-3} \tag{2-7}$$

式中 F_c——主切削力（N）；

v_c——切削速度（m/s）；

F_f——进给力（N）；

n_w——工件转速（r/s）；

f——进给量（mm/r）。

由于第二项消耗的功率与第一项相比很小，可以忽略不计。因此，可以认为

$$P_c=F_c v_c\times 10^{-3} \tag{2-8}$$

机床电动机所需功率 P_E 应满足

$$P_E\geqslant\frac{P_c}{\eta_m} \tag{2-9}$$

式中 η_m——机床传动效率，一般取 0.75～0.85。

2.4.2 影响切削力的因素

从降低机床动力消耗及工艺系统变形来考虑，通常希望以较小的切削力完成预定的切削加工任务，这在工艺系统刚度较差时尤为重要。

1．工件材料

切削脆性材料时，被切材料的塑性变形及它与前刀面的摩擦都比较小，故其切削力相对较小。切削塑性材料时，被切材料的强度、硬度越高，切削力越大。

2．切削用量

（1）背吃刀量和进给量。背吃刀量和进给量增大，都会使切削力增大，但两者的影响程度不同。背吃刀量的影响程度比进给量的影响程度要大，在切削面积相同的条件下，采用大的进给量比采用大的背吃刀量的切削力要小。

（2）切削速度。切削塑性材料时，在无积屑瘤产生的切削速度范围内（图2-13中Ⅰ、Ⅳ区），随着切削速度的增大，切削温度升高，被切材料的剪切屈服强度将略有下降，前刀面摩擦系数μ将减小，变形系数Λ_h也将随之减小。

在产生积屑瘤的情况下，刀具实际前角随积屑瘤的成长与脱落而变化。在积屑瘤增长期（图2-13中Ⅱ区），随着切削速度增大，积屑瘤增大，实际前角增大，变形系数减小，切削力下降；在积屑瘤消退期（图2-13中Ⅲ区），切削速度增大，积屑瘤减小，实际前角变小，变形系数增大，切削力上升。

3．刀具几何参数

（1）前角。增大前角，变形系数减小，切削力下降。

（2）主偏角。由图2-14可知，增大主偏角，背向力减小，进给力增大。

（3）刃倾角。改变刃倾角将影响切屑在前刀面上的流动方向，从而使切削合力的方向发生变化。增大刃倾角，背向力减小，进给力增大。

4．刀具磨损

后刀面磨损增大时，后刀面上的法向力和摩擦力都增大，切削力增大。

5．切削液

以冷却为主的切削液（如水溶液）对切削力的影响不大，但具有较强润滑作用的切削液（如切削油）可以降低切削力。

6．刀具材料

刀具材料与工件材料间的摩擦系数将影响摩擦力的大小，导致切削力变化。在其他切削条件完全相同的情况下，用陶瓷刀具切削比用硬质合金刀具切削的切削力小，用硬质合金刀具切削比用高速钢刀具切削的切削力大。

2.4.3 切削力计算

1．切削力测量

目前常用的测力仪有电阻式测力仪和压电式测力仪。测力仪输出的模拟信号经 A/D 转换器转换为数字信号后输入计算机，计算机对信号进行处理后即可求得切削力。在自动化生产中，可以用测得的切削力信号实时监控和优化切削过程。

2．切削力经验计算公式

测量在不同切削工况条件下的切削力并经数据处理，可得到切削力的经验计算公式为

$$
\begin{aligned}
F_c &= C_{F_c} a_p^{x_{F_c}} f^{y_{F_c}} v_c^{n_{F_c}} K_{F_c} \\
F_p &= C_{F_p} a_p^{x_{F_p}} f^{y_{F_p}} v_c^{n_{F_p}} K_{F_p} \\
F_f &= C_{F_f} a_p^{x_{F_f}} f^{y_{F_f}} v_c^{n_{F_f}} K_{F_f}
\end{aligned}
\tag{2-10}
$$

式中 C_{F_c}、C_{F_p}、C_{F_f}——取决于被加工材料和切削条件的切削力系数；

x_{F_c}、y_{F_c}、n_{F_c}，x_{F_p}、y_{F_p}、n_{F_p}，x_{F_f}、y_{F_f}、n_{F_f}——分别为三个分力公式F_c、F_p、F_f中a_p、f、v_c的指数；

K_{F_c}、K_{F_p}、K_{F_f}——实际加工条件与建立经验计算公式的实验条件不相符时需要的修正系数。

式（2-10）中的系数、指数和各项修正系数均可由有关机械加工工艺手册查得，或者通过二次回归方法计算获得。

2.4.4 切削热

切削过程中产生的切削热对工件变形、残余应力、刀具变形、刀具磨损等具有重要影响。

切削热来源于两个方面：使切削层金属发生弹性变形和塑性变形所消耗的能量转换为热能；切屑与前刀面、工件与后刀面之间产生的摩擦热。

切削过程中所消耗能量的 98%～99%都将转化为切削热。如忽略进给运动所消耗的能量，则在单位时间内的切削热等于在单位时间内主运动中切削力所做的功，即

$$Q = F_c \cdot v_c \tag{2-11}$$

式中 Q——单位时间内的切削热（J/s）。

切削热传递的途径主要是切屑、刀具、工件及周围的介质（如空气、切削液等）。影响热传导的主要因素是工件材料和刀具材料的导热系数及周围介质的状况。

（1）工件材料的导热系数高，由切屑和工件传导出去的热量增多，切削区温度就低；工件材料的导热系数低，切削热传导慢，切削区温度就高，刀具磨损就快。

（2）刀具材料的导热系数高，切削区的热量向刀具内部传导快，降低切削区的温度。

（3）采用冷却性能好的切削液能有效降低切削区的温度。

车削加工的切削热多被切屑带走，切削速度越高，摩擦生热越多，切屑带走的热量也越多；干切削时传给刀具的热量次之，为 10%～40%，而传给工件的热量更少，一般不超过 5%；钻削时，由于切屑不易从孔中排出，故被切屑带走的热量相对较少，只有 30%左右，约有 50%

的热量被工件吸收。

2.5　刀具磨损、破损与刀具寿命

2.5.1　刀具磨损

切削时刀具受到工件、切屑的摩擦作用，在高温条件下刀具材料逐渐被磨耗会出现破损。

1. 刀具的磨损形态

刀具的磨损形态如图 2-15 所示，分别为前刀面磨损、后刀面磨损和边界磨损。不同位置的刀具磨损量如图 2-16 所示。

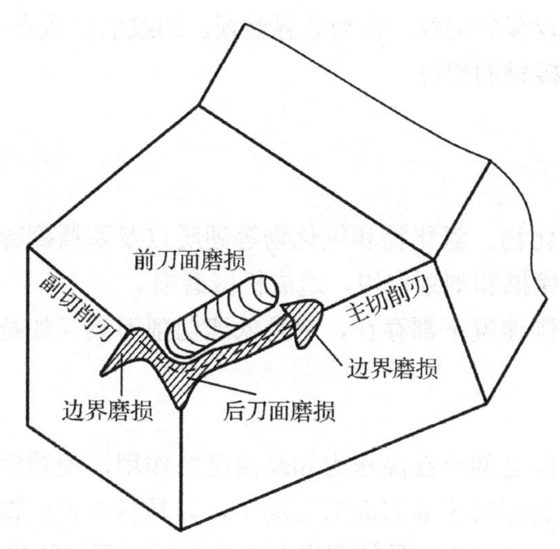

图 2-15　刀具的磨损形态

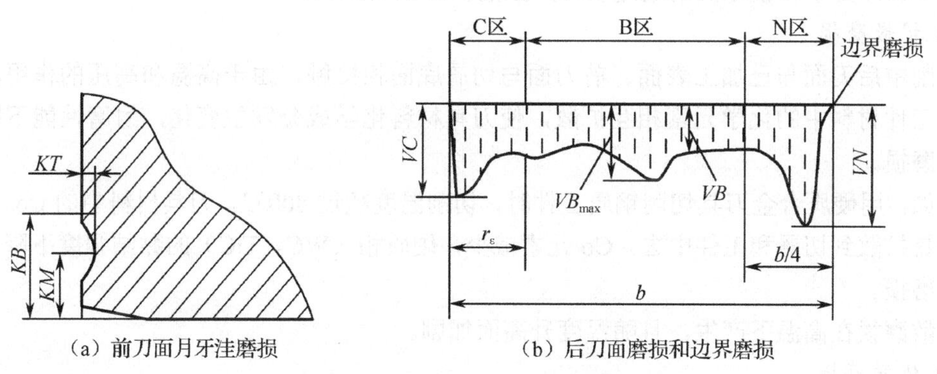

（a）前刀面月牙洼磨损　（b）后刀面磨损和边界磨损

图 2-16　不同位置的刀具磨损量

1）前刀面磨损

切削塑性材料时，如果切削速度和切削厚度较大，切屑与前刀面产生剧烈摩擦，在前刀面上经常会磨出一个月牙洼，称为前刀面磨损。出现月牙洼的部位是切削温度最高的部位。月牙洼和切削刃之间有一条小棱边，随着刀具磨损不断变大，当月牙洼扩展到使棱边变得很窄时，切削刃强度急速降低，极易导致崩刃。如图2-16（a）所示，月牙洼磨损用其深度*KT*、宽度*KB*表示。

2）*后刀面磨损*

后刀面和过渡表面间的摩擦比前刀面上的摩擦严重很多，在后刀面靠近切削刃的部位会逐渐被磨成后角为零的小棱面，称为后刀面磨损。切削脆性材料或以较小的切削厚度、切削速度切削塑性材料时，后刀面磨损是主要磨损形态。

后刀面上的磨损棱带往往不均匀，如图2-16（b）所示，在刀尖附近（C区）因强度较低、散热条件较差而磨损较大，*VC*表示刀尖点的磨损；在中间区域（B区）磨损较均匀，*VB*表示中间区域的平均磨损宽度。

3）*边界磨损*

在主切削刃靠近工件外皮处（见图2-16（b）中N区）和副切削刃靠近刀尖处的后刀面上，在切削钢材时往往会磨出较深的沟纹，称为边界磨损。沟纹的位置在主切削刃与待加工表面、副切削刃与已加工表面相接触的部位。

2．刀具磨损原因

1）*磨料磨损*

在工件材料中存在碳化物、氮化物和氧化物等硬质点及积屑瘤碎片等，这些硬质点如同“磨粒”，对刀具表面产生摩擦和刻划作用，造成机械磨损。

硬质点刻划在各种切削速度下都存在，它是低速切削刀具（如拉刀、板牙等）产生磨损的主要原因。

2）*黏结磨损*

切削时，切屑与前刀面之间存在高压力和高温度的作用，使接触点发生冷焊黏结，即切屑黏结在前刀面上，在切屑相对于前刀面的运动中，刀具材料表面微粒会被切屑黏走而产生小块剥落，造成黏结磨损。上述冷焊黏结磨损在工件与后刀面之间也同样存在。

冷焊黏结是中等偏低的切削速度时产生磨损的主要原因。

3）*扩散磨损*

切削中后刀面与已加工表面、前刀面与切屑底面相接触，由于高温和高压的作用，刀具材料和工件材料中的化学元素相互扩散，使刀具材料化学成分发生变化，耐磨性能下降，造成扩散磨损。

例如，用硬质合金刀具切削钢质工件时，切削温度超过800℃，刀具材料中的Co、C、W等元素易扩散到切屑和工件中去。Co元素减少，硬质相（WC、TiC）的黏结强度下降，会加快刀具磨损。

扩散磨损在高温下产生，且随温度升高而加剧。

4）*化学磨损*

在高温作用下，刀具材料与周围介质（如空气中的氧，切削液中的极压添加剂硫、氯等）起化学作用，在刀具表面形成硬度和强度较低的化合物，易被切屑和工件摩擦掉，造成刀具材料损失，由此产生的刀具磨损称为化学磨损。

化学磨损主要发生在较高的切削速度条件下。

3．刀具的磨钝标准

刀具磨损到一定限度应该重磨或更换刀片，而不能继续使用，这个磨损极限称为刀具的磨钝标准。国际标准组织（ISO）规定，以 1/2 背吃刀量处在后刀面上的磨损带宽度 *VB* 作为刀具磨钝标准。自动化生产中使用的精加工刀具，从保证工件尺寸的精度考虑，常以刀具的径向尺寸磨损量 *NB*（见图 2-17）作为刀具的磨钝标准。

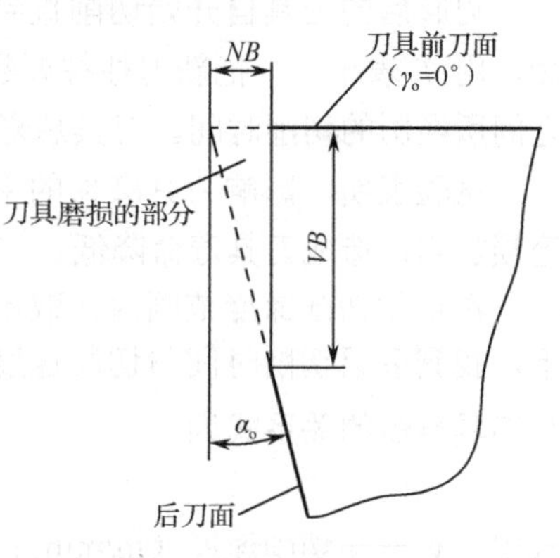

图 2-17　刀具的磨损量

制定刀具的磨钝标准时，既要考虑发挥刀具的切削能力，又要考虑保证工件的加工质量。磨钝标准一般精加工时取较小值，粗加工时取较大值；工艺系统刚性差时取较小值；对难加工材料，磨钝标准也取较小值。

ISO 推荐的硬质合金车刀刀具寿命试验中磨钝标准有下列三种可供选择。

- 后刀面磨损宽度 $VB = 0.3\,\text{mm}$；
- 如果主后刀面为非正常磨损，则取 $VB_{\max} = 0.6\,\text{mm}$；
- 前刀面磨损深度 $KT = (0.06 + 0.3f)\,\text{mm}$，其中进给量 f 以 mm/r 为单位。

2.5.2　刀具破损

在切削加工中，刀具没有经过正常磨损，而在很短时间内突然损坏，这种情况称为刀具破损。磨损是逐渐发展的过程，而破损是突发的。破损的突发性很容易在生产过程中造成较大的危害和经济损失。

刀具的破损形式分为脆性破损和塑性破损。

1．脆性破损

硬质合金刀具和陶瓷刀具切削时，在机械应力和热应力的冲击作用下，经常发生以下几种形态的破损。

（1）崩刃。切削刃产生小的缺口，在继续切削中，缺口会不断扩大，导致更大的破损。

（2）碎断。切削刃发生小块碎裂或大块断裂，不能继续进行切削。

（3）剥落。在刀具的前、后刀面上出现剥落碎片，经常与切削刃一起剥落，有时也在离切削刃一小段距离处剥落。陶瓷刀具端铣时常发生这种破损。

（4）裂纹破损。热冲击和机械冲击均会引发裂纹，裂纹不断扩展合并就会引起切削刃的碎裂或断裂。

2．塑性破损

在刀具前刀面与切屑、后刀面与工件间接触面上，由于过高的温度和压力的作用，刀具表层材料将因发生塑性流动而丧失切削能力，这就是刀具的塑性破损。抵抗塑性破损的能力取决于刀具材料的硬度和耐热性。

硬质合金和陶瓷的耐热性好，一般不易发生这种破损。相比之下，高速钢耐热性较差，较易发生塑性破损。

2.5.3 刀具寿命

刃磨后的刀具自开始切削直到磨损量达到磨钝标准为止所经历的切削时间，称为刀具寿命，用 T 表示。一把新刀往往要经过多次刃磨才会报废。可重磨刀具的刀具寿命是两次刃磨之间所经历的切削时间。刀具总寿命是刀具寿命与刃磨次数的乘积。

试验表明，影响刀具磨损的主要因素是切削速度。提高切削速度，将使切削温度增高，磨损加剧，造成刀具寿命降低。

在正常切削速度范围内，取不同切削速度进行刀具寿命试验，可在规定的刀具磨钝标准下，找到多组切削时间与切削速度的数据（$T-v_c$），经数据处理和回归分析，可得切削速度与刀具寿命的关系式为

$$v_c T^m = C_0 \quad (2\text{-}12)$$

式中　v_c——切削速度（m/min）；

T——刀具寿命（min）；

m——v_c 对 T 影响程度的指数，它反映了刀具材料的切削性能，m 值越大，v_c 对 T 的影响越小，刀具的耐热性越好，高速钢刀具的 $m=0.1\sim0.125$，硬质合金刀具的 $m=0.2\sim0.3$，陶瓷刀具的 $m=0.4$；

C_0——与刀具、工件材料和切削条件有关的系数。

式（2-12）在双对数坐标系中是一条斜率为 m 的直线，如图 2-18 所示。m 值通常较小，说明切削速度 v_c 对刀具寿命 T 影响较大。

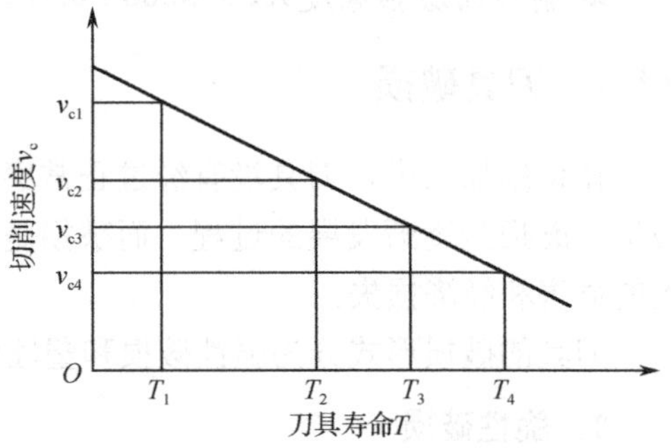

图 2-18　在双对数坐标系中的 $T-v_c$ 关系

按照上述求 v_c-T 关系式的方法，同样可以求得 $f-T$ 和 a_p-T 关系式，即

$$fT^g = C_1 \quad (2\text{-}13)$$

$$a_p T^h = C_2 \quad (2\text{-}14)$$

综合式（2-12）～式（2-14），可得刀具寿命与切削用量的一般关系式，即刀具寿命的经验公式为

$$T = \frac{C_T}{v_c^{\frac{1}{m}} f^{\frac{1}{g}} a_p^{\frac{1}{h}}} \quad (2\text{-}15)$$

式（2-12）～式（2-14）中的有关指数、系数可通过刀具寿命试验求得。

例如，用硬质合金车刀切削 $\sigma_b=0.75$GPa 的碳钢工件，在进给量 $f>0.75$mm/r 的条件下进行刀具寿命试验，通过数据处理后得到的刀具寿命公式为

$$T = \frac{C_T}{v_c^5 f^{2.25} a_p^{0.75}} \quad (2\text{-}16)$$

分析式（2-16）可知，切削速度 v_c 对刀具寿命的影响最大，进给量 f 次之，背吃刀量 a_p 的影响最小。这与它们对切削温度的影响次序完全一致，说明切削温度与刀具寿命之间有着密切的内在联系。

2.6　切削用量和刀具几何参数的选择

2.6.1　切削用量的选择

合理的切削用量是指在保证加工质量的前提下，既取得较高的生产效率又获得较低加工成本所采用的切削用量。

选择切削用量时主要考虑：工件的加工要求（包括加工质量要求和生产效率要求）、刀具材料的切削性能、机床性能（包括功率、转矩等动力特性和运动特性）、刀具寿命要求等。

1．切削用量与生产效率、刀具寿命的关系

机床切削效率用单位时间内切除的材料体积 Q（$\mathrm{mm^3/min}$）表示为

$$Q = a_\mathrm{p} \cdot f \cdot v_\mathrm{c} \tag{2-17}$$

a_p、f、v_c 均与 Q 成正比关系，三者对切削效率影响的权重是完全相同的。a_p、f、v_c 中任一个提高一倍，Q 都提高一倍，但是 v_c 提高一倍与 f、a_p 提高一倍对刀具寿命的影响是不同的。切削用量三要素中，v_c 对刀具寿命的影响最大，f 次之，a_p 的影响最小。因此，在保持刀具寿命一定的条件下，提高 a_p 比提高 f 的生产效率高，比提高 v_c 的生产效率更高。

2．切削用量的选用原则

选择切削用量的基本原则是：首先，根据加工余量确定尽可能大的背吃刀量 a_p；其次，根据机床进给机构强度、刀杆刚度等限制条件（粗加工时）或已加工表面粗糙度要求（精加工时），选取尽可能大的进给量 f；最后，根据切削用量手册查取或通过计算确定切削速度 v_c。

3．切削用量三要素的选用

1）背吃刀量 a_p

a_p 一般根据加工余量确定。只要机床功率许可，粗加工余量应尽可能在一次走刀中全部切除。下面几种情况，可分几次走刀：①加工余量太大而导致机床动力不足或刀具强度不够；②工艺系统刚性不足；③断续切削。对于表层有硬皮的锻铸件或冷硬倾向较为严重的材料（如不锈钢），应尽量使 a_p 值超过硬皮或冷硬层深度，以防刀具过快磨损。半精加工时，a_p 可取 0.5～2mm；精加工时，a_p 可取 0.1～0.4mm。

2）进给量 f

f 通常采用查表法确定。粗加工对表面质量没有太高要求，此时进给量应是工艺系统所能承受的最大进给量。粗加工时根据工件材料、刀杆尺寸、工件尺寸及已确定的背吃刀量等条件，半精加工和精加工时根据表面粗糙度和加工精度要求，在切削用量手册中可查得 f 的取值。

3）切削速度 v_c

根据已经选定的背吃刀量 a_p、进给量 f 及刀具寿命 T，通过公式计算或查手册可确定 v_c。

车削的切削速度计算公式为

$$v_\mathrm{c} = \frac{C_\mathrm{v}}{T^m a_\mathrm{p}^{x_\mathrm{v}} f^{y_\mathrm{v}}} K_\mathrm{v} \tag{2-18}$$

式中　C_v——切削速度系数；

m、x_v、y_v——T、a_p和f的指数；

K_v——工件材料、刀具材料、加工方式、主偏角κ_r、副偏角κ_r'、刀尖圆弧半径r_ε和刀杆尺寸对v_c的修正系数的乘积。

式（2-18）中系数、指数和各项修正系数均可由有关机械加工工艺手册查得。

在确定切削速度时，还应考虑以下几点。

- 精加工时，应尽量避开产生积屑瘤的速度区；
- 断续切削时，应尽量减小切削速度；
- 在易产生振动的情况下，机床主轴转速应选择能进行稳定切削的转速区；
- 对于大件、细长件、薄壁件及带铸锻外皮的工件，应选较低的切削速度。

2.6.2　刀具几何参数的选择

刀具的切削性能主要是由刀具材料的性能和刀具几何参数两方面决定的。刀具几何参数的选择对切削力、切削温度及刀具磨损有显著影响。选择刀具的几何参数要综合考虑工件材料、刀具材料、刀具类型及其他加工条件（如切削用量、工艺系统刚性及机床功率等）的影响。

1．前角γ_o的选择

前角是刀具最重要的几何参数之一。增大前角可以减小切削变形，降低切削力和切削温度。但过大的前角会使刀具楔角减小，切削刃强度下降，刀头散热体积减小，刀具温度上升，使刀具寿命下降。针对某一具体加工条件，客观上有一个最合理的前角取值。

工件材料的强度、硬度较低时，前角应取大些，反之应取较小的前角。加工塑性材料宜取较大的前角，加工脆性材料宜取较小的前角。刀具材料韧性好时宜取较大的前角，反之应取较小的前角，如硬质合金刀具应取比高速钢刀具较小的前角。粗加工时，为保证切削刃强度，应取较小的前角；精加工时，为提高表面质量，可取较大的前角。工艺系统刚性较差时，应取较大的前角。为减小刃形误差，成形刀具的前角应取较小值。

用硬质合金刀具加工中碳钢工件时，通常取$\gamma_o=10°\sim20°$；加工灰铸铁工件时，通常取$\gamma_o=8°\sim12°$。

2．后角α_o的选择

后角的主要功用是减小切削过程中刀具后刀面与工件之间的摩擦。较大的后角可减小刀具后刀面上的摩擦，提高已加工表面质量。在磨钝标准取值相同时，后角较大的刀具，磨损到磨钝标准时，磨去的刀具材料较多，刀具寿命较长。但是过大的后角会使刀具楔角显著减小，削弱切削刃强度，减小刀头散热体积，导致刀具寿命降低。

可按下列原则正确选择合理的后角值。切削厚度（或进给量）较小时，宜取较大的后角。进行粗加工、强力切削和承受冲击载荷的刀具，为保证切削刃强度，宜取较小的后角。工件材料硬度、强度较高时，宜取较小的后角；工件材料较弱、塑性较大时，宜取较大的后角；切削脆性材料，宜取较小的后角。对精度要求高的定尺寸刀具（如铰刀），宜取较小的后角。

车削中碳钢和铸铁工件时，车刀后角通常取为$\alpha_o = 6° \sim 8°$ 。

3．主偏角κ_r及副偏角κ_r'的选择

减小主偏角和副偏角，可以减小已加工表面上残留面积的高度，使其表面粗糙度减小；同时又可以提高刀尖强度，改善散热条件，提高刀具寿命；减小主偏角还可使切削厚度减小，切削宽度增加，切削刃单位长度上的负载下降，对提高刀具寿命有利。另外，主偏角取值还影响各切削分力的大小和比例的分配。例如，车外圆时，增大主偏角可使背向力F_p减小，进给力F_f增大。

工件材料硬度、强度较高时，宜取较小的主偏角，以提高刀具寿命。工艺系统刚性较差时，宜取较大的主偏角；反之，则宜取较小的主偏角，以提高刀具寿命。

精加工时，宜取较小的副偏角，以减小表面粗糙度；工件强度、硬度较高或刀具做断续切削时，宜取较小的副偏角，以增加刀尖强度。在不会产生振动的情况下，一般刀具的副偏角均可选择较小值（$\kappa_r' = 5° \sim 15°$）。

4．刃倾角λ_s的选择

改变刃倾角可以改变切屑流出方向，达到控制排屑方向的目的。负刃倾角的车刀刀头强度好，散热条件也好。增大刃倾角绝对值可使刀具的切削刃实际钝圆半径减小，切削刃变得锋利。刃倾角不为零时，切削刃是逐渐切入和切出工件的，增大刃倾角绝对值可以减小刀具受到的冲击，提高切削的平稳性。

加工中碳钢和灰铸铁工件时，粗车取$\lambda_s = 0° \sim -5°$，精车取$\lambda_s = 0° \sim +5°$，有冲击负荷作用时取$\lambda_s = -5° \sim -15°$，冲击特别大时取$\lambda_s = -30° \sim -45°$；加工高强度钢、淬硬钢时，取$\lambda_s = -20° \sim -30°$；工艺系统刚性不足时，为避免背向力$F_p$过大而导致工艺系统受力变形过大，不宜采用负的刃倾角。

2.7　磨削原理

磨削是常用的机械加工方法，可以加工各种表面，如外圆、内孔、平面、螺纹、花键、齿轮及钢材切断等，加工材料范围也很广，如淬硬钢、铸铁、硬质合金、陶瓷、玻璃、石材、塑料等。磨削不仅广泛用于精加工，还可用于粗加工和毛坯去皮加工，并能获得较高的生产率和良好的经济性。

2.7.1　磨削运动

磨削一般有四个运动，以外圆磨削运动（见图2-19）为例进行说明。

（1）主运动。砂轮的旋转为磨削的主运动，砂轮外圆的切线速度即为磨削速度v_c，单位为 m/s。通常，采用氧化铝或碳化硅砂轮时v_c取 25～50m/s，采用 CBN 或人造金刚石砂轮时v_c取 80～150m/s。

（2）工件的旋转进给运动。进给速度用工件的切线速度v_w表示，单位为 mm/min。通常粗磨时v_w取 20～30mm/min，精磨时v_w取 20～60mm/min。

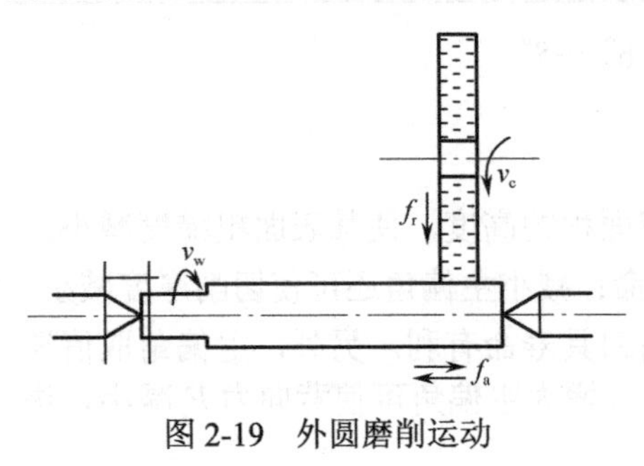

图 2-19 外圆磨削运动

（3）砂轮的径向进给运动。进给量用工作台每单行程或双行程砂轮切入工件的深度（磨削深度）f_r表示，单位为 mm/单行程或 mm/双行程。通常粗磨时 f_r 取 0.015～0.05mm/单行程（或双行程），精磨时 f_r 取 0.005～0.01mm/单行程（或双行程）。

（4）工件的轴向进给运动。进给量用工件每转相对于砂轮的轴向移动量 f_a 表示，单位为 mm/r。通常 $f_a=(0.2\sim0.8)B$，其中 B 为砂轮宽度，单位为 mm。

2.7.2 砂轮的特性和选择

1. 普通砂轮

普通砂轮是用结合剂把磨粒黏结起来，经压坯、干燥、焙烧及车整制成的。砂轮的特性取决于磨料、粒度、结合剂、硬度、组织及砂轮形状等要素。

（1）磨料。普通砂轮常用的磨料有氧化物系和碳化物系两类，其特性及适用范围参见表 2-1。

表 2-1 普通砂轮磨料的特性及适用范围

系列	磨料名称	代号	显微硬度/HV	特性	适用范围
氧化物系	棕刚玉	A	2200～2280	棕褐色；硬度高，韧性大；价格便宜	磨削碳钢、合金钢、可锻铸铁、硬青铜
	白刚玉	WA	2200～2300	白色；硬度比棕刚玉高，韧性较棕刚玉低	磨削淬火钢、高速钢、高碳钢及薄壁零件
碳化物系	黑碳化硅	C	2840～3320	黑色，有光泽；硬度比白刚玉高，性脆而锋利，导热性和导电性良好	磨削铸铁、黄铜、铝、耐火材料及非金属材料
	绿碳化硅	GC	3280～3400	绿色；硬度和脆性比黑碳化硅高，具有良好的导热性	磨削硬质合金、宝石、陶瓷、玉石、玻璃等材料

（2）粒度。粒度是指磨料颗粒的大小，用 F 后面的数字表示粒度号。粒度号越大，磨粒越细。粗磨粒用筛选法分级，以其能通过的筛网上每英寸长度上的孔数来表示粒度号，范围为 F4～F220。微粉的粒度号为 F230～F1200，用光电沉降仪法分级。常用磨粒的粒度及适用范围参见表 2-2。

表 2-2 常用磨粒的粒度及适用范围

类别	粒度号	应用范围	类别	粒度号	应用范围
磨粒	F4、F5、F6、F7、F8、F10、F12、F14、F16、F20、F22、F24	荒磨、打毛刺	微粉	F230、F240、F280、F320、F360	珩磨、研磨
	F30、F36、F40、F46、F54、F60、F70、F80、F90、F100	粗磨、半精磨、精磨		F400、F500、F600、F800、F1000、F1200	研磨、超精磨削、镜面磨削
	F120、F150、F180、F220	精磨、珩磨			

（3）结合剂。结合剂的作用是将磨粒黏结在一起，形成具有一定形状和强度的砂轮。常用结合剂有陶瓷结合剂、树脂结合剂和橡胶结合剂，其性能及适用范围参见表2-3。

表2-3 常用结合剂的性能及适用范围

结合剂	代号	性能	适用范围
陶瓷	V	耐热、耐蚀，气孔率大，易保持廓形，弹性差	最常用，适用于各类磨削加工
树脂	B	强度较陶瓷高，弹性好，耐热性差	适用于高速磨削、切断、开槽等
橡胶	R	强度较树脂高，更富有弹性，气孔较小，耐热性差	适用于切断、开槽及做无心磨的导轨

（4）硬度。砂轮的硬度是指磨粒在磨削力作用下，从砂轮表面上脱落的难易程度。砂轮硬度越高，磨粒越不容易脱落。砂轮的硬度分为七个等级，参见表2-4。

表2-4 砂轮的硬度等级名称及代号

大级名称	超软			软			中软		中		中硬			硬		超硬
小级名称	超软			软1	软2	软3	中软1	中软2	中1	中2	中硬1	中硬2	中硬3	硬1	硬2	超硬
代号	D	E	F	G	H	J	K	L	M	N	P	Q	R	S	T	Y

工件材料硬度较高时，应选用较软的砂轮；工件材料硬度较低时，应选用较硬的砂轮；砂轮与工件接触面较大时，应选用较软的砂轮，使磨钝的磨粒及时脱落，防止工件烧伤；磨薄壁件及导热性差的工件时应选用较软的砂轮；精磨和成形磨时，应选用较硬的砂轮；砂轮粒度号大时，应选用较软的砂轮。

（5）组织。砂轮的组织是指磨粒、结合剂、气孔三者之间的比例关系。磨粒在砂轮体积中所占的比例（称为磨料率）越大，则组织越紧密，组织号越小。组织号大，组织疏松，砂轮表面不易堵塞，切削液和空气容易带入磨削区域，可降低磨削温度，减轻工件变形和烧伤，但不易保持砂轮的轮廓形状。砂轮的组织号及适用范围参见表2-5。

表2-5 砂轮的组织号及适用范围

组织号	0	1	2	3	4	5	6	7	8	9	10	11	12	13	14
磨粒在砂轮体积中所占比例（%）	62	60	58	56	54	52	50	48	46	44	42	40	38	36	34
疏密程度	紧密				中等				疏松					大气孔	
适用范围	重负荷、成形、精密磨削、间断磨削及自由磨削，或加工硬脆材料				外圆磨、内圆磨、无心磨及工具磨，磨削淬火钢工件，刃磨刀具等				粗磨，砂轮与工件接触面较大的平面磨，磨削韧性大、硬度低的工件，以及薄壁、细长类工件					磨削有色金属及塑料、橡胶等非金属及热敏性大的合金	

（6）砂轮形状。常用砂轮的形状、代号及主要用途参见表2-6。

表 2-6 常用砂轮的形状、代号及主要用途

砂轮名称	代号	断面形状	主要用途
平面砂轮	1		用于外圆磨、内圆磨、平面磨、无心磨、工具磨、螺纹磨和砂轮机
双斜边一号砂轮	4		主要用于磨齿面和螺纹面
薄片砂轮	41		用于切断和开槽等
杯形砂轮	6		用端面刃磨刀具，用圆周面磨平面及内孔
碗形砂轮	11		通常用于刃磨刀具，也可用于磨机床导轨
碟形一号砂轮	12a		适用于磨铣刀、铰刀、拉刀等，也可用于磨齿面

砂轮的主要特性一般标记在砂轮端面上。例如，标记“1-300×30×75-A60L5V-35m/s”中，“1”表示该砂轮为平面砂轮，“300”为砂轮的外径（mm），“30”为砂轮厚度（mm），“75”为砂轮内径（mm），“A”表示磨料为棕刚玉，“60”为砂轮的粒度号，“L”表示砂轮的硬度为中软 2，“5”为砂轮的组织号，“V”表示砂轮的结合剂为陶瓷，“35m/s”是砂轮允许的最高圆周速度。

2. 超硬砂轮

超硬砂轮采用人造金刚石或立方氮化硼砂轮为磨料。砂轮由磨粒层和基体两部分组成，磨粒层由人造金刚石或立方氮化硼磨粒与结合剂组成，基体常用铝、钢、铜或胶木等制作。人造金刚石砂轮主要用于磨削高硬度的脆性材料，如硬质合金、花岗岩、大理石、光学玻璃、陶瓷等；立方氮化硼砂轮用来磨削高硬度、高韧性的难加工钢材，如高温合金，高钼、高钒、高钴钢及不锈钢等。

除使用树脂结合剂和陶瓷结合剂外，超硬砂轮还使用青铜和铸铁纤维等金属结合剂。金属结合剂砂轮具有结合强度高、耐磨性好、寿命长和能承受大磨削负荷等特点，但是金属结合剂砂轮自锐性差，容易堵塞，易产生由砂轮偏心引起的激振力，因而影响磨削过程的稳定性和工件加工表面质量，为此砂轮需要经常修整。

超硬砂轮用浓度来表示砂轮内含有磨粒的疏密程度。浓度用百分比表示，常用浓度有25%、50%、75%、100%、150%，100%浓度值是指磨削层磨料含量为0.88g/cm^3，50%浓度值是指磨料含量为0.44g/cm^3。加工石材、玻璃时选较低浓度的金刚石砂轮；加工超硬合金、金属陶瓷等难加工材料时选高浓度的金刚石砂轮。立方氮化硼砂轮只用于加工金属材料，应选用较高浓度的砂轮。

2.7.3　磨削过程

磨削时砂轮表面许多磨粒参与磨削，每一个磨粒均可以看作一把微小的刀具。磨粒的形状很不规则，其尖点的顶锥角大多为 90°～120°。磨粒上刀尖的钝圆半径 r_n 大约在几微米至几十微米之间，磨粒磨损后刃尖钝圆半径还将增大。磨粒以较大的负前角和钝圆半径对工件进行切削（见图 2-20），因此磨粒接触工件的初期不会切下切屑，只有当磨粒的切削厚度增大到某一临界值后才开始切下切屑。

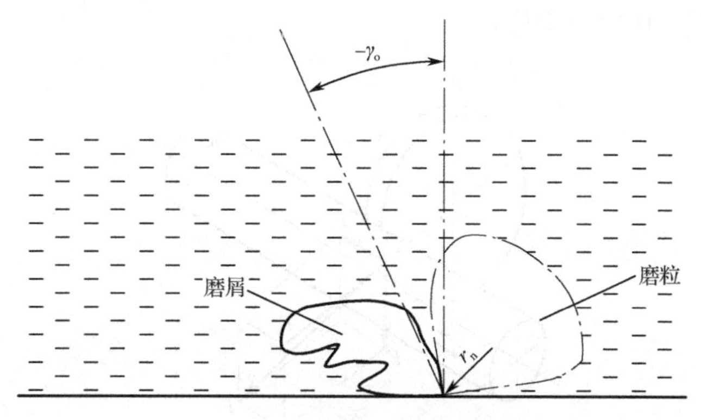

图 2-20　磨粒刃尖的切削

磨削过程中，磨粒对工件的作用包括滑擦、耕犁和形成切屑三个阶段。

（1）滑擦阶段。磨粒刚开始与工件接触时，切削厚度非常小，磨粒只在工件表面上滑擦起抛光作用。砂轮和工件接触面上只有弹性变形和摩擦产生的热量。

（2）耕犁阶段。随着切削厚度逐渐加大，被磨工件表面开始产生塑性变形，磨粒逐渐切入工件表层材料中。表层材料受挤压，向磨粒的前方和两侧流动，在工件表面形成微细的沟槽，沟槽两侧微微隆起。此阶段磨粒对工件的挤压和摩擦作用剧烈，产生的热量大大增加。

（3）形成切屑。一些突出和比较锋利的磨粒切入工件较深，当切削厚度增加到某一临界值时，磨粒前面的材料发生明显的剪切滑移而形成切屑。

磨粒的切削过程如图 2-21 所示。

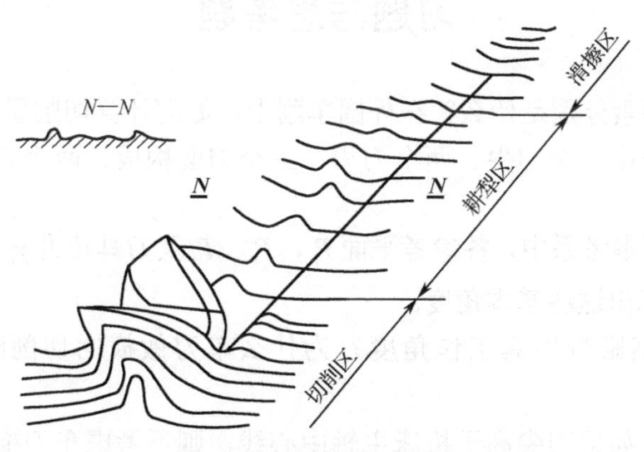

图 2-21　磨粒的切削过程

磨削过程中产生的沟痕两侧隆起现象对加工表面粗糙度影响较大。在较高磨削速度下，工件材料塑性变形的传播速度远小于磨削速度，磨粒两侧的材料来不及变形。随着磨削速度的提高，隆起减小，从而减小了表面粗糙度。由于磨削厚度小，磨粒除起切削作用外，还有挤压和抛光作用，因此，磨削加工通常能达到很高的加工精度和很小的表面粗糙度。

2.7.4 磨削力与磨削温度

以外圆磨削为例，如图 2-22 所示，磨削力可以分解为三个互相垂直的分力：主磨削力（切向力）F_c、背向力 F_p 和进给力 F_f。由于大多数磨粒以较大的负前角进行切削，刃口钝圆半径与切削厚度之比相对较大，因此，主切削力特别大，这是磨削的一个特征。通常，$F_f=(0.1\sim0.2)F_c$，$F_p=(1.6\sim3.2)F_c$。

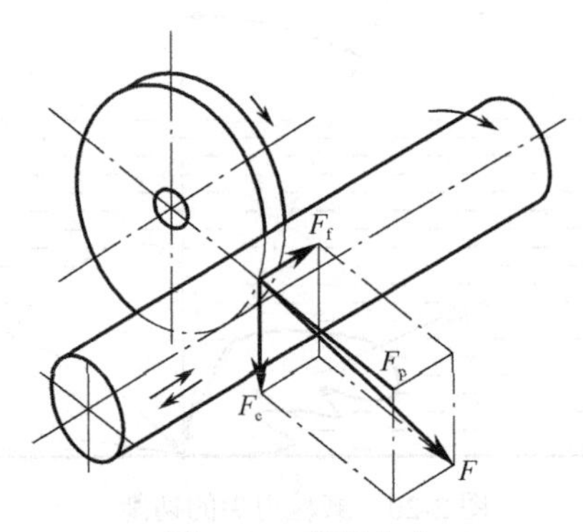

图 2-22 磨削分力

由于磨削速度很高，磨削厚度很小，切削刃很钝，因此磨削时切除单位体积切削层所消耗的力和功率相比车削、铣削大得多，为其 10～20 倍。磨削消耗的能量在磨削中迅速转变为热能，磨粒磨削点的温度可高达 1000～1400℃。

磨削热量将传入工件、砂轮、磨屑和切削液。磨屑热容量小，因而传入其中的热量较少，在 10%以下，磨屑离开工件后氧化和燃烧形成火花飞出；砂轮和工件接触时间短且导热性差，因此传入砂轮的热量也较少，为 10%～15%；磨削热量大多数传入工件，工件磨削区域的温度可达 400～1000℃。磨削温度对加工表面质量影响很大，须设法控制。

习题与思考题

2-1 切削用量三要素分别是什么？在外圆车削中，如何计算切削层参数？

2-2 刀具切削部分由一个刀尖、两个刀刃、三个刀面构成，两个刀刃和三个刀面分别是什么？

2-3 刀具正交平面参考系中，各参考平面 P_r、P_s、P_o 及刀具角度 γ_o、α_o、κ_r、κ_r'、λ_s 是如何定义的？试画图标出这些基本角度。

2-4 进给运动如何影响刀具工作角度？为什么车刀做横向切削时，进给量取值不能过大？

2-5 内孔镗削时，如果刀尖高于机床主轴中心线，则不考虑车刀横向进给运动的影响，试分析刀具工作前角、工作后角的变化情况。

2-6 刀具切削部分的材料应具备哪些性能？

2-7 常用的高速钢刀具材料有哪几种？适用的范围分别是什么？

2-8 常用的硬质合金有哪几类？适用的范围分别是什么？

2-9 试述新型刀具材料（陶瓷、立方氮化硼、金刚石）的特点及适用的场合。

2-10 切削变形区如何划分？第一变形区有哪些变形特点？

2-11 积屑瘤产生的条件是什么？积屑瘤对金属切削过程有什么影响？

2-12 切削力分解为三个互相垂直的分力的作用是什么？

2-13 影响切削力的主要因素有哪些？试论述其影响规律。

2-14 用硬质合金刀具车削外圆，工件材料为 40Cr，试验测得主切削力 F_c=1100N，试求切削功率 P_c，并校验机床功率（机床额定功率 P_E 为 7.5kW，传动效率 η_m 为 0.8）。

2-15 背吃刀量 a_p 和进给量 f 对切削力的影响程度有何不同？

2-16 在产生积屑瘤的情况下，切削速度如何影响切削力？

2-17 影响切削温度的主要因素有哪些？试论述其影响规律。

2-18 在车削、钻削中，大部分切削热传入刀具、工件、切屑、机床中的哪部分？

2-19 刀具磨钝标准、刀具寿命分别如何定义？分析切削用量三要素对刀具寿命的影响规律。

2-20 分析确定刀具寿命的原则和应考虑的因素。

2-21 分别从提高切削效率、降低切削力和切削温度、提高刀具耐用度的角度，分析如何选择切削用量及刀具几何参数。

2-22 内孔磨削和平面磨削有哪些运动？磨削用量如何表示？

2-23 砂轮有哪些组成要素？砂轮如何选用？

2-24 为什么磨削外圆时在三个分力中背向力 F_p 最大，而车削外圆时三个分力中切向力（主切削力）F_c 最大？

2-25 磨削过程分哪几个阶段？为什么磨削加工能够达到很高的加工精度和很小的表面粗糙度？

第3章　机械制造中的加工方法及装备

机器零件都是由若干不同类型的基本表面（如外圆表面、内圆表面、平面、圆锥面、曲面等）构成的，零件的加工过程实际上就是获得这些表面的过程。本章以外圆表面、孔表面、平面和齿面切削加工为主线，介绍机械制造中的加工方法及金属切削加工常用的机床设备。

3.1　机械制造中的切削加工方法

3.1.1　车削

车削加工中，工件旋转，形成主切削运动。车削加工后形成的加工面是回转表面。车削加工方法也可以加工回转工件的端面（平面）。通过刀具相对工件实现不同的进给运动，可以获得不同的工件形状。当刀具沿平行于工件回转轴线的方向运动时，就形成内圆柱面、外圆柱面；当刀具沿与工件旋转轴线相交的斜线运动时，就形成锥面；在仿形车床或数控车床上，当刀具沿着一条曲线进给时，就形成一个特定的旋转曲面。采用成形车刀，横向进给时，也可以加工出旋转曲面。车削还可以加工螺纹面、端平面和偏心轴等。车削加工由车床来完成，如图3-1所示为卧式车床所能加工的典型表面。

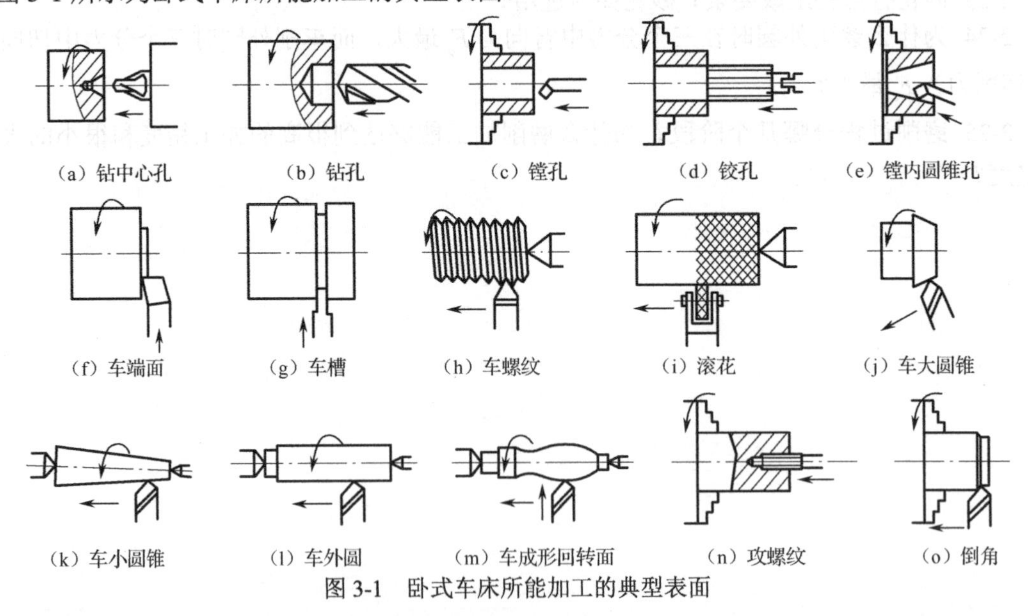

图3-1　卧式车床所能加工的典型表面

在车削加工中，根据加工精度和表面粗糙度的要求及工件材料，可以采用粗车、半精车、精车和精细车等方法。

1．粗车

粗车是外圆粗加工最经济有效的方法。由于粗车主要是迅速地从毛坯上切除多余的金属，因此，提高生产率是其主要任务。

粗车通常采用尽可能大的背吃刀量和进给量来提高生产率。而为了保证必要的刀具寿命，切削速度通常较低。粗车时，车刀应选取较大的主偏角，以减小径向分力，防止工件的弯曲变形和振动；选取较小的前角、后角和负刃倾角，以增强车刀切削部分的强度。粗车能达到的加工精度为 IT12～11 级，表面粗糙度为 *Ra* 50～12.5μm。

2. 半精车和精车

半精车和精车的主要任务是保证零件所要求的加工精度和表面质量。精车外圆表面一般采用较小的背吃刀量与进给量和较高的切削速度（v_c≥100m/min）进行加工。在加工大型轴类零件外圆时，则常采用宽刃车刀低速精车（v_c=2～12m/min）。精车时车刀应选用较大的前角、后角和正的刃倾角，以提高加工表面质量。它可作为较高精度外圆的最终加工或作为精细加工的预加工。精车的加工精度可达 IT8～6 级，表面粗糙度可达 *Ra* 1.6～0.8μm。

3. 精细车

精细车的特点是背吃刀量 a_p 和进给量 f 取值极小，切削速度高达 150～2000m/min。精细车一般采用立方氮化硼（CBN）、金刚石等超硬材料刀具进行加工，所用机床也必须是主轴能做高速回转，并具有很高刚度和高精度的精密机床。精细车的加工精度及表面粗糙度与普通外圆磨削大体相当，加工精度可达 IT6 级以上，表面粗糙度可达 *Ra* 0.4～0.05μm。多用于磨削加工性不好的有色金属工件的精密加工，对于容易堵塞砂轮气孔的铝及铝合金等工件，精细车更为有效。在加工大型精密外圆表面时，精细车可以代替磨削加工。

3.1.2 铣削

铣削的主切削运动是刀具的旋转运动，工件本身不动，而是装夹在机床的工作台上完成进给运动。铣削刀具比较复杂，一般为多刃刀具。如图 3-2 所示，铣削加工的方法有端铣和周铣两种。端铣是指用分布在铣刀端面上的刀齿进行铣削的方法。端铣时，平面是由铣刀端面的切削刃切削形成的。周铣是指用分布在铣刀圆柱面上的刀齿进行铣削的方法。周铣时，平面是由铣刀外圆面上的切削刃切削形成的。根据铣刀旋转方向和工件移动方向的相互关系，周铣可分为逆铣和顺铣两种。

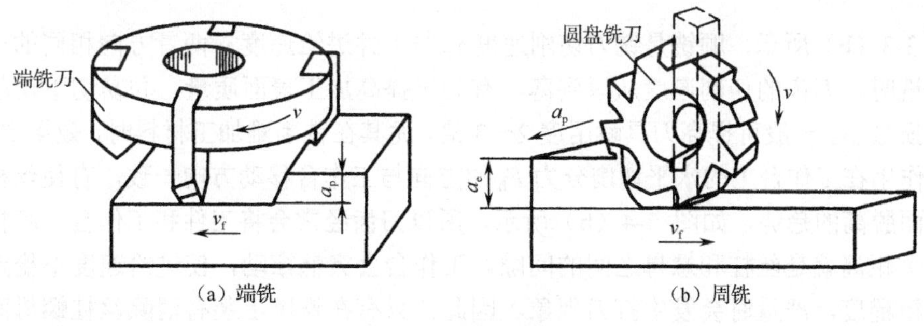

图 3-2　端铣与周铣

1. 逆铣

如图 3-3（a）所示，铣刀在切入工件处的切削速度 v 的方向与工件进给速度 v_f 的方向相反，称为逆铣。在逆铣时，刀齿从薄到厚切下切屑，开始时，刀齿不能切入工件，而是挤压工件，并在其上滑行。这样不仅使刀齿磨损加剧，而且会使加工表面产生冷硬现象并影响加工表面粗糙度，所以逆铣仅适用于粗加工。此外，逆铣时，作用于工件上的垂直切削分力 F_v 向上，有抬起工件的趋势，影响了工件夹紧的稳定性。但是由于逆铣时刀齿是从切削层内部进行切削的，工件表面的硬皮对刀齿就没有直接的影响；同时，由于逆铣的水平切削分力 F_h 与进给运动 v_f 的方向相反，使丝杠工作面压紧在螺母提供进给力的那个工作侧面上，丝杠和螺母的两工作面始终保持良好的接触，因此进给速度比较均匀，如图 3-4（a）所示。

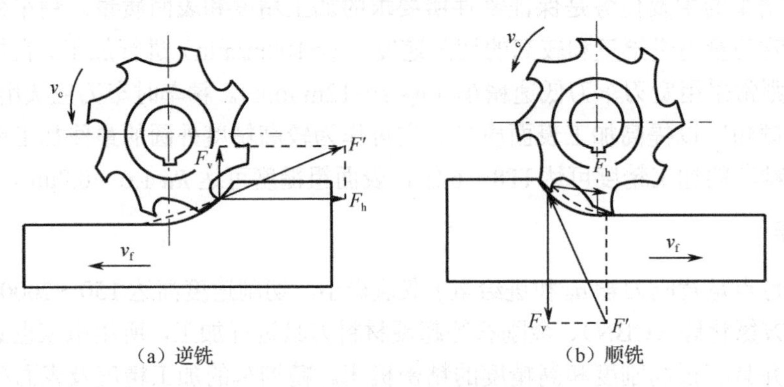

（a）逆铣　　（b）顺铣

图 3-3　逆铣与顺铣

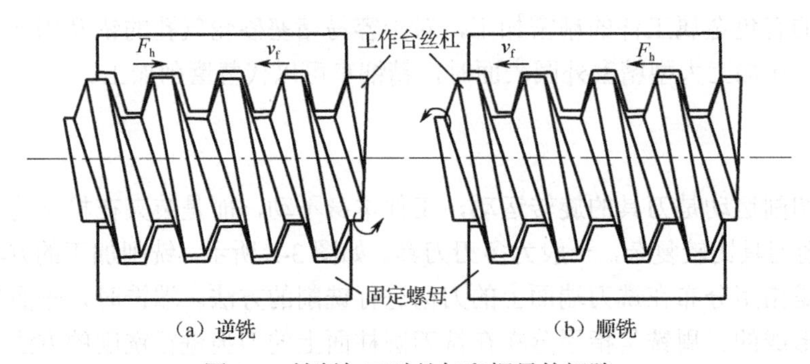

（a）逆铣　　（b）顺铣

图 3-4　铣削加工时丝杠和螺母的间隙

2. 顺铣

如图 3-3（b）所示，顺铣是铣刀切削速度 v_c 与工件进给速度 v_f 两者方向相同的一种铣削方式。顺铣时，刀齿的切削厚度从厚到薄，有利于提高加工表面质量，并易切下切削层，使刀齿的磨损减小。一般可提高刀具耐用度 2～3 倍，尤其在铣削难加工材料时，效果更加明显。顺铣时，作用在工作台上的水平切削分力 F_h 的方向与工作台移动方向一致，有使丝杠与螺母两者工作面脱离的趋势，如图 3-4（b）所示，所以刀齿经常会将工件和工作台一起拉动一段距离，这个距离就是丝杠和螺母之间的间隙。工作台会突然窜动，使进给速度不稳定，影响加工表面粗糙度，严重时会发生打刀现象。因此，只有在铣床上装有消除丝杠螺母间隙的装置时，才能采用顺铣。一般情况下，逆铣比顺铣用得多。在精铣时，为了降低加工表面粗糙度，最好采用顺铣。此外，由于顺铣加工可提高刀具耐用度，节省机床动力消耗，在工件表面不带硬皮的情况下，如切断薄壁工件及进行塑料、尼龙件的加工时，可使用顺铣。

提高铣刀的旋转速度可以提高切削速度，进而提高生产率。但是由于铣刀刀齿的切入、切出，会形成冲击，切削过程容易产生振动，因而限制了表面质量的提高。这种冲击也加剧了刀具的磨损和破损，因而应当选取合理的铣刀旋转速度。铣削时，铣刀在切离工件一段时间内，可以得到一定的冷却，因此散热条件较好。铣削加工由铣床来完成，如图3-5所示为铣床所能加工的典型表面。

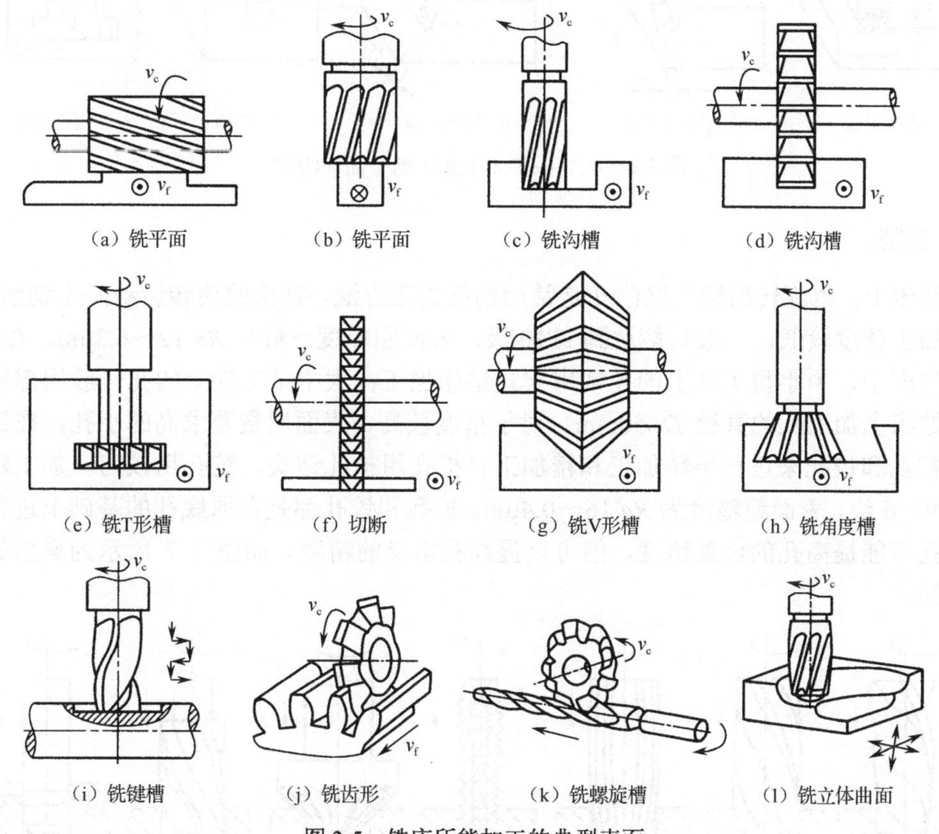

图3-5 铣床所能加工的典型表面

在铣削加工中，根据加工精度和表面粗糙度的要求，可以采用粗铣、半精铣、精铣和高速铣。铣削的加工精度一般可达IT8～7级，表面粗糙度为 *Ra* 6.3～1.6μm。近代发展起来的高速铣，其加工精度比较高（IT7～6级），表面粗糙度也比较小（*Ra* 1.25～0.16μm）。普通铣削一般能够加工平面和槽面等，用成形铣刀也可以加工特定的曲面，如铣削齿轮等。利用球头铣刀，数控铣床可以通过数控系统控制几个轴按一定关系联动，加工出复杂的曲面。数控铣床广泛应用于加工模具的模芯和型腔，以及叶片等复杂型面工件。

3.1.3 刨削、钻削及镗销

1. 刨削

刨削加工由刨床来完成。刨削时，刀具的往复直线运动为主切削运动。刨削速度不高，生产率较低。刨削比铣削平稳，其加工精度一般能达到IT8～7级，表面粗糙度达到 *Ra* 6.3～1.6μm。精刨平面度可达到0.02/1000，表面粗糙度为 *Ra* 0.8～0.4μm。常用的刨床有牛头刨床和龙门刨床。牛头刨床一般只用于单件生产，加工中小型工件。龙门刨床主要用来加工大型工件。图 3-6 所示为在牛头刨床上加工的平面和沟槽。

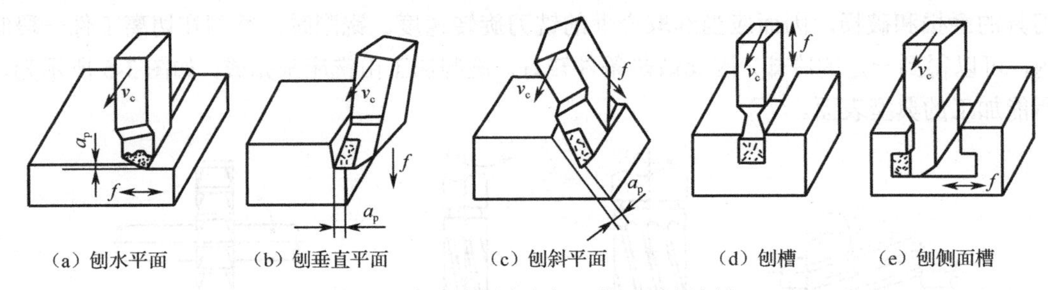

（a）刨水平面　（b）刨垂直平面　（c）刨斜平面　（d）刨槽　（e）刨侧面槽

图 3-6　在牛头刨床上加工的平面和沟槽

2．钻削

在钻床上，用旋转的钻头钻削孔是常用的孔加工方法，钻头的旋转运动是主切削运动。钻削的加工精度较低，一般只能达到 IT10 级，表面粗糙度一般是 *Ra* 12～6.3μm。在单件、小批量生产中，中小型工件上的孔常用立式钻床加工；大中型工件上的孔一般用摇臂钻床加工。钻床上加工孔的直径 D<50mm。对于精度较高、表面质量要求高的小孔，在钻削后常采用扩孔和铰孔来进行半精加工和精加工。扩孔用扩孔钻头，铰孔用铰刀。加工精度一般为 IT9～6 级，表面粗糙度为 *Ra* 16～0.4μm。扩孔和铰孔都是在原底孔的基础上进行加工的。铰孔不能提高孔的位置精度，但可以提高孔本身的精度。如图 3-7 所示为典型的钻削加工方法。

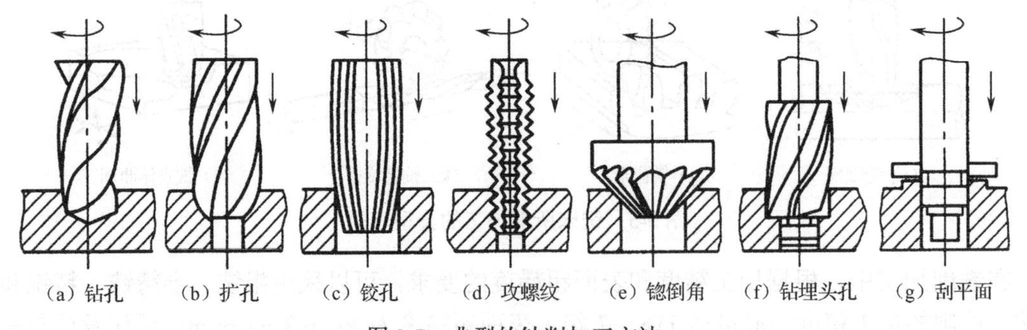

（a）钻孔　（b）扩孔　（c）铰孔　（d）攻螺纹　（e）锪倒角　（f）钻埋头孔　（g）刮平面

图 3-7　典型的钻削加工方法

3．镗削

镗削是一种用刀具扩大孔或其他圆形轮廓的内径车削工艺，其应用范围一般从半精加工到精加工，所用刀具通常为单刃镗刀。镗削用车床或镗床来完成。较小的孔一般用车床镗削加工，加工时，工件的旋转运动是主切削运动；较大的孔一般用镗床来完成，加工时，镗刀的旋转运动是主切削运动。由于镗孔后孔的轴线由镗杆的回转轴线决定，因此，镗孔可以校正孔的位置精度。如图 3-8 所示为在镗床和车床上镗孔。镗孔的加工精度一般可以达到 IT9～7 级，表面粗糙度可以达到 *Ra* 6.3～0.8μm。镗床用于加工较大的箱体类零件，可以保证孔的轴心之间的同轴度、垂直度、平行度、孔间距要求。除镗孔外，在卧式镗床上还可以车端面、车外圆、车螺纹和铣平面等。图 3-9 所示为卧式镗床的主要加工方法。

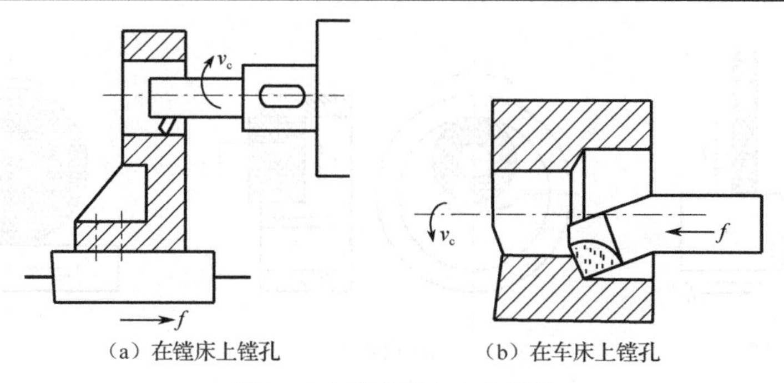

（a）在镗床上镗孔　（b）在车床上镗孔

图 3-8　在镗床和车床上镗孔

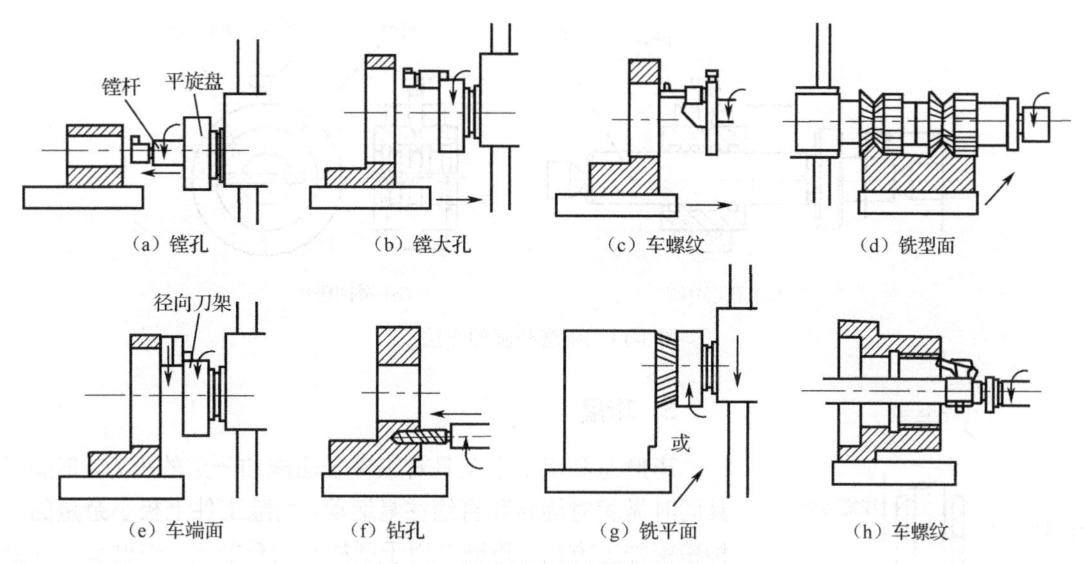

（a）镗孔　（b）镗大孔　（c）车螺纹　（d）铣型面

（e）车端面　（f）钻孔　（g）铣平面　（h）车螺纹

图 3-9　卧式镗床的主要加工方法

3.1.4　磨削、研磨及珩磨

1．磨削

磨削加工以砂轮或其他磨具对工件进行加工，其主运动是砂轮的旋转运动。磨削时，由于切削刃很多，所以加工过程平稳，加工精度高，表面粗糙度小。磨削加工主要用于精加工，用磨床来完成，磨削精度可以达到 IT6～4 级，表面粗糙度可以达到 *Ra* 1.25～0.01μm，甚至能达到 *Ra* 0.01～0.008μm。磨削的另一个特点是可以对淬硬的工件进行加工，因此，磨削往往作为最后一道加工工序。但是磨削时会产生大量的热量，需要用切削液进行冷却，否则会产生磨削烧伤，降低表面质量。磨削可以分为外圆磨、内圆磨和平面磨等。图 3-10 所示为磨削加工示意图。

2．研磨

研磨是利用研磨工具和研磨剂，从工件上研去一层极薄表面层的精密加工方法。在研具精度足够高的情况下，研磨精度可以达到 IT5～3 级，表面粗糙度可达 *Ra* 0.1～0.008μm。如图 3-11 所示为研磨外圆的方法，除此之外还可以研磨内圆和平面。

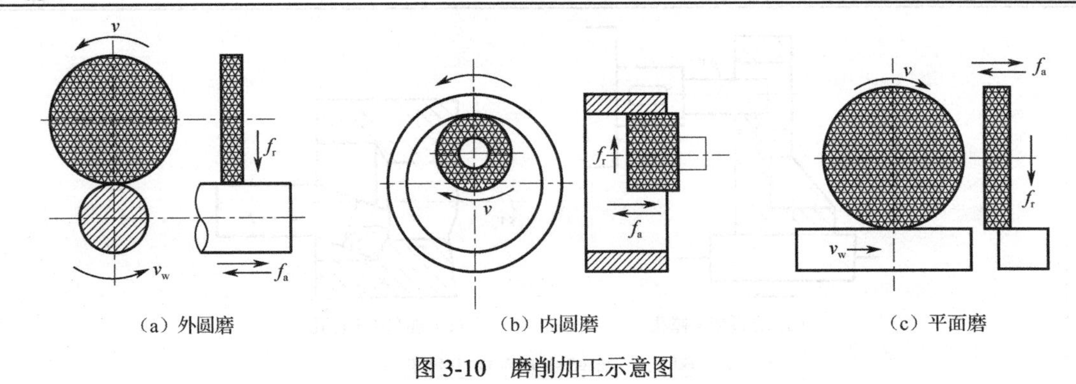

（a）外圆磨　　（b）内圆磨　　（c）平面磨

图 3-10　磨削加工示意图

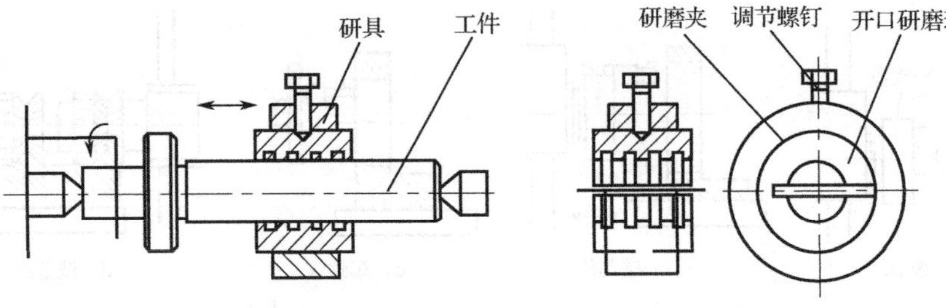

（a）研磨外圆　　（b）外圆研具

图 3-11　研磨外圆的方法

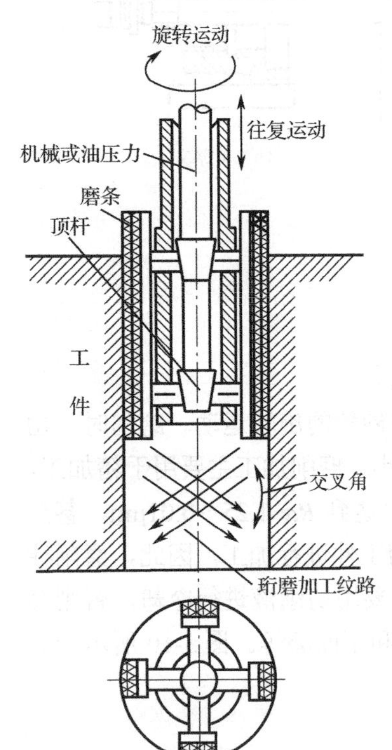

图 3-12　珩磨加工内圆方法

3．珩磨

珩磨是利用珩磨工具对工件表面施加一定的压力，珩磨工具同时做相对旋转和直线往复运动，切除工件上极小余量的一种精密加工方法。珩磨多用于圆柱孔的精加工。珩磨头上的磨条有三个运动：旋转运动、往复运动、垂直加工表面的径向进给运动。前两种运动是磨条的主运动，它们两个的合成运动使加工表面上的磨粒切削轨迹呈现交叉而不重复的网纹。图 3-12 所示为珩磨加工内圆方法。珩磨精度可达到 IT6～4 级，表面粗糙度可以达到 *Ra* 0.8～0.005μm。

3.1.5　抛光和超精加工

1．抛光

抛光是利用涂有抛光膏的软轮（抛光轮）高速旋转对工件进行微弱切削，从而降低工件表面粗糙度的一种精密加工方法。

抛光时，软轮高速旋转，其线速度一般为 25～50m/s。软轮与工件之间有一定的压力。抛光一般在磨削或精车、精铣、精刨的基础上进行，不留加工余量。经过抛光的工件，其表面粗糙度可达 *Ra* 0.1～0.012μm。抛光不仅可以获得很小的表面粗糙度值，得到很高的平面度，还可以使加工表面变质层减小。

但抛光不能提高工件的尺寸精度、形状精度和位置精度，因此抛光主要用于表面修饰加工和电镀前的预加工。

2. 超精加工

超精加工是用极细磨料的油石，以恒定压力（0.05～0.5MPa）和复杂相对运动对工件进行微量切削，以降低工件表面粗糙度为目的的精密加工方法。

超精加工外圆示意图如图 3-13 所示，工件以较低的速度旋转，油石以 12～25Hz 的频率、1～3mm 的振幅做往复振动，同时以 0.1～0.15mm/r 的进给量纵向进给。油石对工件的压力由弹簧来实现。在油石和工件之间有切削液，以清除屑末和形成油膜。

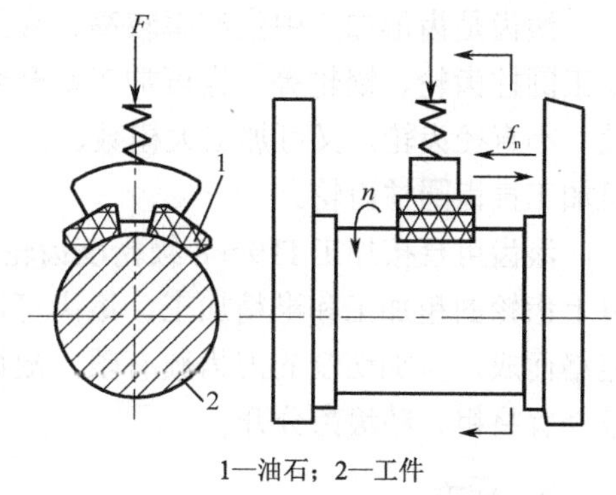

1—油石；2—工件

图 3-13　超精加工外圆示意图

超精加工只能切除微观凸峰，一般不留加工余量或只留很小的加工余量（0.003～0.01mm）。加工后的表面粗糙度可以达到 *Ra* 0.1～0.01μm，可使零件配合表面间实际接触面积大大增加。但是不能提高工件的尺寸精度、形状精度和位置精度，工件在这方面的要求应由前一道工序来保证。

超精加工生产率很高，常在批量生产中用于加工曲轴、凸轮轴的轴颈外圆，飞轮、离合器盘的端平面及滚动轴承的滚道等。

3.1.6　齿形加工

齿形加工是整个齿轮加工的关键，齿形加工的方法很多，如热轧、冷挤、冲压、粉末冶金等，这些方法的加工精度都不高，常用的加工方法是切削加工。齿形的切削加工方法分两大类：成形法（又称仿形法）和展成法（又称范成法）。成形法所用的机床一般为普通铣床，用与齿轮齿槽形状完全相符的成形刀具加工出齿轮，还可以在刨床上用成形刨刀加工，在拉床上用拉刀也可以加工出齿轮。展成法加工齿面的常用机床有滚齿机、插齿机等。

1. 铣齿

图 3-14 所示为用成形法在铣床上借助分度装置铣齿轮，图 3-14（a）所示为用盘状模数铣刀铣齿轮，图 3-14（b）所示为用指状模数铣刀铣齿轮。铣齿加工精度可达 IT9 级，表面粗糙度为 *Ra* 2.5～10μm。

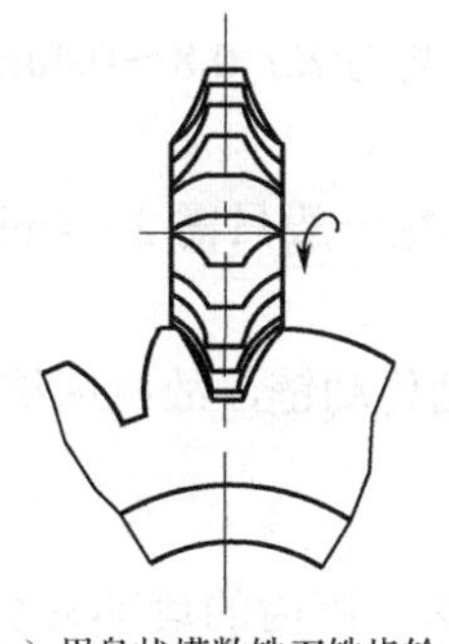

（a）用盘状模数铣刀铣齿轮

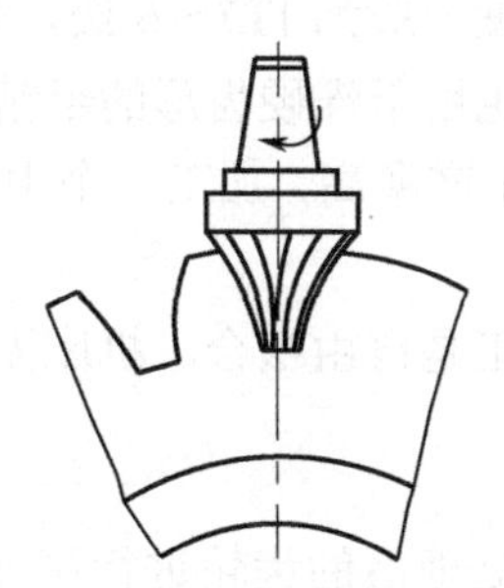

（b）用指状模数铣刀铣齿轮

图 3-14　用成形法加工齿轮

2. 滚齿

滚齿是齿形加工中生产率较高、应用最广的一种加工方法，而且滚齿加工通用性好，可加工圆柱齿轮、蜗轮等，也可加工渐开线齿形、圆弧齿形、摆线齿形等。滚齿既可加工小模数、小直径齿轮，又可加工大模数、大直径齿轮，加工斜齿也很方便。图 3-15 所示为用滚齿机加工直齿圆柱齿轮。

滚齿可直接加工 IT9～8 级精度齿轮，表面粗糙度为 *Ra* 5～1.25μm，也可用于 IT7 级精度以上齿轮的粗加工和半精加工。滚齿可以获得较高的运动精度。因滚齿时齿面由滚刀的刀齿包络而成，参加切削的刀齿数有限，故齿面的表面粗糙度值较大。为提高加工精度和齿面质量，宜将粗、精滚齿分开。

3. 插齿

插齿也是生产中普遍应用的一种切齿方法。从插齿过程的原理进行分析，插齿刀和工件相当于一对轴线相互平行的圆柱齿轮相啮合，插齿刀就是一个磨有前、后角的具有切削刃的高精度齿轮。图 3-16 所示为用插齿机加工直齿圆柱齿轮。插齿加工精度可达 IT8～6 级，表面粗糙度为 *Ra* 1.25～5μm。

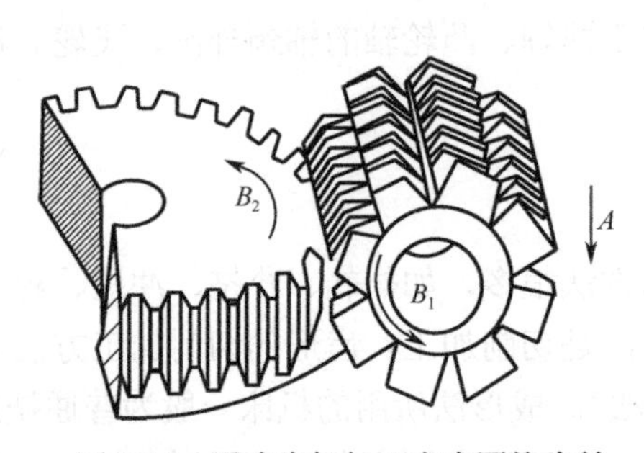

图 3-15 用滚齿机加工直齿圆柱齿轮

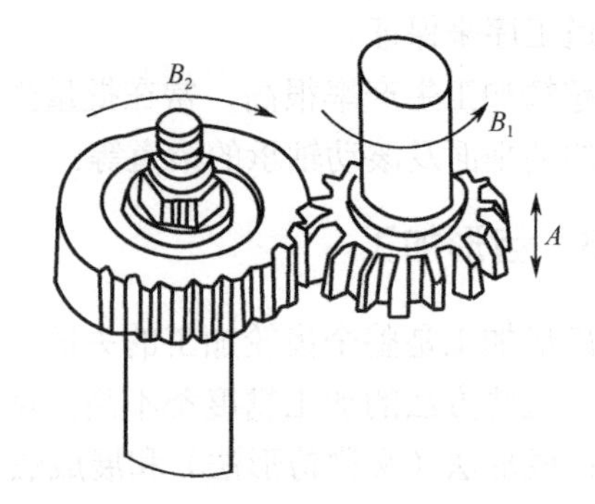

图 3-16 用插齿机加工直齿圆柱齿轮

4. 剃齿

剃齿是根据一对轴线交叉的螺旋齿轮啮合时沿齿向有相对滑动而建立的一种加工方法。剃齿刀实质上是一个高精度的螺旋齿轮，在齿面上沿渐开线方向开了很多小槽，以形成切削刃，如图 3-17 所示，其中图 3-17（b）所示是用一把左旋剃齿刀加工右旋齿轮的情况。

剃齿有如下特点。

（1）剃齿加工精度一般为 IT7～6 级，表面粗糙度为 *Ra* 0.8～0.4μm，剃齿是非淬火齿轮的精加工方法，有时也用于淬硬齿形的半精加工。

（2）剃齿加工的生产率高，加工一个中等尺寸齿轮一般只需 2～4min，与磨齿相比，可提高生产率 10 倍以上。

（3）由于剃齿加工是自由啮合，机床无展成运动传动链，故机床结构简单、调整容易。

5. 珩齿

珩齿是一种对热处理后的齿轮进行精加工的方法。珩齿的运动关系和所用的机床与剃齿相似，不同的是珩齿所用的工具（珩轮）是含有磨料的塑料齿轮，如图 3-18（a）所示。切削是在珩轮与齿轮的“自由啮合”过程中，靠齿面间的压力和相对滑动来进行的，如图 3-18（b）所示。

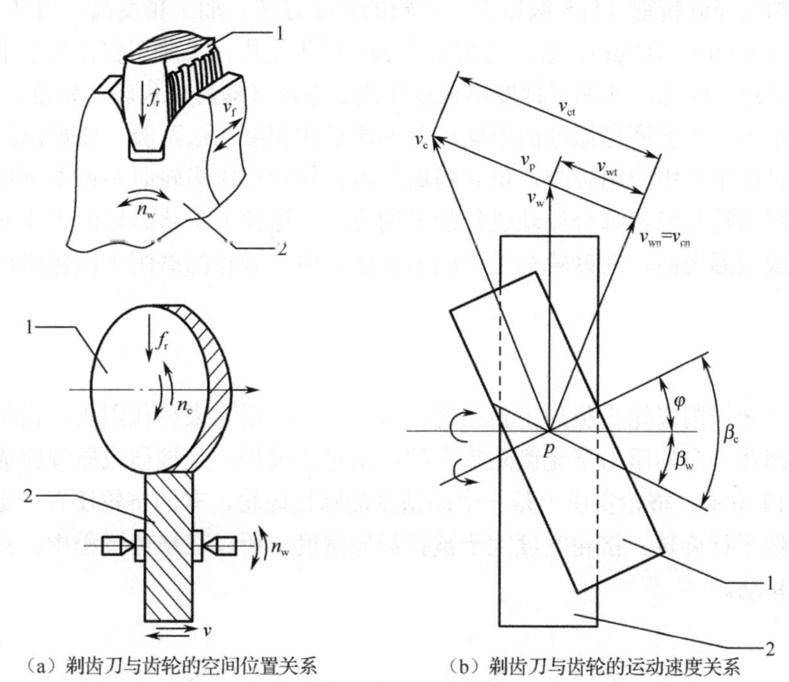

（a）剃齿刀与齿轮的空间位置关系　（b）剃齿刀与齿轮的运动速度关系

1—剃齿刀；2—被剃齿齿轮

图 3-17　剃齿原理

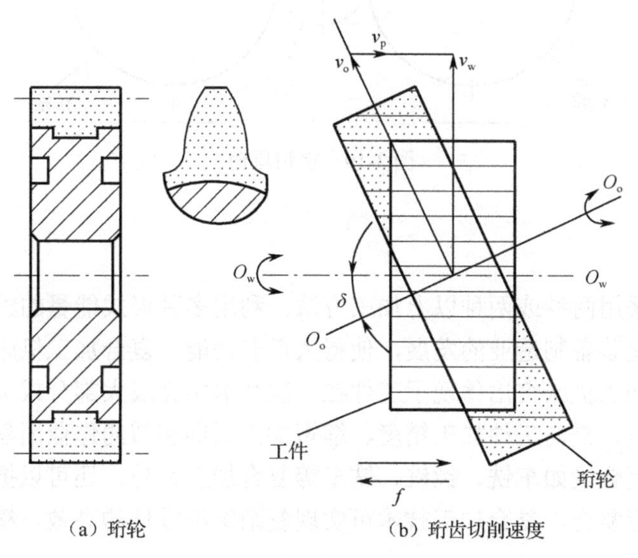

（a）珩轮　（b）珩齿切削速度

图 3-18　珩齿原理

由于珩齿修正误差能力差，因而珩齿主要用于减小表面粗糙度值和去除热处理后齿面上的氧化皮及毛刺，可使表面粗糙度从 *Ra* 1.6μm 左右降到 *Ra* 0.4μm 以下。

珩齿具有齿面粗糙度值小、效率高、成本低、设备简单、操作方便等优点，是一种很好的齿轮光整加工方法，可以加工 IT6 级精度的齿轮。

6. 磨齿

磨齿是精加工淬硬精密（IT5 级以上）齿轮的重要方法。加工精度高，可达 IT6～3 级，表面粗糙度可达 *Ra* 0.8～0.2μm。磨齿的加工方法不同于剃齿，不采用自由带动的方法，而是用强制性的传动链。因此，其加工精度不直接取决于毛坯（即磨前齿轮）精度。

磨齿方法很多，根据磨齿原理的不同可分为成形法和展成法两类。成形法是用成形砂轮磨齿的方法，目前生产中应用较少，但它是磨削内齿轮和特殊齿轮时不得不采用的办法。展成法主要是利用齿轮与齿条啮合原理进行加工的方法，这种方法将砂轮的工作面构成假想齿条轮齿的单侧或双圈表面，在砂轮与工件的啮合运动中，砂轮的磨削平面包络出齿轮的渐开线齿面。

7. 挤齿

挤齿是一种无切削齿轮光整加工新工艺，有些工厂已用它来替代剃齿。齿轮冷挤过程是挤轮与工件之间在一定的压力下无侧隙啮合的自由对滚过程，是按展成原理完成的无切削精加工，如图 3-19 所示。挤轮实质上是一个高精度的圆柱齿轮，有的挤轮还有一定的变位量，挤轮与齿轮轴线平行旋转。挤轮宽度大于被挤齿轮宽度，所以在挤齿过程中，只需要径向进给而无须轴向移动。

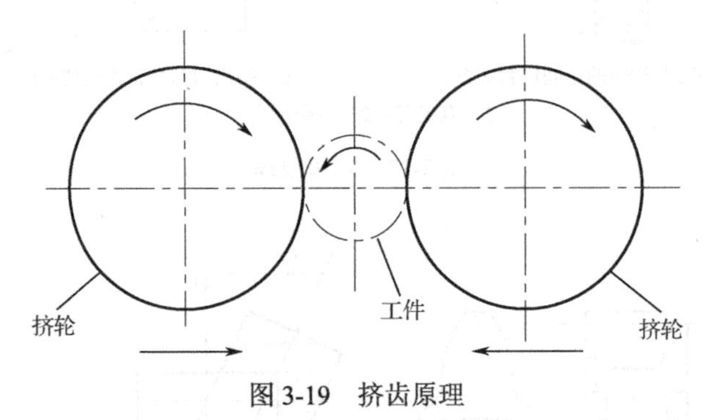

图 3-19　挤齿原理

3.1.7　复合加工

复合加工同时采用两种或两种以上加工方法，利用多种形式能量的综合作用实现对工件材料的去除。现代化装备制造业的发展，使得大量多功能、复合加工机床在机械制造业中得到广泛应用。复合加工机床突出体现了工件在一次装卡中完成大部分或全部加工工序，从而达到减少机床和夹具、提高工件加工精度、缩短加工周期和节约作业面积的目的。除将传统切削加工方法进行复合（如车铣、镗铣、铣车等复合加工）外，还可以把切削加工与特种加工、超声加工等进行复合。复合加工技术可实现复杂结构零件的高效、精密、柔性化和自动化加工。

1. 车铣复合加工

车铣复合加工是一种最常用的切削复合加工方法。车铣复合加工是以车削加工为主，并可以同时进行铣削的复合加工方法。车铣复合加工通常在车铣复合加工中心上进行。车铣复合加工中心是集车削和铣削加工于一体的多功能复合加工中心。车铣复合加工中心在进行零件主要型面车加工的同时，辅助完成定位孔、安装孔、供油孔、键槽和凸台的镗、铣、钻加工，工序集中，保证了加工精度，保持较好的加工一致性。如图 3-20 所示为三主轴、双刀架、带自动换刀系统的九轴五联动车铣复合加工中心，该机床具备双主轴高速同步对接、上下刀塔独立进行车铣加工、四轴联动车削、五轴联动铣削的功能。旋转主轴不仅具有车削需要的高转速、高扭矩，而且具备铣削要求的高精度分度功能，配备刚性铣头，能够安装车刀、铣刀、镗刀、钻头和测头等多种工具，能够实现自动换刀车铣复合加工。图 3-21 所示为汽车发动机曲轴的车铣复合加工。

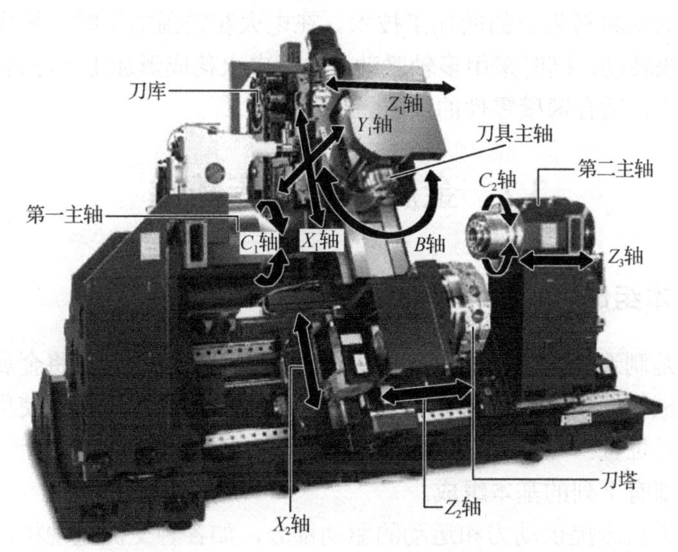

图 3-20　九轴五联动车铣复合加工中心

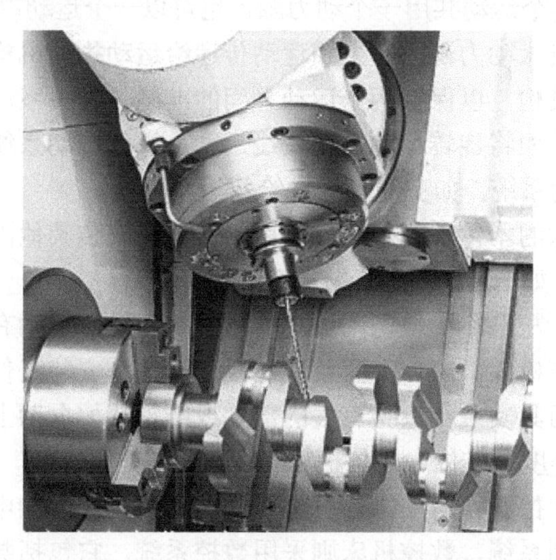

图 3-21　汽车发动机曲轴的车铣复合加工

2．特种加工与机械加工复合加工

复合加工技术依托强大的设备功能，将多种加工工序合并在一起，不仅能够实现不同机械加工方法的复合加工，而且还能够实现机械加工方法与特种加工方法的复合加工。化学、电解、电火花和超声波等特种加工方法与切削、磨削加工方法组合而形成多种复合加工技术，如化学机械复合加工、电火花铣复合加工、电火花磨复合加工、电解在线修整砂轮磨削加工、超声振动辅助切削加工等。

化学机械复合加工是指化学加工方法与机械加工方法的综合，利用化学腐蚀机理，结合机械振动、磨削、铣削等机械加工方法，实现脆硬难加工材料、薄壁复杂结构零件的高效、高精度加工，如化学机械振动抛光等。

电火花铣复合加工技术是在电火花放电产生的高能热的基础上，采用与铣削加工刀具类似的运动方式，以去除材料为目的的加工技术。在电火花铣削加工时，机床高速旋转的主轴带动棒状或管状电极转动，同时采用多轴联动，进行电火花成形加工。与传统铣削加工相比，电火花铣没有切削力，适合薄壁零件的加工。

3.2 金属切削机床基础

3.2.1 机床的基本组成

金属切削机床是制造机器的机器或工作母机，它是用切削的方法将金属毛坯加工成机器零件的机器，是机械加工的主要设备。其基本功能是为被切削的工件和使用的刀具提供必要的运动、动力和相对位置。

各类机床通常都有下列的基本组成。

（1）动力源：为机床提供动力和运动的驱动部分，如各种交流电动机、直流电动机、步进电动机、交流或直流伺服电动机，液压传动系统的液压泵、液压马达，气动系统的气压泵或气压源等。机床可以几个运动共用一个动力源，也可以一个运动单独使用一个动力源。

（2）传动系统：将机床动力源的动力和运动传递给运动执行机构，或将运动由一个执行机构传送到另一个执行机构，以保持两个运动之间的准确传动关系。传动系统还可以改变运动的方向、速度和类别，如将旋转运动变为直线运动。机床传动系统一般包括主传动系统、进给传动系统和其他传动系统，如变速箱、进给箱等。

（3）支承部件：机床的本体和基础构件，用于支承和安装其他固定的或运动的部件，承受机床的重力和切削力，如床身、底座、立柱等。

（4）运动执行机构：与最终实现切削加工的主运动和进给运动有关的执行部件，如主轴和主轴箱、工作台及其溜板或滑座、刀架及其溜板和滑枕等安装工件或刀具的部件。运动执行机构还包括与工件和刀具安装及调整有关的部件或装置，如自动上下料装置、自动换刀装置、砂轮修整器，以及分度、转位、定位机构和操纵机构等。

（5）控制系统：用于控制各运动执行机构正常工作的系统，如电气控制系统。有些机床局部采用液压或气动控制系统，数控机床则采用数控系统，它包括数控装置、主轴和进给的伺服控制系统、可编程序控制器和输入/输出装置。

（6）冷却系统：用于对加工工件、刀具及机床的某些发热部位进行冷却的装置或系统。

（7）润滑系统：用于对机床的运动副（如轴承、导轨等）进行润滑，以减小摩擦、磨损和发热。

（8）其他装置：如排屑装置、自动测量装置等。

3.2.2　机床的运动

机床的切削加工是由刀具或砂轮等与工件之间的相对运动来实现的。机床的运动可分为表面成形运动和辅助运动。

1．表面成形运动

用来形成被加工表面形状的运动称为表面成形运动。表面成形运动是机床的基本运动，它包括主运动和进给运动。

（1）主运动。它是机床上形成切削速度并消耗大部分切削动力的运动，是必不可少的成形运动。主运动可由工件或刀具来实现，如车床主轴带动工件的转动、钻床主轴带动钻头的转动、刨床工作台带动工件的直线运动等。主运动可以是旋转运动，也可以是直线运动。

（2）进给运动。进给运动是配合主运动维持切削加工连续不断进行的运动。根据刀具相对于工件被加工表面运动方向的不同，进给运动可分为纵向进给运动、横向进给运动、圆周进给运动、径向进给运动和切向进给运动等。

2．辅助运动

在加工过程中，加工工具与工件除工作运动以外的其他运动称为辅助运动。辅助运动可以实现机床的各种辅助动作，主要有以下几种。

（1）切入运动：保证工件被加工表面获得所需的尺寸，使工具切入工件表面一定的深度。有的机床的切入运动属于间歇运动形式的进给（吃刀）。

（2）各种空行程运动：主要是指进给前后的快速运动，如趋近（进给前加工工具与工件相互快速接近的过程）、退刀（进给结束后加工工具与工件相互快速离开的过程）、返回（退刀后加工工具或工件回到加工前位置的过程）。

（3）其他辅助运动：包括分度运动、操纵和控制运动等，如刀架或工作台的分度转位运动、刀库和机械手的自动换刀运动、变速、换向、部件与工件的夹紧与松开、自动测量、自动补偿等。

3.2.3　机床的技术性能指标

机床的技术性能指标是根据使用要求提出和设计的，通常包括下列内容。

1．机床的工艺范围

机床的工艺范围是指在机床上加工的工件类型和尺寸，能够加工完成何种工序，使用什么刀具等。不同的机床，有宽窄不同的工艺范围。通用机床具有较宽的工艺范围，同一台机床可以满足较多的加工需要，适用于单件小批生产。专用机床是为特定零件的特定工序而设计的，自动化程度和生产率都较高，但它的加工范围很窄。数控机床则既有较宽的工艺范围，又能满足零件较高加工精度的要求，也有较高的生产率，并可实现自动化加工。

2．机床的技术参数

机床的主要技术参数包括尺寸参数、运动参数和动力参数。

（1）尺寸参数具体反映机床的加工范围，包括主参数、第二主参数和与加工零件有关的其他参数。对常用机床的主参数和第二主参数，我国已有统一规定，见表3-1。

表3-1 常用机床的主参数和第二主参数

序 号	机床名称	主 参 数	第二主参数
1	卧式车床	床身上工件最大回转直径	工件最大长度
2	立式车床	最大车削直径	—
3	摇臂钻床	最大钻孔直径	最大跨距
4	卧式镗床	主轴直径	—
5	坐标镗床	工作台工作面宽度	工作台工作面长度
6	外圆磨床	最大磨削直径	最大磨削长度
7	平面磨床	工作台工作面宽度	工作台工作面长度
8	滚齿机	最大工件直径	最大模数
9	龙门铣床	工作台工作面宽度	工作台工作面长度
10	升降台铣床	工作台工作面宽度	工作台工作面长度
11	龙门刨床	最大刨削宽度	—
12	牛头刨床	最大刨削长度	—

（2）运动参数是指机床执行件运动的速度，如主轴的最高转速与最低转速、刀架的最大进给量与最小进给量（或进给速度）。

（3）动力参数是指机床电动机的功率，有些机床给出主轴允许承受的最大转矩等其他内容。

3.2.4 机床的精度与刚度

加工中保证被加工工件达到要求的精度和表面粗糙度，并能在机床长期使用中保持这些要求，机床本身必须具备的精度称为机床精度。它包括几何精度、运动精度、传动精度、定位精度、工作精度、精度保持性等几个方面。各类机床按精度可分为普通精度级、精密级和高精度级。这三个精度等级的机床均有相应的精度标准，其允差若以普通精度级为1，则大致比例为1 : 0.4 : 0.25。在机床设计阶段，主要从机床的精度分配、元件及材料选择、零件制造、部件和整机装配等方面来提高机床精度。

1．几何精度

几何精度是指机床空载条件下，在不运动或运动速度较低时各主要部件的形状、相互位置和相对的精确程度，如导轨的直线度、主轴中心线对滑台移动方向的平行度或垂直度等。几何精度直接影响加工工件的精度，是评价机床质量的基本指标。它主要取决于结构设计、制造和装配。

2．运动精度

运动精度是指机床空载或以工作速度运行时，主要零部件的几何位置精度，如高速回转主轴的回转精度。对于高速精密机床，运动精度是评价机床质量的一个重要指标，它与结构设计及制造等因素有关。

3. 传动精度

传动精度是指机床传动系统各末端执行件之间运动的协调性和均匀性。影响传动精度的主要因素是传动系统的设计、传动元件的制造和装配精度。

4. 定位精度

定位精度是指机床的定位部件运动到达规定位置的精度。定位精度直接影响被加工工件的尺寸和形状精度。机床构件和进给控制系统的精度、刚度及其动态特性，以及机床测量系统的精度都将影响机床定位精度。

5. 工作精度

加工规定的试件，用试件的加工精度表示机床的工作精度。工作精度是各种因素综合影响的结果，包括机床自身的精度、刚度、热变形及刀具、工件的刚度和热变形等。

6. 精度保持性

在规定的工作时间内，保持机床所要求的精度，称为精度保持性。影响精度保持性的主要因素是磨损。磨损的影响因素十分复杂，如结构设计、工艺、材料、热处理、润滑、防护、使用条件等。

机床的刚度是指机床系统抵抗变形的能力。作用在机床上的载荷有重力、夹紧力、切削力、传动力、摩擦力、冲击振动干扰力等。按照载荷的性质不同，可分为静载荷和动载荷。不随时间变化或变化极为缓慢的力称为静载荷，如重力、切削力的静力部分等；凡随时间变化的力，如冲击振动力和切削力的交变部分等均称为动载荷。故机床刚度相应地分为静刚度及动刚度，后者是抗振性的一部分。通常所说的刚度一般指静刚度。

3.2.5　机床的分类和型号编制

1. 机床的分类

机床是机械加工系统的主要组成部分。为适应不同的加工对象和加工要求，机床有许多品种和规格。为了便于区别、使用和管理，需要对机床加以分类，并编制型号。

机床的分类方法有多种，最基本的是按加工性质、所使用的刀具和用途进行分类。根据我国制定的机床型号编制方法，机床分为 11 大类：车床、钻床、镗床、磨床、齿轮加工机床、螺纹加工机床、铣床、刨插床、拉床、锯床和其他机床。在每一类机床中，又按工艺范围、布局、形式和结构性能等，分为 10 个组，每组又分为若干系列。

各类主要机床的示意图如图 3-22～图 3-37 所示。

图 3-22　CA6140 型卧式车床

图 3-23　立式车床

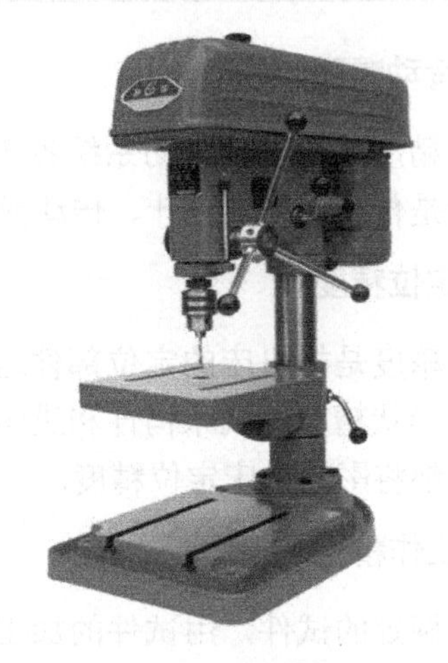

图 3-24　台式钻床

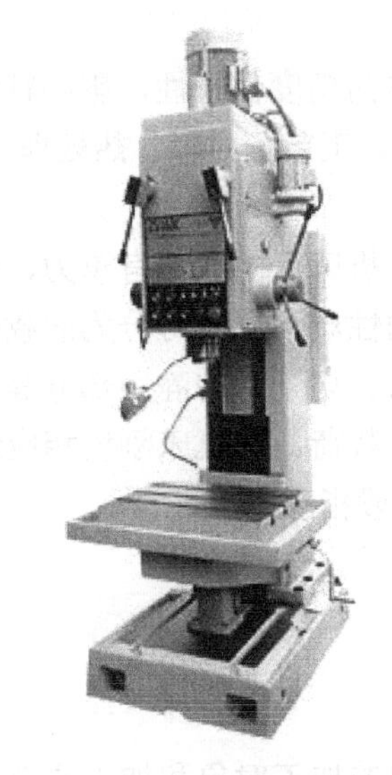

图 3-25　立式钻床

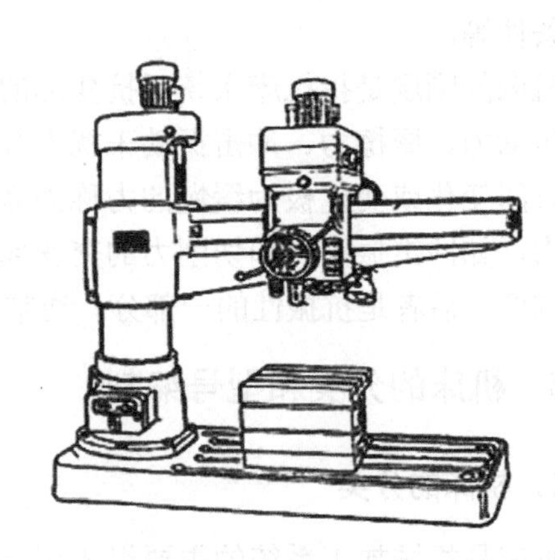

图 3-26　摇臂钻床

图 3-27　卧式镗床

图 3-28　立式双柱坐标镗床

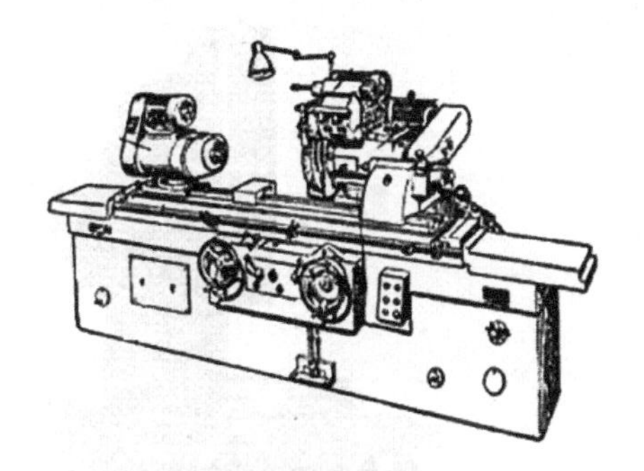

图 3-29　万能外圆磨床

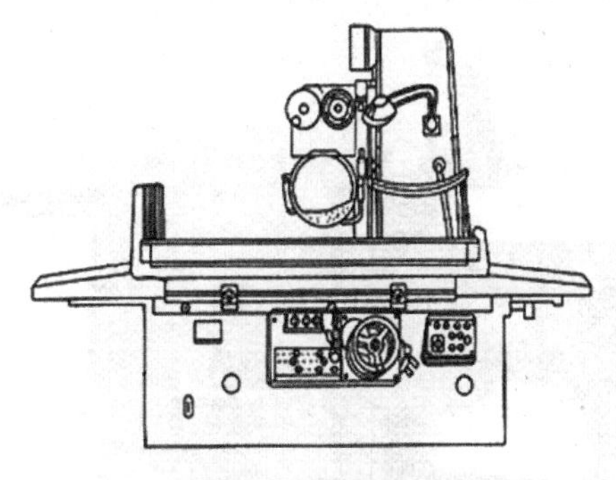

图 3-30　平面磨床

图 3-31　滚齿机

图 3-32　卧式升降台铣床

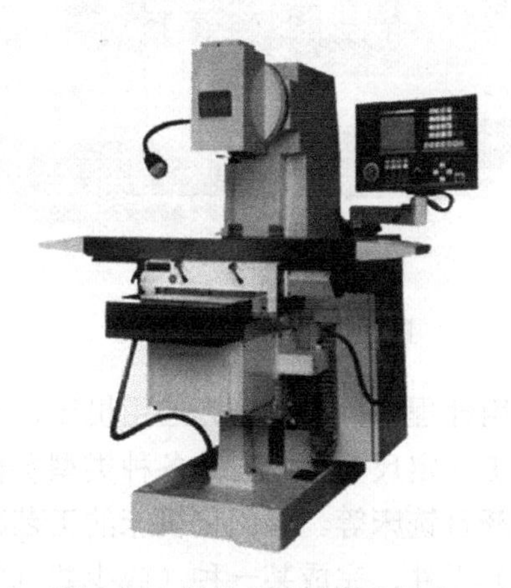

图 3-33　数控立式升降台铣床

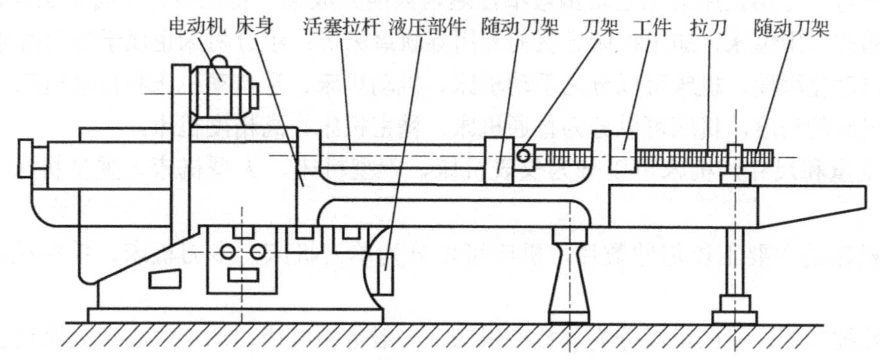

图 3-34　拉床

图 3-35 牛头刨床

图 3-36 插床

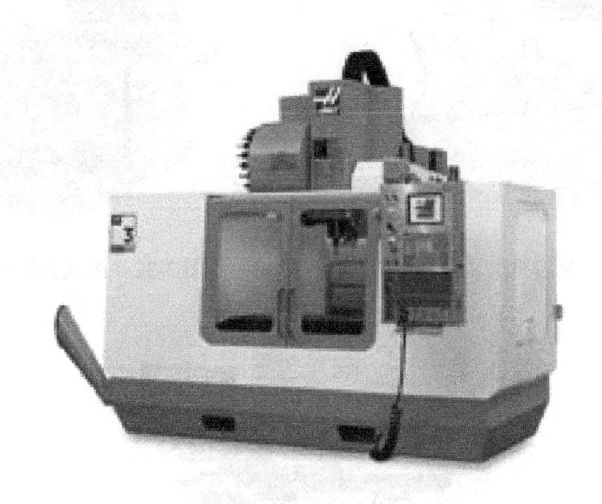

图 3-37 立式加工中心

同类机床按应用范围（通用性程度）可以分为通用机床、专门化机床和专用机床。通用机床的工艺范围很宽，可以加工一定尺寸范围内的各种类型零件，完成多种多样的工序，如卧式车床、摇臂钻床、万能升降台铣床等。专门化机床的工艺范围较窄，只能加工一定尺寸范围内的某一类（或少数几类）零件，完成某一种（或少数几种）特定工序，如曲轴车床、凸轮轴车床等。专用机床的工艺范围最窄，通常只能完成某一特定零件的特定工序，如加工机床主轴箱的专用镗床、加工机床导轨的专用导轨磨床等；组合机床也属于专用机床。

按照自动化程度，机床可以分为手动机床、机动机床、半自动机床和自动机床。

按照机床的精度，机床可以分为普通机床、精密机床、高精度机床。

按照重量和尺寸，机床可以分为仪表机床、中型机床、大型机床、重型机床、超重型机床。

按照机床的主要工作部件数目，机床可以分为单刀机床、多刀机床、单轴机床和多轴机床。

按照数控功能，机床可以分为非数控机床、一般数控机床、加工中心和柔性制造单元。

2. 通用机床的型号编制

机床型号是机床产品的代号，用以简明地表示机床的类型、性能和结构特点、主要技术参数等。我国的机床型号是按照国家标准 GB/T 15375—1994《金属切削机床型号编制方法》编制的。此标准规定机床型号由汉语拼音字母和阿拉伯数字按照一定的规律组成。

通用机床型号的表示方法为：

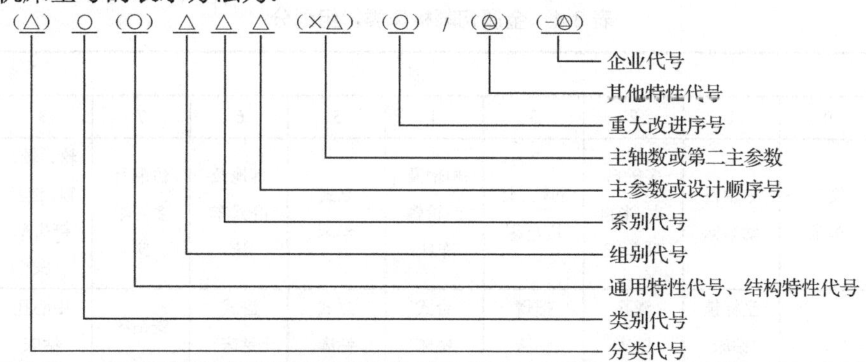

注：（1）有“（）”的代号或数字，当无内容时则不表示，若有内容则不带括号；

（2）有“○”符号者，为大写的汉语拼音字母；

（3）有“△”符号者，为阿拉伯数字；

（4）有“◎”符号者，为大写的汉语拼音字母或阿拉伯数字，或两者兼有。

1）机床类别代号

机床的类别用大写汉语拼音字母表示，见表 3-2。需要时，类以下可以分为若干分类，分类代号用阿拉伯数字表示，放在类别代号之前，作为型号的首位，但第一类不予表示。例如，磨床类机床就有 M、2M、3M 三类。

表 3-2　机床类别代号

类　别	车床	钻床	镗床	磨　床			齿轮加工机床	螺纹加工机床	铣床	刨插床	拉床	电加工机床	锯床	其他机床
代　号	C	Z	T	M	2M	3M	Y	S	X	B	L	D	G	Q

2）机床的通用特性代号和结构特性代号

若某类机床除有普通型外，还有某种通用特性，则在类别代号之后加上通用特性代号，见表 3-3。例如，MG 表示高精度磨床。若仅有某种通用特性，而无普通型，则通用特性不必表示。对于主参数相同而结构、性能不同的机床，在型号中加结构特性代号予以区别。结构特性代号为汉语拼音字母，排在类别代号之后，当型号中有结构特性代号时，排在通用特性代号之后。

表 3-3　通用特性代号

通用特性	高精度	精密	自动	半自动	数控	加工中心（自动换刀）	仿形	轻型	加重型	简式或经济型	柔性加工单元	数显	高速
代号	G	M	Z	B	K	H	F	Q	C	J	R	X	S

3）机床的组别代号和系别代号

机床的组别代号和系别代号用两位阿拉伯数字表示，位于类别代号或特性代号之后。每类机床按其结构性能及使用范围分为10组，用阿拉伯数字0～9表示。每组机床又分若干系（列）。系的划分原则是：主参数相同，并按一定公比排列，工件和刀具本身的和相对的运动特点基本相同，且基本结构及布局形式也相同的机床，即为同一系。金属切削机床类、组划分见表3-4。

表3-4 金属切削机床类、组划分

类别		组别									
		0	1	2	3	4	5	6	7	8	9
车床C		仪表车床	单轴自动车床	多轴自动、半自动车床	回轮、转塔车床	曲轴及凸轮轴车床	立式车床	落地及卧式车床	仿形及多刀车床	轮、轴、辊、锭及铲齿车床	其他车床
钻床Z			坐标镗钻床	深孔钻床	摇臂钻床	台式钻床	立式钻床	卧式钻床	铣钻床	中心孔钻床	其他钻床
镗床T				深孔镗床		坐标镗床	立式镗床	卧式铣镗床	精镗床	汽车、拖拉机修理用镗床	其他镗床
磨床	M	仪表磨床	外圆磨床	内圆磨床	砂轮机	坐标磨床	导轨磨床	刀具刃磨床	平面及端面磨床	曲轴、凸轮轴、花键轴及轧辊磨床	工具磨床
	2M		超精机	内圆珩磨机	外圆及其他珩磨机	抛光机	砂带抛光及磨削机床	刀具刃磨及研磨机床	可转位刀片磨削机床	研磨机	其他磨床
	3M		球轴承套圈沟磨床	滚子轴承套圈滚道磨床	轴承套圈超精机		叶片磨削机床	滚子加工机床	钢球加工机床	气门、活塞及活塞环磨削机床	汽车、拖拉机修磨机床
齿轮加工机床Y		仪表齿轮加工机		锥齿轮加工机	滚齿及铣齿机	剃齿及珩齿机	插齿机	花键轴铣床	齿轮磨齿机	其他齿轮加工机	齿轮倒角及检查机
螺纹加工机床S					套螺纹机	攻螺纹机		螺纹铣床	螺纹磨床	螺纹车床	
铣床X		仪表铣床	悬臂及滑枕铣床	龙门铣床	平面铣床	仿形铣床	立式升降台铣床	卧式升降台铣床	床身铣床	工具铣床	其他铣床
刨插床B			悬臂刨床	龙门刨床			插床	牛头刨床		边缘及模具刨床	其他刨床

续表

类　别	组　别									
	0	1	2	3	4	5	6	7	8	9
拉床 L			侧拉床	卧式外拉床	连续拉床	立式内拉床	卧式内拉床	立式外拉床	键槽、轴瓦及螺纹拉床	其他拉床
锯床 G			砂轮片锯床		卧式带锯床	立式带锯床	圆锯床	弓锯床	镗锯床	
其他机床 Q	其他仪表机床	管子加工机床	木螺钉加工机		刻线机	切断机	多功能机床			

4）机床主参数和设计顺序号及第二主参数

机床的主参数代表机床规格的大小，用折算值（主参数乘以折算系数，如 1/10 等）表示。某些通用机床，当无法用一个主参数表示时，则在型号中用设计顺序号表示。第二主参数一般是指主轴数、最大跨距、最大工件长度、工作台工作面长度等。第二主参数也用折算值表示，见表 3-5。

表 3-5　主要机床的主参数和折算系数

机　床	主参数名称	折 算 系 数
卧式车床	床身上最大回转直径	1/10
立式车床	最大车削直径	1/100
摇臂钻床	最大钻孔直径	1/1
卧式镗床	镗轴直径	1/10
坐标镗床	工作台面宽度	1/10
外圆磨床	最大磨削直径	1/10
内圆磨床	最大磨削孔径	1/10
矩形平台磨床	工作台面宽度	1/10
齿轮加工机床	最大工作直径	1/10
龙门铣床	工作台面宽度	1/100
升降台铣床	工作台面宽度	1/10
龙门刨床	最大刨削宽度	1/100
插床及牛头刨床	最大插削及刨削长度	1/10
拉床	额定拉力	1/1

5）机床的重大改进序号

当机床的性能及结构布局有重大改进，并按新产品重新设计、试制和鉴定时，应在原来的机床型号后加重大改进序号，以区别于原机床型号。序号按 A、B、C 等字母的顺序使用。

6）其他特性代号

其他特性代号主要用于反映各类机床的特征。例如，对一般机床，可以反映同一型号机床的变型。某些机床，根据不同的加工需要，在基本型号机床的基础上，仅改变机床的部分结构时，则在原机床型号之后加 1、2、3 等变型代号，并用“/”分开，以示区别。

7）企业代号

企业代号中包括机床生产厂或机床研制单位代号。

例如，某机床厂生产的 MG1432A 型高精度万能外圆磨床，其型号含义如下。

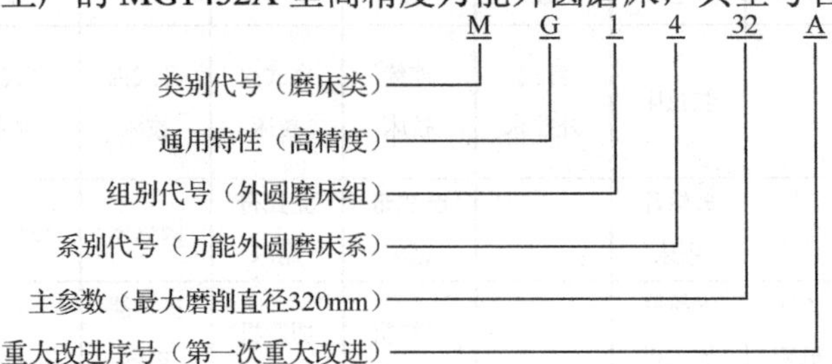

3. 专用机床的型号编制

专用机床的型号由设计单位代号、组代号和设计顺序号组成。具体表示方法为：

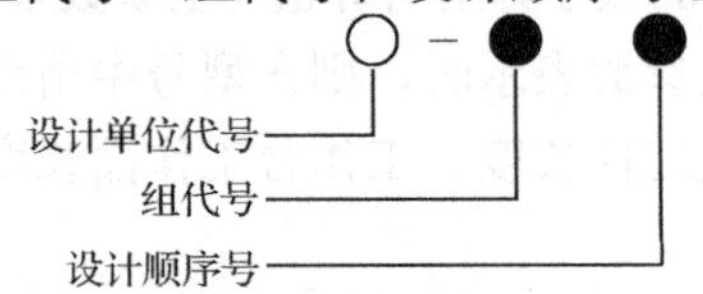

（1）设计单位代号，包括机床厂和机床研究单位代号，位于型号之首。

（2）组代号，用一位阿拉伯数字（不包括 0）表示，放在设计单位代号之后，用“-”分开。专用机床的组按照产品的工作原理划分，由机床厂和机床研究所根据产品情况自行确定。

（3）专用机床的设计顺序号，按该单位的设计顺序（由 001 起始）排列。位于专用机床组代号后。

例如，型号 B1-3100，表示北京第一机床厂的第 100 种专用铣床，属于第三组。

3.3 机床的结构和传动

3.3.1 普通机床的结构和传动

普通车床可完成各种回转表面、回转端面及螺纹面等表面的加工，是一种应用最广的金属切削机床。下面以 CA6140 型卧式车床为例介绍车床的结构和传动。

1. 机床布局

图 3-38 所示是 CA6140 型卧式车床的外形图，其主要部件及功能说明如下。

（1）主轴箱。它固定在床身的左端，内部装有主轴和变速机构、传动机构。主轴箱的功能是支承主轴，并将动力经变速机构、传动机构传给主轴，使主轴按规定的转速带动工件转动。

（2）床鞍和刀架。它位于床身中部，可沿床身导轨做纵向移动。刀架部件由数层刀架组成，它的功用是装夹刀具，使刀具做纵向、横向或斜向进给运动。

（3）尾座。它装在床身右端的尾座导轨上，并可沿此导轨纵向调整其位置。尾座的功能是安装作定位支撑用的后顶尖，也可以安装钻头、铰刀等孔加工刀具进行孔加工。

（4）进给箱。它固定在床身的左前侧。进给箱内装有进给运动的变速装置，用于改变进给量。

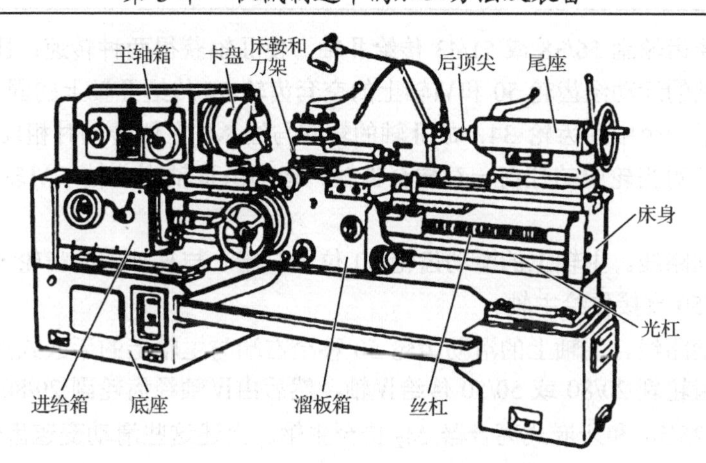

图 3-38　CA6140 型卧式车床的外形图

（5）溜板箱。溜板箱固定在床鞍的底部，它的功用是把进给箱传来的运动传递给刀架，使刀架实现纵向和横向进给或快速移动。溜板箱上装有各种操纵手柄和按钮。

（6）床身。床身固定在底座上。在床身上安装着车床的各个主要部件，使它们在工作时保持准确的相对位置。

2．机床的传动系统

图 3-39 所示为 CA6140 型卧式车床的传动系统原理框图。它概要地表示了由电动机带动主轴和刀架运动所经过的传动机构和重要元件。

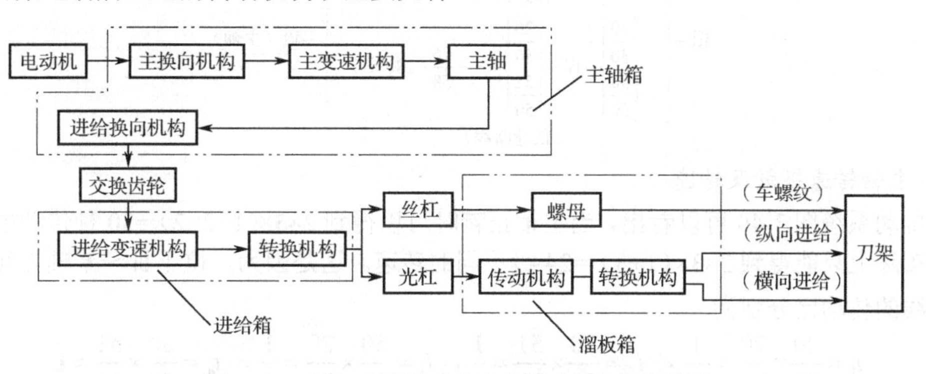

图 3-39　CA6140 型卧式车床的传动系统原理框图

电动机经主换向机构、主变速机构带动主轴转动；进给传动从主轴开始，经进给换向机构、交换齿轮和进给箱内的进给变速机构和转换机构、溜板箱中的传动机构和转换机构传至刀架。溜板箱中的转换机构起改变进给方向的作用，使刀架做纵向或横向、正向或反向进给运动。

3．机床的主传动链

1）传动路线

图 3-40 所示为 CA6140 型卧式车床传动系统图。主传动部分从电动机开始到主轴为止。电动机的旋转运动经 V 带轮传动副传至主轴箱中的 Ⅰ 轴。在 Ⅰ 轴上装有双向多片摩擦离合器 M_1，使主轴正转、反转或停止，它就是图 3-39 中的主换向机构。压紧离合器 M_1 左侧摩擦片

时，Ⅰ轴的运动经齿轮副 56/38 或 51/43 传给Ⅱ轴，使Ⅱ轴获得两种转速；压紧离合器 M_1 右侧摩擦片时，Ⅰ轴的运动经齿轮 50 和Ⅶ轴上的空套齿轮 34 传给Ⅱ轴上的固定齿轮 30，由于Ⅰ轴至Ⅱ轴间多了一个中间齿轮 34，故Ⅱ轴的转向与经 M_1 左侧传动时相反。Ⅱ轴的运动可通过Ⅱ、Ⅲ轴间三对齿轮中的任何一对传至Ⅲ轴。运动由Ⅲ轴到主轴（Ⅵ轴）可以有以下两种不同的路线。

（1）高速传动路线。主轴上的滑动齿轮 50 位于左端，与Ⅲ轴上的齿轮 63 啮合，运动由Ⅲ轴经齿轮副 63/50 直接传给主轴。

（2）低速传动路线。主轴上的滑动齿轮 50 移至右端与主轴上的牙嵌式离合器 M_2 啮合，Ⅲ轴上的运动经齿轮副 20/80 或 50/50 传给Ⅳ轴，然后由Ⅳ轴经齿轮副 20/80 或 51/50 传给Ⅴ轴，再经齿轮副 26/58 和牙嵌式离合器 M_2 传至主轴。上述这些滑动变速齿轮副就是图 3-39 中的主变速机构。

传动系统可用传动路线表达式表示为

$$\begin{array}{c}\text{主电动机}\\ \begin{pmatrix}7.5\text{kW}\\1450\text{r/min}\end{pmatrix}\end{array}-\frac{\phi130\text{mm}}{\phi230\text{mm}}-\text{I}-\left\{\begin{array}{l} \begin{array}{c}\text{M}_1(\text{左})\\(\text{正转})\end{array}-\left\{\begin{array}{c}\frac{56}{38}\\\frac{51}{43}\end{array}\right\}- \\ \begin{array}{c}\text{M}_1(\text{右})\\(\text{反转})\end{array}-\frac{50}{34}-\text{VII}-\frac{34}{30}\end{array}\right\}-\text{II}-\left\{\begin{array}{c}\frac{39}{41}\\\frac{30}{50}\\\frac{22}{58}\end{array}\right\}-$$

$$\text{III}-\left\{\begin{array}{c}\frac{63}{50}-\text{M}_2(\text{左})\\(\text{高速路线})\\ \left\{\begin{array}{c}\frac{20}{80}\\\frac{50}{50}\end{array}\right\}-\text{IV}-\left\{\begin{array}{c}\frac{20}{80}\\\frac{51}{50}\end{array}\right\}-\text{V}-\frac{26}{58}-\text{M}_2(\text{右})\\(\text{低速路线})\end{array}\right\}-\text{VI}\ (\text{主轴})$$

2）主轴转速级数及转速

由传动系统图 3-40 可以看出，当主轴正转时可以得到 2×3×（1+2×2）=30 种传动主轴的路线，但实际上只能得到 2×3×（1+3）=24 级不同的转速。这是因为，位于Ⅲ～Ⅴ轴之间的四条传动路线的传动比分别为

$$i_1=\frac{20}{80}\times\frac{20}{80}=\frac{1}{16},\quad i_2=\frac{20}{80}\times\frac{51}{50}\approx\frac{1}{4},\quad i_3=\frac{50}{50}\times\frac{20}{80}=\frac{1}{4},\quad i_4=\frac{50}{50}\times\frac{51}{50}\approx1$$

其中，i_2 和 i_3 基本相同，所以实际上只有 3 种不同的传动比。由低速路线传动时，主轴只能得到 2×3×（2×2−1）=18 级转速。主轴由高速路线传动可获得 6 级转速，所以主轴共有 24 级转速。

同理，主轴反转时有 3×[1+（2×2−1）]=12 级转速。

主轴的反转运动通常不用于切削，车螺纹时，为实现在不断开主轴和刀架间内联系传动链的情况下将刀架退回到起始位置，要求主轴做反转运动。

主轴的各级转速可根据各有关滑动齿轮的啮合关系求得。在图 3-40 所示齿轮啮合条件下，机床主轴转速为

$$n_{主}=1450\times\frac{130}{230}\times\frac{51}{43}\times\frac{22}{58}\times\frac{20}{80}\times\frac{20}{80}\times\frac{26}{58}\approx10\text{r/min}$$

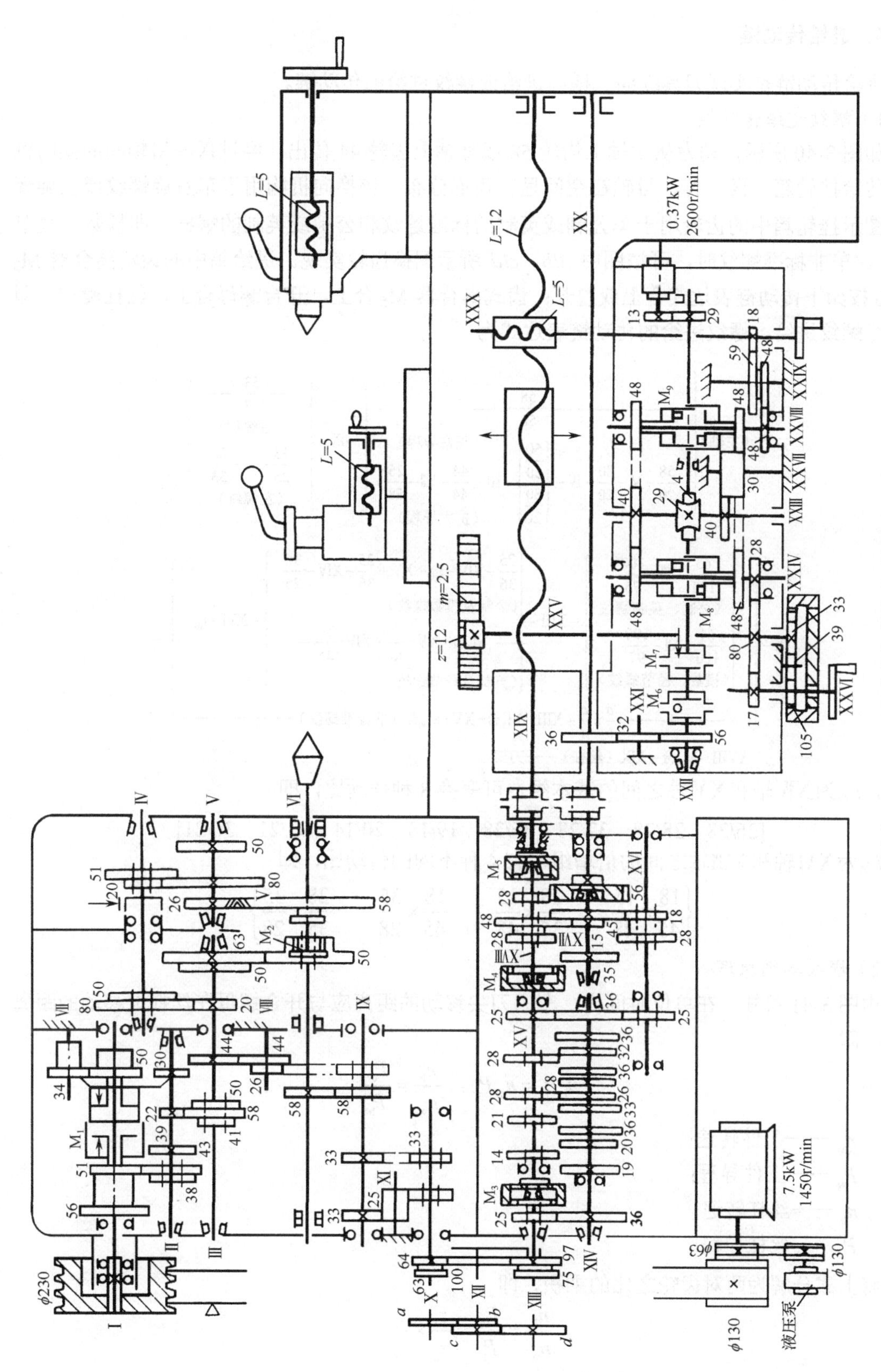

图3-40　CA6140型卧式车床传动系统图

4. 进给传动链

进给传动链是实现刀具纵向、横向进给或螺纹进给的传动链。

1）螺纹进给传动链

如图 3-40 所示，动力从主轴上齿轮 58 或Ⅲ轴上齿轮 44 传出，经过Ⅸ～Ⅺ轴间的换向机构，传给挂轮箱。Ⅸ、Ⅹ、Ⅺ轴在空间呈三角形分布。该换向机构用于车右旋螺纹或左旋螺纹。图示挂轮箱中的齿轮用于车公制或英制的标准螺纹和公制或英制的蜗杆（即模数、径节螺纹）。车非标准螺纹时，可按图中 a/b、c/d 所示配换齿轮实现。进给箱中的齿轮离合器 M_3 和 M_4 按如下传动链表达式合上或脱开；齿式离合器 M_5 合上，开合螺母合上，丝杠旋转，即可进行螺纹进给。螺纹进给的传动链表达式为

$$\text{Ⅵ（主轴）}\left\{\begin{array}{l} \text{———————}-\dfrac{58}{58}-\text{—} \\ \qquad\qquad\text{（正常导程）} \\ \dfrac{58}{26}-\text{Ⅴ}-\dfrac{80}{20}-\text{Ⅳ}-\left\{\begin{array}{l}\dfrac{50}{50}\\ \dfrac{80}{20}\end{array}\right\}-\text{Ⅲ}-\dfrac{44}{44}-\text{Ⅷ}-\dfrac{26}{58} \\ \qquad\qquad\text{（扩大导程）}\end{array}\right\}-\text{Ⅸ}-\left\{\begin{array}{c}\text{—}\dfrac{33}{33}\text{—} \\ \text{（右螺纹）} \\ \dfrac{33}{25}-\text{Ⅺ}-\dfrac{25}{33} \\ \text{（左螺纹）}\end{array}\right\}-$$

$$\text{Ⅹ}-\left\{\begin{array}{l} \left\{\begin{array}{l}\dfrac{63}{100}-\text{Ⅻ}-\dfrac{100}{75} \\ \text{（公制、英制螺纹）} \\ \dfrac{64}{100}-\text{Ⅻ}-\dfrac{100}{97} \\ \text{（模数、径节螺纹）}\end{array}\right\}-\text{XIII}-\left\{\begin{array}{l}\dfrac{25}{36}-\text{XIV}-i_{\text{基}}-\text{XV}-\dfrac{25}{36}-\text{XIV}-\dfrac{36}{25} \\ \text{（公制及模数螺纹）} \\ \text{——}\ M_3\text{合}-\text{XV}-\dfrac{1}{i_{\text{基}}}-\text{XIV}-\dfrac{36}{25}\text{——} \\ \text{（英制及径节螺纹）}\end{array}\right\}-\text{XVI}-i_{\text{倍}} \\ \text{————}\dfrac{a}{b}\times\dfrac{c}{d}-\text{XIII}-M_3\text{合}-\text{XV}-M_4\text{合（非标准螺纹）————}\end{array}\right\}-$$

$$\text{XVIII}-M_5\text{合}-\text{XIX（丝杠）——刀架}$$

其中，$i_{\text{基}}$为XIV轴和XV轴之间的基本组，可变换 8 种传动比，即

$$[26/28 \quad 28/28 \quad 32/28 \quad 36/28 \quad 19/14 \quad 20/14 \quad 33/21 \quad 36/21]$$

$i_{\text{倍}}$为XVI轴和XVIII轴之间的倍增组，有 4 种不同的传动比，即

$$\left\{\frac{18}{45}\times\frac{15}{48} \qquad \frac{28}{35}\times\frac{15}{48} \qquad \frac{18}{45}\times\frac{35}{28} \qquad \frac{28}{35}\times\frac{35}{28}\right\}$$

2）螺纹车削原理

由图 3-41 可知，在单位时间内，车刀刀尖移动的距离应与开合螺母在丝杠上移动的距离相等，即

$$n_b P_b = n_w P_w\,,\quad \frac{n_b}{n_w}=\frac{P_w}{P_b}$$

式中 n_w ——工件转速；

P_w ——工件导程；

n_b ——丝杠转速；

P_b ——丝杠导程。

将上式分解为两对齿轮之比的乘积，即

$$\frac{n_b}{n_w}=\frac{P_w}{P_b}=\frac{z_1}{z_2}\times\frac{z_3}{z_4}$$

或

$$\frac{n_{\mathrm{b}}}{n_{\mathrm{w}}}=\frac{P_{\mathrm{w}}}{P_{\mathrm{b}}}=\frac{a}{b}\times\frac{c}{d}$$

选取相应的齿轮配置到挂轮箱中，即可车非标准螺纹。

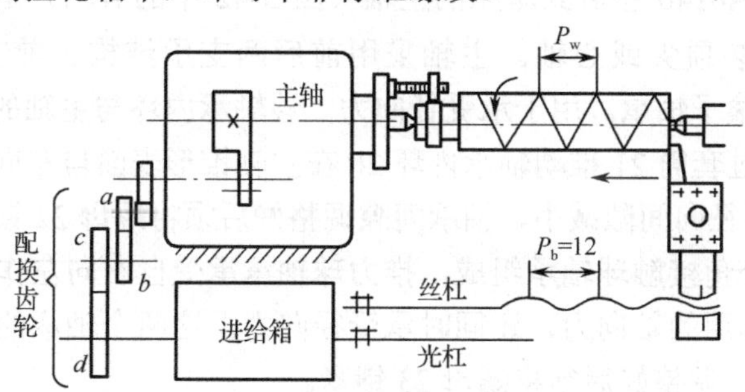

图 3-41　螺纹车削原理图

3）刀具纵向和横向进给的传动链

（1）传动路线。如图 3-40 所示，为了减少丝杠的磨损和便于操作，机动进给是由光杠经溜板箱传动的。这时，将进给箱的离合器和开合螺母脱开，使XⅧ轴的右端齿轮 28 与XX轴左端的齿轮 56 相啮合。运动由进给箱传至光杠XX，再经溜板箱中齿轮副（36/32）×（32/56）、通过安全离合器、XⅫ轴、蜗杆蜗轮副 4/29 传至XXⅢ轴。

其传动路线表达式为

$$\left.\begin{array}{l}\cdots\mathrm{XVIII}-\dfrac{28}{56}-\mathrm{XX}-\dfrac{36}{32}-\mathrm{XXI}-\dfrac{32}{56}-\\ (\text{快速移动电动机}0.37\mathrm{kW},2600\mathrm{r/min})-\dfrac{13}{29}-\end{array}\right]-\mathrm{XXII}-\dfrac{4}{29}-\mathrm{XXIII}-$$

$$\left[\begin{array}{l}-\left[\begin{array}{l}M_8\uparrow\dfrac{40}{48}\\ M_8\downarrow\dfrac{40}{30}\times\dfrac{30}{48}\end{array}\right]-\mathrm{XXIV}-\dfrac{28}{80}-\mathrm{XXV}-Z_{12}/\text{齿条}\\ -\left[\begin{array}{l}M_9\uparrow\dfrac{40}{48}\\ M_9\downarrow\dfrac{40}{30}\times\dfrac{30}{48}\end{array}\right]-\mathrm{XXVII}-\dfrac{48}{48}-\mathrm{XXIX}-\dfrac{59}{18}-\text{横向丝杠}\mathrm{XXX}\end{array}\right.$$

牙嵌式双向离合器 M_8、M_9 分别控制纵向及横向机动走刀，但两者处于中间位置时，可摇动手轮调整刀架位置。

（2）刀架的快速移动。当需要刀架机动地快速接近或离开工件时，可按下快移按钮，使快速移动电动机（0.37kW，2600r/min）启动。快速移动电动机的运动经齿轮副 13/29 使XⅫ轴高速转动，再经过蜗杆蜗轮副 4/29 带动溜板箱内的传动机构，使刀架实现纵向或横向的快速移动。

为了缩短辅助时间和简化操作，在刀架快速移动时不必脱开进给运动传动链。为了避免仍在转动的光杠和快速移动电动机同时传动XⅫ轴，在齿轮 56 与XⅫ轴之间装有单向超越离合器 M_6；当进给力过大或刀架移动受阻时，为了保护传动机构，在 M_6 与XⅫ轴之间装有安全离合器 M_7，如图 3-40 所示。

5. 主轴箱的主要机构

图 3-42 所示是 CA6140 型卧式车床主轴箱展开图。展开图是按照传动轴的传动顺序，通过其轴心线剖切，并展开在一个平面上的装配图。图 3-43 表示展开图的 *A—A* 剖切面。

（1）主轴组件。CA6140 型卧式车床的主轴（图 3-42 中的Ⅵ轴）是一个空心的阶梯轴，主轴前端锥孔用于安装顶尖或心轴。主轴采用前后两支承结构。前支承为 P5 级精度的 NN3000K 型双列圆柱滚子轴承，用于承受径向力。该轴承内环与主轴的配合面带有 1 : 12 的锥度，拧动螺母 22 通过套筒 21 推动轴承内环 20 在主轴锥形表面自左向右移动，使轴承内环在径向膨胀，可使轴承径向间隙减小，轴承间隙调整好后须将螺母 22 锁紧。主轴的后支承由一个推力球轴承和一个角接触球轴承组成，推力球轴承承受自右向左作用的轴向力，角接触球轴承承受自左向右作用的轴向力，还同时承受径向力。这两个轴承的间隙和预紧程度由主轴后端的螺母 23 调整，调整好后须将螺母 23 锁紧。

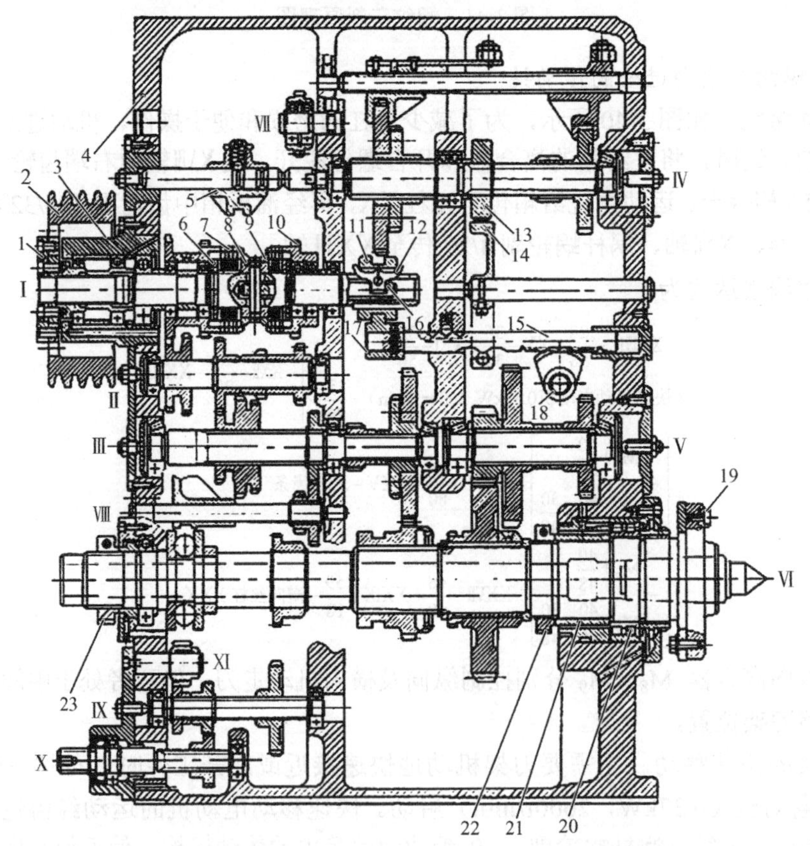

1—花键套；2—带轮；3—法兰；4—箱体；5、17—拨叉；6—止推环；7—摩擦片；8—花键滑套；9、22、23—螺母；10—齿轮；11—滑套；12—摆杆；13—制动轮；14—杠杆；15—齿条轴；16—拉杆；18—扇形齿轮；19—圆形拨块；20—轴承内环；21—套筒

图 3-42 CA6140 型卧式车床主轴箱展开图

主轴前端采用短圆锥和法兰结构，用来安装卡盘或拨盘。图 3-44 所示是卡盘和拨盘的安装。安装卡盘时，先让卡盘座 4 在主轴 3 的短圆锥面上定位，然后将卡盘座 4 上的 4 个螺栓 5 及螺母 6 通过主轴轴肩及锁紧盘 2 上的孔，并将锁紧盘 2 沿顺时针方向相对主轴转动一个角度，使螺栓 5 进入锁紧盘 2 的窄槽内，先拧紧螺钉 1，最后拧紧螺母 6，即可将卡盘牢靠地安装在主轴

的前端。主轴法兰前端面上的圆形拨块（图 3-42 中件 19）是将主轴扭矩传给卡盘用的。

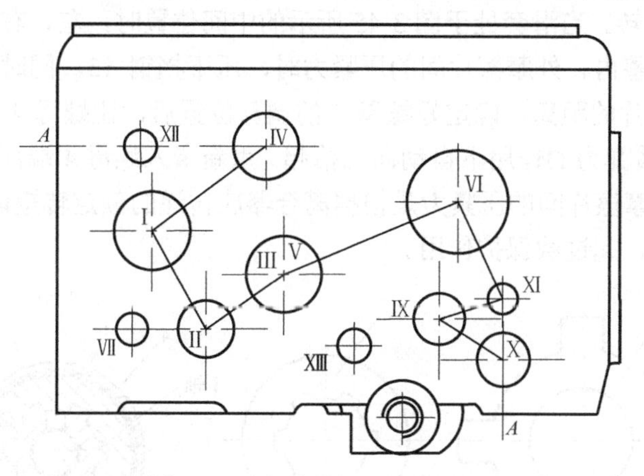

图 3-43　展开图的 A—A 剖切面

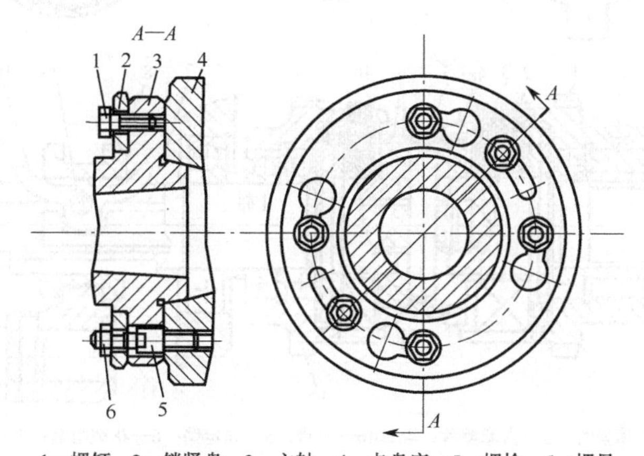

1—螺钉；2—锁紧盘；3—主轴；4—卡盘座；5—螺栓；6—螺母

图 3-44　卡盘和拨盘的安装

（2）卸荷带轮。电动机的运动经 V 带传至Ⅰ轴左端的带轮 2（参见图 3-42），带轮 2 与花键套 1 用螺钉固定成一体，由两个向心球轴承支承在法兰 3 的内孔中，法兰 3 固定在主轴箱箱体 4 上；带轮 2 通过花键套 1 带动Ⅰ轴旋转时，Ⅰ轴只传递转矩，V 带拉力产生的径向载荷通过轴承和法兰 3 直接传给箱体 4，Ⅰ轴不承受皮带拉力作用，带轮 2 把径向载荷卸给了箱体，故称此种带轮为卸荷带轮。

（3）双向多片摩擦离合器、制动器及其操纵机构。双向多片摩擦离合器装在Ⅰ轴上，结构如图 3-45 所示。摩擦离合器由内摩擦片 3、外摩擦片 2、摆杆（元宝销）10、双联齿轮 1 和空套齿轮 12 等组成。内摩擦片 3 的内花键孔与Ⅰ轴的花键相连。外摩擦片 2 用光滑圆孔空套在Ⅰ轴的花键上，孔径略大于花键外径；外摩擦片外圆上有 4 个凸缘卡在空套在Ⅰ轴上的双联齿轮 1 和空套齿轮 12 侧端面上的 4 个轴向槽内。内、外摩擦片相间排列安装。

双向多片摩擦离合器的接通与脱开参见图 3-45，向右移动拨叉 11，带动滑套 8 右移，滑套 8 的右端面拨动摆杆 10 的右翅使摆杆 10 绕销轴 9 顺时针摆动，摆杆 10 下端的凸缘拨动装在Ⅰ轴内孔中的拉杆 7 向左移动，通过固定销 5 和花键滑套 6 使螺母 4 压紧内、外摩擦片，左离合器接通，Ⅰ轴的运动通过左端的内、外摩擦片传给双联齿轮 1，使主轴正转，用于切削加工。同理，向左移动拨叉 11，右离合器接通，Ⅰ轴的运动通过右端的内、外摩擦片传给空套齿轮 12，使主轴反转。当滑套处于图 3-45 所示的中间位置时，左、右离合器都脱开，主轴停止转动。当需要调整内、外摩擦片间的压紧力时，压下挡销 13，同时转动螺母 4，调整螺母 4 端面相对于摩擦片的距离，确定好螺母 4 的调整位置后，让螺母 4 端部的轴向槽对准挡销 13，挡销 13 在弹簧弹力的作用下自动向上抬起，重新卡入螺母 4 端部的轴向槽中，以固定螺母 4 的轴向位置。摩擦片间的压紧力是根据离合器应传递的额定转矩调整的，主轴超载时，内、外摩擦片间打滑，起过载保护作用。

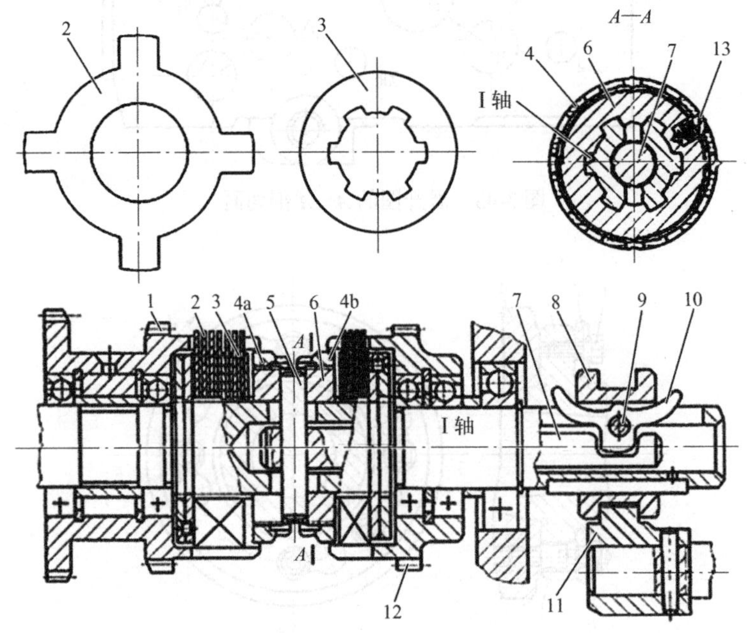

1—双联齿轮；2—外摩擦片；3—内摩擦片；4a、4b—螺母；5—固定销；6—花键滑套；7—拉杆；8—滑套；9—销轴；10—摆杆；11—拨叉；12—空套齿轮；13—挡销

图 3-45　双向多片摩擦离合器

制动及其操纵机构如图 3-46 所示，制动器安装在Ⅳ轴上（参见图 3-42），在离合器脱开时，它能使主轴迅速停止转动，以缩短停机时间，并保证操作安全。制动轮 9（图 3-42 中件 13）是一个钢制的圆盘，与Ⅳ轴用花键连接。制动带 8 是一条钢带，内侧有一层酚醛石棉以增加摩擦；制动带的一端与杠杆 7（图 3-42 中件 14）连接，另一端通过调节螺钉 6 等与箱体相连。摩擦离合器 M_1 接通，主轴转动时，制动轮 9 随Ⅳ轴转动；离合器脱开时，齿条轴 15（图 3-42 中件 15）的凸起部分使杠杆 7 摆动，制动带 8 被拉紧，主轴迅速停止转动。

当左或右摩擦离合器接通时，要求制动带 8 松开；当左、右离合器都脱开时，要求制动带 8 拉紧。为了操纵方便并避免出错，制动器和摩擦离合器共用一套操纵机构，由手柄 11 联合操纵，向上扳动手柄 11，通过杆 13、曲柄 14、扇形齿轮 10（图 3-42 中件 18）使齿条轴 15 右移；齿条轴 15 左端有拨叉 16（图 3-42 中件 17），它卡在滑套 4（图 3-42 中件 11）的环槽内，齿条轴 15 右移，滑套 4 也随之右移；滑套 4 内孔的两端为锥孔，滑套 4 右移，摆杆 5 绕销轴顺时针摆动，摆杆下端凸缘推动拉杆 1（图 3-42 件 16）左移，压紧左摩擦片，主轴正转。此时齿条轴 15 左面的凹槽正对杠杆 7，使制动带 8 放松。同理，向下扳动手柄 11，齿条轴 15

左移，压紧右摩擦片，同时齿条轴 15 左面的凹槽正对杠杆 7，制动带 8 松开，主轴反转。手柄 11 处于中间位置时，离合器脱开的同时齿条轴 15 上的凸起移至杠杆 7 处，使制动带 8 拉紧，主轴迅速停止转动。

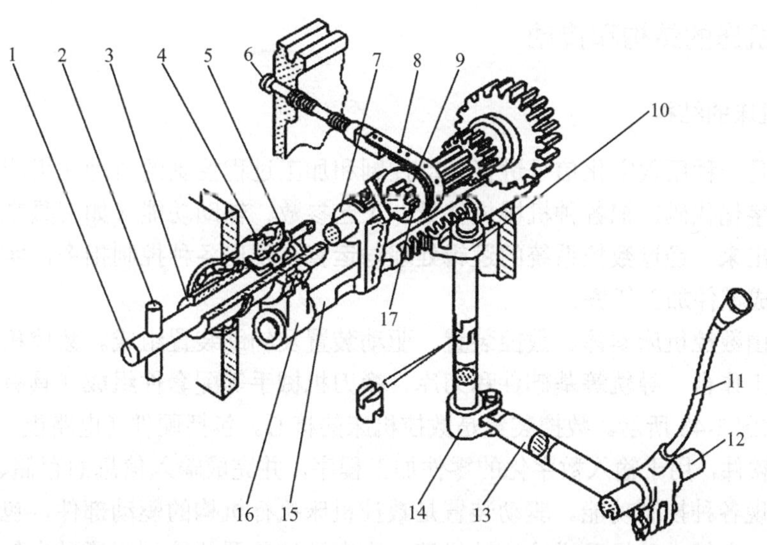

1—拉杆；2—销；3—Ⅰ轴；4—滑套；5—摆杆；6—调节螺钉；7—杠杆；8—制动带；9—制动轮；10—扇形齿轮；11—手柄；12—轴；13—杆；14—曲柄；15—齿条轴；16—拨叉；17—Ⅳ轴

图 3-46　制动及其操纵机构

（4）变速操纵机构。图 3-47 所示是Ⅱ轴及Ⅲ轴上滑动齿轮的操纵机构。Ⅱ轴上的双联滑动齿轮 A 有左、右两个位置，Ⅲ轴上的三联滑动齿轮 B 有左、中、右三个位置。两个齿轮共用一个手柄操纵，变速手柄 C 每转一转，变换全部六种转速。

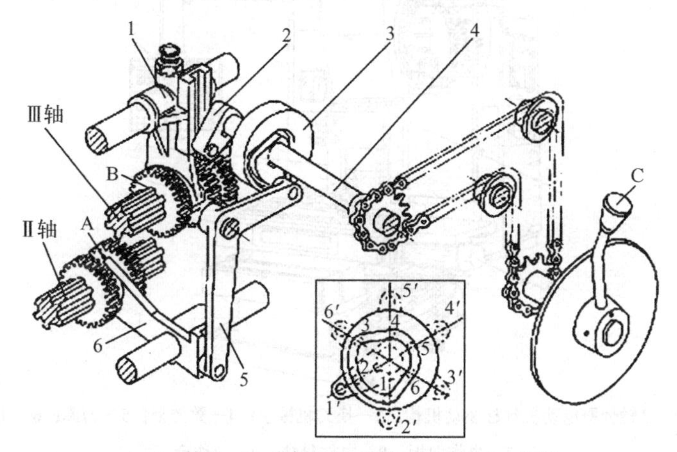

1、6—拨叉；2—曲柄；3—凸轮；4—轴；5—杠杆

图 3-47　Ⅱ轴及Ⅲ轴上滑动齿轮的操纵机构

当转动装在主轴箱前侧面的变速手柄 C 时，手柄 C 通过链传动使轴 4 转动，在轴 4 上固定安装了凸轮 3 和曲柄 2。在凸轮 3 的侧面上开有一条封闭的曲线槽，它由两段不同半径的圆弧和两条过渡直线组成，与杠杆 5 相连的滚子位于曲线槽中。凸轮曲线槽有六个不同的变速位置。当杠杆 5 的滚子位于凸轮槽曲线的大半径处时，齿轮 A 处于左端位置；当杠杆 5 的滚

子位于小半径处时，齿轮A处于右端位置。曲柄2上的滚子装在拨叉1的长槽中，当曲柄2随着轴4转动时，曲柄2上的滚子拨动拨叉，使拨叉处于左、中、右三个不同的位置，因此就可以操纵Ⅲ轴上的滑动齿轮B有三个不同的位置。

3.3.2 数控机床的结构和传动

1. 数控机床的结构

数控机床是一种用数字化信号进行运动控制和加工过程控制的自动化机床，它能够按照机床规定的数字化代码，把各种机械位移量、工艺参数、辅助功能（如刀具交换、冷却液开与关等）表示出来，经过数控系统的逻辑处理与运算，发出各种控制指令，实现要求的机械动作，自动完成零件加工任务。

数控机床由数控机床本体、数控装置、驱动装置及辅助装置组成。数控机床本体主要由床身、立柱、工作台、导轨等基础件和刀库、换刀机械手等配套件组成（具有换刀功能的为加工中心），如图3-48所示。数控装置是数控机床的核心，包括硬件（电路板、显示器、键盘等）及相应的软件，用于输入数字化的零件加工程序，并完成输入信息的存储、数据的变换、插补运算及实现各种控制功能。驱动装置是数控机床执行机构的驱动部件，包括主轴驱动单元、进给单元、主轴电动机及进给电动机等，它在数控装置的控制下通过电气或电液伺服系统实现主轴运动和进给驱动。辅助装置是指数控机床的一些必要的配套部件，用以保证数控机床的运行，如冷却、排屑、润滑、照明、监测等，通常包括液压和气动装置、排屑装置、交换工作台、数控转台和数控分度头，还包括刀具及监控检测装置等。

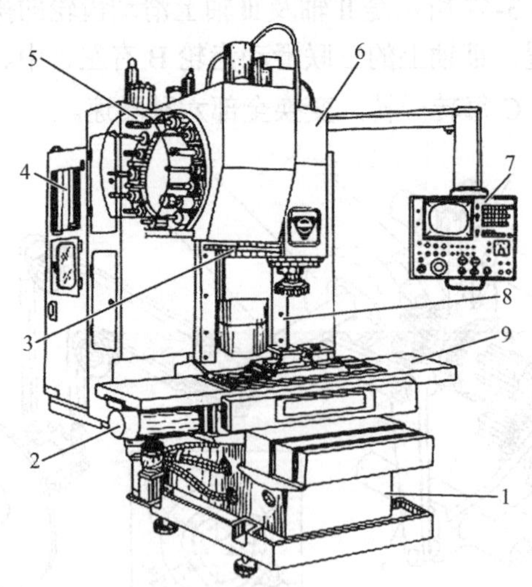

1—床身；2—X轴伺服电动机丝杠驱动机构；3—换刀机械手；4—数控柜；5—刀库；6—主轴部件；7—操作面板；8—立柱导轨；9—工作台

图3-48 数控机床本体

数控机床的主运动、进给运动都由单独的伺服电动机驱动，传动链短、结构较简单。为保证数控机床的快速响应特性，数控机床普遍采用精密滚珠丝杠和直线滚动导轨副。为保证数控机床的高精度、高效率和高自动化加工，数控机械结构应具有较高的动态特性、动态刚度、抗变形性能及耐磨性。

2. 数控机床的主传动系统

数控机床的主传动广泛采用无级变速传动，用交流调速电动机或直流调速电动机驱动，传动链短，传动件少，系统可靠性高。其主传动主要有以下三种方式，如图 3-49 所示。

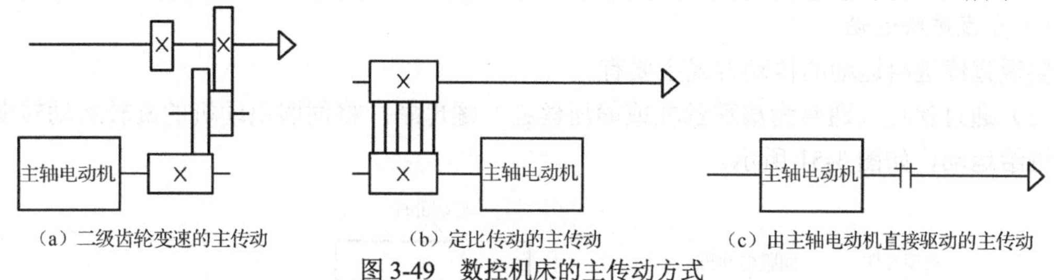

（a）二级齿轮变速的主传动　（b）定比传动的主传动　（c）由主轴电动机直接驱动的主传动

图 3-49　数控机床的主传动方式

（1）带有二级齿轮变速的主传动方式，如图 3-49（a）所示，主轴电动机经过二级齿轮变速，使主轴获得低速和高速两种转速系列，这种分段无级变速，确保低速时的大扭矩，满足机床对扭矩特性的要求，是大中型数控机床采用较多的一种配置方式。

（2）通过定比传动的主传动方式，如图 3-49（b）所示，主轴电动机的运动经定比传动传递给主轴，定比传动采用齿轮传动或带传动。带传动方式主要应用于小型数控机床上，可以避免齿轮传动的噪声与振动。

（3）由主轴电动机直接驱动的主传动方式，如图 3-49（c）所示，电动机轴与主轴用联轴器同轴连接。这种方式大大简化了主轴结构，有效地提高了主轴刚度。但主轴输出扭矩小，电动机的发热对主轴精度影响较大。

近年来出现了一种电主轴，省去了带轮或齿轮传动，实现了数控机床的“零传动”。电主轴就是直接将空心的电动机转子装在主轴上，定子通过冷却套固定在主轴箱体孔内，形成一个完整的主轴单元，通电后转子直接带动主轴高速运转，可以实现高速加工。图 3-50 所示为一电主轴结构示例。在高速数控机床中广泛采用电主轴装置，特别是在复合加工机床、多轴联动机床、多面体加工机床和并联机床中。电主轴是高速数控加工机床的关键部件，其性能指标直接决定机床的水平，它是数控机床实现高速加工的前提和基本条件。

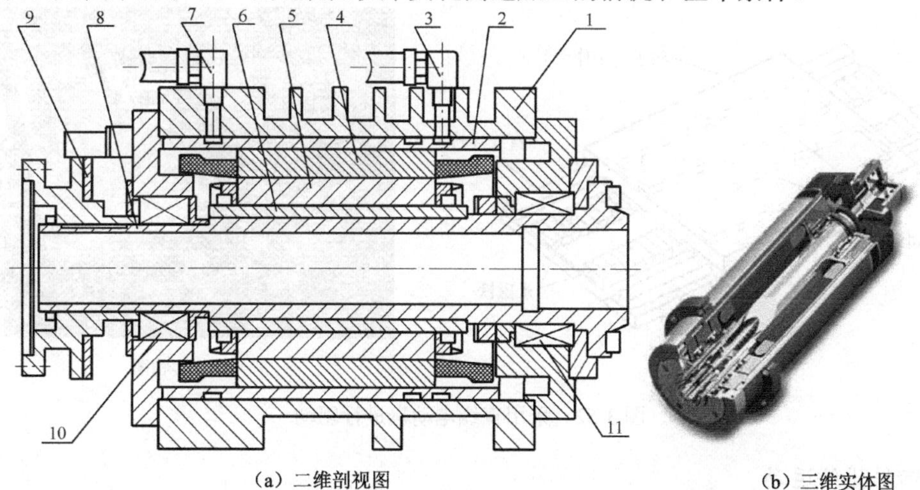

（a）二维剖视图　（b）三维实体图

1—主轴箱体；2—冷却套；3—冷却水进口；4—定子；5—转子；6—套筒；7—冷却水出口；8—转轴；9—反馈装置；10—主轴后轴承；11—主轴前轴承

图 3-50　电主轴结构示例

3．数控机床的进给传动系统

数控机床的进给传动系统将伺服电动机的旋转运动转变为执行部件的直线进给运动或回转进给运动。

1）直线进给运动

实现直线进给运动的传动方式主要有：

（1）通过丝杠（通常为滚珠丝杠或静压丝杠）螺母副，将伺服电动机的旋转运动转变为直线进给运动，如图 3-51 所示。

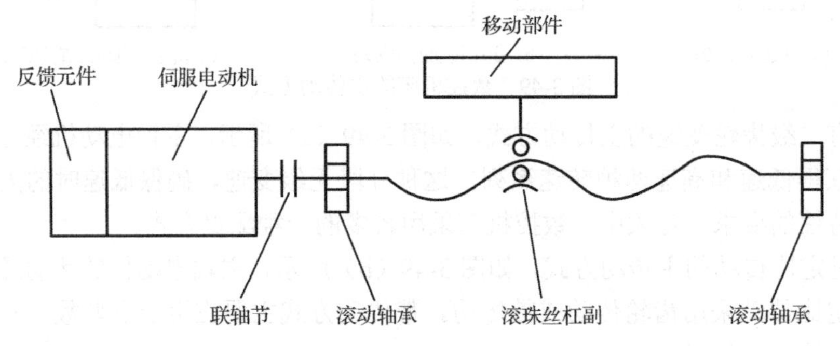

图 3-51　直线进给方式

（2）通过齿轮、齿条副，将伺服电动机的旋转运动转变为直线运动。

（3）直接采用直线电动机进行驱动，如图 3-52 所示。随着以高效率、高精度为基本特征的高速加工技术的发展，对高速机床的进给系统也在进给速度、加速度及精度方面提出了更高的要求，传统的“旋转伺服电动机+滚珠丝杠”的进给运动方式已很难适应，因此，直线电动机直接驱动的传动方式应运而生。直线电动机是直接产生直线进给运动的电磁装置，电磁力矩直接作用于工作台。机床进给传动系统采用直线电动机直接驱动，与原旋转电动机传动方式的最大区别是取消了从电动机到工作台之间的机械传动环节，即把机床进给传动链的长度缩短为零，故称这种传动方式为“直接驱动”或“零传动”。

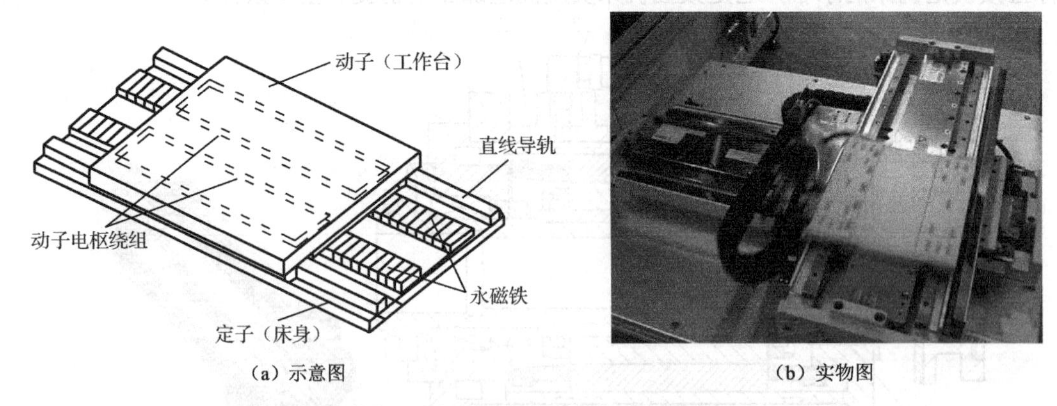

（a）示意图　（b）实物图

图 3-52　采用直线电动机进行驱动

2）回转进给运动

实现回转进给运动一般采用蜗轮蜗杆副，如图 3-53（a）所示，或采用力矩电动机直接驱动，如图 3-53（b）所示。工作台由专门设计的力矩电动机直接驱动，电动机的转子与工作台主轴直接连接在一起，中间没有任何机械传动机构。其结构非常紧凑，动态性能好，惯性小，转速高，除回转进给外，还可用于车削。由于没有机械传动的背隙和磨损问题，辅以直接测量系统，可获得很高的回转精度（约±5″），使用寿命远比机械传动回转工作台长。

（a）采用蜗轮蜗杆副驱动

（b）采用力矩电动机直接驱动

图 3-53　回转进给方式

数控机床的回转进给运动包括分度运动和连续回转进给运动两种。通常数控机床的连续回转进给运动由数控回转工作台来实现，分度运动由分度工作台来实现。

数控回转工作台在数控系统的控制下，完成工作台的回转进给运动，并能同其他坐标轴实现联动，以完成复杂零件的加工，还可以做任意角度的转位和分度。

工作台运动大都由伺服电动机驱动，经减速齿轮和蜗轮蜗杆传入，其定位精度由控制系统和伺服传动系统的间隙大小决定。因此，用于数控机床回转工作台的蜗轮蜗杆必须有较高的制造精度和装配精度，而且还要采取措施来消除蜗轮蜗杆副的传动间隙。

数控机床的分度工作台与数控回转工作台不同，它只能完成分度运动，不能实现回转进给，也就是说在切削过程中不能转动，只在非切削状态下将工件进行转位换面，以实现在一次装卡下完成多个面的多工序加工。

习题与思考题

3-1 镗削和车削有哪些不同？

3-2 车削加工能成形哪些表面？

3-3 若采用周铣铣削带黑皮的铸件或锻件上的平面，为减小刀具的磨损，应该采用逆铣还是顺铣？为什么？

3-4 齿形加工主要有哪两种加工方法？请分别说明。

3-5 什么是复合加工？简述复合加工的主要特点。

3-6 机床常用的技术指标有哪些？

3-7 如何区分机床的主运动与进给运动？

3-8 试举例说明从机床型号的编制中可获得哪些有关机床产品的信息。

3-9 试以车床为例，分析机床的哪些运动是主运动，哪些运动是进给运动。

3-10 机床有哪些基本组成部分？试分析其主要功用。

3-11 试述 CA6140 型卧式车床主传动链的传动路线。

3-12 CA6140 型卧式车床丝杠和光杠的作用有何不同？

3-13 为什么在普通车床传动链中需要设置挂轮机构？

3-14 CA6140 型卧式车床中主轴在主轴箱中是如何支承的？

3-15 CA6140 型卧式车床中是怎样通过双向多片摩擦离合器实现主轴正转、反转和制动的？

3-16 CA6140 型卧式车床中主轴 Ⅰ 上 V 形带的拉力作用在哪些零件上？

3-17 CA6140 型卧式车床中主轴前轴承的径向间隙是如何调整的？

第 4 章　机械加工工艺规程设计

机械加工工艺规程是规定产品或零部件机械加工工艺过程和操作方法等的工艺文件。生产规模的大小、工艺水平的高低及解决各种工艺问题的方法和手段，都要通过机械加工工艺规程来体现。因此，机械加工工艺规程设计是一项十分重要而又严肃的工作。它要求设计者必须具备丰富的生产实践经验和广博的机械制造工艺基础理论知识。

当然，工艺规程也不是一成不变的，随着科学技术的发展，一定会有新的、更为合理的工艺规程来代替旧的、相对不合理的工艺规程。但是，工艺规程的修订必须经过充分的试验论证，必须严格履行审批流程。

4.1　机械加工工艺规程设计方法

4.1.1　机械加工工艺规程的作用与格式

1. 机械加工工艺规程的作用

一般来说，大批大量生产类型要求有细致和严密的组织工作，因此要求有比较详细的机械加工工艺规程。单件小批生产由于分工比较粗糙，因此其机械加工工艺规程可以简单些。但是，不论生产类型如何，都必须有章可循，即都必须有机械加工工艺规程。这是因为：

（1）生产的计划、调度、工人的操作、质量检查等都以机械加工工艺规程为依据，任何生产人员都不得随意违反机械加工工艺规程。

（2）生产准备工作（包括技术准备工作）离不开机械加工工艺规程。在产品投入生产以前，需要做大量的生产准备和技术准备工作，例如，技术关键的分析与研究，刀、夹、量具的设计、制造或采购，原材料、毛坯件的制造或采购，设备改装及新设备的购置或定做等。这些工作都必须根据机械加工工艺规程展开，否则，生产将陷入盲目和混乱。

（3）除单件小批生产外，在中批或大批大量生产中要新建或扩建车间（或工段），其原始依据也是机械加工工艺规程。根据机械加工工艺规程确定机床的种类和数量、机床的布置和动力配置，以及生产面积和工人的数量等。

机械加工工艺规程的修改与补充是一项严肃的工作，它必须经过认真讨论和严格的审批。不过，所有的机械加工工艺规程几乎都要经过不断的修改与补充才能得以完善，只有这样才能不断吸收先进经验，永葆其合理性。

2. 机械加工工艺规程的格式

通常，机械加工工艺规程被填写成表格（卡片）的形式。在我国，各机械制造厂使用的机械加工工艺规程表格的形式不尽相同，但是其基本内容是相同的。在单件小批生产中，一般只编写简单的机械加工工艺过程卡片或机械加工工艺路线卡片（参见表 4-1）；在中批生产中，多采用机械加工工艺卡片（参见表 4-2）；在大批大量生产中，则要求有详细和完整的工艺文件，要求各工序都有机械加工工序卡片（参见表 4-3）；对半自动机床、自动机床和数控机床，则要求有机床调整卡，对检验工序则要求有检验工序卡等。

表 4-1 机械加工工艺过程卡片

×××公司	机械加工工艺过程卡片	产品名称及型号			零件名称			零件图号			
		材料	名称		毛坯	种类		零件重量/kg	毛重		第 页
			牌号			尺寸			净重		共 页
			性能		每料件数			每台件数			

工序号	工序名称	工序内容	加工车间	设备名称及编号	工装名称及编号			时间定额/min	
					夹具	刀具	量具	单件	准备–终结
更改内容									
编制		描图		校对		审核		批准	

表 4-2 机械加工工艺卡片

×××公司	机械加工工艺卡片	产品名称及型号			零件名称			零件图号			
		材料	名称		毛坯	种类		零件重量/kg	毛重		第 页
			牌号			尺寸			净重		共 页
			性能		每料件数			每台件数			

工序	安装	工步	工序内容	切削用量				设备名称及编号	工装名称及编号			时间定额/min	
				背吃刀量	切削速度	主轴转速	进给量		夹具	刀具	量具	单件	准备–终结
更改内容													
编制		描图		校对		审核		批准					

如前所述，一般情况下单件小批生产的工艺文件简单一些，是用机械加工工艺过程卡片来指导生产的。但是，对于应用在航空、航天产品中的零件或技术要求较高的零件加工工艺，即使是单件小批生产，也应制定详细的机械加工工艺规程（包括机械加工工艺过程卡片、机械加工工艺卡片和机械加工工序卡片、检验卡片等），以确保产品质量。

表 4-3　机械加工工序卡片

<table>
<tr><td rowspan="2">×××
公司</td><td rowspan="2">机械加工
工序卡片</td><td>产品名称及型号</td><td>零件名称</td><td>零件图号</td><td>工序名称</td><td>工序号</td><td>第　页</td></tr>
<tr><td></td><td></td><td></td><td></td><td></td><td></td></tr>
<tr><td colspan="3" rowspan="9">（工序图）</td><td>车　间</td><td>工　段</td><td>材料名称</td><td>材料牌号</td><td>力学性能</td></tr>
<tr><td></td><td></td><td></td><td></td><td></td></tr>
<tr><td>同时加工件数</td><td>每料件数</td><td>技术等级</td><td>单件时间</td><td>准备-终结时间</td></tr>
<tr><td></td><td></td><td></td><td></td><td></td></tr>
<tr><td>设备名称</td><td>设备编号</td><td>夹具名称</td><td>夹具编号</td><td>工作液</td></tr>
<tr><td></td><td></td><td></td><td></td><td></td></tr>
<tr><td rowspan="3">更改内容</td><td colspan="4"></td></tr>
<tr><td colspan="4"></td></tr>
<tr><td colspan="4"></td></tr>
</table>

<table>
<tr><td rowspan="2">工步号</td><td rowspan="2">工步内容</td><td colspan="3">计算数据</td><td rowspan="2">工作行程数</td><td colspan="2">切削用量</td><td colspan="3">工时定额</td><td colspan="5">刀具、量具及辅助工具</td></tr>
<tr><td>直径或长度</td><td>进给长度</td><td>单边余量</td><td>进给量</td><td>切削速度</td><td>基本时间</td><td>辅助时间</td><td>工作地</td><td>工步号</td><td>名称</td><td>规格</td><td>编号</td><td>数量</td></tr>
<tr><td></td><td></td><td></td><td></td><td></td><td></td><td></td><td></td><td></td><td></td><td></td><td></td><td></td><td></td><td></td><td></td></tr>
</table>

编制		描图		校对		审核		批准	

4.1.2　机械加工工艺规程的设计原则、步骤和内容

1. 机械加工工艺规程的设计原则

设计机械加工工艺规程应遵循如下原则。

（1）必须可靠地保证零件图纸上所有技术要求的实现。

（2）在规定的生产纲领和生产批量下，一般要求工艺成本最低。

（3）充分利用现有生产条件，提高生产效率。

（4）尽量减轻工人的劳动强度，保障生产安全，创造良好、文明的劳动条件。

2. 机械加工工艺规程设计所需的原始资料

机械加工工艺规程设计必须具备以下原始资料。

（1）产品装配图、零件图。

（2）产品验收质量标准。

（3）产品的年生产纲领。

（4）毛坯材料和毛坯的生产条件。

（5）现有生产条件，包括机床设备和工艺装备的规格、性能和当前的技术状态，工人的技术水平，工厂自制工艺装备的能力及供电、供气能力的有关资料。

（6）工艺规程设计和工艺装备设计所用设计手册和有关标准。

（7）国内外有关制造技术资料等。

3．机械加工工艺规程设计的步骤和内容

（1）分析产品装配图和零件图。了解产品的用途、性能和工作条件，明确零件在产品中的位置、功用及其主要的技术要求。

（2）工艺审查。主要审查零件图纸上的尺寸、视图和技术要求是否完整、正确、统一；分析各项技术要求制定的依据，找出主要技术要求和分析关键的技术问题；审查零件的结构工艺性（参见4.2节）。

（3）确定毛坯的种类和制造方法。毛坯是由原材料变成零件过程的第一步，正确确定毛坯有着重大的技术经济意义，它不仅影响毛坯制造的工艺和费用，而且对零件机械加工工艺过程也有极大的影响，是保证工艺规程设计质量的重要环节。

确定毛坯的主要依据是零件在产品中的作用和生产纲领及零件本身的结构。常用毛坯的种类有铸件、锻件、型材、焊接件、冲压件及粉末冶金、成型轧制件等。毛坯的选择通常是由产品设计者来完成的，工艺人员在设计机械加工工艺规程之前，首先要熟悉毛坯的特点。例如，对于铸件应了解其分型面、浇口和铸钢件冒口的位置，以及铸件公差和拨模斜度等，这些都是设计机械加工工艺规程时不可缺少的原始资料。毛坯的种类和质量与机械加工关系密切。例如，精密铸件、压铸件、精锻件等毛坯质量好，精度高，它们对保证加工质量、提高劳动生产率和降低机械加工工艺成本有重要作用。常用的毛坯特点及适用范围见表4-4。

表4-4　常用的毛坯特点及适用范围

毛坯种类	制造精度	加工余量	原　材　料	工件尺寸	工件形状	机械性能	适用生产类型
型材		大	各种材料	小型	简单	较好	各种类型
型材焊接件		一般	钢材	大、中型	较复杂	有内应力	单件
砂型铸造	13级以下	大	铸铁、铸钢、青铜	各种尺寸	复杂	差	单件小批
自由锻造	13级以下	大	以钢材为主	各种尺寸	较简单	好	单件小批
普通模锻	11～15级	一般	钢、锻铝、铜等	中、小型	一般	好	中批、大批量
钢模铸造	10～12级	较小	以铸铝为主	中、小型	较复杂	较好	中批、大批量
精密锻造	8～11级	较小	钢材、锻铝等	小型	较复杂	较好	大批量
压力铸造	8～11级	小	铸铁、铸钢、青铜	中、小型	复杂	较好	中批、大批量
熔模铸造	7～10级	很小	铸铁、铸钢、青铜	以小型为主	复杂	较好	中批、大批量
冲压件	8～10级	小	钢	各种尺寸	复杂	好	大批量
粉末冶金件	7～9级	很小	铁基、铜基、铝基材料	中、小尺寸	较复杂	一般	中批、大批量
工程塑料件	9～11级	较小	工程塑料	中、小尺寸	复杂	一般	中批、大批量

（4）拟定机械加工工艺路线。这是制定机械加工工艺规程的核心。其主要内容有：选择定位基准、确定加工方法、安排加工工序，以及安排热处理、检验和其他工序等。

机械加工工艺路线的最终确定一般要通过一定范围的论证，即通过对几条工艺路线的分析与比较，从中选出一条适合本厂条件的，确保加工质量、高效和低成本的最佳工艺路线。

（5）确定满足各工序要求的机床和工艺装备。工艺装备包括夹具、刀具和量具、辅具等。机床和工艺装备的选择应在满足零件加工工艺的需要和可靠地保证零件加工质量的前提下，与生产批量和生产节拍相适应，并应优先考虑采用标准化的工艺装备和充分利用现有条件，以降低生产准备费用。对必须改装和重新设计的专用机床、专用或成组工艺装备，应在进行经济性分析和论证的基础上提出设计任务书。

（6）确定各主要工序的技术要求和检验方法。

（7）确定各工序的加工余量，计算工序尺寸和公差。

（8）确定切削用量。目前，在单件小批生产厂，切削用量多由操作者自行决定，机械加工工艺过程卡片中一般不做明确规定。在中批及大批大量生产厂，为了保证生产的合理性和节奏均衡，要求必须规定切削用量，并不得随意改动。

（9）确定各工序时间定额。

（10）评价工艺路线。对指定的工艺方案进行技术经济分析，并应对多种工艺方案进行比较，或采用优化方法，以确定最优工艺方案。

（11）填写工艺文件。

4.2　零件的结构工艺性分析

所谓零件的结构工艺性是指在满足使用要求的前提下，制造该零件的可行性和经济性。功能相同的零件，其结构工艺性可以有很大的差异。所谓结构工艺性好，是指在现有工艺条件下既能方便制造，又有较低的制造成本。零件的结构是设计人员根据其用途和使用要求进行设计的，但是结构是否完善合理，还要看它是否符合工艺方面的要求，即在保证产品适用性能的前提下，是否能用生产率高、劳动量少、材料消耗和生产成本低的方法制造出来。

4.2.1　分析零件结构工艺性的一般原则

零件的制造包括毛坯生产、切削加工、热处理和装配等许多生产阶段，各个阶段都是有机地联系在一起的。在进行结构设计时，必须全面考虑，使得在各个生产阶段都具有良好的工艺性。在设计的开始阶段，就应充分注意结构设计的工艺性。分析零件结构工艺性主要应从以下几个方面来考虑。

（1）应尽量采用标准化参数。对于孔径、锥度、螺距、模数等，采用标准化参数有利于利用标准刀具和量具，以减少专用刀具和量具的设计与制造。零件的结构要素应尽可能统一，以减少刀具和量具的种类，减少换刀次数。

（2）要保证加工的可能性和方便性，加工面应有利于刀具的进入和退出。

（3）加工表面形状应尽量简单，便于装夹，并尽可能布置在同一表面和同一轴线上，以减少工件装夹、刀具调整和走刀次数，有利于提高加工效率。

（4）零件的结构应便于工件装夹，并有利于增强工件和刀具的刚度。

（5）有相互位置要求的有关表面，应尽可能在一次装夹中加工完。因此，要求有合适的定位基面。

（6）应尽可能减轻零件重量，减小加工表面面积，并尽量减少内表面加工。

（7）合理采用零件的组合，以便于零件的加工。

（8）在满足零件使用性能的条件下，零件的尺寸、形状、相互位置与表面粗糙度的要求应尽量合理。

（9）零件的结构应与先进的加工工艺方法相适应。

4.2.2 零件结构工艺性定性分析举例

目前，关于零件结构工艺性的分析尚停留在定性分析阶段，表 4-5 列举了在常规工艺条件下零件结构工艺性定性分析的例子，供设计零件和对零件进行结构工艺性分析时参考。

表 4-5 零件结构工艺性定性分析举例

序号	零件结构			
	工艺性不好		工艺性好	
1	孔离箱壁太近：（1）钻头在圆角处易引偏；（2）箱壁高度尺寸大，需加长钻头方能钻孔	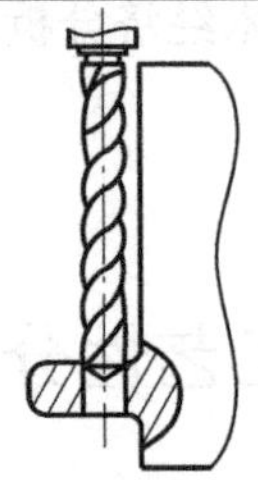	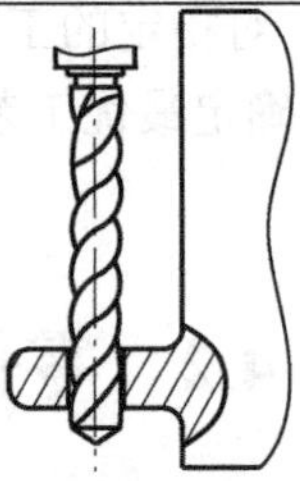	（1）加长箱耳，不需加长钻头；（2）只要使用上允许，将箱耳设计在某一端，则不需加长箱耳即可加工
2	车螺纹时，螺纹根部易打刀；工人操作紧张，且不能清根	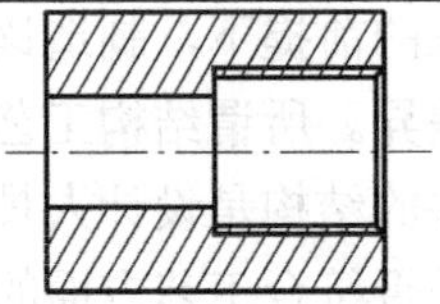	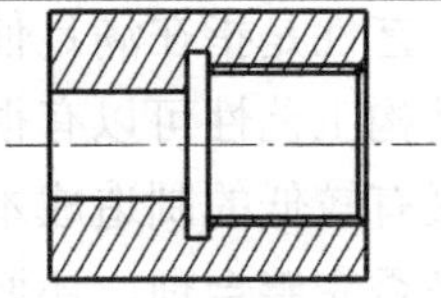	留有退刀槽，可使螺纹清根，操作相对容易，可避免打刀
3	插键槽时，底部无退刀空间，易打刀	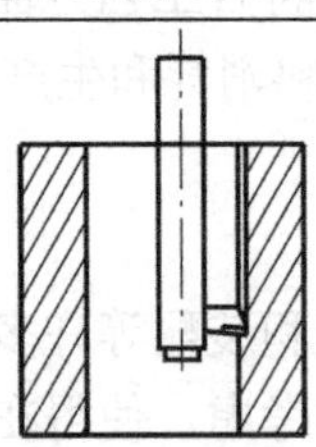	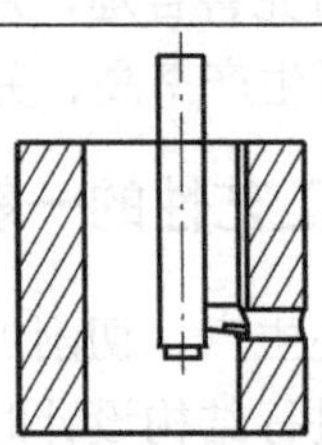	留出退刀空间，避免打刀
4	键槽底与左孔母线齐平，插键槽时易划伤左孔表面	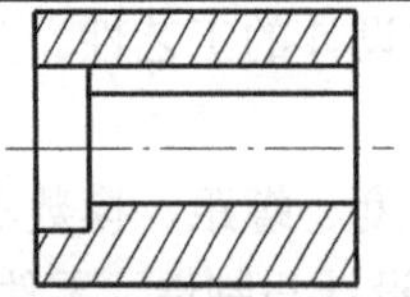	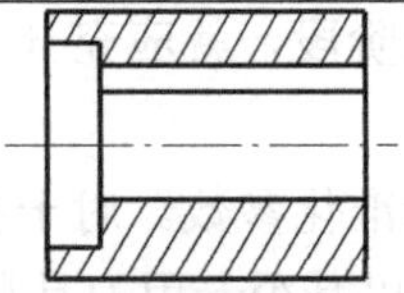	左孔尺寸稍大，可避免划伤左孔表面，操作方便
5	小齿轮无法加工插齿，无退刀空间	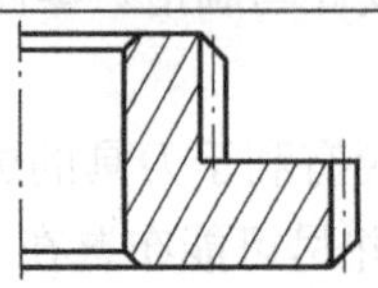	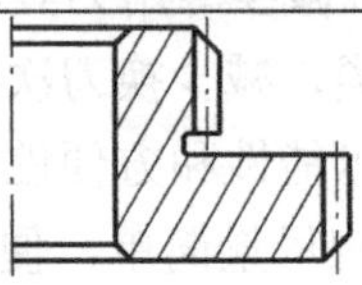	大齿轮可滚齿或插齿，小齿轮可以插齿加工

续表

序号	零件结构			
	工艺性不好		工艺性好	
6	两端轴颈需磨削加工，因砂轮圆角而不能清根	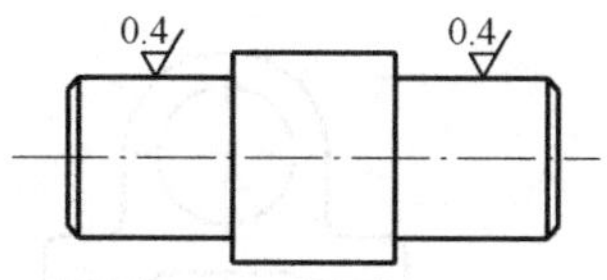	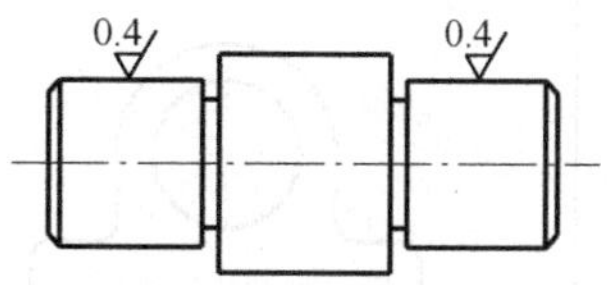	留有退刀槽，磨削时可以清根
7	斜面钻孔，钻头易引偏	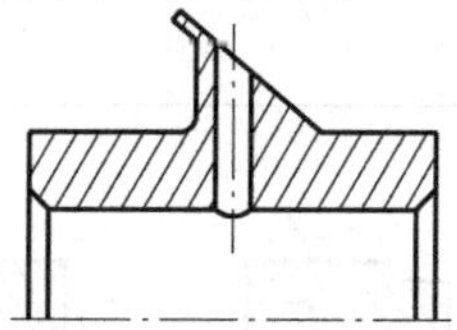	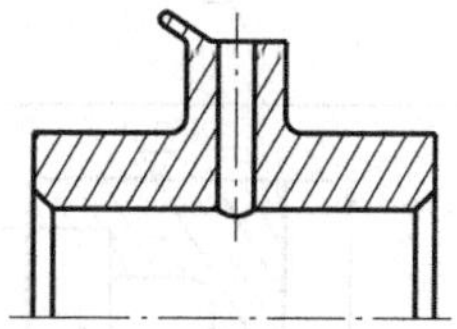	若结构允许，留出平台，可直接钻孔
8	锥面需要磨削加工，磨削时易伤圆柱面，且不能清根	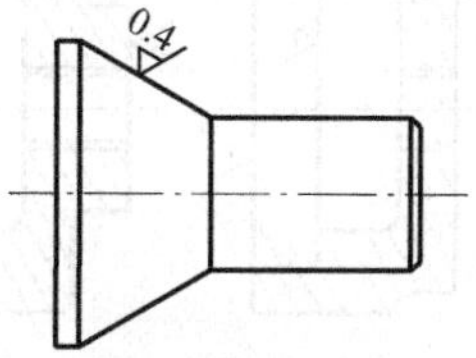	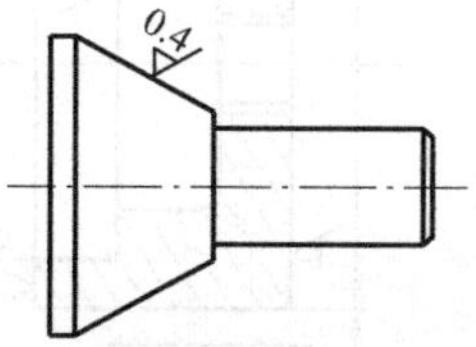	可方便地对锥面进行磨削加工
9	配合面设计在箱体内，加工时调整刀具不方便，观察也困难	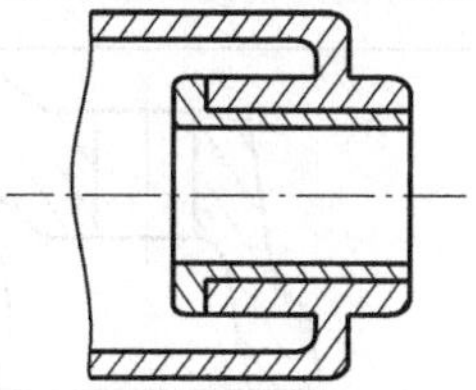	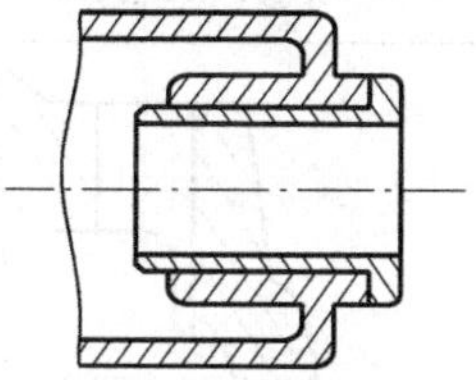	配合面设计在箱体外部，加工方便
10	加工面高度不同，需要两次调整刀具，影响效率	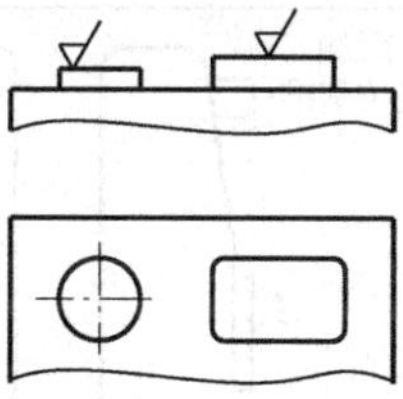	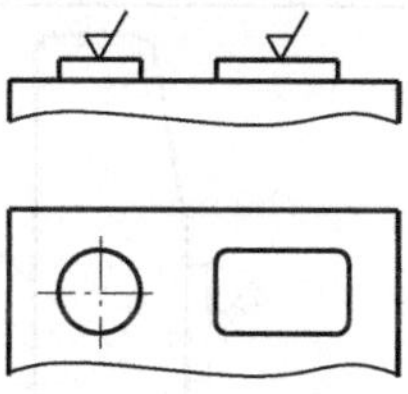	加工面在同一高度，一次调整刀具可加工两个平面
11	三个空刀槽的宽度有三种尺寸，需用三把不同尺寸的刀具加工	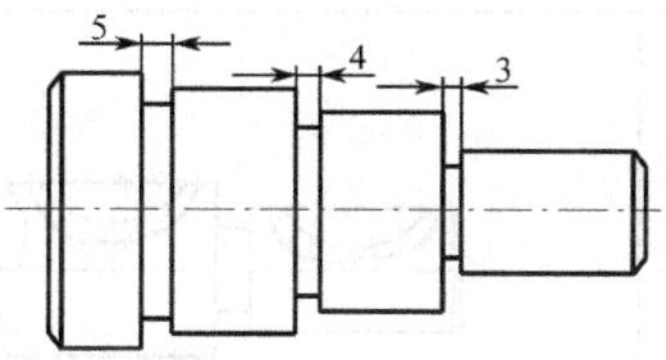	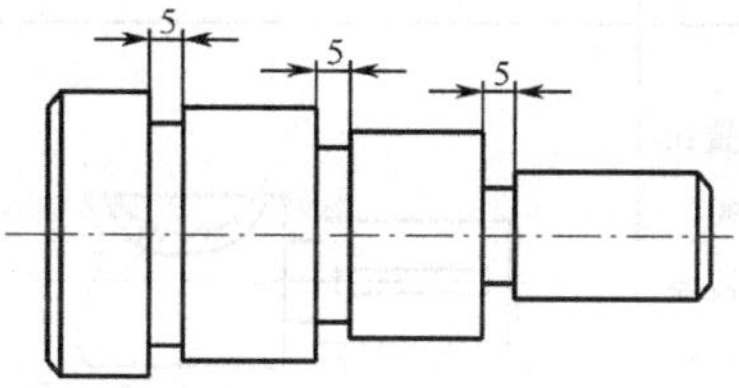	同一宽度尺寸的空刀槽使用一把刀具即可加工
12	同一端面上的螺纹孔尺寸相近，由于需要更换刀具，因此加工及装配不便	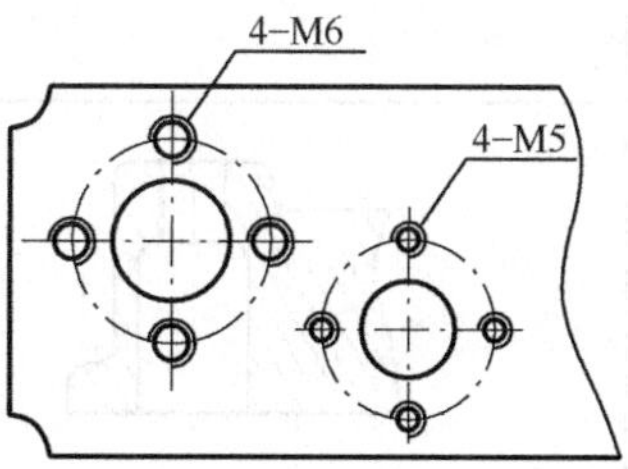	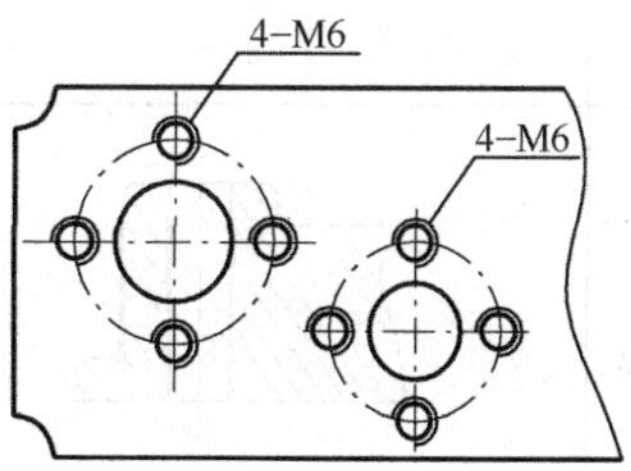	尺寸相近的螺纹孔改为同一尺寸螺纹孔，方便加工和装配

续表

序号	零件结构			
	工艺性不好		工艺性好	
13	加工面大，加工时间长，且零件尺寸越大平面度误差越大	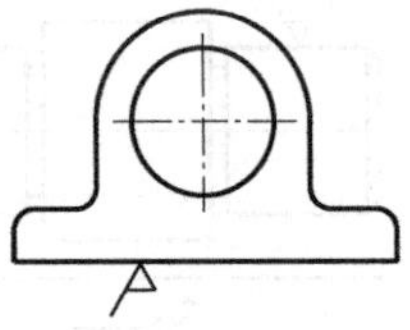	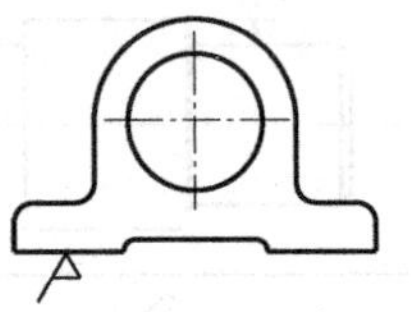	加工面减小，节省工时，减少刀具耗损，且易保证平面度要求
14	外圆和内孔有同轴度要求，由于外圆需要在两次装夹下加工，同轴度不易保证	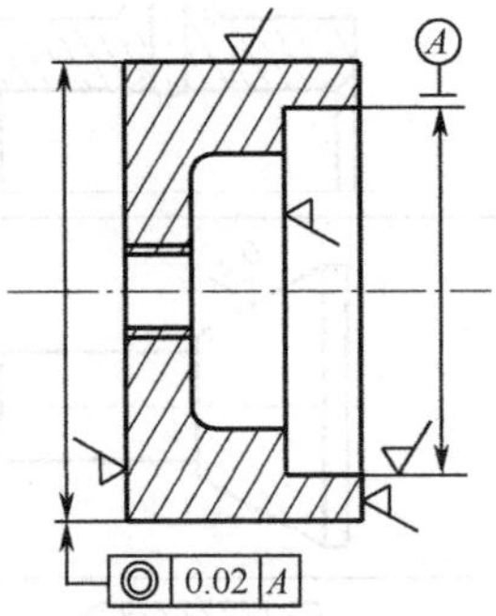 A；◎ 0.02 A	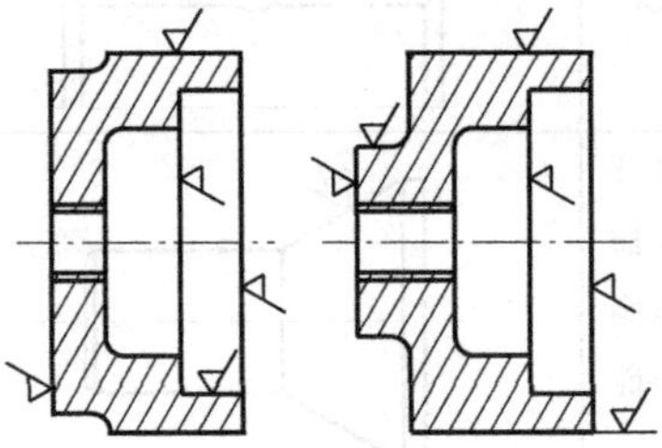	可在一次装夹下加工外圆和内孔，同轴度要求易得到保证
15	内壁孔出口处有阶梯面，钻孔时孔易钻偏或将钻头折断	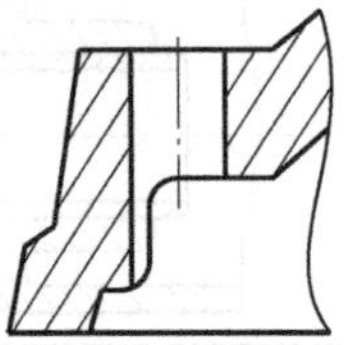	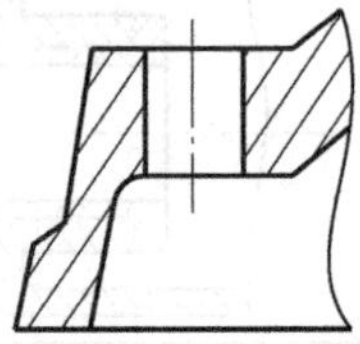	内壁孔出口处平整，钻孔方便，易保证孔中心位置度
16	加工 *B* 面时以 *A* 面为定位基准，由于 *A* 面较小，定位不可靠	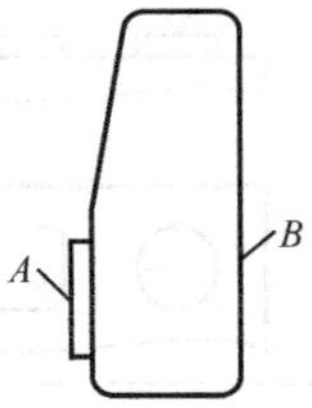 A；B	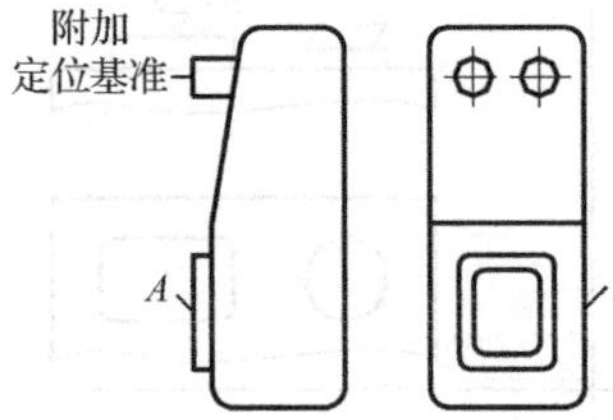 附加定位基准；A；B	附加定位基准，加工时保证 *A*、*B* 面平行，加工后，将附加定位基准去掉
17	键槽设置在阶梯轴 90°方向上，需要两次装夹进行加工	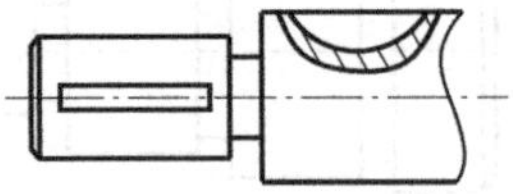	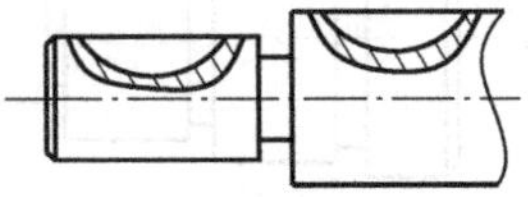	将阶梯轴的两个键槽设计在同一方向上，一次装夹可对两个键槽进行加工
18	钻孔过深，加工工时长，钻头耗损大，并且钻头易偏斜	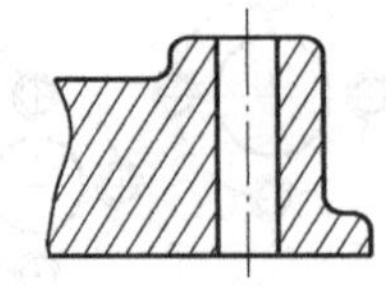	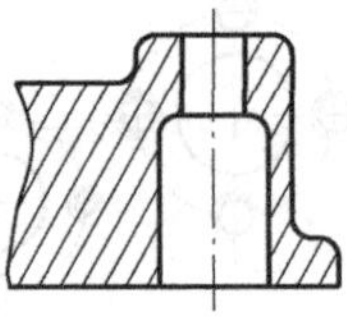	钻孔的一端留空刀，钻孔时间短，钻头寿命长，钻头不易偏斜

续表

序号	零件结构			
	工艺性不好		工艺性好	
19	进、排气（油）通道设计在孔壁上，加工相对困难	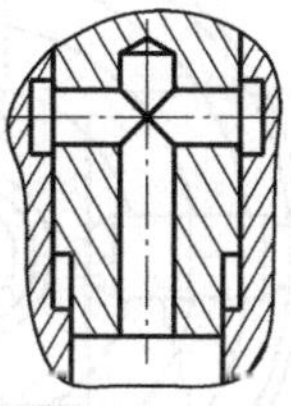	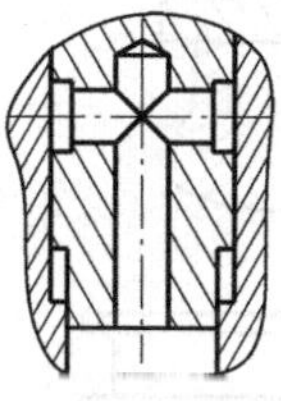	进、排气（油）通道设计在轴的外圆上，加工相对容易

4.3　工件的定位及基准

4.3.1　工件的定位

1. 工件的装夹

在设计机械加工工艺规程时，要考虑的最重要的问题之一就是怎样将工件装夹在机床上或夹具中。这里装夹有两个含义，即定位和夹紧。

定位是指确定工件在机床或夹具中占有正确位置的过程，可理解为确定工件相对于刀具的位置，以保证加工尺寸的形位精度要求。夹紧是指工件定位后将其固定，使其在加工过程中能承受重力、切削力而保持定位位置不变的操作。

工件在机床上或夹具中装夹有以下三种方法。

1）直接找正装夹

工件的定位过程：操作工人直接在机床上利用千分表、划线盘等工具，找正某些有相互位置要求的表面，然后夹紧工件，称为直接找正装夹。例如，在齿轮加工中，为保证小齿轮齿圈和内孔的同轴度要求，只要齿坯外圆和内孔的同轴度较好，就可以采用外径比内孔内径小的心轴，将千分表表架固定在床身上，千分表表头顶在小齿轮齿圈外圆上，使插齿机工作台回转来调整齿坯的位置。如果表针基本不动，则说明齿坯外圆和工作台的回转中心同轴，间接保证了小齿轮齿圈和内孔同轴，如图 4-1 所示。

直接找正装夹效率低，但找正精度可以很高，适合单件小批生产或在精度要求特别高的生产中使用。

2）划线找正装夹

这种装夹方法是按图纸要求在工件表面上划出位置线及加工线和找正线，装夹工件时，先在机床上按找正线找正工件的位置，然后夹紧工件。例如，要在长方形工件上镗孔（见图 4-2），可先在划线平台上划出孔的十字中心线，再划出加工线和找正线（找正线和加工线之间的距离一般为 5mm）。然后将工件安放在四爪单动卡盘上轻轻夹住，转动四爪单动卡盘，用划针检查找正线，找正后夹紧工件。

划线装夹不需要其他专门设备，通用性好，但生产效率低，精度不高(一般划线精度为 0.1mm 左右)，适用于单件、中小批生产中的复杂铸件或铸件精度较低的粗加工工序。

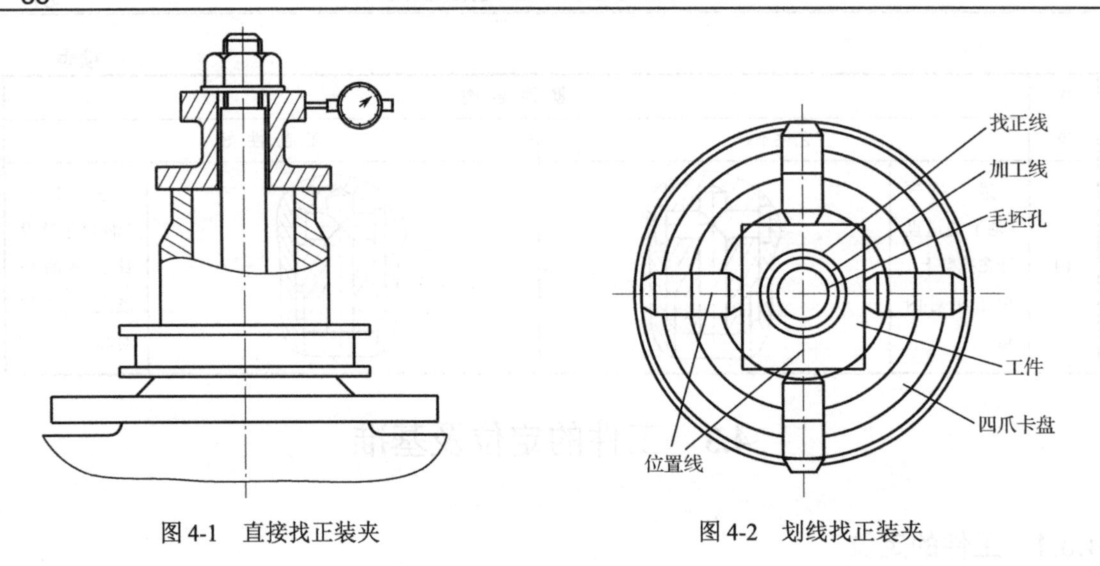

图 4-1 直接找正装夹

图 4-2 划线找正装夹

3）夹具装夹

为保证加工精度和提高生产率，通常采用夹具装夹。用夹具装夹工件，不再需要划线和找正，直接由夹具来保证工件在机床上的正确位置，并在夹具上直接夹紧工件。一般情况下操作比较简单，也比较容易保证加工精度要求，在各种生产类型中都有应用。

图 4-3 所示是双联齿轮在插齿机工作台上的装夹情况。为了保证该齿轮的齿圈与内孔同

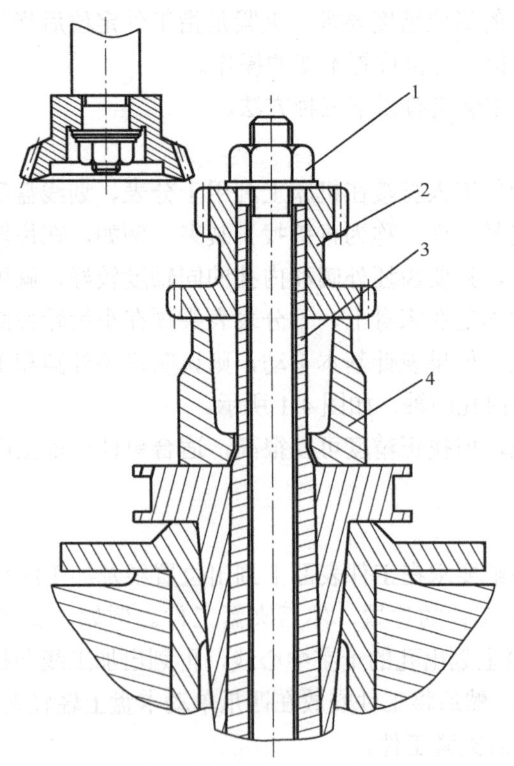

1—夹紧螺母；2—双联齿轮（工件）；3—定位心轴；4—靠垫

图 4-3 双联齿轮在插齿机工作台上的装夹情况

轴（即为保证轮齿均匀地分布在圆周上，无偏心），可以将双联齿轮 2 的内孔套在定位心轴 3 上（定位心轴 3 与插齿机回转工作台同轴）。另外，为保证切出的轮齿不歪斜（与大齿轮端面垂直），需将大齿轮端面靠在靠垫 4 上（靠垫两端面平行），这样就实现了双联齿轮在插齿机上的定位。为保证插齿时该双联齿轮不会转动，用夹紧螺母 1 将它压紧在靠垫 4 上，这就是夹紧。经过上述操作过程后，就完成了该双联齿轮的装夹。

上述三种装夹方法都会遇到工件应该怎样定位的问题，下面从工件定位原理开始，介绍什么是工件的定位和怎样实现工件的定位。

2. 工件定位原理

1）六点定位原理

一个物体在空间可以有 6 个独立的运动，以图 4-4 所示的长方体为例，它在直角坐标系中可以有 3 个平移运动和 3 个转动。3 个平移运动分别是沿 x、y、z 轴的平移运动，记为 $\overrightarrow{X}$、$\overrightarrow{Y}$、$\overrightarrow{Z}$；3 个转动分别是绕 x、y、z 轴的转动，记为 $\widehat{X}$、$\widehat{Y}$、$\widehat{Z}$。习惯上，把上述 6 个独立运动称作 6 个自由度。如果采取一定的约束措施，消除物体的 6 个自由度，则物体被完全定位。例如，在讨论长方体工件的定位时，可以在其底面布置 3 个不共线的约束点 1、2、3，如图 4-5 所示；在侧面布置两个约束点 4、5，并在端面布置一个约束点 6，则约束点 1、2、3 可以限制 $\overrightarrow{Z}$、$\widehat{X}$ 和 $\widehat{Y}$ 3 个自由度；约束点 4、5 可以限制 $\overrightarrow{Y}$ 和 $\widehat{Z}$ 两个自由度；约束点 6 可以限制 $\overrightarrow{X}$ 1 个自由度。这就完全限制了长方体工件的 6 个自由度。

在实际应用中，常把接触面积很小的支承钉看作约束点，即按上述位置布置 6 个支承钉，可限制长方体工件的 6 个自由度，如图 4-6 所示。

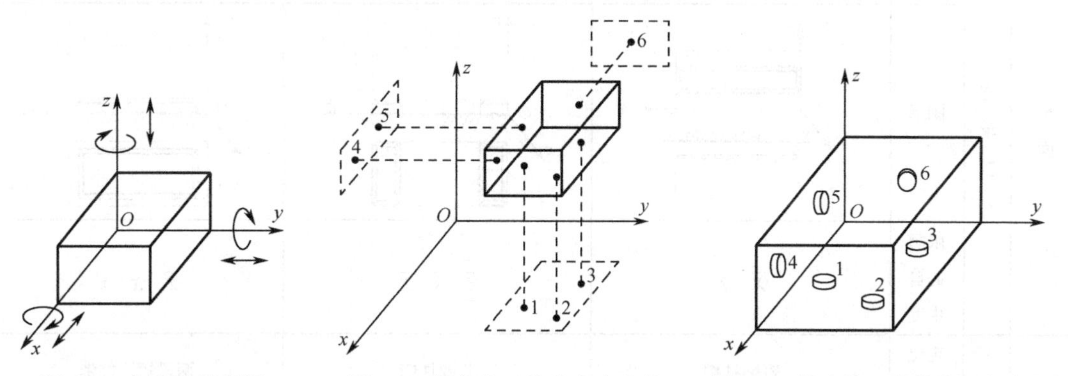

图 4-4　自由度示意图　　图 4-5　长方体工件的六点定位　　图 4-6　长方体工件的实际六点定位

采用 6 个按一定规则布置的约束点，可以限制工件的 6 个自由度，实现完全定位，称为六点定位原理。

2）用定位元件代替约束点限制自由度

由于工件的形状是千变万化的，用于代替约束点的定位元件的种类也很多，除支承钉以外，常用的还有支承板、长销、短销、长 V 形块、短 V 形块、长定位套、短定位套、固定锥销、浮动锥销等。直接分析这些定位元件可以限制哪几个自由度，以及分析它们的组合限制自由度的情况，对研究定位问题有更实际的意义。这里把分析的结果归纳在表 4-6 中，供分析研究工件定位时参考。从表中可以看出，有时研究定位元件及其组合能限制哪些自由度不如研究它们不能限制哪些自由度更方便。例如，表中分析了长圆柱销可以限制 $\overrightarrow{X}$、$\overrightarrow{Z}$、$\widehat{X}$、$\widehat{Z}$ 4

个自由度。若进一步分析长圆柱销不能限制的自由度，就会发现长圆柱销不能限制 $\vec{Y}$ 和 $\hat{Y}$ 更为直观和明了。再如，表中的长销小平面组合及短销大平面组合，它们均不能限制 $\hat{Y}$ 这一自由度是显而易见的。这里若再进一步分析它们是怎样限制其他 5 个自由度的，似乎就没有意义了。当然对于初学者来说，反复研究定位元件能限制的自由度，无论是从掌握定位原理还是从更深入地研究定位问题来说都是很有必要的。

表 4-6 典型定位元件的定位分析

工件定位面	夹具的定位元件				
平面	支承钉	定位情况	1 个支承钉	2 个支承钉	3 个支承钉
		图示			
		限制的自由度	$\vec{X}$	$\vec{Y}$ $\hat{Z}$	$\vec{Z}$ $\hat{X}$ $\hat{Y}$
平面	支承板	定位情况	1 块条形支承板	2 块条形支承板	1 块矩形支承板
		图示			
		限制的自由度	$\vec{Y}$ $\hat{Z}$	$\vec{Z}$ $\hat{X}$ $\hat{Y}$	$\vec{Z}$ $\hat{X}$ $\hat{Y}$
圆孔	圆柱销	定位情况	短圆柱销	长圆柱销	两段短圆柱销
		图示			
		限制的自由度	$\vec{X}$ $\vec{Z}$	$\vec{X}$ $\vec{Z}$ $\hat{X}$ $\hat{Z}$	$\vec{X}$ $\vec{Z}$ $\hat{X}$ $\hat{Z}$

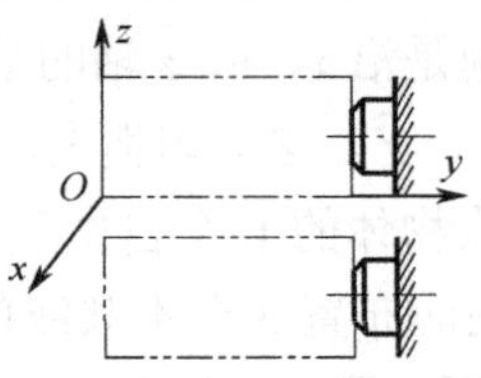

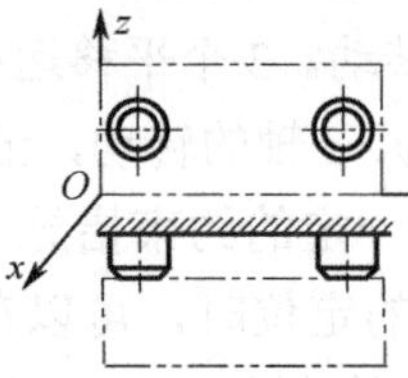

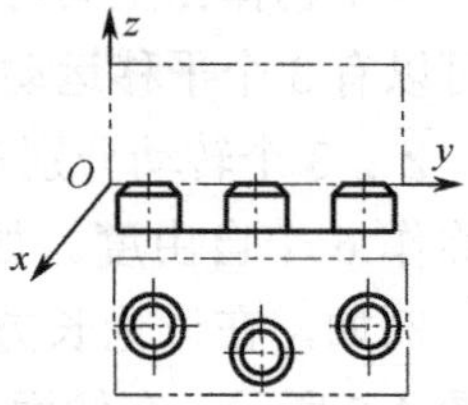

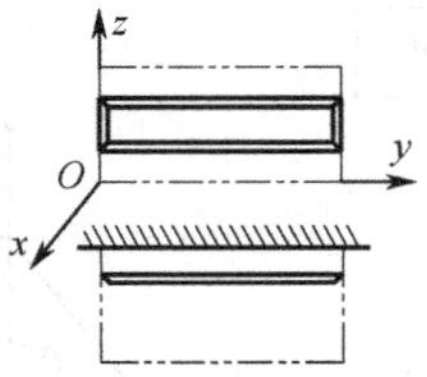

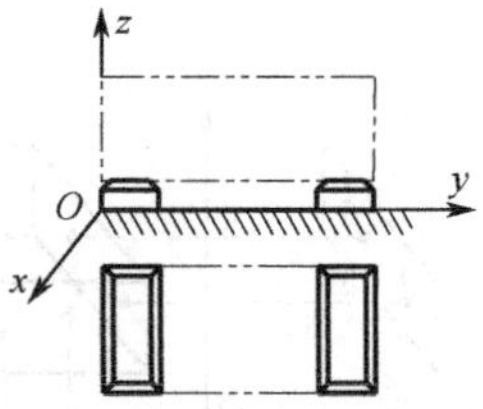

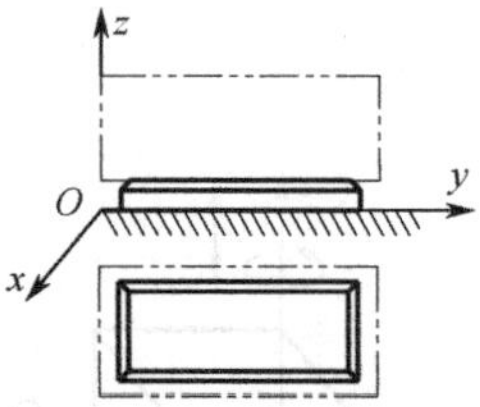

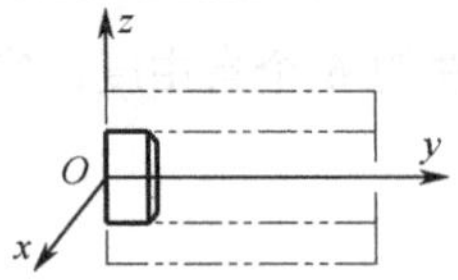

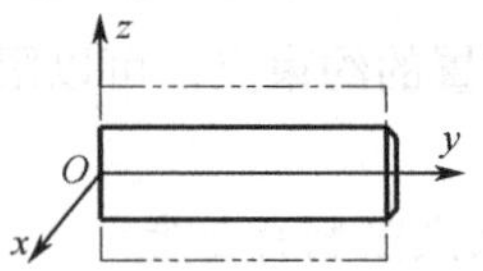

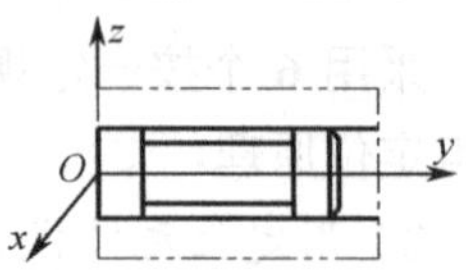

续表

工件定位面	夹具的定位元件				
圆孔	圆柱销	定位情况	菱形销	长销小平面组合	短销大平面组合
		图示	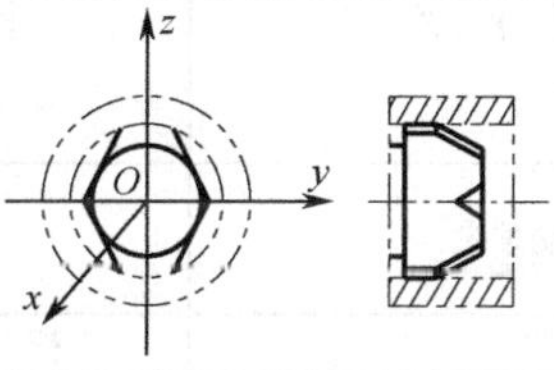	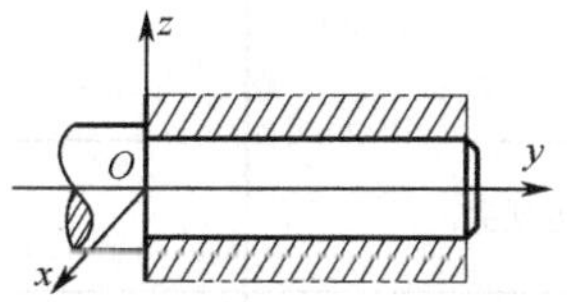	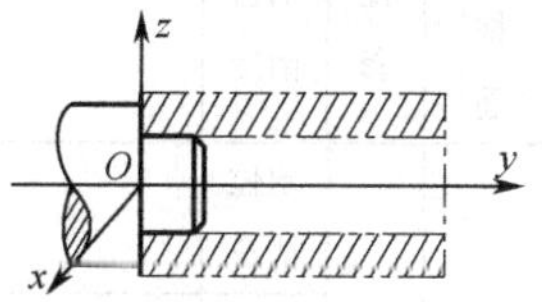
		限制的自由度	$\vec{Z}$	$\vec{X}\ \vec{Y}\ \vec{Z}\ \hat{X}\ \hat{Z}$	$\vec{X}\ \vec{Y}\ \vec{Z}\ \hat{X}\ \hat{Z}$
	圆锥销	定位情况	固定锥销	浮动锥销	固定与浮动锥销组合
		图示	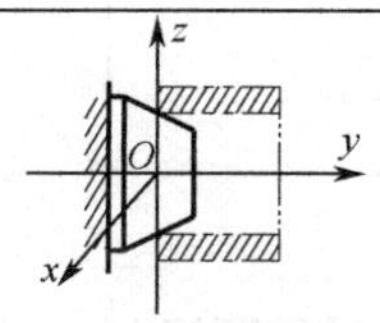	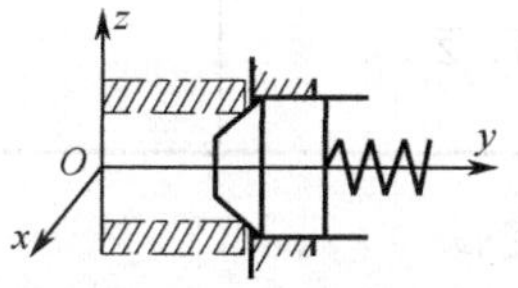	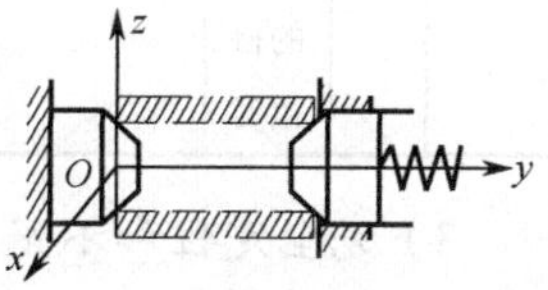
		限制的自由度	$\vec{X}\ \vec{Y}\ \vec{Z}$	$\vec{X}\ \vec{Z}$	$\vec{X}\ \vec{Y}\ \vec{Z}\ \hat{X}\ \hat{Z}$
	心轴	定位情况	长圆柱心轴	短圆柱心轴	小锥度心轴
		图示	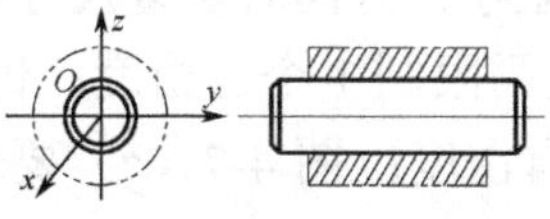	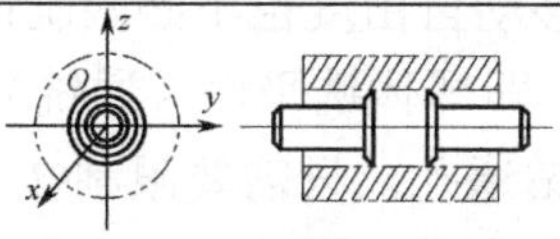	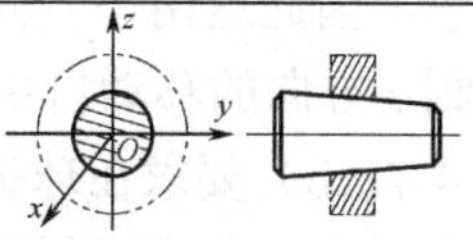
		限制的自由度	$\vec{Y}\ \vec{Z}\ \hat{Y}\ \hat{Z}$	$\vec{Y}\ \vec{Z}$	$\vec{Y}\ \vec{Z}$
外圆柱面	V形块	定位情况	1 块短 V 形块	2 块短 V 形块	1 块长 V 形块
		图示	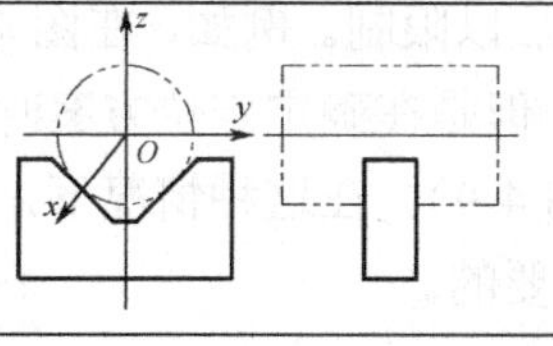	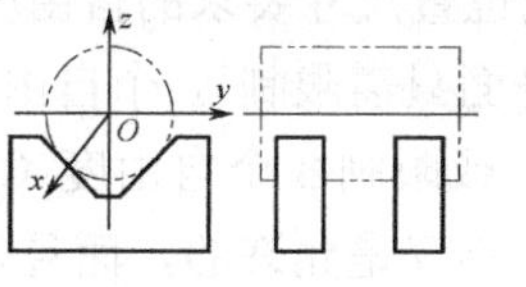	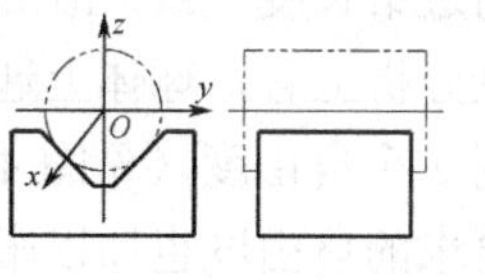
		限制的自由度	$\vec{Y}\ \vec{Z}$	$\vec{Y}\ \vec{Z}\ \hat{Y}\ \hat{Z}$	$\vec{Y}\ \vec{Z}\ \hat{Y}\ \hat{Z}$
	定位套	定位情况	1 个短定位套	2 个短定位套	1 个长定位套
		图示	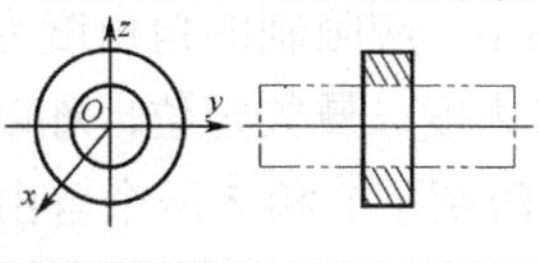	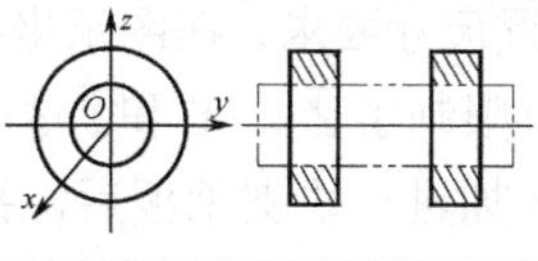	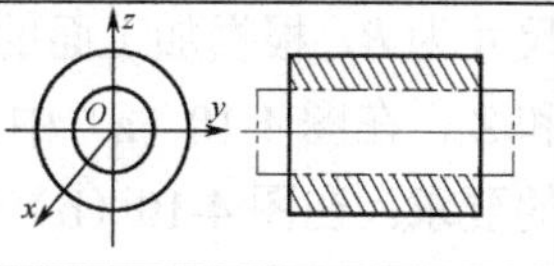

续表

工件定位面	夹具的定位元件				
外圆柱面	定位套	限制的自由度	$\vec{Y}$ $\vec{Z}$	$\vec{Y}$ $\vec{Z}$ $\hat{Y}$ $\hat{Z}$	$\vec{Y}$ $\vec{Z}$ $\hat{Y}$ $\hat{Z}$
圆锥孔	锥顶尖和锥度心轴	定位情况	固定顶尖	浮动顶尖	锥度心轴
		图示	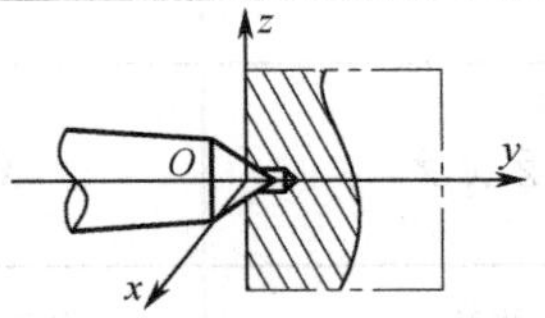	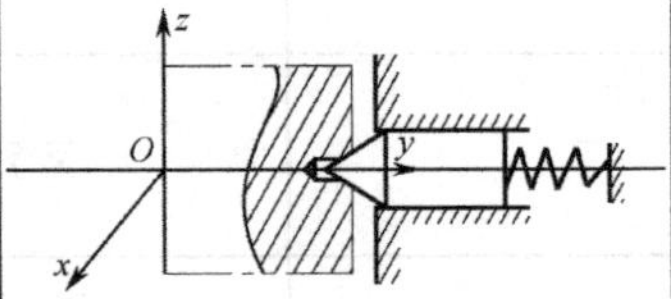	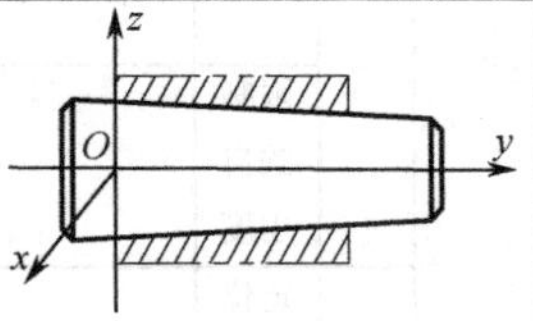
		限制的自由度	$\vec{X}$ $\vec{Y}$ $\vec{Z}$	$\vec{X}$ $\vec{Z}$	$\vec{X}$ $\vec{Y}$ $\vec{Z}$ $\hat{X}$ $\hat{Z}$

3）完全定位和不完全定位

根据工件加工面的位置度（包括位置尺寸）要求，有时需要限制 6 个自由度，有时仅需限制 1 个或几个（少于 6 个）自由度，前者称作完全定位，后者称作不完全定位。完全定位和不完全定位都有应用。在图 4-7 中列举了 6 种情况，其中图 4-7（a）要求在球体上铣平面，由于是球体，所以 3 个转动自由度不必限制。此外，该平面在 x 方向和 y 方向均无位置尺寸要求，因此这两个方向的移动自由度也不必限制；因为 z 方向有位置尺寸要求，所以必须限制 z 方向的移动自由度，即球体铣平面（通铣）只需限制 1 个自由度。仿照同样的分析，图 4-7（b）要求在球体上钻通孔，只需要限制 2 个自由度；图 4-7（c）要求在长方体上通铣上平面，只需限制 3 个自由度；图 4-7（d）要求在圆轴上通铣键槽，只需限制 4 个自由度；图 4-7（e）要求在长方体上通铣槽，只需限制 5 个自由度；图 4-7（f）要求在长方体上铣不通槽，则需限制 6 个自由度。

这里必须强调指出，有时为了使定位元件帮助承受切削力、夹紧力或为了保证一批工件的进给长度一致，常常对无位置尺寸要求的自由度也加以限制。例如，在图 4-7 中，虽然从定位分析上看，球体上通铣平面只需限制 1 个自由度，但是在确定定位方案时，往往会考虑限制 2 个自由度（见图 4-8），或限制 3 个自由度（见图 4-9）。在这种情况下，对没有位置尺寸要求的自由度也加以限制，不仅是允许的，而且是必要的。

4）欠定位和过定位

（1）欠定位。根据工件加工面位置尺寸要求必须限制的自由度没有得到全部限制，或者说在完全定位和不完全定位中约束点不足，这样的定位称为欠定位。欠定位是不允许的。例如，图 4-10 所示为在铣床上加工长方体工件台阶的两种定位方案。台阶高度尺寸为 A，宽度尺寸为 B，根据加工面的位置尺寸要求，在图示坐标系下，应限制的自由度为 $\vec{Y}$、$\vec{Z}$、$\hat{X}$、$\hat{Y}$ 和 $\hat{Z}$。在图 4-10（a）中，只限制了 $\vec{Z}$、$\hat{X}$ 和 $\hat{Y}$ 3 个自由度，属欠定位，难以保证位置尺寸 B 的要求。在图 4-10（b）中，加进一块支承板后，补充限制了 $\vec{Y}$ 和 $\hat{Z}$ 两个自由度，才使位置尺

寸 *A* 和 *B* 都得到了保证。

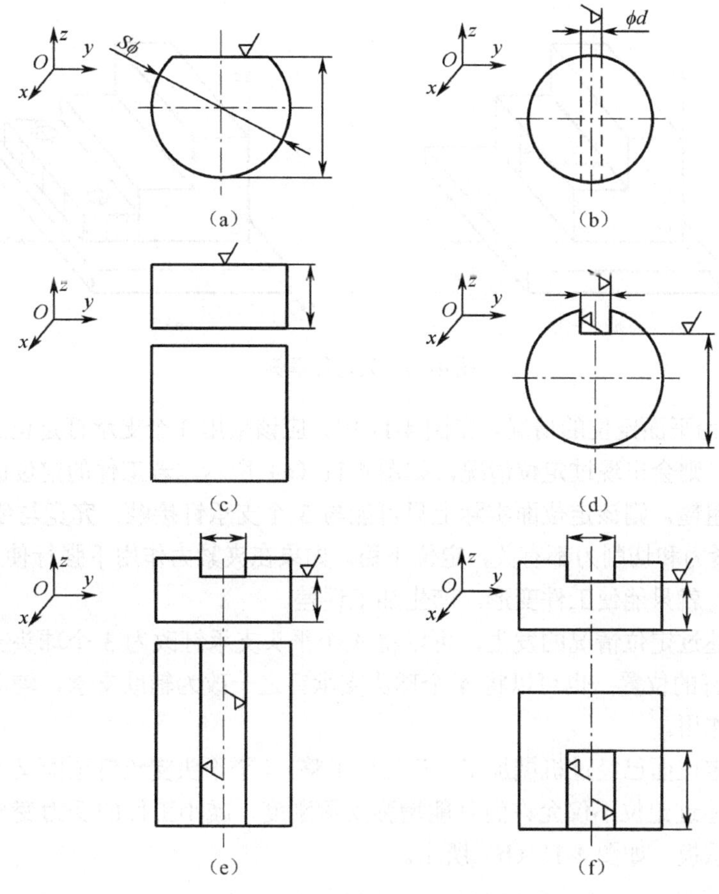

图 4-7　完全定位和不完全定位举例

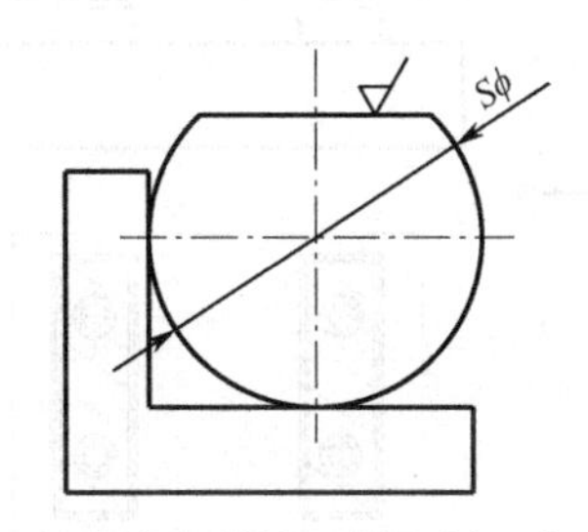

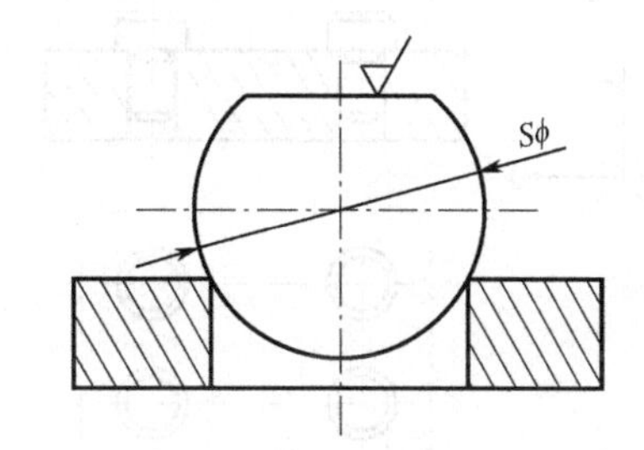

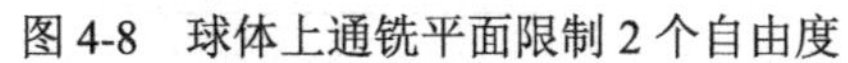

图 4-8　球体上通铣平面限制 2 个自由度　　　图 4-9　球体上通铣平面限制 3 个自由度

不完全定位不一定是欠定位，即所限制的自由度少于 6 个时不一定会产生欠定位，只是不完全定位时应注意可能会有欠定位，要判别应限制的自由度是否已被限制。

(2) 过定位。工件在定位时，同一个自由度被两个或两个以上约束点约束，这样的定位称为过定位（或称定位干涉）。过定位是否允许应根据具体情况进行具体分析。一般情况下，如果工件的定位面为没有经过机械加工的毛坯面，或虽经过了机械加工，但仍然很粗糙，则这时过定位是不允许的。如果工件的定位面经过了机械加工，并且定位面和定位元件的尺寸、形状和位置都做得比较准确，则过定位不但对工件加工面的位置尺寸影响不大，反而可以增强加工时的刚性，这时过定位是允许的。下面针对几个具体的过定位的例子做简要分析。

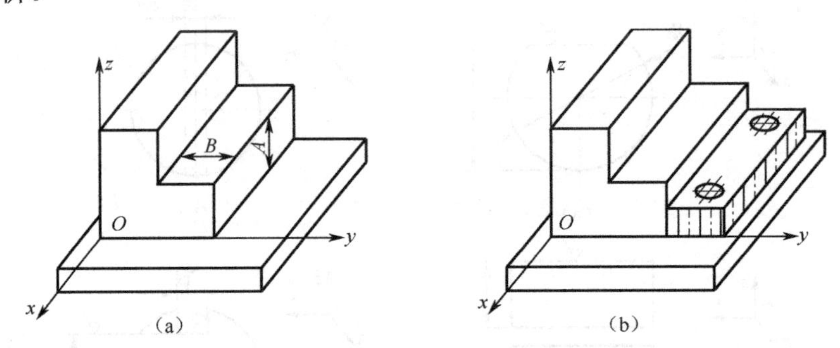

图 4-10 欠定位举例

图 4-11 所示为平面定位的情况。在图 4-11 中，应该采用 3 个支承钉定位工件平面，如果采用 4 个支承钉，则会出现过定位情况，如图 4-11（a）所示。若工件的定位面尚未经过机械加工，表面仍然粗糙，则该定位面实际上只可能与 3 个支承钉接触，究竟与哪 3 个支承钉接触，与重力、夹紧力和切削力都有关，定位不稳。如果在夹紧力作用下强行使工件定位面与 4 个支承钉都接触，就只能使工件变形，产生加工误差。

为了避免上述过定位情况的发生，可以将 4 个平头支承钉改为 3 个球头支承钉，重新布置 3 个球头支承钉的位置；也可以将 4 个球头支承钉之一改为辅助支承，辅助支承只起支承作用而不起定位作用。

如果工件的定位面已经过机械加工，并且很平整，4 个平头支承钉顶面又准确地位于同一个平面内，则上述过定位不仅允许而且能增强支承刚度，减小工件的受力变形，这时还可以将支承钉改为支承板，如图 4-11（b）所示。

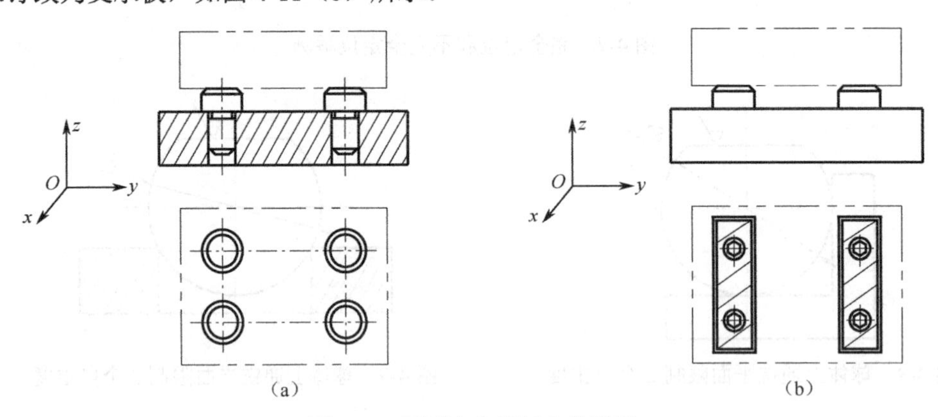

图 4-11 平面定位的过定位举例

图 4-12（a）表示利用工件底面及两销孔定位，采用的定位元件是一平面和两个短圆柱销。平面限制 $\vec{Z}$ 、$\widehat{X}$ 和 $\widehat{Y}$ 3 个自由度，短圆柱销 1 限制 $\vec{X}$ 和 $\vec{Y}$ 两个自由度，短圆柱销 2 限制 $\vec{Y}$ 和 $\widehat{Z}$ 两个自由度，于是 y 方向的自由度被重复限制，产生了过定位。在这种情况下，工件的孔心距误差及两定位销之间的中心距误差使得两定位销无法同时进入工件孔内。为了解决这一过定位问题，通常将两圆柱销之一在定位干涉方向（即 y 方向）削边，做成菱形销，如图 4-12（b）所示，使它不限制 y 方向的自由度，从而消除 y 方向的定位

干涉问题。

图 4-12（c）所示为孔与端面组合定位的情况。其中，长销的大端面可以限制$\vec{Y}$、$\widehat{X}$和$\widehat{Z}$ 3 个自由度，长销可限制$\vec{X}$、$\vec{Z}$、$\widehat{X}$和$\widehat{Z}$ 4 个自由度。显然，$\widehat{X}$和$\widehat{Z}$自由度被重复限制，出现了两个自由度过定位。在这种情况下，若工件端面和孔的轴线不垂直，或销的轴线与销的大端面有垂直度误差，则在轴向夹紧力作用下，将使工件或长销产生变形，这是应该想办法避免的。为此，可以采用小平面与长销组合定位，如图 4-12（d）所示；也可以采用大平面与短销组合定位，如图 4-12（e）所示；还可以采用球面垫圈与长销组合定位，如图 4-12（f）所示。

在图 4-12（c）中，若孔与端面及销与端面均有严格的垂直度关系，并且销和孔有较松的动配合性质，则可以允许上述过定位的存在。

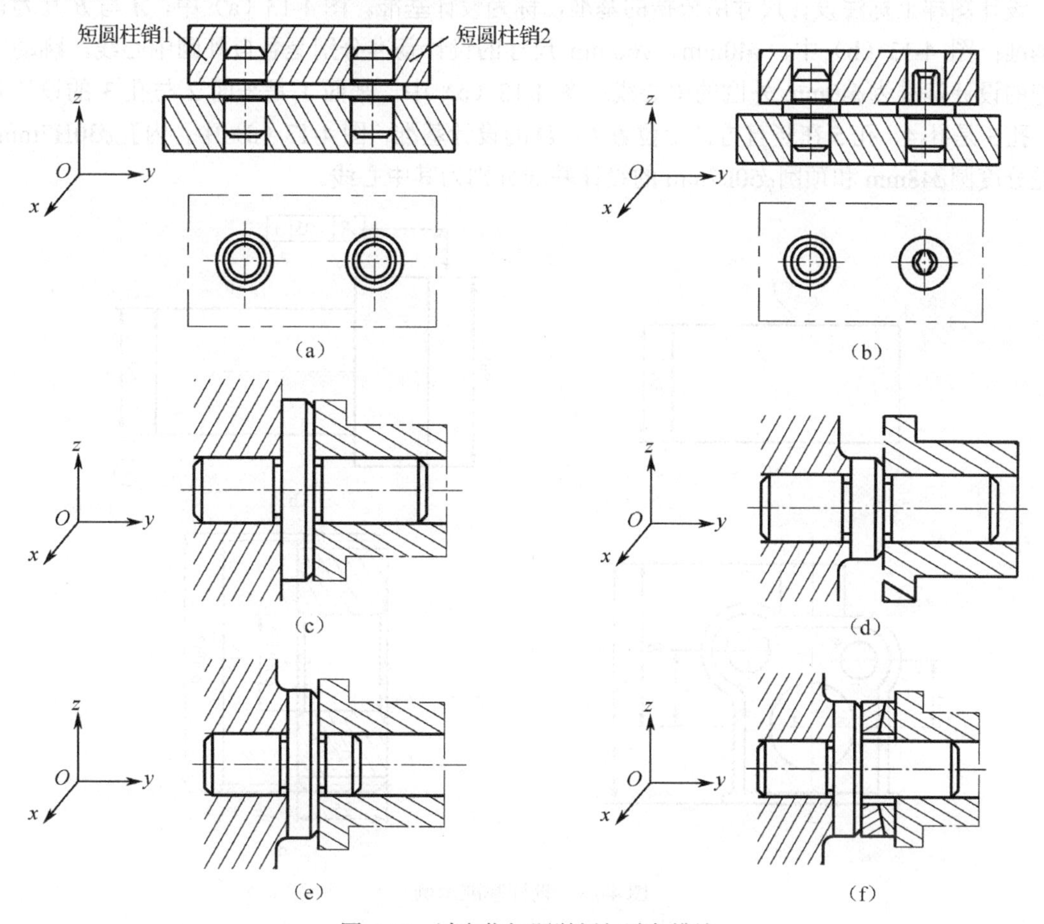

图 4-12　过定位问题举例与避免措施

从上述关于定位问题的分析可以知道，在讨论工件定位的合理性问题时，主要应研究下面的三个问题：

- 研究满足工件加工面位置度要求所必须限制的自由度；
- 从承受切削力、设置夹紧机构及提高生产率的角度分析在不完全定位中还应限制哪些自由度；
- 在定位方案中，是否有欠定位和过定位问题，能否允许过定位的存在。

4.3.2 基准

基准是机械制造中应用十分广泛的一个概念，是用来确定生产对象上几何要素之间几何关系所依据的那些点、线或面。机械产品从设计、制造到出厂经常要遇到基准问题：设计时零件尺寸的标注、制造时工件的定位、检查时尺寸的测量，以及装配时零、部件的装配位置等都要用到基准的概念。

从设计和工艺两个方面可以把基准分为两大类，即设计基准和工艺基准。

1. 设计基准

设计图样上标注设计尺寸所依据的基准，称为设计基准。图 4-13（a）中，*A* 与 *B* 互为设计基准；图 4-13（b）中，ϕ40mm、ϕ60mm 尺寸的设计基准分别是各自外圆中心线，跳动度误差的设计基准为ϕ40mm 外圆的中心线；图 4-13（c）中，平面 1 是平面 2 与孔 3 的设计基准，孔 3 是孔 4、孔 5 在竖直方向上位置 *C*、*D* 的设计基准；图 4-13（d）中，内孔ϕ30H7mm、齿轮分度圆ϕ48mm 和顶圆ϕ50h7mm 的设计基准分别为其中心线。

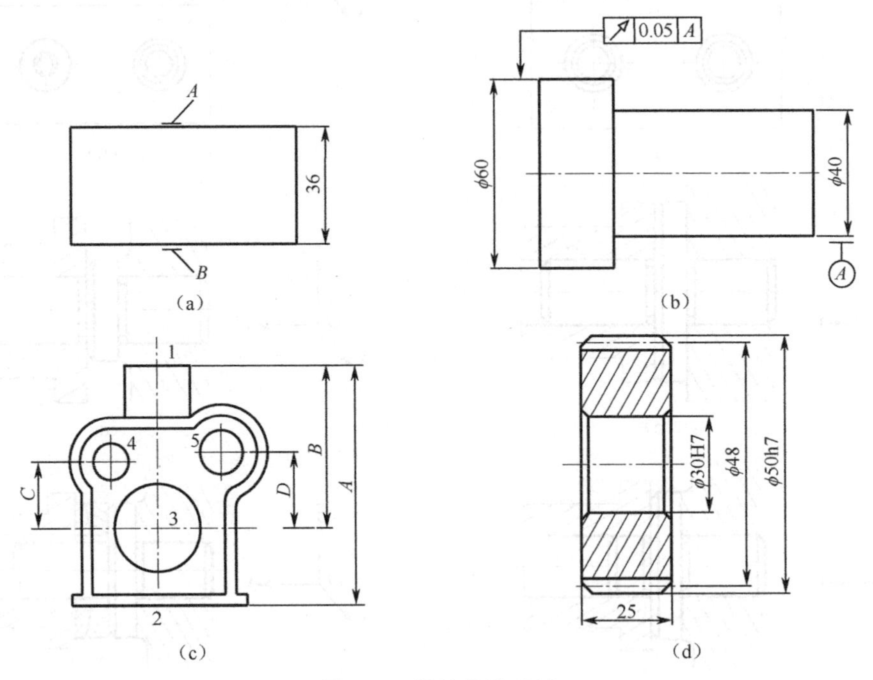

图 4-13　设计基准示例

2. 工艺基准

零件在加工工艺过程中所采用的基准称为工艺基准。工艺基准又可进一步分为工序基准、定位基准、测量基准和装配基准。

1）工序基准

在工序图上用来确定本工序所加工表面加工后的尺寸、形状、位置的基准，称为工序基准。

图 4-14 所示是一个工序简图，图中端面 *C* 是端面 *T* 的工序基准，端面 *T* 是端面 *A*、*B* 的

工序基准，外圆 d 和内孔 D 的工序基准为其各自的中心线。为减小基准转换误差，应尽量使工序基准和设计基准重合。

2）定位基准

在加工时用于工件定位的基准，称为定位基准。定位基准是获得零件尺寸的直接基准，占有很重要的地位。作为定位基准的点、线、面，在工件上有时不一定具体存在（例如，孔的中心线、轴的中心线、平面的对称中心面等），而常用某些具体的定位表面来体现，这些定位表面称为定位基面。例如，在图 4-14 中，当工件装夹在三爪卡盘上车外圆 d 和镗内孔 D 时，D 和 d 的设计基准和工序基准皆为其中心线，而定位基准则为外圆面 E 的中心线。

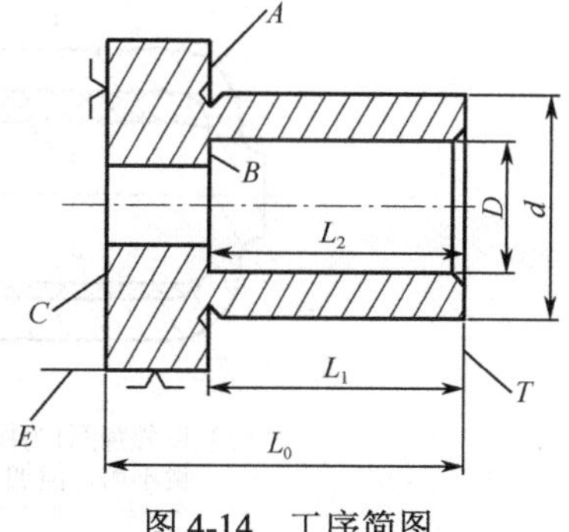

图 4-14　工序简图

定位基准还可进一步分为粗基准、精基准，此外还有附加基准。

（1）粗基准和精基准。未经机械加工的定位基准称为粗基准，经过机械加工的定位基准称为精基准。机械加工工艺规程中第一道机械加工工序所采用的定位基准都是粗基准。

（2）附加基准。零件上根据机械加工工艺需要而专门设计的定位基准，称为附加基准。例如，轴类零件常用顶尖孔定位，顶尖孔就是专为机械加工工艺而设计的附加基准。

3）测量基准

在加工中或加工后用来测量工件的形状、位置和尺寸误差所采用的基准，称为测量基准。例如，在图 4-14 中，尺寸 L_1 和 L_2 可用深度卡尺来测量，端面 T 就是端面 A、B 的测量基准。

4）装配基准

在装配时用来确定零件或部件在产品中相对位置所采用的基准，称为装配基准。

上述各种基准应尽可能使之重合。在设计机器零件时，应尽量选用装配基准作为设计基准；在编制零件的加工工艺规程时，应尽量选用设计基准作为工序基准；在加工及测量时，应尽量选用工序基准作为定位基准及测量基准，以消除由于基准不重合引起的误差。

4.4　工艺路线的制定

制定工艺路线时需要考虑的主要问题有：怎样选择定位基准；怎样确定加工方法；怎样安排加工顺序及热处理、检验等其他工序。

4.4.1　定位基准的选择

1．粗基准的选择

粗基准的选择对零件的加工会产生重要的影响，下面先分析一个简单的例子。

如图 4-15 所示，在铸造时孔 3 和外圆面 1 难免有偏心。加工时，如果采用不加工的外圆面 1 作为粗基准装夹工件（夹具装夹，用三爪自定心卡盘夹住外圆面 1）进行加工，则加工面 2 与不加工的外圆面 1 同轴，可以保证壁厚均匀，但是加工面 2 的加工余量则不均匀，如图 4-15（a）所示。

如果采用该零件的毛坯孔 3 作为粗基准装夹工件（直接找正装夹，用四爪单动卡盘夹住外圆面 1，按毛坯孔 3 找正）进行加工，则加工面 2 与该面的毛坯孔 3 同轴，加工面 2 的余量是均匀的，但是加工面 2 与不加工外圆面 1 则不同轴，即壁厚不均匀，如图 4-15（b）所示。

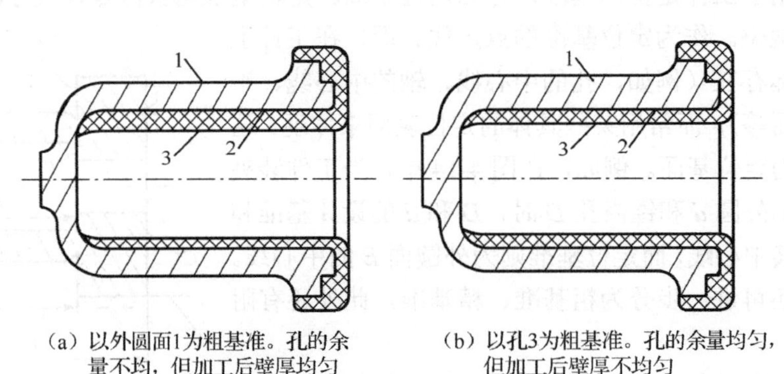

（a）以外圆面1为粗基准。孔的余量不均，但加工后壁厚均匀

（b）以孔3为粗基准。孔的余量均匀，但加工后壁厚不均匀

1—外圆面；2—加工面；3—孔

图 4-15 两种粗基准选择对比

由此可见，粗基准的选择将影响加工面与不加工面的相互位置，或影响加工余量的分配，并且第一道粗加工工序首先要遇到粗基准选择问题，因此正确选择粗基准对保证产品质量将有重要影响。

在选择粗基准时，一般应遵循下列原则。

1）保证相互位置要求的原则

如果必须保证工件上加工面与不加工面的相互位置要求，则应以不加工面作为粗基准。例如，在图 4-15 中的零件，一般要求壁厚均匀，因而图 4-15（a）的选择是正确的。又如图 4-16（a）所示的拨杆，虽然不加工面很多，但由于要求ϕ22H9mm 孔与ϕ40mm 外圆同轴，因此在钻ϕ22H9mm 孔时应选择ϕ40mm 外圆作为粗基准，利用三爪自定心夹紧机构使ϕ40mm 外圆与钻孔中心同轴，如图 4-16（b）所示。

2）保证加工表面加工余量合理分配的原则

如果必须首先保证工件某重要表面的余量均匀，则应选择该表面的毛坯面作为粗基准。例如，在车床床身加工中，导轨面是最重要的表面，它不仅精度要求高，而且要求导轨面有均匀的金相组织和较高的耐磨性，因此希望加工时导轨面去除余量要小而且均匀。此时应以导轨面为粗基准，先加工底面，然后再以底面为精基准，加工导轨面，如图 4-17（a）所示。这样就可以保证导轨面的加工余量均匀。否则，若违反本条原则，必将造成导轨余量不均匀，如图 4-17（b）所示。

在没有要求保证重要表面加工余量均匀的情况下，若零件每个表面都要加工，则应以加工余量最小的表面作为粗基准。这样可使这个表面在以后的加工中不致因余量太小留下没有经过加工的毛坯表面而造成废品。如图 4-18 所示的阶梯轴，表面 B 加工余量最小，应选择表面 B 作为粗基准，如果以表面 A 或表面 C 作为粗基准来加工其他表面，则可能因这些表面存在较大的位置误差而造成表面 B 的加工余量不足。

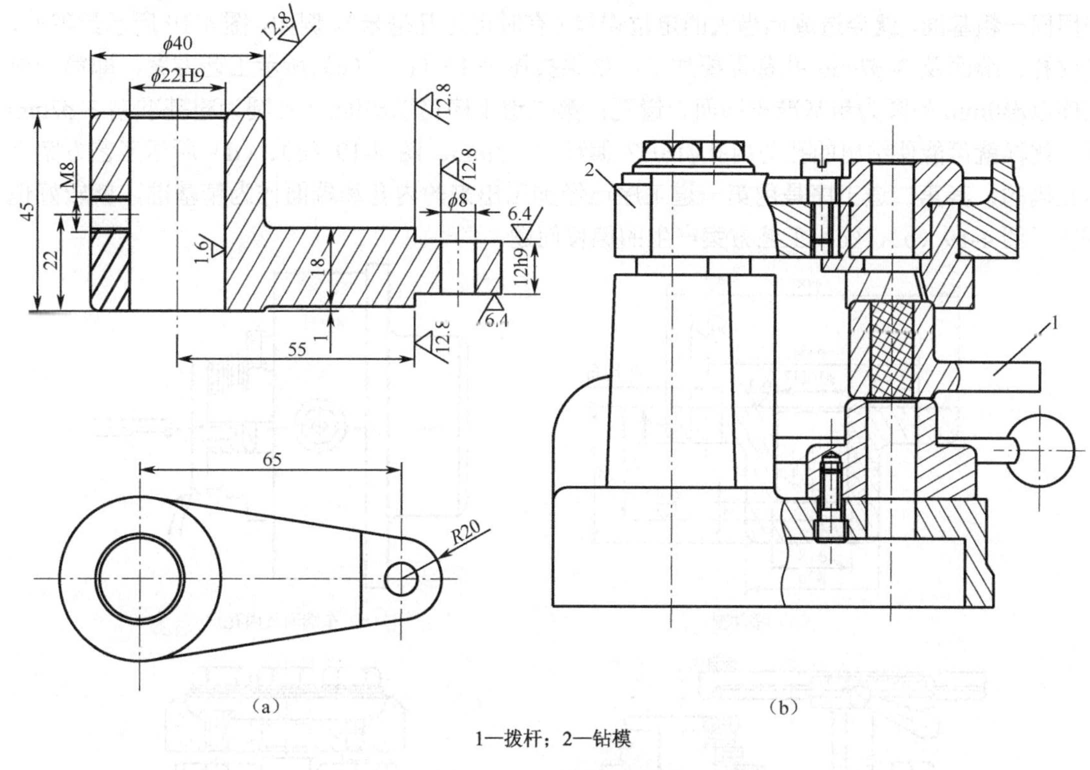

1—拨杆；2—钻模

图 4-16　粗基准的选择

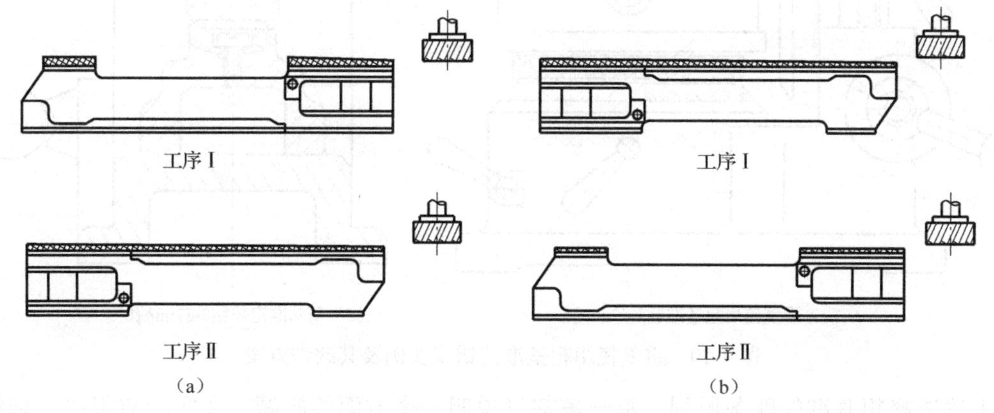

图 4-17　床身加工粗基准选择对比

3）便于工件装夹的原则

选择粗基准时，必须考虑定位准确、夹紧可靠及夹具结构简单、操作方便等问题。为了保证定位准确、夹紧可靠，要求选用的粗基准尽可能平整、光洁和有足够大的尺寸，不允许有锻造飞边，铸造浇、冒口或其他缺陷。

4）粗基准一般不得重复使用的原则

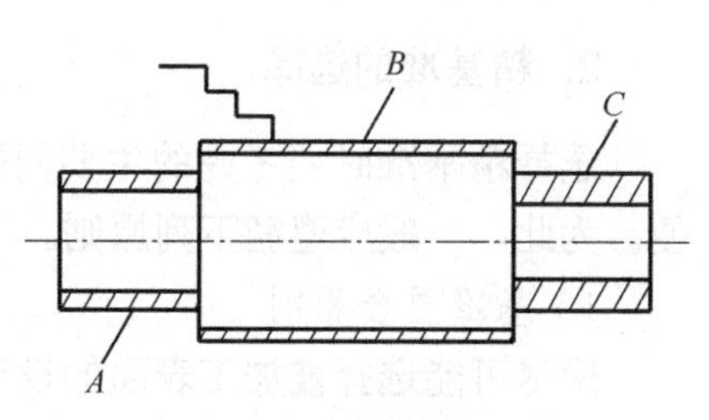

图 4-18　阶梯轴的加工

如果能使用精基准定位，则粗基准一般不应被重复使用。这是因为若毛坯的定位面很粗糙，在两次装夹中重复使用同一粗基准，就会造成相当大的定位误差（有时可达几毫米）。例如，图 4-19 所示的零件，其内孔、端面及 3-ϕ7mm 孔都需要加工，如果按图 4-19（b）、（c）所示工艺方案，即第一道工序以ϕ30mm 外圆为粗基准车端面、镗孔；第二道工序仍以ϕ30mm 外圆为粗基准钻 3-ϕ7mm 孔，这样就可能使钻出的孔与内孔ϕ16H7 偏移 2～3mm。图 4-19（b）、（d）所示工艺方案则是正确的，其第二道工序是用第一道工序已经加工出来的内孔和端面作为精基准，就较好地解决了图 4-19（b）、（c）工艺方案产生的偏移问题。

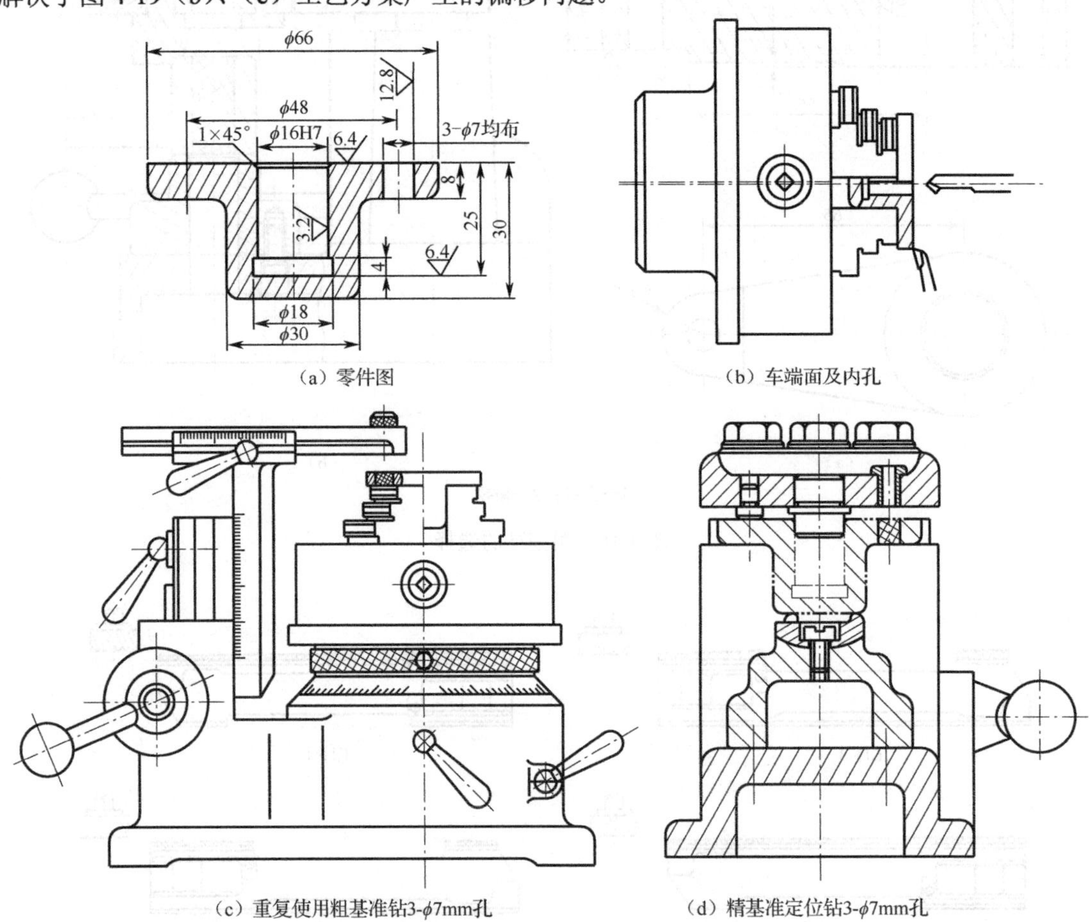

（a）零件图　（b）车端面及内孔

（c）重复使用粗基准钻3-ϕ7mm孔　（d）精基准定位钻3-ϕ7mm孔

图 4-19　重复使用粗基准的错误实例及其改进方案

上述选择粗基准的四条原则，每一条都只说明一个方面的问题。在实际应用中，划线装夹有时可以兼顾这四条原则，而夹具装夹则不能同时兼顾，这就要根据具体情况，抓住主要矛盾，解决主要问题。

2. 精基准的选择

选择精基准时要考虑的主要问题是如何保证设计技术要求的实现及装夹准确、可靠、方便。为此，一般应遵循下列原则。

1）基准重合原则

应尽可能选择被加工表面的设计基准或工序基准作为精基准，这称为基准重合原则。

如果加工的是最终工序，则所选择的定位基准应与设计基准重合；若是中间工序，则应尽可能采用工序基准作为定位基准。在对加工面位置尺寸有决定作用的工序中，特别是当位置公差要求很小时，一般不应违反这一原则。因为违反这一原则就必然会产生基准不重合误差，增大加工难度。

如图 4-20 所示，键槽加工中若以中心线定位，并按尺寸 L 调整铣刀位置，则工序尺寸为 $t=R+L$，由于定位基准和工序基准不重合，因此 R 与 L 两尺寸的误差都影响键槽尺寸精度。如采用图 4-21 所示的定位方式，工件以外圆下母线 B 作为定位基准，则定位基准与工序基准重合，容易保证键槽尺寸 t 的加工精度。

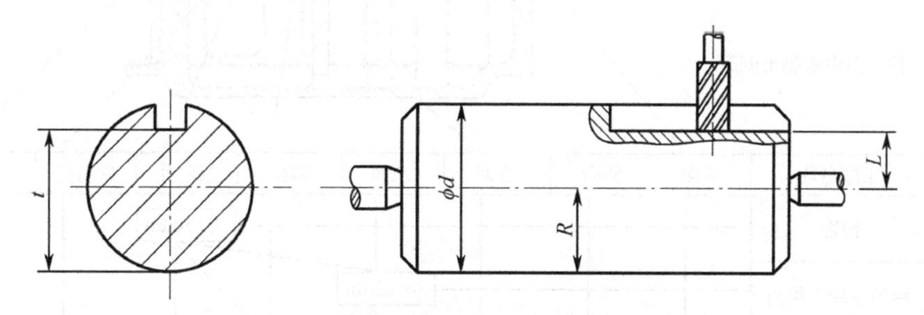

图 4-20　定位基准与工序基准不重合

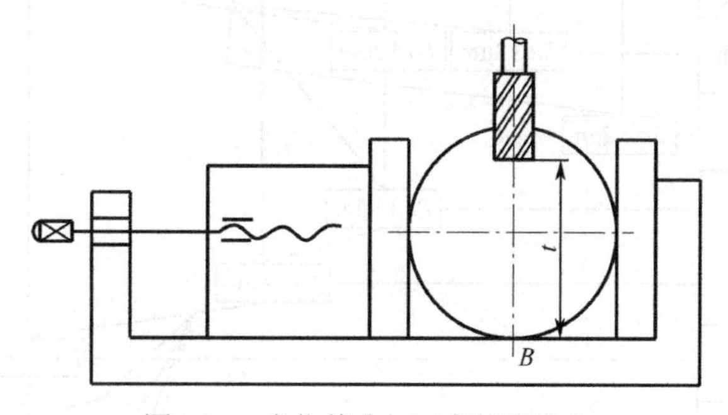

图 4-21　定位基准与工序基准重合

2）统一基准原则

如果工件以某一精基准定位，可以比较方便地加工大多数（或所有）其他表面，则应尽早地把这个基准面加工出来，并达到一定精度，以后工序均以它为精基准加工其他表面，这称为统一基准原则。

如轴类零件，采用顶尖孔作为统一基准加工各个外圆表面及轴肩端面，这样可以保证各个外圆表面之间的同轴度及各轴肩端面与轴心线的垂直度；一般箱体零件常采用一个大平面和两个孔作为精基准；圆盘和齿轮零件常以端面和短孔作为精基准。

表 4-7 所示是某厂大批量生产加工车床主轴箱体的工艺路线和基准转换关系，是应用统一基准原则的典型实例。在该工艺路线中，所用的统一基准是主轴箱体的顶面和顶面上的两个销孔（这两个销孔是根据机械加工工艺需要而专门设计的定位基准，即附加基准）。工序 1、2 先加工出统一基准，工序 3、4、5 则用它作为精基准加工所有其他平面。在工序 6 中，利用精加工后的底面作为基准精修一次顶面，然后再以提高精度后的统一基准在工序 7～11 中加工所有的孔。

表 4-7 箱体的工艺路线和基准转换关系（统一基准）

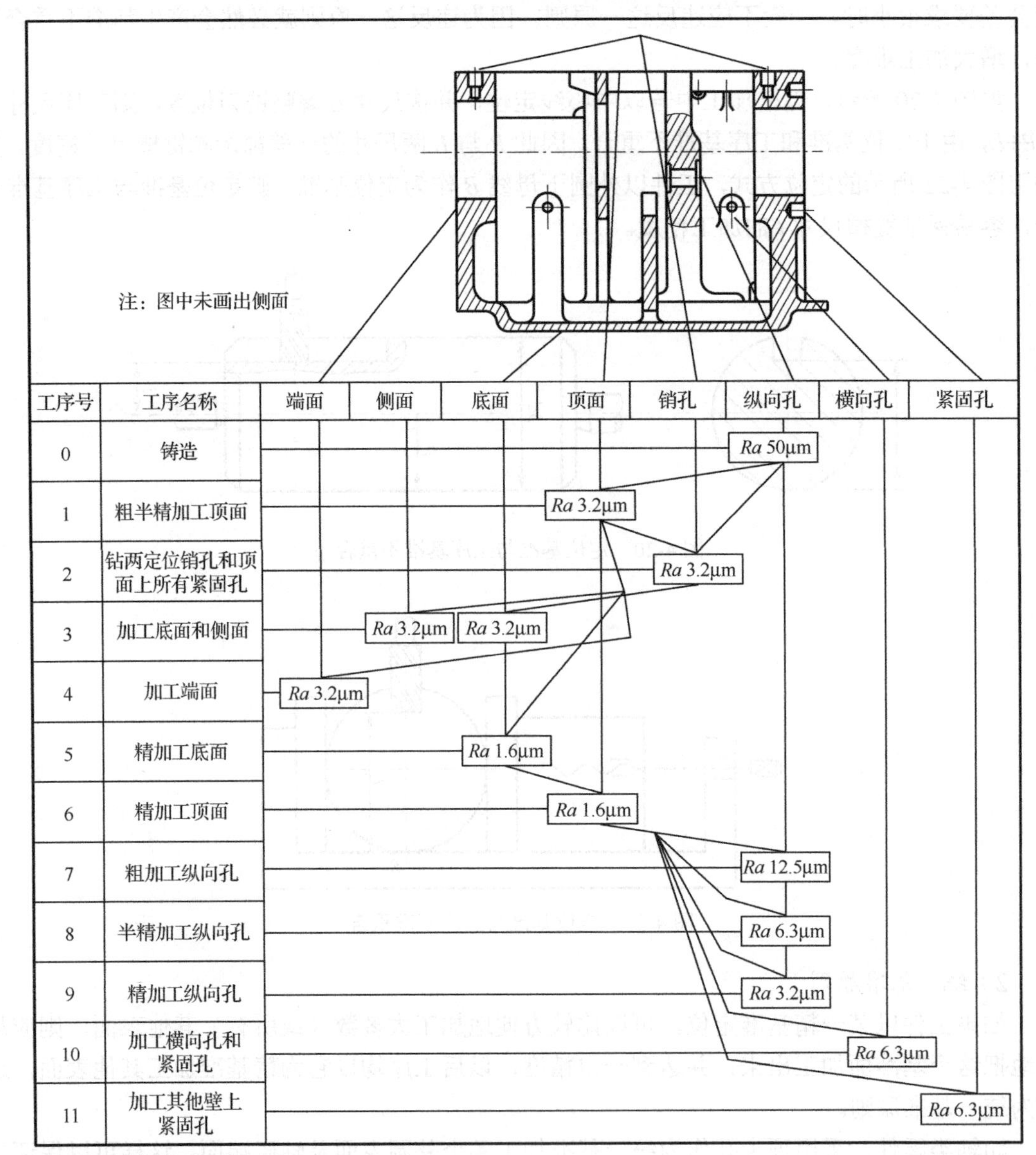

工序号	工序名称	端面	侧面	底面	顶面	销孔	纵向孔	横向孔	紧固孔
0	铸造						*Ra* 50μm		
1	粗半精加工顶面				*Ra* 3.2μm				
2	钻两定位销孔和顶面上所有紧固孔					*Ra* 3.2μm			
3	加工底面和侧面		*Ra* 3.2μm	*Ra* 3.2μm					
4	加工端面	*Ra* 3.2μm							
5	精加工底面			*Ra* 1.6μm					
6	精加工顶面				*Ra* 1.6μm				
7	粗加工纵向孔						*Ra* 12.5μm		
8	半精加工纵向孔						*Ra* 6.3μm		
9	精加工纵向孔						*Ra* 3.2μm		
10	加工横向孔和紧固孔							*Ra* 6.3μm	
11	加工其他壁上紧固孔								*Ra* 6.3μm

3）互为基准原则

某些位置度要求很高的表面，常采用互为基准反复加工的办法来达到位置度要求，这称为互为基准原则。

例如，加工精密齿轮时，通常是在齿面淬硬以后再磨齿面及内孔，因齿面淬硬层较薄，磨削余量应力求小而均匀，因此需先以齿面为基准磨内孔，如图 4-22 所示，然后再以内孔为基准磨齿面。这样加工，不但可以做到磨齿余量小而均匀，而且还能保证轮齿基圆对内孔有较高的同轴度。

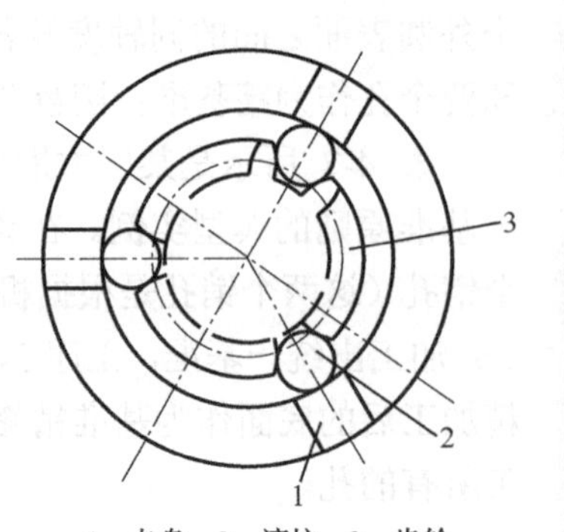

1—卡盘；2—滚柱；3—齿轮

图 4-22 以齿面定位加工

又如，车床主轴前、后支承轴颈与前锥孔有严格的同轴度要求，为了达到这一要求，工艺上一般都遵循互为基准的原则，以支承轴颈定位加工锥孔，又以锥孔定位加工支承轴颈，从粗加工到精加工，经过几次反复，最后以前、后支承轴颈定位精磨前锥孔。表 4-8 列出了某厂大批量生产加工车床主轴的工艺路线和基准转换关系。从表中可以看出，全部工艺过程共经过 7 次基准转换，其中有 5 次（即第 3～7 次）明显属于互为基准加工。

表 4-8　车床主轴工艺路线和基准转换关系（互为基准）

工序号	工序名称	大端外圆	小端外圆	前莫氏锥孔	后锥孔	前、后中心孔
0	锻造					
1	车端面，打中心孔					*Ra* 6.3μm
2	粗车小端外圆		*Ra* 12.5μm			
3	调质					
4	车大端各部	*Ra* 6.3μm				
5	车小端各部		*Ra* 6.3μm			
6	钻深孔					*Ra* 6.3μm
7	精车大端莫氏锥孔等	*Ra* 3.2μm		*Ra* 3.2μm		
8	精车1 : 12后锥孔				*Ra* 3.2μm	
9	精车小端外圆等		*Ra* 3.2μm			
10	局部淬火					
11	粗磨莫氏锥孔			*Ra* 0.8μm		
12	粗、精铣花键		*Ra* 1.6μm			
13	车螺纹等		*Ra* 6.3μm			
14	粗、精磨外圆		*Ra* 0.8μm			
15	粗、精磨外圆等	*Ra* 0.4μm				
16	粗、精磨莫氏锥孔			*Ra* 0.4μm		

4）自为基准原则

旨在减小表面粗糙度、加工余量和保证加工余量均匀的工序，常以加工面本身为基准进行加工，称为自为基准原则，而该表面与其他表面之间的位置精度则由先行的工序保证。

例如，图 4-23 所示的床身导轨面的磨削工序，为了使加工余量小而均匀，以提高导轨面的加工精度和生产率，用固定在磨头上的百分表 3，找正工件上的导轨面。当工作台纵向移动时，调整工件 1 下部的四个楔铁 2，至百分表的指针基本不动为止，夹紧工件，加工导轨面，即以导轨面自身为基准进行加工。工件下面的四个楔铁中有两个只起支承作用。

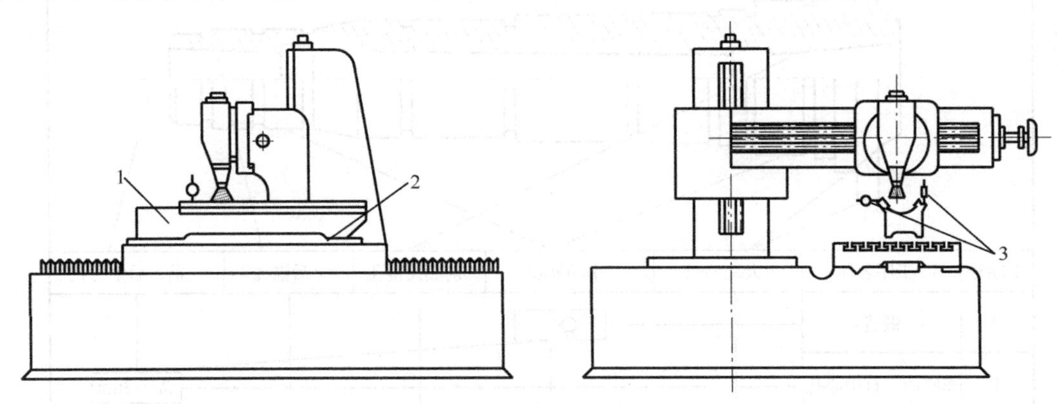

1—工件；2—楔铁；3—百分表

图 4-23 床身导轨面自为基准定位

还可以举出其他一些例子，如拉孔、推孔、珩磨孔、铰孔、浮动镗刀块镗孔、无心磨床磨外圆等都是自为基准加工的典型例子。

5）便于装夹原则

所选择的精基准应能保证定位准确、可靠，夹紧机构简单，操作方便，这称为便于装夹原则。

在上述五条原则中，前四条都有它们各自的应用条件，唯有最后一条，即便于装夹原则，是始终不能违反的。在考虑工件如何定位的同时必须认真分析如何夹紧工件，遵守夹紧机构的设计原则。

4.4.2 表面加工方法的选择

要求具有一定加工质量的表面，一般都是需要进行多次加工才能达到精度要求的。而达到同样加工质量要求的表面，其最终加工方法可以有多个方案。不同的加工方法所达到的经济加工精度和生产率也是不同的。因此，加工方法的选择，应在保证加工质量的前提下，同时满足生产率和经济性的要求。一般选择表面加工方法应注意以下问题。

1. 加工经济精度及表面粗糙度

加工经济精度是指在正常加工条件下（采用符合质量标准的设备、工艺装备和技术标准等级的工人、不延长加工时间）所能保证的加工精度。大量统计资料表明，同一种加工方法，其加工误差和加工成本是成反比例关系的。精度越高，加工成本也越高。但精度有一定极限，如图 4-24 所示，当超过 A 点后，即使再增加成本，加工精度也很难再提高；成本也有一定极限，当超过 B 点后，即使加工精度再降低，加工成本也降低极少。曲线中加工精度和加工成本互相适应的为 AB 段，属于经济精度范围。每一种加工方法都有一个经济的加工精度范围。例如，在普通车床上加工外圆的经济精度为 IT8～9 级，表面粗糙度为 Ra>1.25～2.5μm；在普通外圆磨床上磨削外圆的经济精度为 IT5～6 级，表面粗糙度为 Ra>0.16～0.32μm。

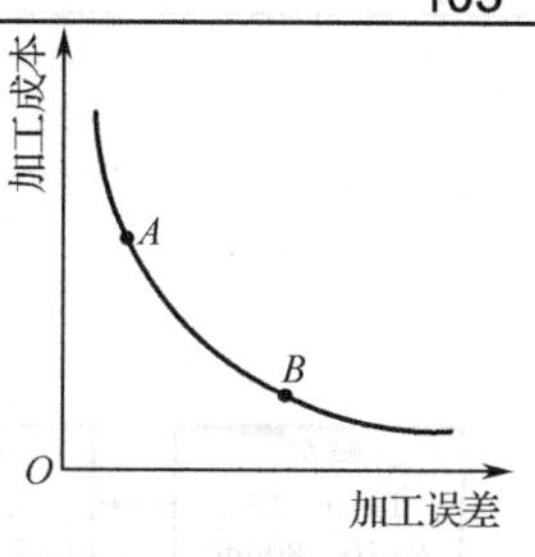

图 4-24　加工误差与加工成本的关系

各种加工方法所能达到的加工经济精度、表面粗糙度可查阅机械加工工艺手册。为了实现生产的优质、高产、低消耗，表面加工方法的选择应与它们相适应，当然各种加工方法的经济精度不是不变的，随着工艺水平的提高，同一种加工方法所能达到的经济精度会提高，粗糙度会减小。

2．加工方法的选择

一般情况下，根据零件的精度（包括尺寸精度、形状精度和位置精度）和表面精糙度要求，考虑本车间（或本厂）的现有工艺条件、加工经济精度的因素选择加工方法。各种机床所能达到的几何形状精度与表面相互位置精度，可查阅机械加工工艺手册。

对于那些有特殊要求的加工表面，例如，相对于本厂工艺条件来说，尺寸特别大或特别小，工件材料难加工，技术要求高，则首先应考虑在本厂能否加工的问题，如果在本厂加工有困难，就需要考虑是否外协加工，或者增加投资、增添设备，开展必要的工艺研究工作，以扩大工艺能力，满足对加工提出的精度要求。

在选择加工方法时应考虑的主要问题有：

（1）所选择的加工方法能否达到零件精度的要求。

（2）零件材料的可加工性能如何。例如，有色金属宜采用切削加工方法，不宜采用磨削加工方法，因为有色金属易堵塞砂轮工作面。

（3）生产率对加工方法有无特殊要求。例如，为满足大批大量生产的需要，齿轮内孔通常多采用拉削加工方法。

（4）本厂的工艺能力和现有加工设备的加工经济精度如何。技术人员必须熟悉本车间（或者本厂）现有加工设备的种类、数量、加工范围和精度水平及工人的技术水平，以充分利用现有资源，不断地对原有设备、工艺装备进行技术改造，挖掘企业潜力，创造经济效益。

4.4.3　典型表面的加工路线

一个零件通常由许多表面组成，但各个表面的几何性质不外乎是外圆、孔、平面及各种成形表面等。外圆、内孔和平面加工量大而面广，习惯上把机器零件的这些表面称作典型表面。根据这些表面的精度要求选择一个最终的加工方法，然后辅以先导工序的预加工方法，就组成一条加工路线。长期的生产实践形成了一些比较成熟的加工路线，熟悉和掌握这些典型表面的各种加工路线对制定零件加工工艺规程是十分重要的。

1．外圆表面的加工路线

零件的外圆表面主要采用下列四条基本加工路线来加工，如图 4-25 所示。

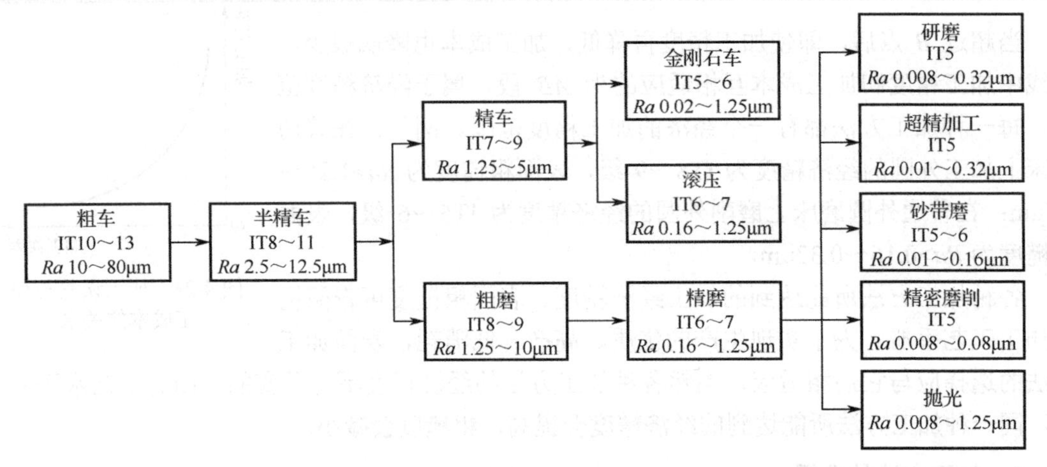

图 4-25　外圆表面加工路线

（1）粗车→半精车→精车。这是应用最广的一条加工路线。只要工件材料可以切削加工，对于加工精度等于或低于 IT7 级，表面粗糙度等于或大于 *Ra* 0.8μm 的外圆表面，都可以在这条加工路线中加工。如果加工精度要求较低，可以只取粗车；也可以只取粗车→半精车。

（2）粗车→半精车→粗磨→精磨。对于黑色金属材料，特别是对半精车后有淬火要求，加工精度等于或低于 IT6 级，表面粗糙度等于或大于 *Ra* 0.16μm 的外圆表面，一般可安排在这条加工路线中加工。

（3）粗车→半精车→精车→金刚石车或滚压。这条加工路线主要适用于工件材料为有色金属（如铜、铝），不宜采用磨削加工方法加工的外圆表面。

金刚石车是在精密车床上用金刚石车刀进行车削，精密车床的主运动系统多采用液体静压轴承或空气静压轴承，进给运动系统多采用液体静压导轨或空气静压导轨，因而主运动平稳，进给运动比较均匀，少爬行，可以有比较高的加工精度和比较小的表面粗糙度。目前，这种加工方法已用于尺寸精度为 0.1μm 数量级和表面粗糙度为 *Ra* 0.01μm 数量级的超精密加工中。

（4）粗车→半精车→粗磨→精磨→研磨、超精加工、砂带磨、精密磨削或抛光。这是在加工路线（2）的基础上又加进研磨、超精加工、砂带磨、精密磨削或抛光等精密、超精密加工或光整加工工序的加工路线。这些加工方法多以减小表面粗糙度，提高尺寸精度、形状和位置精度为主要目的，有些加工方法，如抛光、砂带磨等则以减小表面粗糙度为主。

2．孔的加工路线

图 4-26 所示是常见的孔的加工路线，按如下四条基本的加工路线来介绍。

（1）钻→粗拉→精拉。这条加工路线多用于大批大量盘套类零件的圆孔、单键孔和花键孔加工。其加工质量稳定、生产效率高。当工件上没有铸出或锻出毛坯孔时，第一道工序需安排钻孔；当工件上已有毛坯孔时，则第一道工序需安排粗镗孔，以保证孔的位置精度。如果模锻孔的精度较好，也可以直接安排拉削加工。拉刀是定尺寸刀具，经拉削加工的孔一般为 IT7 级精度的基准孔（H7）。

（2）钻→扩→铰→手铰。这是一条应用最为广泛的加工路线，在各种生产类型中都有应用，多用于中、小孔加工。其中扩孔有纠正位置精度的能力，铰孔只能保证尺寸、形状精度和减小孔的表面粗糙度，不能纠正位置精度。当孔的尺寸精度、形状精度要求比较高，表面粗糙度要求又比较小时，往往安排一次手铰。有时，用端面铰刀手铰，可用来纠正孔的轴心线与端面之间的垂直度误差。铰刀也是定尺寸刀具，所以经过铰孔加工的孔一般也是 IT7 级精度的基准孔（H7）。

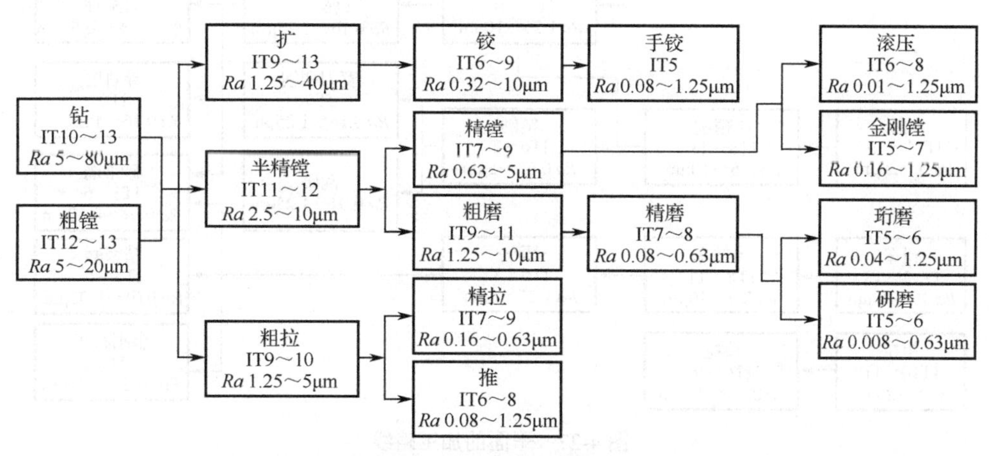

图 4-26 孔的加工路线

（3）钻或粗镗→半精镗→精镗→滚压或金刚镗。下列情况的孔，多在这条加工路线下加工。

- 单件小批生产中的箱体孔系加工；
- 位置精度要求很高的孔系加工；
- 在各种生产类型中，直径比较大的孔，如ϕ80mm 以上、毛坯上已有位置精度比较低的铸孔或锻孔；
- 材料为有色金属，需要由金刚镗来保证其尺寸、形状和位置精度及表面粗糙度的孔。

在这条加工路线中，当工件毛坯上已有毛坯孔时，第一道工序安排粗镗，无毛坯孔时则第一道工序安排钻孔。后面的工序视零件的精度要求，可安排半精镗，也可安排半精镗→精镗或半精镗→精镗→滚压、半精镗→精镗→金刚镗。

（4）钻或粗镗→半精镗→粗磨→精磨→研磨或珩磨。这条加工路线主要用于淬硬零件或精度要求高的孔的加工。其中，研磨是一种精密加工方法。

对上述孔的加工路线做两点补充说明：①上述各条孔加工路线的终加工工序，其加工精度在很大程度上取决于操作者的操作水平（刀具刃磨、机床调整、对刀等）；②对以微米为单位的特小孔加工，需要采用特种加工方法，如电火花打孔、激光打孔、电子束打孔等。有关这方面的知识，可根据需要查阅有关资料。

3．平面的加工路线

图 4-27 所示是常见的平面的加工路线，按如下五条基本的加工路线来介绍。

（1）粗铣→半精铣→精铣→高速精铣。在平面加工中，铣削加工用得最多。这主要是因为铣削生产率高。近代发展起来的高速铣，其加工精度比较高（IT6～7 级），表面粗糙度也比较小（*Ra* 0.16～1.25μm）。在这条加工路线中，视被加工面的精度和表面粗糙度的技术要求，可以只安排粗铣，或安排粗铣→半精铣、粗铣→半精铣→精铣及粗铣→半精铣→精铣→

高速精铣。

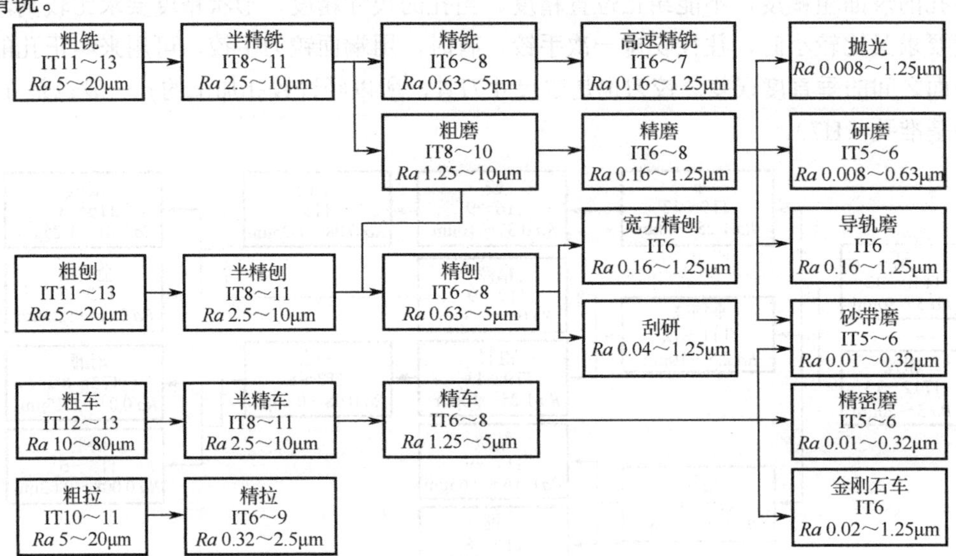

图 4-27　平面的加工路线

（2）粗刨→半精刨→精刨→宽刀精刨或刮研。刨削加工也是应用比较广泛的一种平面加工方法。同铣削加工相比，由于生产率稍低，因此，从发展趋势上看，刨削加工不像铣削加工那样应用广泛。但是，对于窄长面的加工来说，刨削加工的生产率并不低。

宽刀精刨多用于大平面或机床床身导轨面加工，其加工精度和表面粗糙度都比较好，广泛应用于单件、成批生产中。

刮研是获得精密平面的传统加工方法。例如，精密平面一直是用手工刮研的方法来保证平面度要求的。由于这种加工方法劳动量大、生产率低，在大批量生产的一般平面加工中有被磨削取代的趋势；但在单件小批生产或修配工作中，仍有广泛应用。

同铣平面的加工路线一样，可根据平面精度和表面粗糙度要求，选定终工序，截取前半部分作为加工路线。

（3）粗铣（刨）→半精铣（刨）→粗磨→精磨→研磨、精密磨、砂带磨或抛光。如果被加工平面有淬火要求，则可在半精铣（刨）后安排淬火。淬火后需要安排磨削工序，视平面精度和表面粗糙度要求，可以只安排粗磨，也可安排粗磨→精磨，还可以在精磨后安排研磨或精密磨。

（4）粗拉→精拉。这条加工路线主要在大批大量生产中采用，生产率高，尤其对有沟槽或台阶的表面，拉削加工的优点更加突出。例如，某些内燃机汽缸体的底平面、曲轴半圆孔及分界面等就是全部在一次拉削中直接拉出的。但是，由于拉刀和拉削设备昂贵，因此，这条加工路线只适合在大批大量生产中使用。

（5）粗车→半精车→精车→金刚石车。这条加工路线主要用于有色金属零件的平面加工，这些平面有时就是外圆或孔的端面。如果被加工零件是黑色金属，则精车后可安排精密磨、砂带磨或研刮、抛光等。

4.4.4　工序顺序的安排

零件上的全部加工表面应安排在一个合理的加工顺序中加工，这对保证零件质量、提高生产率、降低加工成本都至关重要。

1. 工序顺序的安排原则

1）*先基准面，后其他表面*

这条原则有两个含义：①工艺路线开始安排的加工面应该是选作定位基准的精基准面，然后再以精基准定位，加工其他表面；②为保证一定的定位精度，当加工面的精度要求很高时，精加工前一般应先精修一下精基准。例如，对于精度要求较高的轴类零件（机床主轴、丝杠、汽车发动机曲轴等），其第一道机械加工工序就是铣端面、打中心孔，然后以顶尖孔定位加工其他表面。再如，箱体类零件（如车床主轴箱、汽车发动机中的汽缸体、汽缸盖、变速箱壳体等）也都是先安排定位基准面的加工（多为一个大平面，两个销孔），再加工孔系和其他平面。

2）*先主要平面，后主要孔*

这条原则的含义是：①当零件上有较大的平面可作为定位基准时，可先加工出来作为定位面，以面定位加工孔，这样可以保证定位稳定、准确，易于保证孔与平面之间的位置精度，装夹工件往往也比较方便；②在毛坯面上钻孔，容易使钻头引偏，若该平面需要加工，则应在钻孔之前先加工平面。

3）*先主要表面，后次要表面*

这里所说的主要表面是指设计基准面及主要工作面，而次要表面是指键槽、螺孔等其他表面。次要表面和主要表面之间往往有相互位置要求。因此，一般要在主要表面达到一定的精度之后，再以主要表面定位加工次要表面。

4）*先安排粗加工工序，后安排精加工工序*

对于精度和表面质量要求较高的零件，其粗、精加工应该分开。

2. 热处理工序及表面处理工序的安排

热处理的目的在于改变工件材料的性能和消除内应力。热处理的目的不同，热处理工序的内容及其在工艺过程中所安排的位置就不一样。

（1）预备热处理。安排在机械加工之前进行，其目的是改善切削性能，消除毛坯制造的内应力。常用的热处理方法有退火与正火，通常安排在粗加工之前，调质一般安排在粗加工之后。

（2）时效处理。时效处理有人工时效和自然时效两种，目的是消除毛坯制造和机械加工中产生的内应力。精度要求一般的铸件，只需进行一次时效处理，安排在粗加工之后较好，可同时消除铸造和粗加工所产生的应力。有时为了减少运输工作量，也可放在粗加工之前进行。为了消除内应力而进行的热处理工序（如人工时效、退火、正火等），最好安排在粗加工之后。对精度要求不太高的零件，把去除内应力的人工时效或退火安排在切削加工之前（即在毛坯车间）进行。精度要求很高的精密丝杠、主轴等零件，则应安排多次时效处理。对于精密丝杠、精密轴承、精密量具及油泵油嘴偶件等，为了消除残余奥氏体、稳定尺寸，还要采用冷处理（冷却到-70～-80℃，保温1～2h），一般在回火后进行。

（3）最终热处理。通常安排在半精加工之后和磨削加工之前，目的是改善材料的力学物理性能，提高材料的强度、表面硬度和耐磨性。常用的热处理方法有调质、淬火、渗碳淬火。

有的零件，为了获得更高的表面硬度和耐磨性、更高的疲劳强度，还常常采用氮化处理。一般在半精加工之后、精加工之前常安排淬火、淬火—回火、渗碳淬火等热处理工序。对于整体淬火的零件，淬火前应将所有切削加工的表面加工完，因为淬硬后，再切削就有困难了。对于那些变形小的热处理工序（如高频感应加热淬火、渗氮），有时允许安排在精加工之后进行。

（4）表面处理。某些零件为了进一步提高表面的抗蚀能力，增加耐磨性及使表面美观光泽，常采用表面处理工序，使零件表面覆盖一层金属镀层、非金属涂层和氧化膜等。金属镀层可镀铬、镀锌、镀镍、镀铜及镀金、银等；非金属涂层可涂油漆、磷化等；氧化膜层有钢的发蓝、发黑、钝化及铝合金的阳极氧化处理等。零件的表面处理工序一般安排在工艺过程的最后进行。

3. 其他工序的安排

检查、检验工序，去毛刺、平衡、清洗工序等也是工艺规程的重要组成部分。

检查、检验工序是保证产品质量合格的关键工序之一。每个操作工人在操作过程中和操作结束以后都必须自检。在工艺规程中，下列情况应安排检查工序：①零件加工完毕；②从一个车间转到另一个车间的前后；③工时较长或重要的关键工序的前后。

除了一般性的尺寸检查（包括形位误差的检查）外，X 射线检查、超声波探伤检查等多用于工件（毛坯）内部的质量检查，一般安排在工艺过程的开始；磁力探伤、萤光检验主要用于工件表面质量的检验，通常安排在精加工的前后进行；密封性检验、零件的平衡、零件的重量检验一般安排在工艺过程的最后阶段进行。

切削加工之后，应安排去毛刺处理。零件表层或内部的毛刺影响装配操作、装配质量，甚至会影响整机性能，因此应予以充分重视。

工件在进入装配之前，一般都应安排清洗。工件的内孔、箱体内腔易存留切屑，清洗时应特别注意。研磨、珩磨等光整加工工序之后，砂粒易附着在工件表面上，要认真清洗，否则会加剧零件在使用中的磨损。采用磁力夹紧工件的工序（如在平面磨床上用电磁吸盘夹紧工件），工件会被磁化，加工后应安排去磁处理，并在去磁后进行清洗。

4.4.5 工序的集中与分散

选定了加工方法后，就要确定工序的数目，即工序的集中和分散问题。

同一个工件，同样的加工内容，可以安排两种不同形式的工艺规程：一种是工序集中，另一种是工序分散。所谓工序集中，是使每个工序中包括尽可能多的工步内容，因而使总的工序数目减少，夹具的数目和工件的安装次数也相应减少。所谓工序分散，是将工艺路线中的工步内容分散到更多的工序中去完成，因而每道工序的工步少，工艺路线长。

工序集中和工序分散的特点都很突出。工序集中有利于保证各加工面间的相互位置精度要求，有利于采用高生产率机床，节省装夹工件的时间，减少工件的搬动次数。工序分散可使每个工序使用的设备和夹具比较简单，调整、对刀也比较容易，对操作工人的技术水平要求较低。

由于工序集中和工序分散各有特点，所以生产中都有应用。

传统的流水线、自动线生产多采用工序分散的组织形式（个别工序也有相对集中的形式，例如，对箱体类零件采用专用组合机床加工孔系）。这种组织形式可以实现高生产率生产，但是适应性较差，特别是那些工序相对集中、专用组合机床较多的生产线，转产比较困难。

采用高效自动化机床，以工序集中的形式组织生产（典型的例子是采用加工中心机床组织生产），除了具有上述工序集中的优点以外，生产适应性强，转产相对容易，因而虽然设备价格昂贵，但仍然越来越受到重视。

当零件的加工精度要求比较高时，常需要把工艺过程划分为不同的加工阶段，在这种情况下，工序必然比较分散。

4.4.6　加工阶段的划分

当零件的精度要求比较高时，若将加工面从毛坯面开始到最终的精加工或精密加工都集中在一个工序中连续完成，则难以保证零件的精度要求，或浪费人力、物力资源。原因如下所述。

（1）粗加工时，切削层厚，切削热量大，无法消除因热变形带来的加工误差，也无法消除因粗加工留在工件表层的残余应力产生的加工误差。

（2）后续加工容易把已加工好的加工面划伤。

（3）不利于及时发现毛坯的缺陷。若在加工最后一个表面时才发现毛坯有缺陷，则前面的加工就白白浪费了。

（4）不利于合理地使用设备。将精密机床用于粗加工，会使精密机床过早地丧失精度。

（5）不利于合理地使用技术工人。让高技术工人完成粗加工任务是人力资源的一种浪费。

因此，通常可将高精零件的工艺过程划分为几个加工阶段。根据精度要求的不同，可以划分为以下几个阶段。

（1）粗加工阶段。在粗加工阶段，以高生产率去除加工面多余的金属。

（2）半精加工阶段。在半精加工阶段减小粗加工中留下的误差，使加工面达到一定的精度，为精加工做好准备。

（3）精加工阶段。在精加工阶段，应确保尺寸、形状和位置精度达到或基本达到图纸规定的精度要求及表面粗糙度要求。

（4）精密、超精密或光整加工阶段。对那些精度要求很高的零件，在工艺过程的最后应安排珩磨或研磨、精密磨、超精加工、金刚石车、金刚镗或其他特种加工方法，以达到零件最终的精度要求。

高精度零件的中间热处理工序自然地把工艺过程划分为几个加工阶段。

零件在上述各加工阶段中加工，可以保证有充足的时间消除热变形和粗加工产生的残余应力，使后续加工精度提高。另外，如果在粗加工阶段发现毛坯有缺陷，则就不必进行下一加工阶段的加工，以避免浪费。此外，还可以合理地使用设备，低精度机床用于粗加工，精密机床专门用于精加工，以保持精密机床的精度水平；合理地安排人力资源，高技术工人专门从事精密、超精密加工，这对保证产品质量、提高工艺水平都是十分重要的。

4.5 加工余量与工序尺寸的确定

4.5.1 加工余量的确定

1. 加工余量的概念

工艺路线拟定以后，在进一步安排各个工序的具体内容时，应正确地确定工序尺寸。工序尺寸的确定与工序的加工余量有着密切的关系。

所谓工序余量，是指加工表面达到所需精度和表面质量应切除的金属表层厚度。加工余量分工序余量和加工总余量两种。

毛坯尺寸与零件设计尺寸之差称为加工总余量（也称毛坯余量）。加工总余量的大小取决于加工过程中各个工序切除金属层厚度的总和。每一工序所切除的金属层厚度称为工序余量。加工总余量和工序余量的关系可用下式表示：

$$Z_0 = Z_1 + Z_2 + \cdots + Z_n = \sum_{i=1}^{n} Z_i \tag{4-1}$$

式中 Z_0——加工总余量；

Z_i——工序余量；

n——机械加工工序数目。

其中，Z_1为第一道粗加工工序的加工余量。它与毛坯的制造精度有关，实际上是与生产类型和毛坯的制造方法有关。若毛坯制造精度高（如大批大量生产的模锻毛坯），则第一道粗加工工序的加工余量小；若毛坯制造精度低（如单件小批生产的自由锻毛坯），则第一道粗加工工序的加工余量就大（具体数值可参阅有关的毛坯余量手册）。

工序余量还可定义为相邻两工序基本尺寸之差。按照这一定义，工序余量有单边余量和双边余量之分。零件非对称结构的非对称表面，其加工余量一般为单边余量，如图 4-28（a）所示，可表示为

$$Z_i = |l_{i-1} - l_i| \tag{4-2}$$

式中 Z_i——本道工序的工序余量；

l_i——本道工序的基本尺寸；

l_{i-1}——上道工序的基本尺寸。

零件对称结构的对称表面，其加工余量为双边余量，如图 4-28（b）所示，可表示为

$$2Z_i = |l_{i-1} - l_i| \tag{4-3}$$

回转体表面（内、外圆柱面）的加工余量为双边余量，对于外圆表面，如图 4-28（c）所示，有

$$2Z_i = d_{i-1} - d_i \tag{4-4}$$

对于内圆表面，如图 4-28（d）所示，有

$$2Z_i = D_i - D_{i-1} \tag{4-5}$$

由于工序尺寸有公差，所以加工余量也必然在某一公差范围内变化，其公差大小等于本道工序尺寸公差与上道工序尺寸公差之和，如图 4-29 所示。工序余量有标称余量（简称余量）、

最大余量和最小余量的分别。从图中可以知道，被包容件的余量 Z_b 包含上道工序尺寸公差，余量公差可表示为

$$T_z = Z_{max} - Z_{min} = T_b + T_a \tag{4-6}$$

式中　T_z——工序余量公差；

Z_{max}——工序最大余量；

Z_{min}——工序量小余量；

T_b——加工面在本道工序的工序尺寸公差；

T_a——加工面在上道工序的工序尺寸公差。

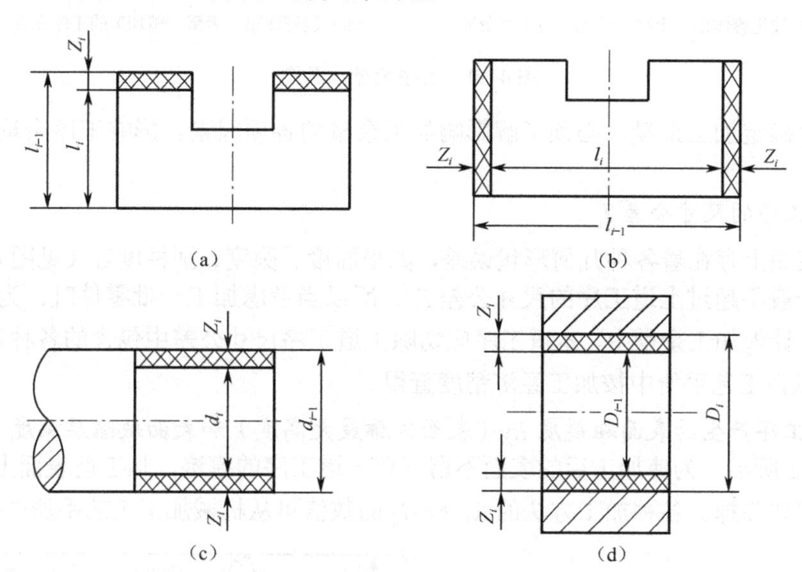

图 4-28　单边余量与双边余量

一般情况下，工序尺寸的公差按“入体原则”标注。即对被包容尺寸（轴的外径，实体的长、宽、高），其最大加工尺寸就是基本尺寸，上偏差为零。对包容尺寸（孔的直径、槽的宽度），其最小加工尺寸就是基本尺寸，下偏差为零。毛坯尺寸公差按双向对称偏差形式标注。图 4-30（a）、（b）分别表示了被包容件（轴）和包容件（孔）的工序尺寸、工序尺寸公差、工序余量和毛坯余量之间的关系。图中，加工面安排了粗加工、半精加工和精加工。$d_{坯}(D_{坯})$、$d_1(D_1)$、$d_2(D_2)$、$d_3(D_3)$ 分别为毛坯，粗、半精、精加工工序尺寸；$T_{坯}$、T_1、T_2 和 T_3 分别为毛坯，粗、半精、精加工工序尺寸公差；Z_1、Z_2、Z_3 分别为粗、半精、精加工工序标称余量，Z_0 为毛坯余量。

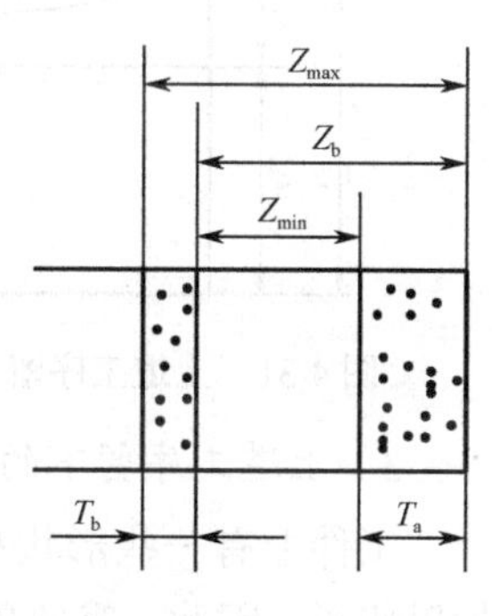

图 4-29　被包容件的加工余量及公差

2. 影响工序余量的因素

切削加工时如果加工余量过大，则不仅浪费金属、增加切削工时、增大机床和刀具的负荷，有时还将加工表面所需保存的最耐磨的表面层切掉；如果加工余量过小，则不能去掉表面在加工前所存在的误差和缺陷层以致产生废品，有时还会使刀具处于恶劣的工作条件，如刀尖要直接切削夹砂外皮和冷硬层，加剧了刀具的磨损。

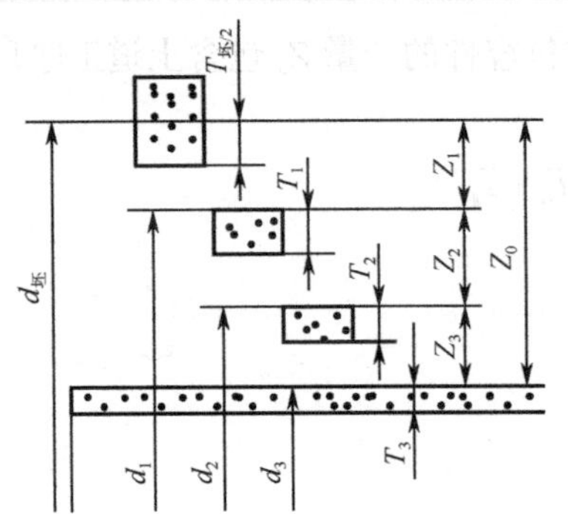

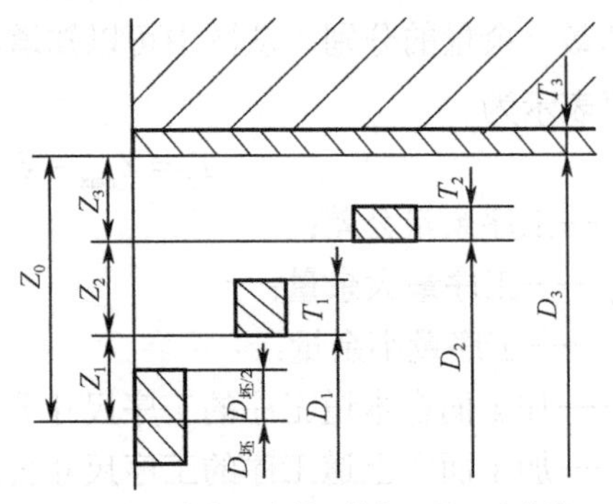

（a）被包容体粗、半精、精加工的工序余量　（b）包容体粗、半精、精加工的工序余量

图 4-30　工序余量示意图

为了合理确定加工余量，必须了解影响加工余量的各项因素。影响工序余量的因素有以下几个方面。

1）上道工序的尺寸公差 T_a

在加工表面上存在着各种几何形状误差，如平面度、圆度、圆柱度等（见图 4-31），这些误差的总和一般不超过上道工序的尺寸公差 T_a。所以当考虑加工一批零件时，为了纠正这些误差，应将 T_a 计入加工余量中，本道工序应切除上道工序尺寸公差中包含的各种可能的误差。T_a 的数值可以在工艺手册中按加工经济精度查得。

2）上道工序产生的表面粗糙度 Ry（表面轮廓最大高度）和表面缺陷层深度 H_a

如图 4-32 所示，为使加工后的表面不留下前一道工序的痕迹，加工前表面上的 Ry 和 H_a 应在本道工序切除掉。各种加工方法的 Ry 和 H_a 的数值可从机械加工工艺手册中查得。

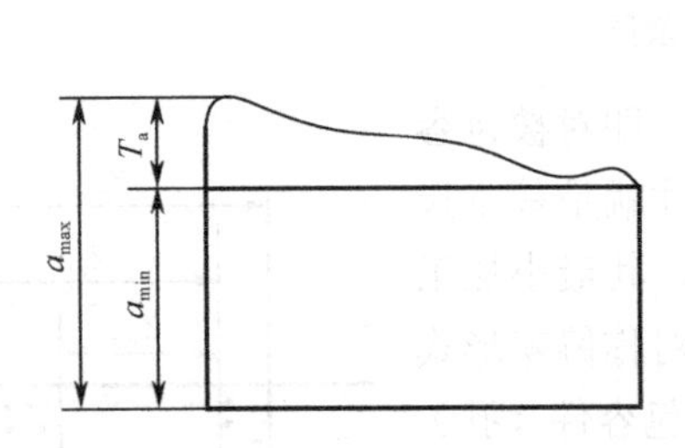

图 4-31　上道工序留下的形状误差

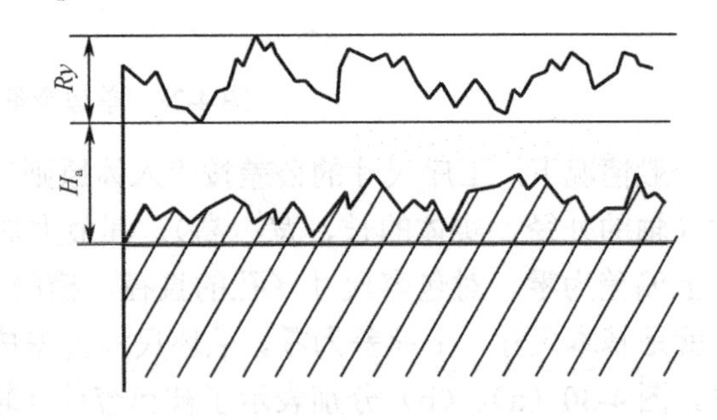

图 4-32　工件表层结构

3）上道工序留下的需要单独考虑的空间误差 e_a

工件上有一些形状和位置误差不包括在尺寸公差的范围内，但这些误差又必须在加工中加以纠正，因此，需要单独考虑它们对加工余量的影响。属于这一类的误差有轴心线的弯曲、偏移、偏斜及平行度、垂直度等误差，阶梯轴轴颈中心线的同轴度，外圆与孔的同轴度，以及平面的弯曲、偏斜、平面度、垂直度等。

如一根长轴在粗加工后或热处理后产生了轴心线弯曲（见图 4-33），弯曲量为 δ。如果这根轴不进行校直而继续加工，至少要留直径上为 2δ 的加工余量，才能保证加工精度。对于精密轴类零件，考虑到有内应力变形问题，不允许采用校直工序，一般都用留余量的方法来保证零件位置精度的要求，即在本道工序中去掉这些余量。e_a 的数值与加工方法有关，可根据有关资料查得。

当存在两种以上的空间偏差时，总的偏差为各空间偏差的向量和。

4）本道工序的装夹误差 e_b

装夹误差应包括定位误差和夹紧误差。它会影响切削刀具与被加工表面的相对位置，使加工余量不够，所以也应计入工序余量中。例如，用三爪卡盘夹持工件外圆磨削内孔时，如图 4-34 所示，若三爪卡盘本身定心不准确，致使工件轴心线与机床旋转中心线偏移了一个 e 值，这时为了保证加工表面的所有缺陷及误差都能消除，就需要将磨削余量加大 $2e$。

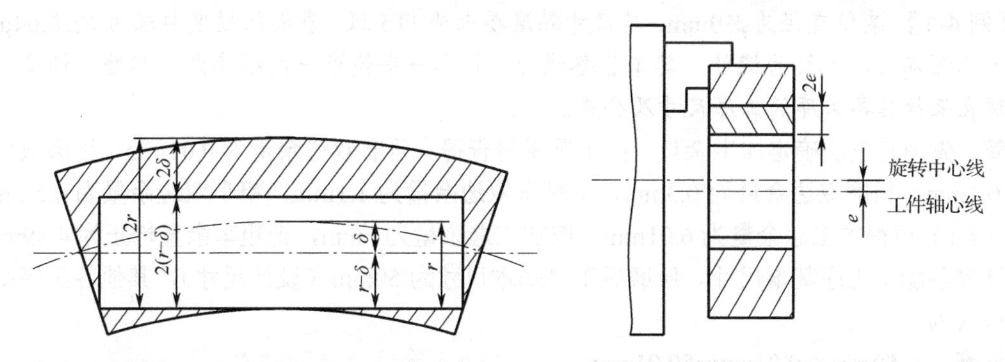

图 4-33　轴的弯曲对加工余量的影响　　图 4-34　三爪卡盘上的装夹误差

夹紧误差一般可由有关资料查得，而定位误差则按定位方法进行计算。由于这两项误差都是向量，故装夹误差是它们的向量和。

3．加工余量的确定

确定加工余量的方法有三种：分析计算法、查表法和经验法。

（1）分析计算法。在影响因素清楚的情况下，分析计算法是比较准确的。要做到对余量影响因素清楚，必须具备一定的测量手段和掌握必要的统计分析资料。只有在掌握了各误差因素大小的条件下，才能进行余量的准确计算。

（2）查表法。以工厂生产实践和实验研究积累的经验为依据制成表格，以此为基础，并结合实际加工情况加以修正，确定加工余量。这种方法方便、迅速，生产中应用较为广泛。

（3）经验法。由一些有经验的工程技术人员或工人根据经验确定加工余量的大小。由经验法确定的加工余量往往偏大，这主要是因为主观上怕出废品的缘故。这种方法多在单件小批生产中采用。

4.5.2　工序尺寸的确定

工序尺寸是零件在加工过程中各工序应保证的加工尺寸，正确地确定工序尺寸及其公差，是制定工艺规程的一项重要工作。

工序尺寸的计算要根据零件图上的设计尺寸、已确定的各工序的加工余量及工序基准的转换关系来进行。工序尺寸公差则按各工序加工方法的经济精度选定。工序尺寸及偏差标注在各工序的工序简图上，作为加工和检验的依据。

对于各工序的工序基准与设计基准重合时的表面多次加工，其工序尺寸的计算相对比较简单，掌握基准重合情况下工序尺寸与公差的确定过程非常重要，其过程如下。

（1）确定各加工工序的加工余量。

（2）从终加工工序开始，即从设计尺寸开始，到第一道加工工序，逐次加上每道加工工序余量，可分别得到各工序基本尺寸（包括毛坯尺寸）。

（3）除终加工工序外，其他各加工工序按各自所采用加工方法的加工经济精度确定工序尺寸公差（终加工工序的公差按设计要求确定）。

（4）填写工序尺寸并按“入体原则”标注工序尺寸公差。

【例 4-1】 某轴直径为ϕ50mm，其尺寸精度要求为 IT5 级，表面粗糙度要求为 *Ra* 0.04μm，并要求高频淬火，毛坯为锻件。其工艺路线为：粗车→半精车→高频淬火→粗磨→精磨→研磨。现在来计算各工序的工序尺寸及公差。

解： 先用查表法确定加工余量。由工艺手册查得：研磨双边余量为 0.01mm，精磨双边余量为 0.1mm，粗磨双边余量为 0.3mm，半精车双边余量为 1.1mm，粗车双边余量为 4.5mm，由式（4-1）可得加工总余量为 6.01mm，取加工总余量为 6mm，把粗车余量修正为 4.49mm。

计算各加工工序基本尺寸。研磨后工序基本尺寸为 50mm（设计尺寸），其他各工序基本尺寸依次为：

精磨　　50mm + 0.01mm=50.01mm

粗磨　　50.01mm +0.1mm=50.11mm

半精车　50.11mm +0.3mm=50.41mm

粗车　　50.41mm +1.1mm=51.51mm

毛坯　　51.51mm + 4.49mm=56mm

确定各工序的加工经济精度和表面粗糙度。由工艺设计手册查得：研磨后为 IT5 级，*Ra* 0.04μm（零件的设计要求）；精磨后选定为 IT6 级，*Ra* 0.16μm；粗磨后选定为 IT8 级，*Ra* 1.25μm；半精车后选定为 IT11 级，*Ra* 2.5μm；粗车后选定为 IT13 级，*Ra* 16μm。

根据上述经济加工精度查公差表，将查得的公差数值按“入体原则”标注在工序基本尺寸上。查工艺手册可得锻造毛坯公差为±2mm。

为清楚起见，把上述计算和查表结果汇总于表 4-9 中，以供参考。

表 4-9　工序尺寸、公差、表面粗糙度及毛坯尺寸的确定

工序名称	工序间余量（mm）	工序间		工序尺寸（mm）	工　序　间	
		经济精度（mm）	表面粗糙度（μm）		尺寸、公差（mm）	表面粗糙度（μm）
研磨	0.01	h5 ($^{0}_{-0.011}$)	*Ra* 0.04	50	$\phi 50^{0}_{-0.011}$	*Ra* 0.04
精磨	0.1	h6 ($^{0}_{-0.016}$)	*Ra* 0.16	50+0.01=50.01	$\phi 50.01^{0}_{-0.016}$	*Ra* 0.16
粗磨	0.3	h8 ($^{0}_{-0.039}$)	*Ra* 1.25	50.01+0.1=50.11	$\phi 50.11^{0}_{-0.039}$	*Ra* 1.25
半精车	0.3	h11 ($^{0}_{-0.16}$)	*Ra* 2.5	50.11+0.3=50.41	$\phi 50.41^{0}_{-0.16}$	*Ra* 2.5
粗车	1.1	h13 ($^{0}_{-0.39}$)	*Ra* 16	50.41+1.1=51.51	$\phi 51.51^{0}_{-0.39}$	*Ra* 16
锻造	4.49			51.51+4.49=56	$\phi 56\pm 2$	

4.6　工艺尺寸链

在进行零件结构设计及加工工艺或装配工艺分析时，常常会遇到相关尺寸、公差和技术要求的确定等问题，可以运用尺寸链原理来解决。

4.6.1　尺寸链的定义、组成及分类

1．尺寸链的定义、组成

在零件加工或机器装配过程中，相互联系并按一定顺序排列的封闭尺寸组称为尺寸链。在机械加工过程中，由同一零件有关工序尺寸组成的尺寸链称为工艺尺寸链；在机器设计及装配过程中，由有关零件设计尺寸所组成的尺寸链称为装配尺寸链。

图 4-35 所示为一个工艺尺寸链示例。工件上尺寸 A_1 已加工好，现以底面 M 定位，用调整法加工台阶面 P，直接得到尺寸 A_2。显然尺寸 A_1、A_2 确定后，在加工中未予直接保证的尺寸 A_0 也随之确定（间接得到）。此时，A_1、A_2 和 A_0 三个尺寸就形成了一个封闭的尺寸组，即形成了尺寸链。

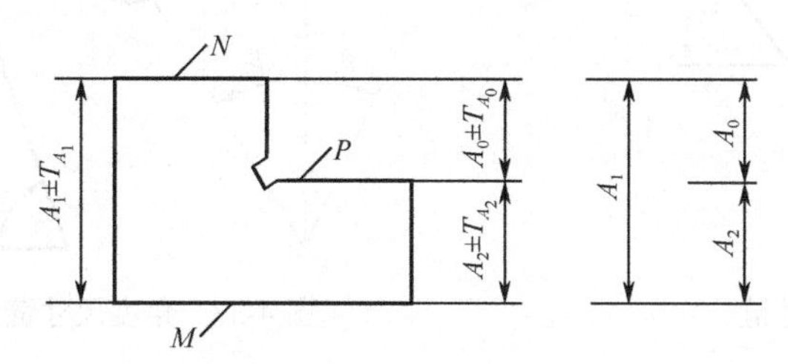

图 4-35　工艺尺寸链示例

组成尺寸链的每一个尺寸称为尺寸链的环。根据环的特征，环可分为封闭环和组成环。封闭环是在零件加工或装配过程中，间接得到或最后形成的环，如图 4-35 中的尺寸 A_0；尺寸链中除封闭环以外的各环都称为组成环，如图 4-35 中的 A_1、A_2。通常，组成环是在加工中直接得到的尺寸。组成环按对封闭环的影响性质又分为增环和减环。其余各环不变，当该环增大时，封闭环相应地增大的组成环称为增环，如尺寸 A_1，一般记为 $\overrightarrow{A_1}$；反之，其余各环不变，当该环增大时，封闭环相应地减小的组成环称为减环，如尺寸 A_2，一般记为 $\overleftarrow{A_2}$。

建立尺寸链时，首先应确定哪一个尺寸是间接获得的尺寸，并把它定为封闭环。再从封闭环一端起，依次画出有关直接得到的尺寸作为组成环，直到尺寸的终端回到封闭环的另一端，形成一个封闭的尺寸链图。

在工艺尺寸链中，封闭环只有一个，其余都是组成环。封闭环是尺寸链中最后形成的一个环，所以在加工之前它是不存在的，封闭环必须在加工顺序确定后才能判断，当工艺过程改变时，封闭环有可能改变。

在分析、计算尺寸链时，正确地判断封闭环及增环、减环十分重要。通常先给封闭环认定一个方向画上箭头，然后沿此方向绕尺寸链依次给每一组成环画出箭头，凡是组成环箭头方向与封闭环箭头方向相反的，均为增环；相同的则为减环。

2．尺寸链的分类

尺寸链分类的方法较多。

（1）按尺寸链的形成及应用范围分类，可分为工艺尺寸链和装配尺寸链。

（2）按尺寸链中环所处的空间位置和几何特征分类，可分为：

① 直线尺寸链：尺寸链全部尺寸位于同一平面或彼此平行的平面内，且彼此平行，如图 4-35 所示；

② 平面尺寸链：尺寸链全部尺寸位于同一平面或彼此平行的平面内，但其中有一个或几个尺寸不平行，如图 4-36 所示；

③ 空间尺寸链：尺寸链全部尺寸不在同一平面内，且相互不平行；

④ 角度尺寸链：尺寸链各环为角度量。

图 4-37 所示为一角度尺寸链示例。封闭环与组成环之间分别具有以下关系：

$$\beta_0=\beta_1+\beta_2,\quad \alpha_0=360^\circ-(\alpha_1+\alpha_2+\alpha_3)$$

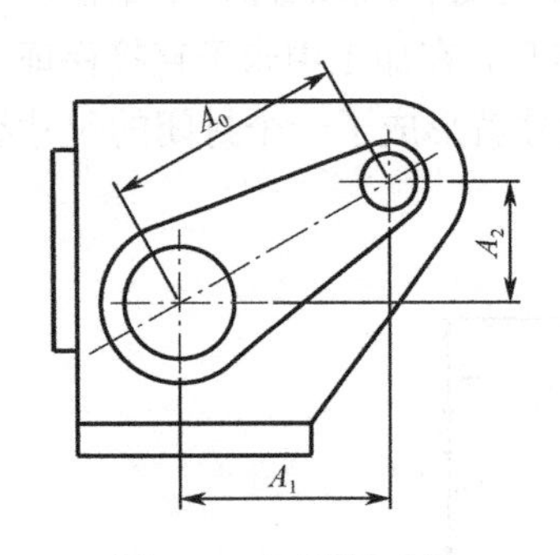

图 4-36　平面尺寸链

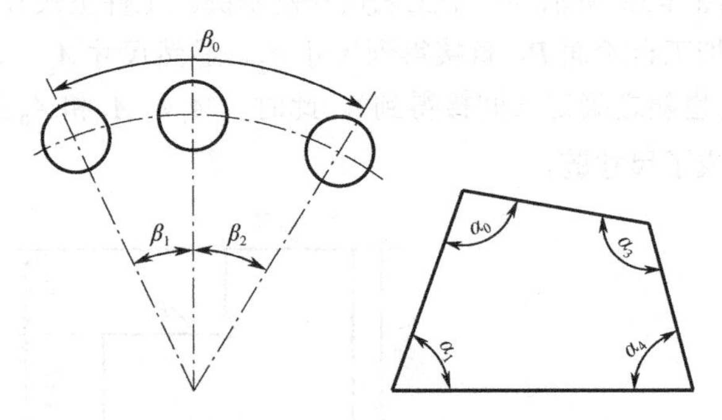

图 4-37　角度尺寸链示例

尺寸链中最基本的形式是简单的直线尺寸链，而平面尺寸链和空间尺寸链可以用投影的方法分解为直线尺寸链来计算，角度尺寸链与直线尺寸链的计算方法及公式也是相同的，故本书只介绍直线尺寸链的计算方法。

4.6.2　直线尺寸链的计算

1．尺寸链的计算方法

1）极值法

此法是按误差综合最不利的情况，即各增环均为最大（或最小）极限尺寸而减环均为最小（或最大）极限尺寸，来计算封闭环极限尺寸的。此法的优点是简便、可靠，其缺点是当封闭环公差较小、组成环数目较多时，会使组成环的公差过于严格。

极值法基本计算公式如下。

（1）封闭环的基本尺寸等于各组成环基本尺寸的代数和，即

$$L_0=\sum_{i=1}^{n-1}L_i \tag{4-7}$$

式中　L_0——封闭环的基本尺寸；

L_i——组成环的基本尺寸；

n——尺寸链的总环数（包括封闭环和组成环）。

封闭环的基本尺寸等于增环的基本尺寸之和减去减环的基本尺寸之和。

（2）封闭环的公差等于各组成环的公差之和，即

$$T_0 = \sum_{i=1}^{n-1} T_i \tag{4-8}$$

式中　T_0——封闭环的公差；

T_i——组成环的公差。

（3）封闭环的上偏差等于所有增环的上偏差之和减去所有减环的下偏差之和，即

$$\mathrm{ES}_0 = \sum_{p=1}^{m} \mathrm{ES}_p - \sum_{q=m+1}^{n-1} \mathrm{EI}_q \tag{4-9}$$

式中　ES_0——封闭环的上偏差；

ES_p——增环的上偏差；

EI_q——减环的下偏差；

m——增环环数。

（4）封闭环的下偏差等于所有增环的下偏差之和减去所有减环的上偏差之和，即

$$\mathrm{EI}_0 = \sum_{p=1}^{m} \mathrm{EI}_p - \sum_{q=m+1}^{n-1} \mathrm{ES}_q \tag{4-10}$$

式中　EI_0——封闭环的下偏差；

EI_p——增环的下偏差；

ES_q——减环的上偏差。

2）概率法

此法利用概率论原理来进行尺寸链计算。当进行成批、大批大量生产及组成环数目较多时，采用概率法进行尺寸链的计算能扩大组成环的制造公差，降低生产成本，减少假废品。

在组成环、封闭环均满足正态分布的前提下，概率法计算公式如下。

（1）封闭环的基本尺寸等于增环的基本尺寸之和减去减环的基本尺寸之和，即

$$L_0 = \sum_{p=1}^{m} L_p - \sum_{q=m+1}^{n-1} L_q \tag{4-11}$$

式中　L_p——增环的基本尺寸；

L_q——减环的基本尺寸。

（2）封闭环的平均偏差等于增环的平均偏差之和减去减环的平均偏差之和，即

$$B_{\mathrm{M}0} = \sum_{p=1}^{m} B_{\mathrm{M}p} - \sum_{q=m+1}^{n-1} B_{\mathrm{M}q} \tag{4-12}$$

式中　$B_{\mathrm{M}0}$——封闭环的平均偏差；

$B_{\mathrm{M}p}$——增环的平均偏差；

$B_{\mathrm{M}q}$——减环的平均偏差。

（3）封闭环的公差等于各组成环的公差平方和的平方根，即

$$T_0 = \sqrt{\sum_{i=1}^{n-1} T_i^2} \tag{4-13}$$

（4）组成环的平均偏差等于上偏差与下偏差之和的一半，即

$$B_{Mi}=\frac{ES_i+EI_i}{2} \tag{4-14}$$

式中 B_{Mi}——组成环 i 的平均偏差；

ES_i——组成环 i 的上偏差；

EI_i——组成环 i 的下偏差。

（5）公差等于上偏差与下偏差之差，即

$$T_i=ES_i-EI_i \tag{4-15}$$

（6）上偏差等于平均偏差加公差的一半，即

$$ES_i=B_{Mi}+\frac{T_i}{2} \tag{4-16}$$

（7）下偏差等于平均偏差减公差的一半，即

$$EI_i=B_{Mi}-\frac{T_i}{2} \tag{4-17}$$

（8）平均尺寸等于基本尺寸与平均偏差之和，即

$$L_{Mi}=L_i+B_{Mi} \tag{4-18}$$

式中 L_{Mi}——组成环 i 的平均尺寸。

2. 尺寸链的计算类型

尺寸链的计算有以下三种情况。

（1）正计算。已知组成环，求封闭环，即根据各组成环的基本尺寸和公差（或偏差），来计算封闭环的基本尺寸及公差（或偏差）。正计算主要用于审核图纸，验证设计的正确性，以及验证工序图上所标注的工艺尺寸及公差是否满足设计图上相应的设计尺寸及公差的要求。正计算的结果是唯一的。

（2）反计算。已知封闭环，求组成环，即根据设计要求的封闭环基本尺寸、公差（或偏差）及各组成环的基本尺寸，反过来计算各组成环的公差（或偏差），称为尺寸链的反计算。它常用于产品的设计、加工和装配工艺计算等方面。反计算的解不是唯一的，它有一个优化问题，即如何把封闭环的公差合理分配给各组成环。

（3）中间计算。已知封闭环及部分组成环，求其余组成环，即根据封闭环及部分组成环的基本尺寸及公差（或偏差），来计算尺寸链中余下的一个或几个组成环的基本尺寸及公差（或偏差）。它在工艺设计中应用较多，如基准的换算、工序尺寸的确定等。其解可能是唯一的，也可能是不唯一的。

3. 尺寸链反计算中的公差分配

假设封闭环已经确定，如何决定各组成环的公差？解决此类问题的方法有以下几种。

1）等公差法

等公差法将封闭环的公差平均分配给各组成环，即

$$T_i=\frac{T_0}{n} \tag{4-19}$$

等公差法计算简便，当各组成环的基本尺寸相近、加工方法相同时，应优先考虑采用。

2）等精度法

此法按照等精度原则来分配封闭环公差，即认为各组成环公差具有相同的公差等级，按此计算出公差等级系数，再求出各组成环的公差。

等精度法在工艺上较合理，当组成环加工方法相同，但基本尺寸相差较大时，应考虑采用。

3）实际可行性分配法

此法先按经济加工精度拟定各组成环的公差，然后校核是否满足$\sum_{i=1}^{n} T_i \leqslant T_0$，如能满足，则可确定所分配的公差；如不能满足，则应提高组成环的加工精度。当然，如果封闭环的精度经校核后有相当的富余，则也可将拟定的组成环公差适当放大。

当各组成环的加工方法不同时，应采用此方法。

4.6.3　工艺尺寸链在工艺过程中的应用

1. 工艺基准和设计基准不重合时工艺尺寸的计算

1）测量基准和设计基准不重合时工艺尺寸的计算

【例 4-2】 某车床主轴箱Ⅲ轴和Ⅳ轴的中心距为 127±0.07mm，如图 4-38（a）所示，该尺寸不便直接测量，拟用游标卡尺直接测量两孔内侧或外侧母线之间的距离来间接保证中心距的尺寸要求。已知Ⅲ轴孔直径为$\phi 80_{-0.018}^{+0.004}$ mm，Ⅳ轴孔直径为$\phi 65_{0}^{+0.030}$ mm。现决定采用游标卡尺的外卡测头测量两孔内侧母线之间的距离。

解： 为求得该测量尺寸，需要按尺寸链的计算步骤计算尺寸链。其尺寸链如图 4-38（b）所示。图中，$L_0 = 127 \pm 0.07$mm，$L_1 = 40_{-0.009}^{+0.002}$ mm，L_2为待测尺寸，$L_3 = 32.5_{0}^{+0.015}$ mm。L_1、L_2、L_3为增环，L_0为封闭环。

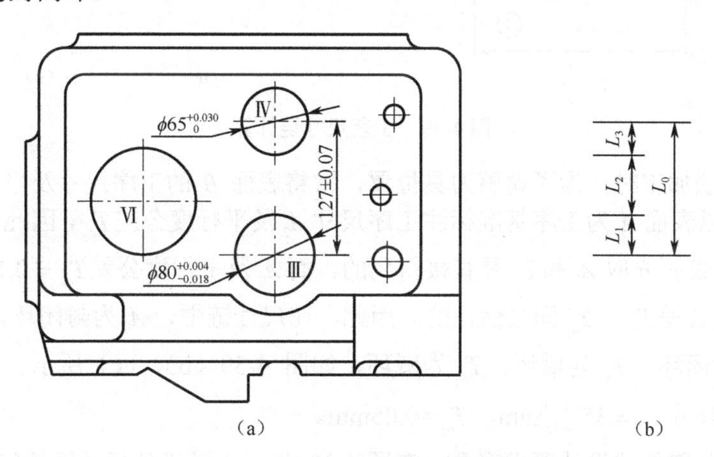

图 4-38　主轴箱Ⅲ、Ⅳ轴孔中距测量尺寸链

利用极值法尺寸链计算公式可得：$L_2 = 54.5_{-0.061}^{+0.053}$ mm。只要实测结果在L_2的公差范围之内，就一定能够保证Ⅲ轴和Ⅳ轴中心距的设计要求。

但是，按上述计算结果，若实测结果超差，却不一定都是废品。这是因为直线尺寸链的极值算法考虑的是极限情况下各环之间的尺寸联系，从保证封闭环的尺寸要求来看，这是种保守算法，计算结果可靠。但是，正因为保守，计算中便隐含有假废品问题。例如本例中，若两孔的直径尺寸都做在公差的上限，即半径尺寸 L_1=40.002mm，L_3=32.515mm，则 L_2 的尺寸便允许做成 L_2 =（54.5−0.087）mm。因为此时 $L_1+L_2+L_3$=126.93mm，恰好是中心距设计尺寸的下限尺寸。

生产中为了避免假废品的产生，在发现实测尺寸超差时，应测量其他组成环的实际尺寸，然后在尺寸链中重新计算封闭环的实际尺寸。若重新计算结果超出了封闭环设计要求的范围便确认为废品，否则仍为合格品。

由此可见，产生假废品的根本原因在于测量基准和设计基准不重合。组成环环数越多，公差范围越大，出现假废品的可能性就越大。因此，在测量时应尽量使测量基准和设计基准重合。

2）定位基准和设计基准不重合时工艺尺寸的计算

拟定零件加工工艺规程时，一般尽可能使定位基准与设计基准重合，以避免产生基准不重合误差。如因故不能实现基准重合，就需要进行工序尺寸换算。

如图 4-39（a）所示，零件表面 *A*、*C* 均已加工，现加工表面 *B*，要求保证尺寸 $25^{+0.25}_{0}$ mm 及平行度为 0.1mm，表面 *C* 是表面 *B* 的设计基准，但不宜作为定位基准，故选表面 *A* 为定位基准，出现定位基准与设计基准不重合的情况，为达到零件的设计精度，需要进行尺寸换算。

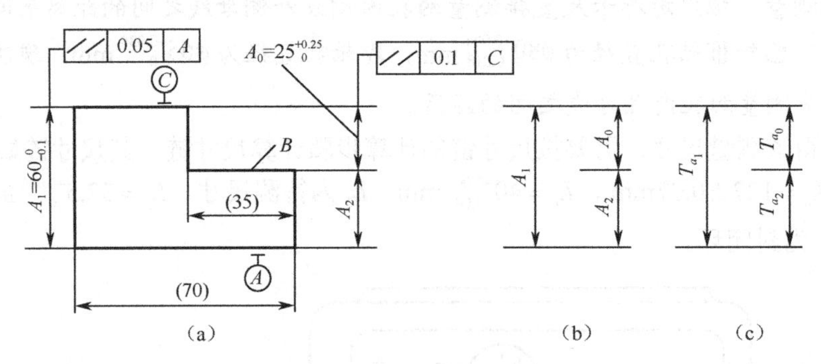

图 4-39 工艺尺寸链计算

在采用调整法加工时，为了调整刀具位置，常将表面 *B* 的工序尺寸及平行度要求从定位表面 *A* 注出，即以表面 *A* 为工序基准标注工序尺寸 A_2 及平行度公差 T_{a_2}，因此，需要确定 A_2 和 T_{a_2} 的值。在加工表面 *B* 时 A_2 和 T_{a_2} 是直接得到的，而 A_0 及平行度公差 $T_{a_0}=0.1$mm 是通过尺寸 A_1、A_2 及平行度公差 T_{a_1}、T_{a_2} 间接保证的。因此，在尺寸链中，A_0 为封闭环，A_1 为增环，A_2 为减环；T_{a_0} 为封闭环，T_{a_1} 为增环，T_{a_2} 为减环，如图 4-39（b）、（c）所示。根据已知条件，可计算得到工序尺寸 $A_2=35^{-0.10}_{-0.25}$mm，T_{a_2}=0.05mm。

必须指出，从零件的设计要求来看，在图 4-39 中，A_2 是设计尺寸链的封闭环，它的上、下偏差要求应为 $A_2=35^{0}_{-0.35}$mm。

对比上述的计算结果，可见设计要求的 A_2 尺寸精度较低，而转换基准后使零件的制造精度要求提高。因此，设计人员应熟悉加工工艺，尽量避免或减少定位基准与设计基准不重合的情况。

此外，在此例中同样存在假废品的问题。

2. 一次加工满足多个设计尺寸要求的工艺尺寸计算

【例 4-3】 一个带有键槽的内孔，其设计尺寸如图 4-40（a）所示。该内孔有淬火处理的要求，因此有如下工艺安排：

（1）镗内孔至 $\phi 49.8^{+0.046}_{0}$ mm；

（2）插键槽；

（3）淬火处理；

（4）磨内孔，同时保证内孔直径 $\phi 50^{+0.030}_{0}$ mm 和键槽深度 $53.8^{+0.30}_{0}$ mm 两个设计尺寸的要求。

解： 显然，插键槽工序可以已镗孔的下切线为基准，用试切法保证插键槽深度。这里，插键槽深度尚为未知，需经计算求出。磨孔工序应保证磨削余量均匀（可按已镗孔找正夹紧），因此其定位基准可以认为是孔的中心线。这样，孔 $50^{+0.030}_{0}$ mm 的定位基准与设计基准重合，而键槽深度 $53.8^{+0.30}_{0}$ mm 的定位基准与设计基准不重合。因此，磨孔可直接保证孔的设计尺寸要求，而键槽深度的设计尺寸就只能间接保证了。

将有关工艺尺寸标注在图 4-40（b）中，按工艺顺序画工艺尺寸链，如图 4-40（c）所示。在尺寸链中，键槽深度的设计尺寸 L_0 为封闭环，L_2 和 L_3 为增环，L_1 为减环。画尺寸链图时，先从孔的中心线（定位基准）出发，画镗孔半径 L_1，再以镗孔下母线为基准画插键槽深度 L_2，以孔中心线为基准画磨孔半径 L_3，最后用键槽深度的设计尺寸 L_0 使尺寸链封闭。其中，

$$L_0 = 53.8^{+0.30}_{0}\,\text{mm}$$

$$L_1 = 24.9^{+0.023}_{0}\,\text{mm}$$

$$L_3 = 25^{+0.015}_{0}\,\text{mm}$$

L_2 为待求尺寸

求解该尺寸链得：$L_2 = 53.7^{+0.285}_{+0.023}$ mm。

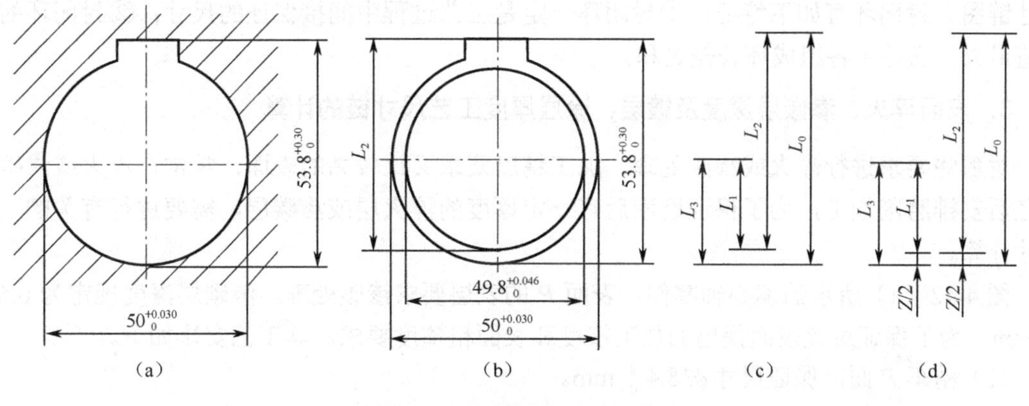

图 4-40 插键槽工艺尺寸链

该例还可以采用另外一种方法求解。由于工序尺寸 L_3 是从还需加工的设计基准孔注出的，所以与设计尺寸 L_0 之间有一个半径磨削余量 $Z/2$ 的差别，用它可将图 4-40（c）所示的尺寸链分解为图 4-40（d）所示的两个并联的三环尺寸链，其中 $Z/2$ 为公共环。

在L_1、L_2和$Z/2$组成的尺寸链中，半径余量$Z/2$的大小是间接形成的，是封闭环。解此尺寸链可得

$$Z/2 = 0.1_{-0.023}^{+0.015}\ \text{mm}$$

在L_2、L_0和$Z/2$组成的尺寸链中，由于$Z/2$已由上述计算确定，而设计尺寸L_0取决于工序尺寸L_2和$Z/2$，因而L_0是封闭环。解此尺寸链可得

$$L_2 = 53.7_{+0.023}^{+0.285}\ \text{mm}$$

两种计算结果完全相同。

从本例中可以看出：

（1）把镗孔中心线看作磨孔的定位基准是一种近似，因为磨孔和镗孔是在两次装夹下完成的，存在同轴度误差。只是，只有当该同轴度误差很小，如与其他组成环的公差相比，小于一个数量级时，才允许进行上述近似计算。若该同轴度误差不是很小，则应将同轴度也作为一个组成环画在尺寸链中。

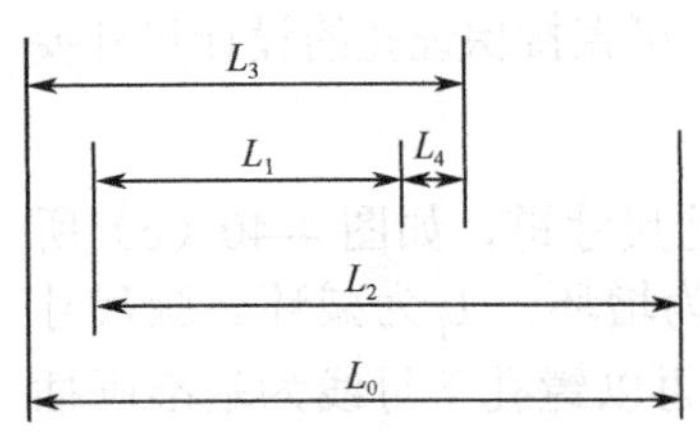

图 4-41　内孔插键槽含同轴度公差工艺尺寸链

设本例中磨孔和镗孔的同轴度公差为0.05mm（工序要求），则在尺寸链中应对称标注：$L_4 = 0 \pm 0.025\text{mm}$。此时的工艺尺寸链如图4-41所示，求解此工艺尺寸链得：$L_2 = 53.7_{+0.048}^{+0.260}\ \text{mm}$。

可以看出，正是由于尺寸链中多了一个同轴度组成环，使得插键槽工序的键槽深度L_2的公差减小，减小的数值正好等于该同轴度公差。

此外，按设计要求键槽深度的公差范围是0～0.30mm，但是，插键槽工序却只允许按0.023～0.285mm（不含同轴度公差）或0.048～0.260mm（含同轴度公差）的公差范围来加工。究其原因，仍然是工艺基准与设计基准不重合。因此，在考虑工艺安排时应尽量使工艺基准与设计基准重合，否则会增加制造难度。

（2）正确地画出尺寸链图，并正确地判定封闭环是求解尺寸链的关键。画尺寸链图时，应按工艺顺序从第一个工艺尺寸的工艺基准出发，逐个画出全部组成环，最后用封闭环封闭尺寸链图。封闭环有如下特征：①封闭环一定是工艺过程中间接保证的尺寸；②封闭环的公差值最大，它等于各组成环公差之和。

3．表面淬火、渗碳层深度及镀层、涂层厚度工艺尺寸链的计算

对那些要求进行淬火或渗碳处理，加工精度要求又比较高的表面，常常在淬火或渗碳处理之后安排磨削加工，为了保证磨削后有一定厚度的淬火层或渗碳层，需要进行有关的工艺尺寸计算。

图4-42（a）所示的偏心轴零件，表面P的表层要求渗碳处理，渗碳层深度规定为0.5～0.8mm，为了保证对该表面提出的加工精度和表面粗糙度要求，其工艺安排如下。

（1）精车P面，保证尺寸$\phi 38.4_{-0.1}^{\ 0}$ mm。

（2）渗碳处理，控制渗碳层深度。

（3）精磨P面，保证尺寸$\phi 38_{-0.016}^{\ 0}$ mm，同时保证渗碳层深度为0.5～0.8mm。

根据上述工艺安排，画出工艺尺寸链，如图4-42（b）所示。因为磨削后渗碳层深度为间接保证的尺寸，所以是尺寸链的封闭环，用L_0表示。图中L_2和L_3为增环，L_1为减环。各环尺

寸如下：$L_0 = 0.5^{+0.3}_{0}$ mm；$L_1 = 19.2^{0}_{-0.05}$ mm；L_2 为磨削前渗碳层深度（待求）；$L_3 = 19^{0}_{-0.008}$ mm。求解该尺寸链得：$L_2 = 0.7^{+0.250}_{+0.008}$ mm。

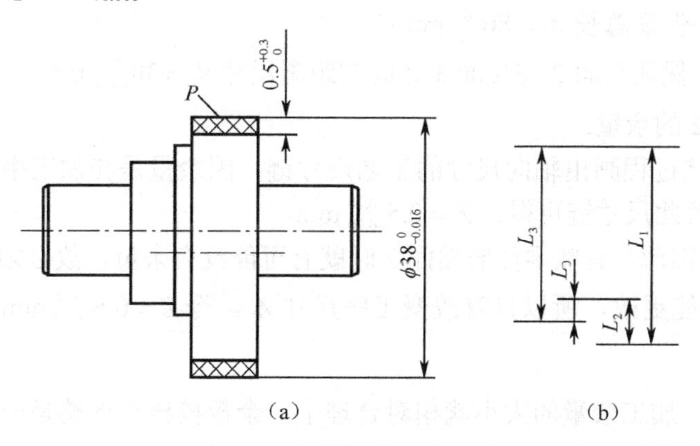

图 4-42　偏心轴渗碳工艺尺寸链

从这个例子可以看出，这类问题的分析和前述一次加工需保证多个设计尺寸要求的分析类似。在精磨 P 面时，P 面的设计基准和工艺基准都是轴心线，而渗碳层深度 L_0 的设计基准是磨后 P 面外圆母线，由于设计基准和定位基准不重合，才有了上述的工艺尺寸计算问题。

对于零件进行表面镀层处理（镀铬、镀锌、镀铜等）时的工序尺寸换算方法与上例相似。

4．余量校核

在工艺过程中，加工余量过大会影响生产率，浪费材料，并且还会影响精加工工序的加工质量。但是，加工余量也不能过小，否则有可能造成零件表面局部加工不到，产生废品。因此，校核加工余量，对加工余量进行必要的调整是制定工艺规程时不可少的工艺工作。

工序余量的变化量取决于本工序及前面有关工序加工误差的大小，在已知工序尺寸及其公差的条件下，用工艺尺寸链可以计算余量的变化，校核其大小是否合适。通常只需校核精加工余量。

如图 4-43 所示，小轴的轴向尺寸需做如下加工。

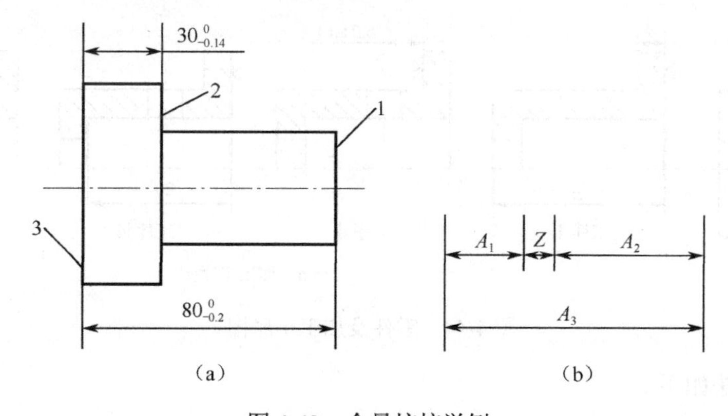

图 4-43　余量校核举例

（1）车端面 1；

（2）车端面 2，保证端面 1 与端面 2 之间的距离尺寸 $A_2=49.5^{+0.3}_{0}$ mm；

（3）车端面 3，保证总长 $A_3=80^{0}_{-0.2}$ mm；

（4）磨端面 2，保证端面 2 与端面 3 之间的距离尺寸 $A_1=30^{0}_{-0.14}$ mm。

试校核磨端面 2 的余量。

根据小轴的工艺过程画出轴向尺寸的工艺尺寸链，因余量是在加工中间接获得的，故是尺寸链的封闭环。解此尺寸链可得：$Z=0.5^{+0.14}_{-0.50}$ mm。

由于 $Z_{\min}=0$，因此，有些零件磨端面 2 时就有可能没有余量，故必须加大 $Z_{\min}$，因 A_1 和 A_3 是设计尺寸而不能更改，所以只有改变工序尺寸 A_2。令 $Z=0.5^{+0.14}_{-0.40}$ mm，可解得工序尺寸 $A_2=49.5^{+0.2}_{0}$ mm。

经上述调整后，加工余量的大小就相对合理了，余量校核和调整是一项重要而又细致的工作，常常需要反复进行。

4.6.4 应用跟踪法计算工艺尺寸链

上面介绍的工艺尺寸链计算例子中，只包含一个封闭环和对应的一个尺寸链，尺寸链的建立与计算相对简单。但对于尺寸要求比较多的零件，如果工序较多，工序基准又不重合，尺寸还需要换算，则工序尺寸及其公差的确定就比较复杂（关键是不容易正确列出工艺尺寸链）。

通过跟踪法能准确地查找出全部工艺尺寸链，并且能把一个复杂的工艺过程用箭头直观地在图中表示出来。

下面结合一个具体的例子介绍这种方法。

【例 4-4】 加工如图 4-44（a）所示零件，其轴向有关表面加工的工艺安排如图 4-44（b）所示。

（1）工序Ⅰ：精车小端外圆、小端面及台肩；

（2）工序Ⅱ：钻孔；

（3）工序Ⅲ：磨孔及内孔底面；

（4）工序Ⅳ：磨小端外圆及台阶面。

试求工序尺寸 A、B 及其偏差。

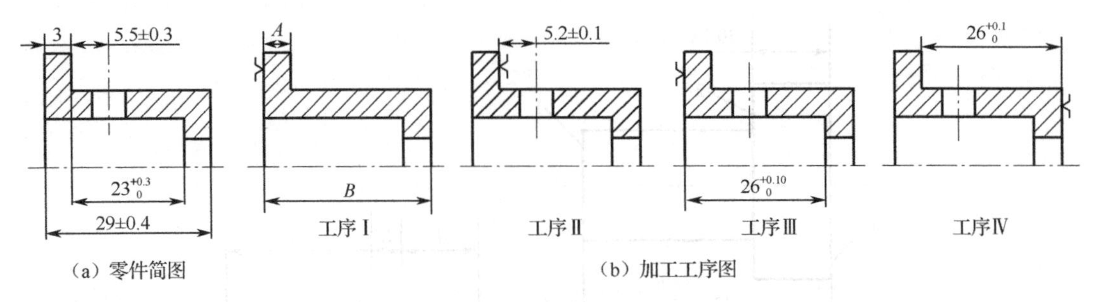

图 4-44 零件及加工工序图

解： 计算方法如下。

1）绘制工序尺寸联系图

按适当比例将工件简图绘于上方，从与计算有关的各个端面向下引竖线，每条竖线代表不同加工阶段中有余量差别的不同加工表面。然后按加工工艺顺序，将全部的工序尺寸表示成规定的加工符号：箭头指向加工表面；箭尾用圆点画在工艺基准上（测量基准或定位基准）；加工余量用带剖面线的符号示意，并画在加工面的"入体"位置上。

把上述作图过程归纳为几条规定：

（1）加工顺序不能颠倒，与计算有关的加工内容不能遗漏。

（2）箭头要指向加工面，箭尾圆点落在工序基准上。

（3）加工余量按"入体"位置示意，被余量隔开的上方竖线为加工前的待加工面。这些规定不能违反，否则计算将会出错。

按上述作图过程绘制的图形称为工序尺寸联系图。例 4-4 的工序尺寸联系图如图 4-45（a）所示。

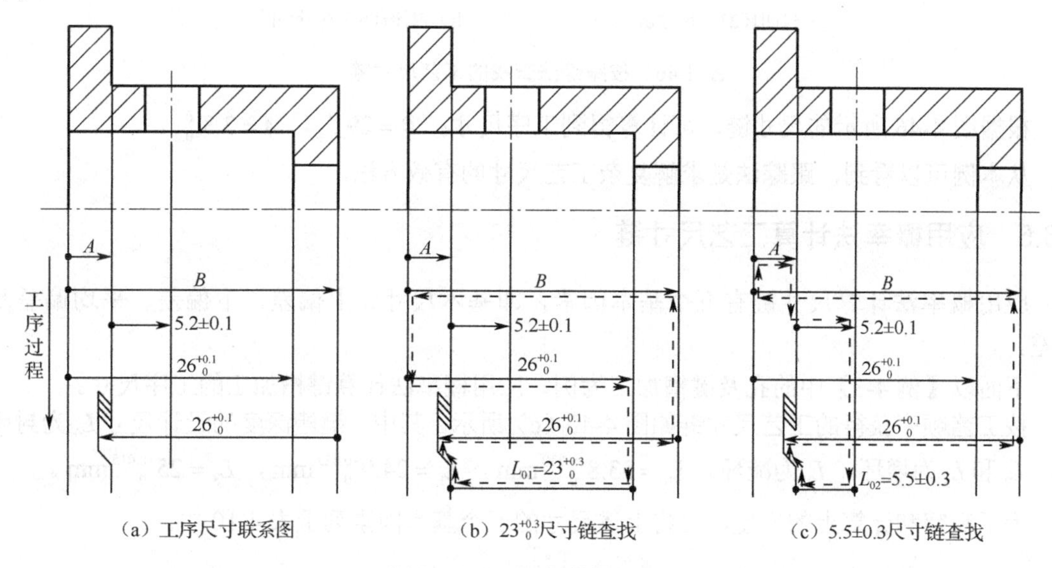

（a）工序尺寸联系图　（b）$23^{+0.3}_{0}$尺寸链查找　（c）5.5±0.3尺寸链查找

图 4-45　尺寸链的查找过程

2）工艺尺寸链查找及计算

（1）封闭环的确定。加工工序过程是为了满足零件图纸上的所有尺寸要求，如果某一尺寸在工序过程中不能直接找到，则它就是封闭环。

例 4-4 中，零件简图中包括三个尺寸要求：$23^{+0.3}_{0}$、5.5 ± 0.3、29 ± 0.4。其中，29 ± 0.4 尺寸可直接由工序Ⅰ的工序尺寸 B 保证，而 $23^{+0.3}_{0}$、5.5 ± 0.3 这两个尺寸要求在所有的加工工序中都不能直接得到，因而，它们是封闭环。

根据尺寸链"唯一性"原则，每个封闭环必然对应一个工艺尺寸链。

（2）尺寸链的查找。尺寸链的查找即是查找到影响和决定封闭环的所有组成环。根据尺寸链"封闭性"原则，采用工序跟踪法，按照首尾相接的顺序，逐步找到所有的相关工序尺寸。

以 $23^{+0.3}_{0}$ 封闭环为例。将该尺寸注在其他工序尺寸的下方，两端均用圆点标出，如图 4-45（b）中的 L_{01}。在尺寸联系图中，从封闭环的两端出发向上查找，遇到圆点不拐弯继续往上查找，遇到箭头拐弯，逆箭头方向水平找工艺基准面，直至两条查找路线交汇为止。查找路线经过的尺寸是组成环。这样，在图 4-45（b）中，沿结果尺寸 L_{01} 两端向上查找，可得到 $26^{+0.1}_{0}$、

$26^{+0.1}_{0}$和B三个组成环（查找过程在图中用带箭头的虚线示出）。

同理，可查找封闭环5.5±0.3的尺寸链，如图4-45（c）所示。

根据图4-45中尺寸链的查找方法，得到封闭环$23^{+0.3}_{0}$和5.5±0.3所对应的工艺尺寸链如图4-46所示。

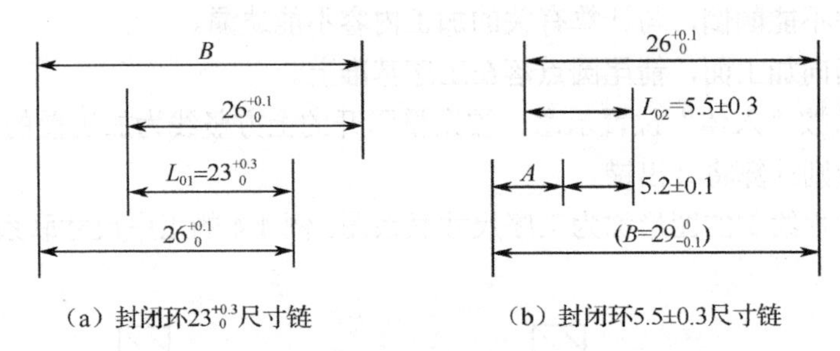

（a）封闭环$23^{+0.3}_{0}$尺寸链　　（b）封闭环5.5±0.3尺寸链

图4-46　按跟踪法查找的工艺尺寸链

根据图4-46所示的尺寸链，可计算得到工序尺寸：$B=29^{0}_{-0.1}$，$A=3.3^{0}_{-0.2}$。

从本例可以看到，跟踪法是求解复杂工艺尺寸的有效方法。

4.6.5　应用概率法计算工艺尺寸链

应用概率法计算尺寸链有五个基本因素，即基本尺寸、上偏差、下偏差、平均偏差及公差。

下面以【例4-3】中的孔及键槽加工为例，应用概率法计算键槽加工的工序尺寸。

按工艺顺序获得的工艺尺寸链如图4-40（c）所示。其中，键槽深度的设计尺寸L_0为封闭环，L_2和L_3为增环，L_1为减环。$L_0=53.8^{+0.030}_{0}$mm，$L_1=24.9^{+0.023}_{0}$mm，$L_3=25^{+0.015}_{0}$mm。

为了观察和计算上的方便，可将上述尺寸的五个基本因素列于表4-10中。

表4-10　尺寸链概率法计算表

列　号		Ⅰ	Ⅱ	Ⅲ	Ⅳ	Ⅴ
名　称		基本尺寸	平均偏差	上偏差	下偏差	公差
		L	B_M	ES	EI	T
增环	L_2	L_2	B_{M2}	ES_2	EI_2	T_2
	L_3	25	0.0075	0.015	0	0.015
减环	L_1	24.9	0.0115	0.023	0	0.023
封闭环	L_0	53.8	0.15	0.3	0	0.3

利用式（4-11）计算L_2，得$L_2=53.7$mm；

利用式（4-13）计算T_2，得$T_2=0.299$mm；

利用式（4-12）计算B_{M2}，得$B_{M2}=0.154$mm；

利用式（4-16）计算ES_2，得$ES_2=0.304$mm；

利用式（4-17）计算EI_2，得$EI_2=0.005$mm。

所以，插键槽工序的工序尺寸为$L_2=53.7^{+0.304}_{+0.005}$ mm。相比于极值法的计算结果，加工允许公差得以增大，减小了加工难度。

需要注意的是，应用概率法计算尺寸链会使极少数的加工误差超出规定要求而造成废品，但这是小概率事件。对于成批或大批生产，从总的经济效果分析仍然是经济可行的。

4.7　典型零件加工工艺

4.7.1　零件分析

如图 4-47 所示的直升机旋翼轴是典型的薄壁长轴类零件，且内部带有深孔。其主要技术要求如下。

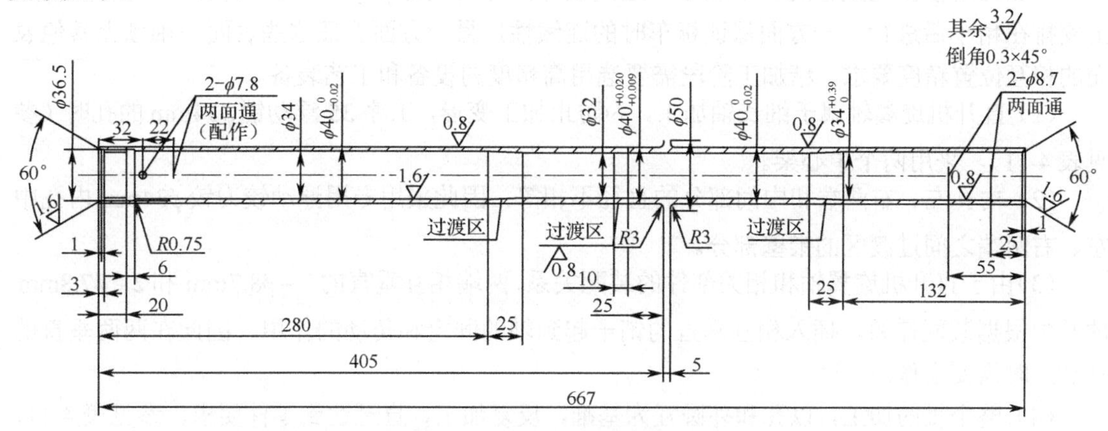

图 4-47　直升机旋翼轴零件图

（1）轴左端外圆尺寸要求分别为$\phi 40^{\ 0}_{-0.02}$ mm 和$\phi 40^{+0.020}_{+0.009}$ mm，中间有个过渡区，其粗糙度为 *Ra* 0.8μm，右端$\phi 40^{\ 0}_{-0.02}$ mm 外圆的表面粗糙度为 *Ra* 0.8μm。

（2）右端$\phi 34^{+0.039}_{\ 0}$ mm 内孔的表面粗糙度为 *Ra* 0.8μm，左端$\phi 34$ mm 内孔的表面粗糙度为 *Ra* 1.6μm。

（3）内孔中间尺寸$\phi 32$mm，与两端内孔分别有一个过渡区。

（4）两端内孔有同轴的要求，内孔和外圆同轴。

（5）调质处理σ_b=1100MPa（HBS 300～330）。

（6）轴外表面需要喷丸镀硬铬。

4.7.2　工艺分析

直升机旋翼轴加工过程可分为三个阶段：粗加工阶段、半精加工阶段和精加工阶段。

1. 粗加工阶段

主要是粗车内、外型面，主要目的是去除大部分余量，保证后续工序加工余量均匀。需要选用功率大、刚性好和生产效率高的机床，并钻出深孔，完成去应力热处理。

在工序 05 单面钻通$\phi 25$mm 的孔（参见表 4-11）属于深孔加工，需要深孔钻设备。同时，孔应在调质处理前钻通，这样有利于加热和内部组织的转变，使工件内孔得到较好的处理，调质均匀。

粗加工后安排调质处理，调质后安排半精加工和精加工。

2. 半精加工阶段

主要是深孔的扩镗、外表面精细加工、部分孔的加工，并完成部分表面处理。其目的是纠正粗车时部分表面余量的不均匀，去除热处理后零件的变形，给精加工留出均匀的加工余量。表面粗糙度达 *Ra* 1.6μm，满足半精车后腐蚀检验对零件表面粗糙度的要求。原材料30CrMnSiA 是热轧棒料，为防止在调质过程中由于热胀冷缩不均匀而导致内部裂纹的出现，因此，在工序 20 安排磁力探伤（参见表 4-11）。

3. 精加工阶段

精加工阶段要完成轴的全部加工，达到设计图样的全部要求，并完成检测。将各类孔加工安排在精车后进行，一方面保证精车时的连续性，另一方面保证这些表面与轴颈上其他表面的相互位置精度要求。精加工阶段需要选用高精度的设备和工艺装备。

（1）直升机旋翼轴属于细长轴加工，为防止加工变形，工序 35 浮动镗 ϕ34mm 的孔时（参见表 4-11），采用两个中心架。

（2）内孔左、右两端和中间部分的直径不相等，因此采用专用浮动铰刀铰 ϕ34mm 内孔中左、右两端之间过渡区的锥壁部分。

（3）由于直升机旋翼轴和相关部件的装配关系，两端相互垂直的 2－ϕ8.7mm 和 2－ϕ7.8mm 的孔中根据装配需要，插入相互垂直的销子起到轴的固定和传动的作用，因此在两两垂直的孔加工时需要配作。

（4）整个轴的加工，以孔和外圆互为基准，反复加工，直至达到零件要求。参见表 4-11，先粗加工钻通内孔（ϕ25mm），以内孔为基准，加工外圆（ϕ54mm），再以外圆面找正钻、扩内孔至 ϕ32mm，然后顶两端，车外圆（ϕ40mm），采用两个中心架，镗、铰一端的孔，然后掉头，镗、铰另一端的孔，最后顶两端，精车外圆，并进行表面处理，喷丸后镀硬铬，最后磨削外圆。

4.7.3 机械加工工艺过程

直升机旋翼轴的机械加工工艺过程如表 4-11 所示。

表 4-11 直升机旋翼轴的机械加工工艺过程

工序号	工序名	工序内容
		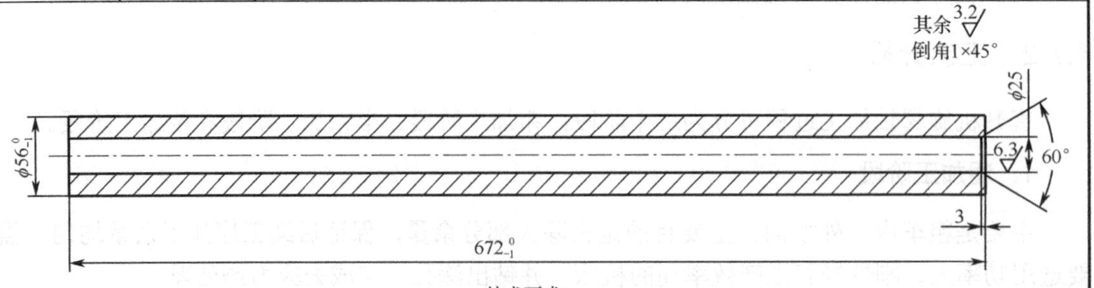 其余 3.2 倒角1×45° ϕ25 $\phi 56_{-1}^{0}$ 6.3 60° 3 672_{-1}^{0} 技术要求 1. ϕ25mm孔要求从单面钻通，不允许从两面钻。 2. 顶两端车外圆（车光即可），保证外圆与孔同轴

续表

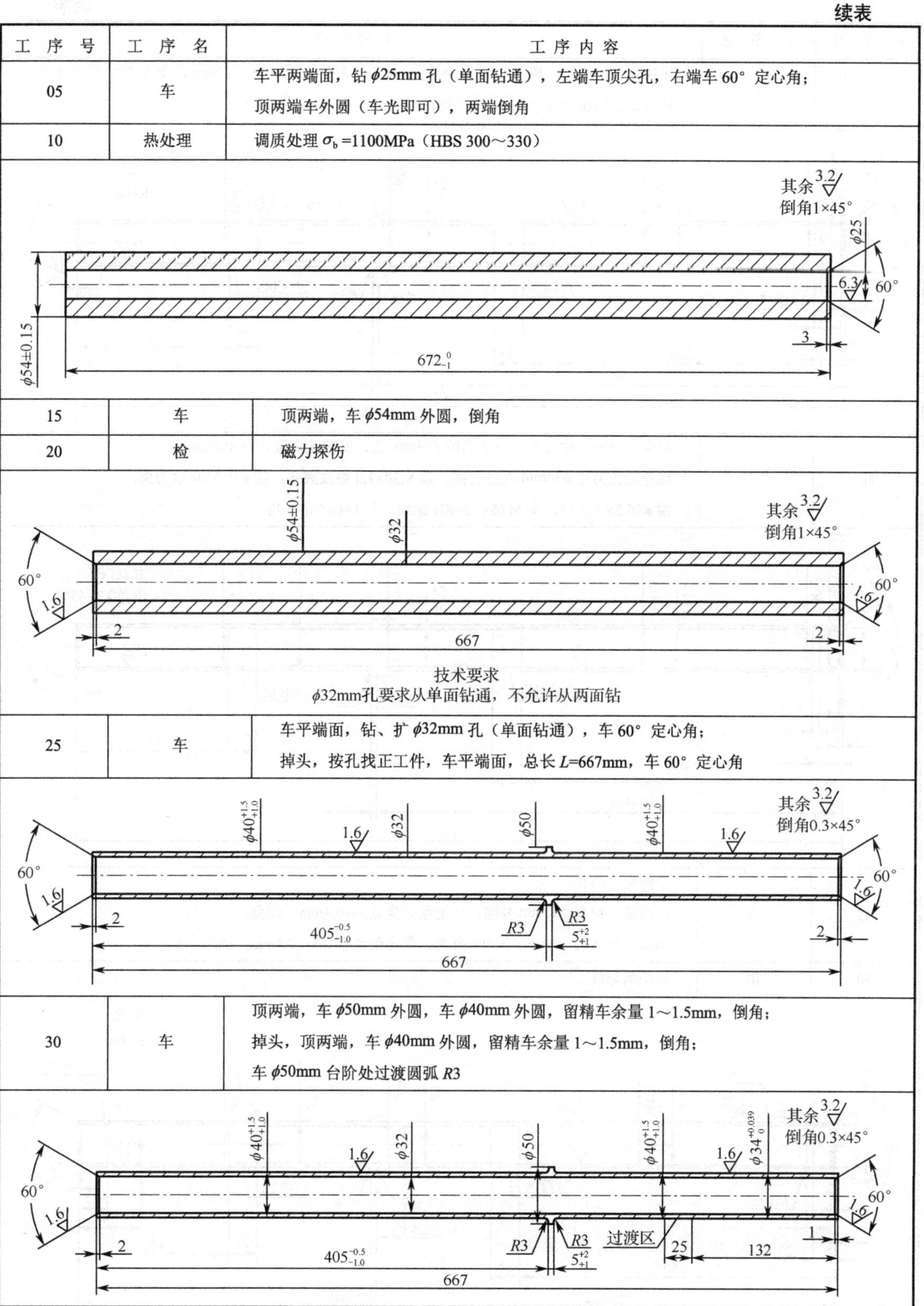

工 序 号	工 序 名	工 序 内 容
05	车	车平两端面，钻 ϕ25mm 孔（单面钻通），左端车顶尖孔，右端车 60° 定心角； 顶两端车外圆（车光即可），两端倒角
10	热处理	调质处理 σ_b=1100MPa（HBS 300～330）
15	车	顶两端，车 ϕ54mm 外圆，倒角
20	检	磁力探伤
25	车	车平端面，钻、扩 ϕ32mm 孔（单面钻通），车 60° 定心角； 掉头，按孔找正工件，车平端面，总长 L=667mm，车 60° 定心角
30	车	顶两端，车 ϕ50mm 外圆，车 ϕ40mm 外圆，留精车余量 1～1.5mm，倒角； 掉头，顶两端，车 ϕ40mm 外圆，留精车余量 1～1.5mm，倒角； 车 ϕ50mm 台阶处过渡圆弧 R3

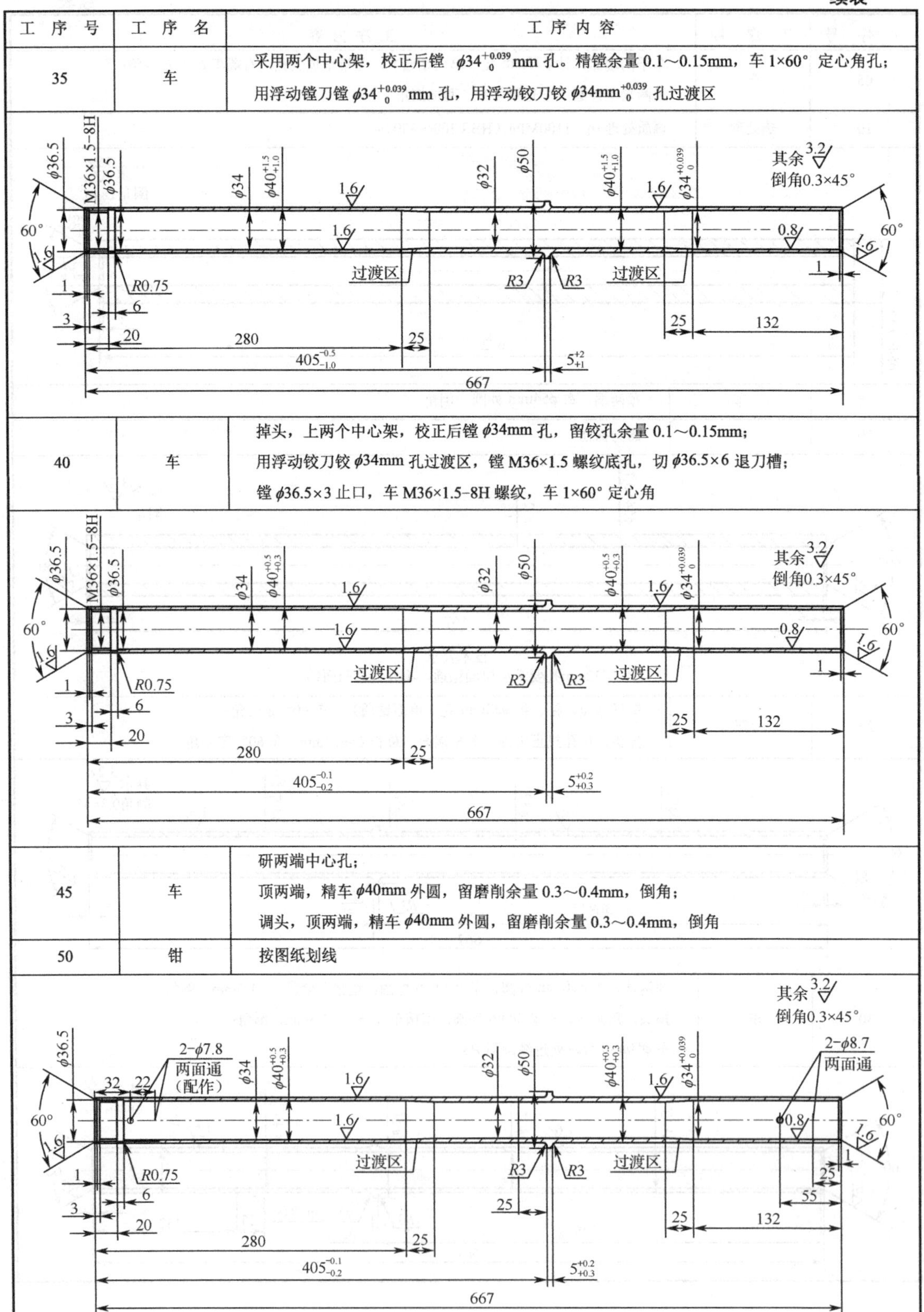

续表

工序号	工序名	工序内容
35	车	采用两个中心架，校正后镗 $\phi34^{+0.039}_{0}$mm 孔。精镗余量 0.1～0.15mm，车 1×60° 定心角孔；用浮动镗刀镗 $\phi34^{+0.039}_{0}$mm 孔，用浮动铰刀铰 ϕ34mm$^{+0.039}_{0}$ 孔过渡区
40	车	掉头，上两个中心架，校正后镗 ϕ34mm 孔，留铰孔余量 0.1～0.15mm；用浮动铰刀铰 ϕ34mm 孔过渡区，镗 M36×1.5 螺纹底孔，切 ϕ36.5×6 退刀槽；镗 ϕ36.5×3 止口，车 M36×1.5-8H 螺纹，车 1×60° 定心角
45	车	研两端中心孔；顶两端，精车 ϕ40mm 外圆，留磨削余量 0.3～0.4mm，倒角；调头，顶两端，精车 ϕ40mm 外圆，留磨削余量 0.3～0.4mm，倒角
50	钳	按图纸划线

续表

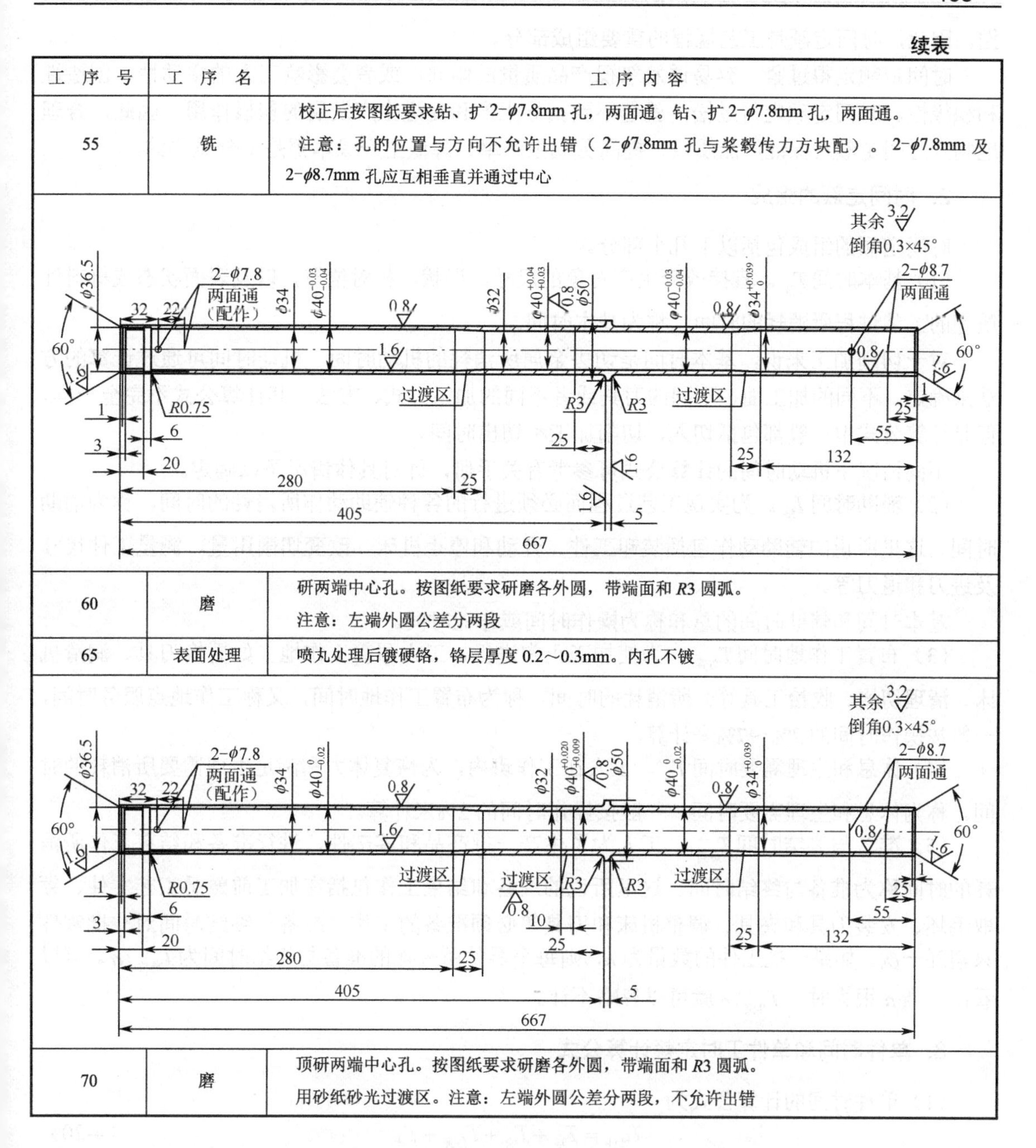

工序号	工序名	工序内容
55	铣	校正后按图纸要求钻、扩 2−ϕ7.8mm 孔，两面通。钻、扩 2−ϕ7.8mm 孔，两面通。 注意：孔的位置与方向不允许出错（2−ϕ7.8mm 孔与桨毂传力方块配）。2−ϕ7.8mm 及 2−ϕ8.7mm 孔应互相垂直并通过中心
60	磨	研两端中心孔。按图纸要求研磨各外圆，带端面和 $R3$ 圆弧。 注意：左端外圆公差分两段
65	表面处理	喷丸处理后镀硬铬，铬层厚度 0.2～0.3mm。内孔不镀
70	磨	顶研两端中心孔。按图纸要求研磨各外圆，带端面和 $R3$ 圆弧。 用砂纸砂光过渡区。注意：左端外圆公差分两段，不允许出错

4.8　机械加工生产率和技术经济分析

4.8.1　生产率分析

1．时间定额的概念

所谓时间定额是指在一定生产条件下，规定生产一件产品或完成一道工序所需消耗的时间。它是安排作业计划、进行成本核算、确定设备数量和人员编制及规划生产面积的重要根据。因此，时间定额是工艺规程的重要组成部分。

时间定额定得过紧，容易诱发忽视产品质量的倾向，或者会影响工人的主动性、创造性和积极性。时间定额定得过松，就起不到指导生产和促进生产发展的积极作用。因此，合理地制定时间定额对保证产品质量、提高劳动生产率、降低生产成本都是十分重要的。

2．时间定额的组成

时间定额的组成包括以下几个部分。

（1）基本时间$T_{基}$。直接改变生产对象的尺寸、形状、相对位置，以及表面状态或材料性质等的工艺过程所消耗的时间，称为基本时间。

对于切削加工来说，基本时间是切去金属所消耗的机动时间。机动时间可通过计算的方法来确定。不同的加工面、不同的刀具或者不同的加工方式、方法，其计算公式不完全一样。但是计算公式中一般都包括切入、切削加工和切出时间。

不同情况下机动时间的计算公式可参考有关手册，针对具体情况予以确定。

（2）辅助时间$T_{辅}$。为实现工艺过程而必须进行的各种辅助动作所消耗的时间，称为辅助时间。这里所说的辅助动作包括装卸工件、开动和停止机床、改变切削用量、测量工件尺寸及进刀和退刀等。

基本时间和辅助时间的总和称为操作时间或作业时间。

（3）布置工作地时间$T_{布置}$。为使加工正常进行，工人照管工作地（如更换刀具、润滑机床、清理切屑、收拾工具等）所消耗的时间，称为布置工作地时间，又称工作地点服务时间，一般按操作时间的2%～7%来计算。

（4）休息和生理需要时间$T_{休}$。工人在工作班内，为恢复体力和满足生理需要所消耗的时间，称为休息和生理需要时间，一般按操作时间的2%来计算。

（5）准备与终结时间$T_{准终}$。工人为了生产一批产品和零部件，进行准备和结束工作所消耗的时间称为准备与终结时间。这里所说的准备和结束工作包括在加工前熟悉工艺文件、领取毛坯、安装刀具和夹具、调整机床和刀具等必须准备的工作。准备与终结时间对一批零件只消耗一次。如果一批工件的数量为n，则每个零件所分摊的准备与终结时间为$T_{准终}/n$。可以看出，当n很大时，$T_{准终}/n$就可以忽略不计。

3．单件时间和单件工时定额计算公式

（1）单件时间的计算公式为

$$T_{单件}=T_{基}+T_{辅}+T_{布置}+T_{休} \quad (4\text{-}20)$$

（2）单件工时定额的计算公式为

$$T_{定额}=T_{单件}+T_{准终}/n \quad (4\text{-}21)$$

在大量生产中，单件工时定额可忽略$T_{准终}/n$，即

$$T_{定额}=T_{单件}$$

4.8.2 提高生产率的工艺途径

对于机械加工来讲，在保证产品质量的前提下提高劳动生产率，其主要工艺途径是缩短单件工时定额、采用高效自动化加工及成组加工。

1. 缩短单件工时定额

1）缩短基本时间

（1）提高切削用量。提高切削用量的主要途径是进行新型刀具材料的研究与开发。

刀具材料经历了碳素工具钢—高速钢—硬质合金等几个发展阶段。在每一个发展阶段中，都伴随着生产率的大幅提升。就切削速度而言，在 18 世纪末到 19 世纪初的碳素工具钢时代，切削速度仅为 6～12m/min。20 世纪初出现了高速钢刀具，使得切削速度提高了 2～4 倍。第二次世界大战以后，硬质合金刀具的切削速度又在高速钢刀具的基础上提高了 2～5 倍。可以看出，新型刀具材料的出现，使得机械制造业发生了阶段性的变化。一方面，生产率越过一个新的高度；另一方面，原来不可加工的材料，现在可以加工了。

近代出现的立方氮化硼和人造金刚石等新型刀具材料，其刀具切削速度高达 600～1200m/min。随着新型刀具材料的出现，有许多新的工艺性问题需要研究，例如，刀具如何成形、刀具成形后如何刃磨等；随着切削速度的提高，必须有相应的机床设备与之配套，例如，提高机床主轴转速、增大机床功率、提高机床制造精度等。

在磨削加工方面，高速磨削、强力磨削、砂带磨的研究成果使生产率有了大幅提升。高速磨削的砂轮速度已高达 80～125m/s（普通磨削的砂轮速度仅为 30～35m/s）；缓进给强力磨削的磨削深度达 6～12mm；同铣削加工相比，砂带磨切除同样金属余量的加工时间仅为铣削加工的 1/10。

缩短基本时间还可在刀具结构和刀具的几何参数方面进行深入研究，例如，群钻在提高生产率方面的作用就是典型的例子。

（2）采用复合工步。复合工步能使几个加工表面的基本时间重叠，从而节省基本时间。生产上应用复合工步加工的例子很多。按复合工步的特征归类，有如下几种形式。

① 多刀单件加工。在各类机床上采用多刀加工的例子很多，图 4-48 所示为在普通车床上安装多刀刀架实现多刀车削加工，图 4-49 所示为在磨床上采用多个砂轮同时对曲轴上的几个表面进行磨削加工。

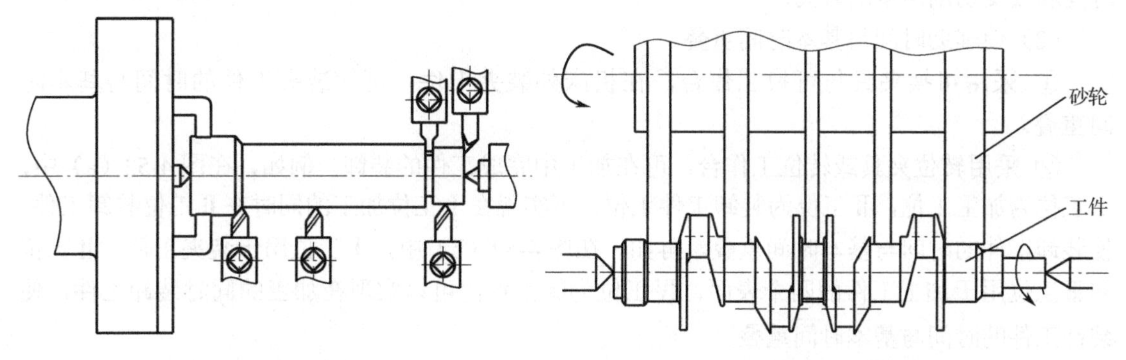

图 4-48　多刀车削加工　　图 4-49　曲轴多砂轮磨削

② 单刀多件或多刀多件加工。将工件串联装夹或并联装夹进行多件加工，可有效缩短基本时间。

串联加工可节省切入和切出时间。如在滚齿机上同时串联装夹两个齿轮进行滚齿加工，同单个齿轮加工相比，其切入和切出时间减少了一半。在车床、铣床、刨床及平面磨床等其他机床上采用多件串联加工都能明显减少切入和切出时间，提高生产效率。

并联加工是将几个相同的零件并行排列装夹，一次走刀同时对一个或几个表面进行加工，图 4-50 所示是在铣床上采用并联加工方法同时对三个零件进行加工的例子。

有串联也有并联的加工称串并联加工。如图 4-51（a）所示为在立轴平面磨床上采用串并联加工方法，对 43 个零件进行加工。如图 4-51（b）所示为在立式铣床上采用串并联加工方法，对两种不同的零件进行加工。

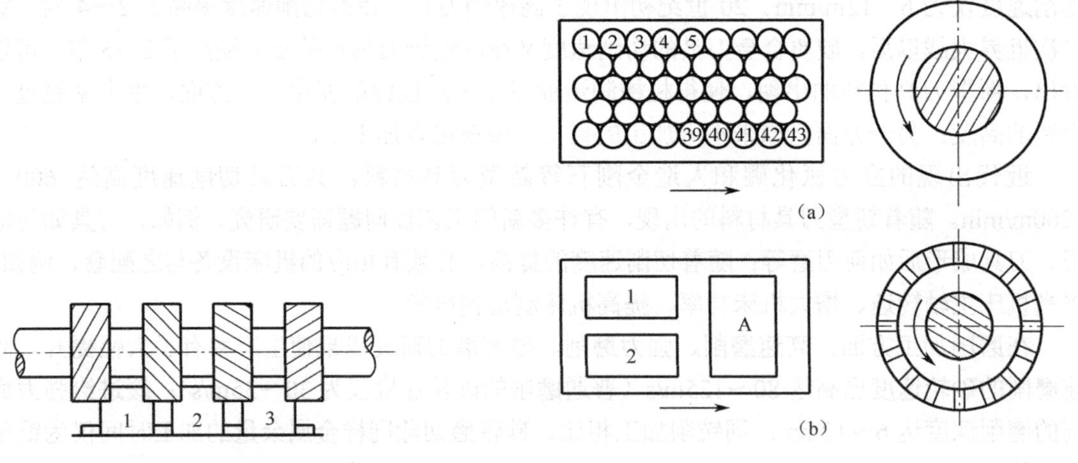

图 4-50 并联加工　　图 4-51 串并联加工

2）减少辅助时间和使辅助时间与基本时间重叠

在单件时间中，辅助时间所占比例一般都比较大。特别是在大幅度提高切削用量之后，基本时间显著减少，辅助时间所占的比例就更大。因此，不能忽视辅助时间对生产率的影响。可以采取措施直接减少辅助时间，或使辅助时间与基本时间重叠以提高生产率。

（1）减少辅助时间。采用先进夹具或自动上下料装置减少装卸工件的时间。

提高机床操作的机械化与自动化水平，实现集中控制、自动调速与变速以缩短开、停机时间和改变切削用量的时间。

（2）使辅助时间与基本时间重叠。

① 采用可换夹具与可换工作台，在机床外装夹工件，可使装夹工件的时间与基本时间重叠。

② 采用转位夹具或转位工作台，可在加工中完成工件的装卸。例如，在图 4-52（a）中，Ⅰ工位为加工工位，Ⅱ工位为装卸工件工位，可实现在Ⅰ工位加工的同时在Ⅱ工位装卸工件，使装卸工件的时间与基本时间重叠。再如，在图 4-52（b）中，Ⅰ工位用于装夹工件，Ⅱ工位和Ⅲ工位用于加工工件的四个表面，Ⅳ工位为卸工件，可以实现在加工的同时装卸工件，使装卸工件的时间与基本时间重叠。

③ 采用回转夹具或回转工作台进行连续加工。在各种连续加工方式中都有加工区和装卸工件区。装卸工件的工作全部在连续加工过程中进行。

④ 采用在线检测的方法来控制加工过程中的尺寸，使测量时间与基本时间重叠。近代在线检测装置发展为自动测量系统，该系统不仅能在加工过程中测量并显示实际尺寸，而且能用测量结果控制机床的自动循环，使辅助时间大为减少。

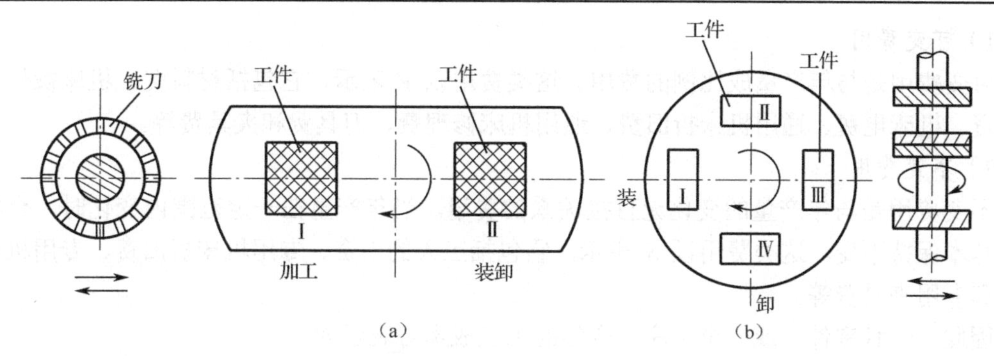

图 4-52　转位加工

3）减少布置工作地时间

（1）减少布置工作地时间，可在减少更换刀具的时间方面采取措施。例如，采用在线检测加自动补偿，采用自动换刀装置，刀具上带微调机构，以及采用快换刀夹、专用对刀样板或对刀样件，在夹具上装有对刀块等，这些方法都能使更换刀具的时间减少。

（2）减少更换刀具时间的另一条重要途径是研制新型刀具，提高刀具的耐磨性。例如，在车、铣加工中广泛采用高耐磨性的机夹不重磨硬质合金刀片和陶瓷刀片，既可减少刃磨次数，又可减少对刀时间。

4）减少准备与终结时间

准备与终结时间的多少与工艺文件是否详尽清楚，工艺装备是否齐全，安装、调整是否方便有关。在进行工艺设计和工艺装备设计及进行加工方法选择时应予以充分注意。在中小批生产中采用成组工艺和成组夹具，可明显缩短准备与终结时间，提高生产率。

2．采用高效自动化加工及成组加工

在成批大量生产中，采用组合机床及自动线加工；在单件小批生产中，采用数控机床、加工中心机床及成组加工，都可以有效提高生产率。

4.8.3　工艺方案的技术经济分析

设计某一零件的机械加工工艺规程时，一般可以拟出几种方案，它们都能达到零件图纸规定的各项技术要求，但其生产成本却不相同。对工艺过程方案进行技术经济分析，就是比较不同方案的生产成本，一般选择给定生产条件下最经济的方案。

工艺方案的技术经济分析可分为两种情况：一是对不同的工艺方案进行工艺成本分析和比较；二是按某些相对技术经济指标进行比较。

生产成本是指制造一个零件或一台产品时所需要的一切费用的总和。它包括两大类费用：第一类是与工艺过程直接有关的费用，称为工艺成本，工艺成本占工件（或产品）生产成本的 70%～75%；第二类是与工艺过程无关的费用，如行政人员工资、厂房折旧及维护、照明、取暖和通风等。由于在同一生产条件下与工艺过程无关的费用基本是相等的，因此，对零件工艺方案进行经济分析时，只需分析比较工艺成本即可。

1．工艺成本的组成

工艺成本由可变费用和不变费用两部分组成。

1）可变费用

可变费用是与年产量成比例的费用。这类费用以 V 表示，它包括材料费、机床操作工人的工资、机床电费、通用机床折旧费、通用机床修理费、刀具费和夹具费等。

2）不变费用

不变费用是与年产量的变化无直接关系的费用。当年产量在一定范围内变化时，全年的费用基本保持不变。这类费用以 S 表示，它包括工人的工资、专用机床折旧费、专用机床修理费和专用夹具费等。

因此，一种零件（或一个工序）全年的工艺成本可表示为

$$E = VN + S$$

式中 V——可变费用（元/件）；

N——年产量（件）；

S——不变费用（元）。

单件工艺成本（或单件的一个工序的工艺成本）为

$$E_d = V + S/N$$

全年工艺成本 $E = VN + S$ 的图解为一直线，如图 4-53（a）所示，它说明全年工艺成本的变化与年产量的变化 ΔN 成正比。单件工艺成本 E_d 与年产量 N 是双曲线关系，如图 4-53（b）所示。当 N 增大时，E_d 减小，且逐渐接近于 V。

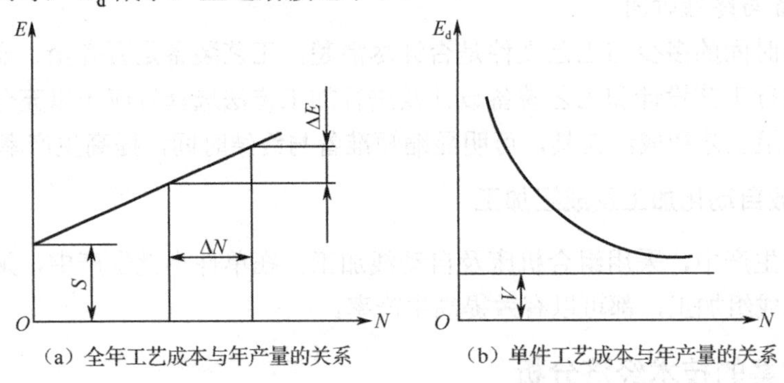

图 4-53 工艺成本的图解曲线

2．工艺方案的经济性评定

制定工艺规程时，对生产规模较大的主要零件的工艺方案应该通过计算工艺成本来评定其经济性；对于一般零件，可利用各种技术指标，结合生产经验，进行不同方案的经济论证，从而决定不同方案的取舍。

下面以两种不同的情况为例，说明分析比较其经济性的方法。

1）基本投资或使用设备相同的情况

若两种方案的基本投资相近，或者以现有设备为条件，在这种情况下，工艺成本即可作为衡量各个方案经济性的依据。

设两种不同工艺方案的全年成本分别为

$$E_1 = NV_1 + S_1, \quad E_2 = NV_2 + S_2$$

当产量一定时，先分别计算两种方案的全年工艺成本，选小者；当年产量变化时，可根据上述公式用图解法进行比较，如图 4-54 所示。当计划年产量 $N < N_k$ 时，宜采用第二种方案；

当 $N > N_k$ 时，则第一种方案较经济。N_k 为临界产量，由图 4-54（a）可以看出，两条直线交点的横坐标便是 N_k 值。所以，由

$$N_k V_1 + S_1 = N_k V_2 + S_2$$

可得

$$N_k = \frac{S_2 - S_1}{V_1 - V_2}$$

若两条直线不相交，如图 4-54（b）所示，则无论年产量如何，第一种方案都是比较经济的。

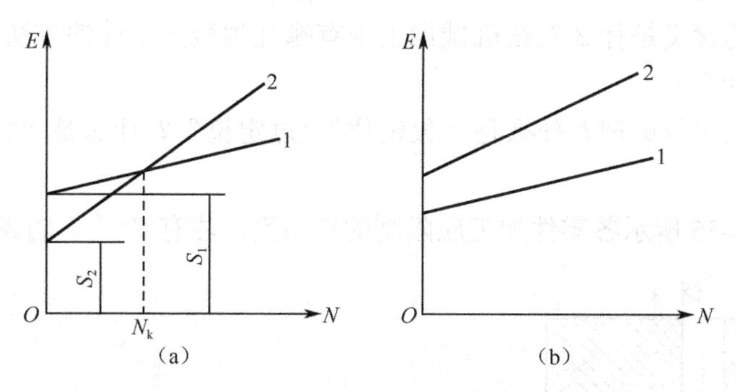

图 4-54　两种工艺方案的技术经济比较

2）基本投资差额较大的情况

若两种方案的基本投资相差较大，例如，第一种方案采用了生产率较低但价格较便宜的机床和工艺装备，所以基本投资（K_1）小，但工艺成本（E_1）较高；第二种方案采用了高生产率且价格较贵的机床和工艺装备，所以基本投资（K_2）大，但工艺成本（E_2）较低，也就是说工艺成本的降低是通过增加投资而得到的。在这种情况下，单纯比较工艺成本是难以评定其经济性的，故必须考虑基本投资的经济效益，即不同方案基本投资的回收期。

所谓回收期，是指第二种方案比第一种方案多花费的投资，需要多长时间方能由工艺成本的降低而收回。

回收期 τ 可表示为

$$\tau = \frac{K_2 - K_1}{E_1 - E_2} = \frac{\Delta K}{\Delta E}$$

式中　ΔK ——基本投资差额（元）；

ΔE ——全年生产费用节约额（元/年）。

回收期越短，则经济效果越好。一般回收期应满足以下要求。

- 回收期应小于所采用设备的使用年限；
- 回收期应小于市场对该产品的需要年限；
- 回收期应小于国家规定的标准回收期，例如，新夹具的标准回收期为 2～3 年，新机床的标准回收期为 4～6 年。

工艺方案的技术经济分析，必要时也可用某些相对指标来进行。这些技术经济指标有每件产品所需的劳动量（工时）、每一个工人的年产量（件/（人·年））、每台设备的年产量（件/（台·年））、每平方米生产面积的年产量（件/（m^2·年））、材料利用系数、设备负荷率、工艺装备系数、设备构成比（专用设备与通用设备之比）、钳工修配劳动量系数（钳工修配劳动量与

机床加工工时之比）、单件产品的原材料消耗与电力消耗等。当工艺方案按工艺成本分析比较结果相差不大时，可选用上述相对技术经济指标进行补充论证。此外，进行工艺方案经济分析时，还须考虑改善劳动条件、提高生产率、促进生产技术发展等问题。

习题与思考题

4-1 什么是工艺过程？什么是工艺规程？

4-2 试简述工艺规程的设计原则、设计内容和设计步骤。

4-3 工件装夹的含义是什么？在机械加工中有哪几种装夹工件的方法？每种装夹方法的特点和应用场合是什么？

4-4 什么是六点定位原理？什么是“欠定位”“过定位”？什么是“完全定位”“不完全定位”？

4-5 试分析图 4-55 所示各零件加工应限制的自由度，注有“▽”的表面为待加工表面。

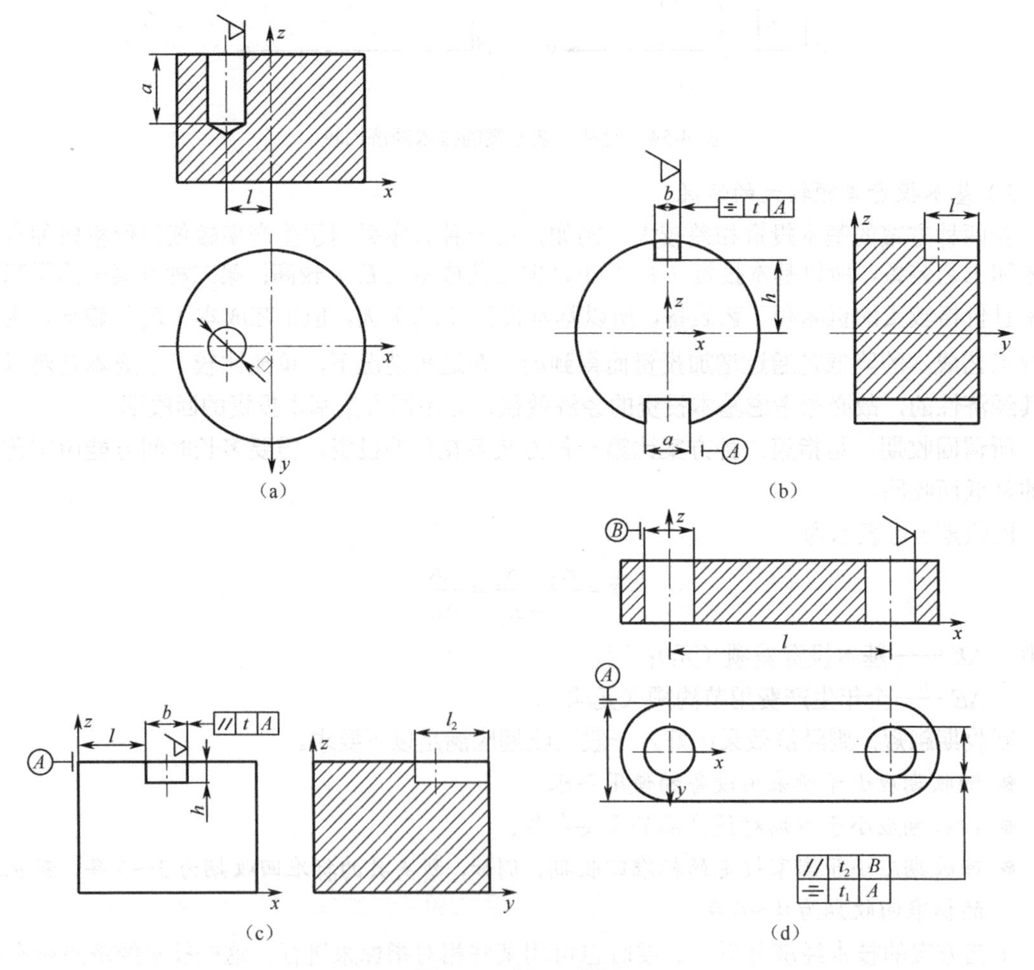

图 4-55 题 4-5 用图

4-6 根据六点定位原理，分析图 4-56 中各图的定位方案并判断各定位元件分别限制了哪些自由度。

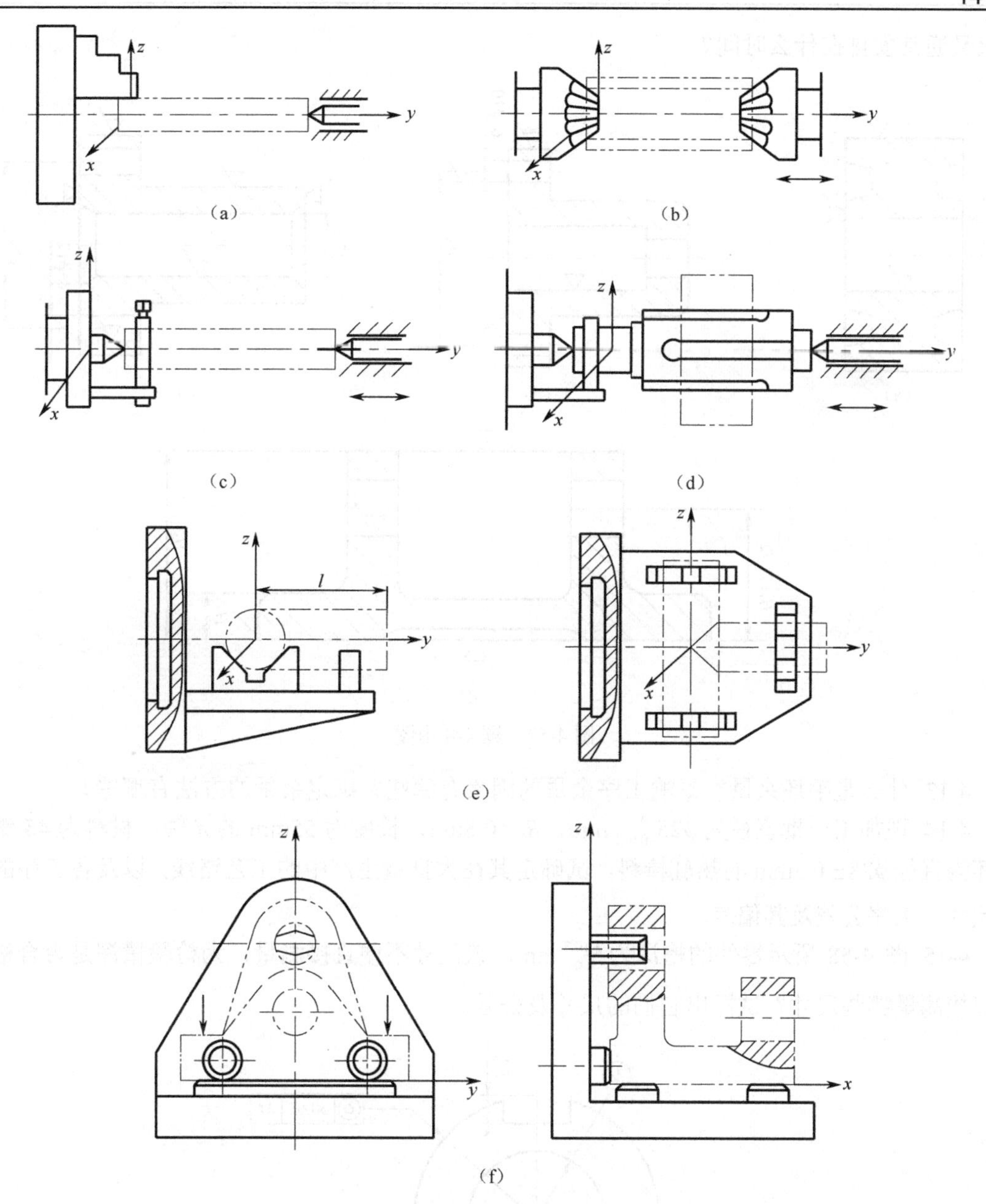

图 4-56　题 4-6 用图

4-7 在确定粗、精基准时，应该考虑哪些原则？为什么粗基准通常只允许使用一次？

4-8 加工图 4-57 所示零件，其粗基准、精基准应如何选择（标有"▽"的为加工面，其余为非加工面）？图 4-57（a）、（b）、（c）所示零件要求内、外圆同轴，端面与孔线垂直，非加工面与加工面间尽可能保持壁厚均匀；图 4-57（d）所示零件毛坯孔已铸出，要求孔加工余量尽可能均匀。

4-9 选择加工方法时应主要考虑哪些问题？

4-10 为什么对加工质量要求较高的零件在拟定工艺路线时要划分加工阶段？

4-11 工序的集中和分散各有何优缺点？

4-12 为什么有时在零件的工艺过程中要安排时效处理？通常安排在什么时间？调质和

淬火又通常安排在什么时间？

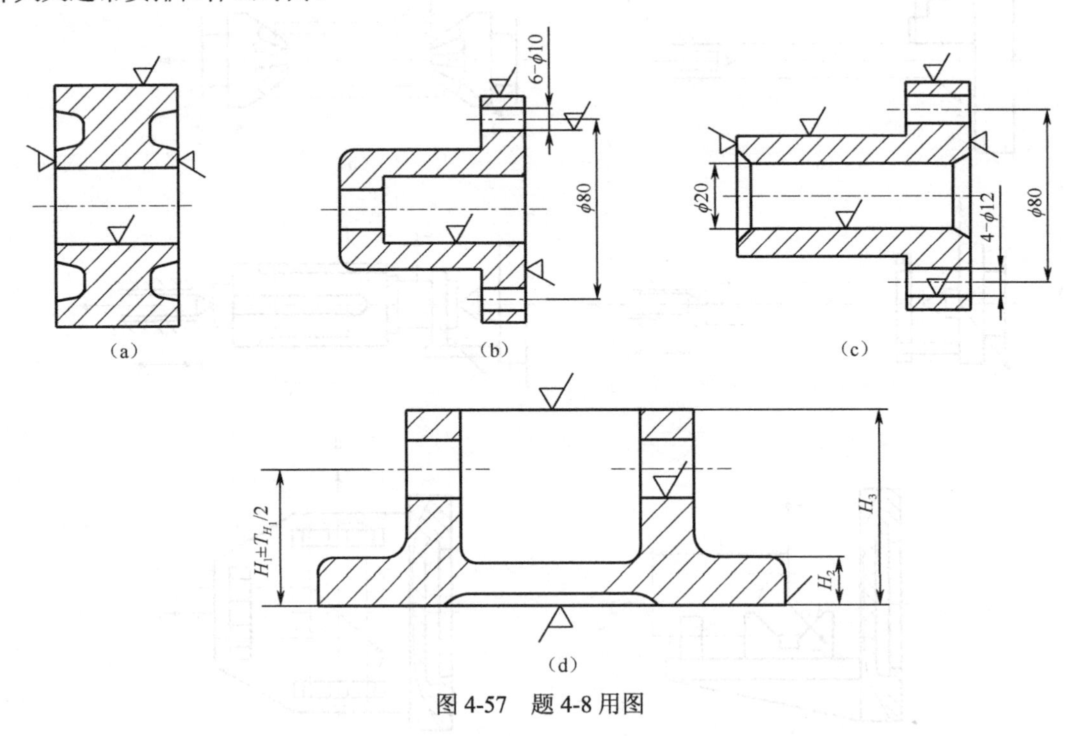

图 4-57 题 4-8 用图

4-13 什么是毛坯余量？影响工序余量的因素有哪些？确定余量的方法有哪些？

4-14 现加工一批直径为 $\phi 25_{-0.021}^{\ 0}$ mm，Ra=0.8μm，长度为 55mm 的光轴，材料为 45 钢，毛坯为直径 $\phi 28 \pm 0.3$mm 的热轧棒料，试确定其在大批量生产中的工艺路线，以及各工序的工序尺寸、工序公差及其偏差。

4-15 图 4-58 所示零件的槽深为 $5_{0}^{+0.3}$ mm，该尺寸不便直接测量，为检验槽深是否合格，可直接测量哪些尺寸？试标出它们的尺寸及公差。

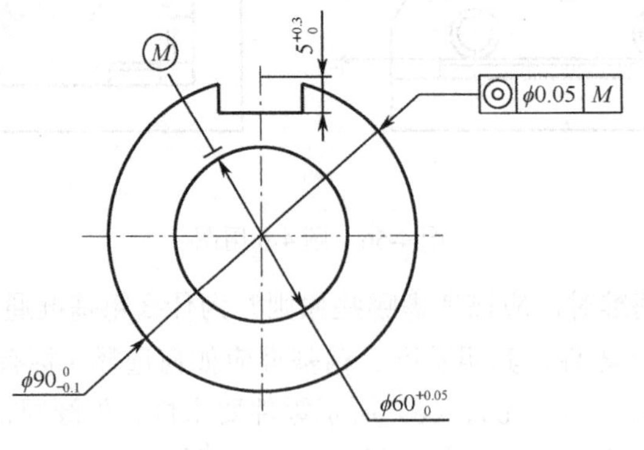

图 4-58 题 4-15 用图

4-16 图 4-59（a）所示为一轴套零件图，图 4-59（b）所示为车削工序简图，图 4-59（c）给出了钻孔工序三种不同定位方案的工序简图，要求保证图 4-59（a）所规定的位置尺寸（10±0.1mm）的要求。试分别计算工序尺寸 A_1、A_2、A_3 的尺寸及公差。为表达清楚起见，图中只标出了与计算工序尺寸 A_1、A_2、A_3 有关的轴向尺寸。

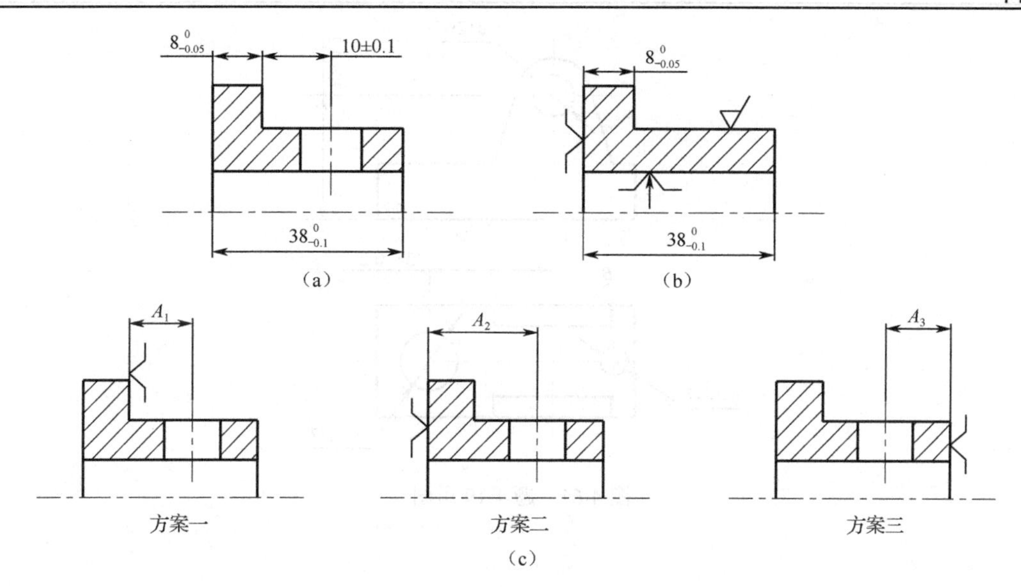

图 4-59　题 4-16 用图

4-17　图 4-60 所示小轴的部分工艺过程为：车外圆至 $\phi30.5_{-0.1}^{0}$ mm，铣键槽深度为 $H_{0}^{+T_H}$，热处理，磨外圆至 $\phi30_{+0.015}^{+0.036}$ mm。设磨后外圆与车后外圆的同轴度公差为 $\phi0.05$ mm，求保证键槽深度为 $4_{0}^{+0.2}$ mm 的键槽深度 $H_{0}^{+T_H}$。

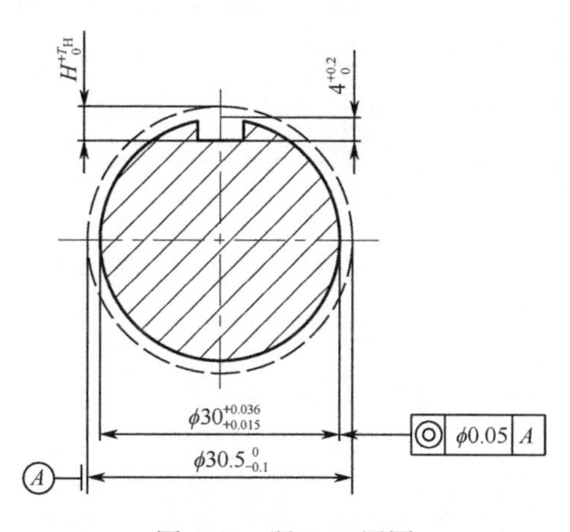

图 4-60　题 4-17 用图

4-18　今磨削一表面淬火后的外圆面，磨后尺寸要求为 $\phi60_{-0.03}^{0}$ mm。为了保证磨后工件表面淬硬层的厚度，要求磨削的单边余量为 0.3 ± 0.05 mm，若不考虑淬火时工件的变形，求淬火前精车的直径工序尺寸。

4-19　如图 4-61 所示零件，ϕ10H7 及 ϕ30H7 孔均已加工，试分析加工 ϕ12H7 孔时，选用 A、B、C 面中的哪些表面定位最为合理？为什么？

4-20　什么是工时定额？工时定额由哪几部分组成？

4-21　举例说明减少辅助时间的工艺措施。

4-22　工艺成本由哪几部分组成？如何进行工艺方案的比较？

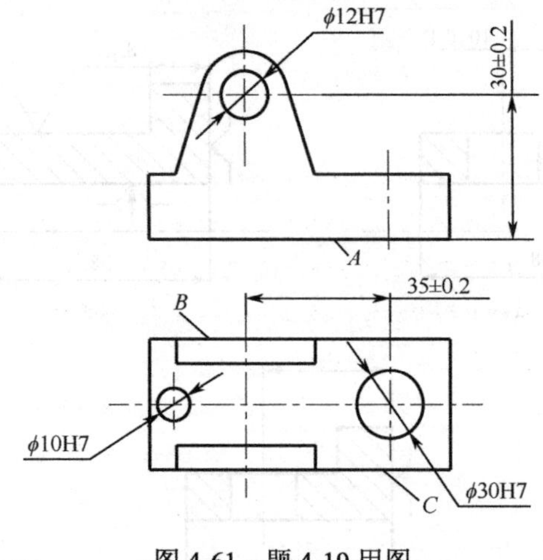

图 4-61 题 4-19 用图

第5章　机床夹具设计

零件的工艺规程制定之后，就要按工艺规程规定的顺序进行加工。加工中除了需要机床、刀具之外，还经常用到机床夹具，它是连接机床和工件的工艺装置，使工件相对于机床或刀具获得正确位置，并在加工过程中保持这个位置不变。机床夹具设计的好坏将直接影响工件加工表面的位置精度，所以机床夹具设计是工艺装备设计中的一项重要工作，是制造过程中最活跃的因素之一。

5.1　机床夹具概述

5.1.1　机床夹具的功能和组成

1．机床夹具的功能

（1）保证加工精度。工件通过机床夹具进行安装，包含了两层含义：一是通过夹具上的定位元件获得正确的位置，称为定位；二是通过夹紧机构使工件的定位位置在加工过程中保持不变，称为夹紧。这样，就可以保证工件加工表面的位置精度，且精度稳定。图5-1所示连杆铣槽夹具中工件即以一面和两销实现定位，用两钩头压板组件实现工件的夹紧。

（2）提高生产率。使用夹具安装工件，可以减少划线、找正、对刀等辅助时间。如果夹具可实现多件、多工位装夹，或采用气动、液压动力夹紧装置，则可以进一步减少辅助时间，提高生产率。

（3）扩大机床的工艺范围。在机床上使用夹具后，使加工变得可能和方便，扩大了原有机床的工艺范围。例如，在车床或钻床上使用镗模夹具，可进行壳体零件或箱体零件的镗孔加工。

（4）降低工人的劳动强度，保证生产安全。

2．机床夹具的组成

下面以图 5-1 所示的连杆铣槽夹具为例，说明机床夹具的基本组成。加工内容为铣削连杆大头孔两端面处的8个槽，工件以端面安放在夹具底板4的定位面 N 上，大、小头孔分别安装在圆柱销5和菱形销1上，并用两个压板10压紧。铣刀相对于夹具的位置用对刀块2调整。夹具通过两个定位键3在铣床工作台上定位，并通过夹具底板4上的两个耳座用T形螺栓和螺母固紧在工作台上。为防止夹紧工件时压板转动，在压板一侧设置了止动销11。

通过上述铣槽夹具的介绍，可以把夹具的组成归纳为以下几部分。

（1）定位元件及定位装置。定位元件及定位装置起定位作用，是用于确定工件正确位置的元件或装置，如图5-1中的圆柱销5、菱形销1和夹具底板4等。

（2）夹紧元件及夹紧装置。夹紧元件及夹紧装置是用于固定工件已获得的正确位置的元件或装置，如图5-1中的压板10、螺母9和螺栓8等。

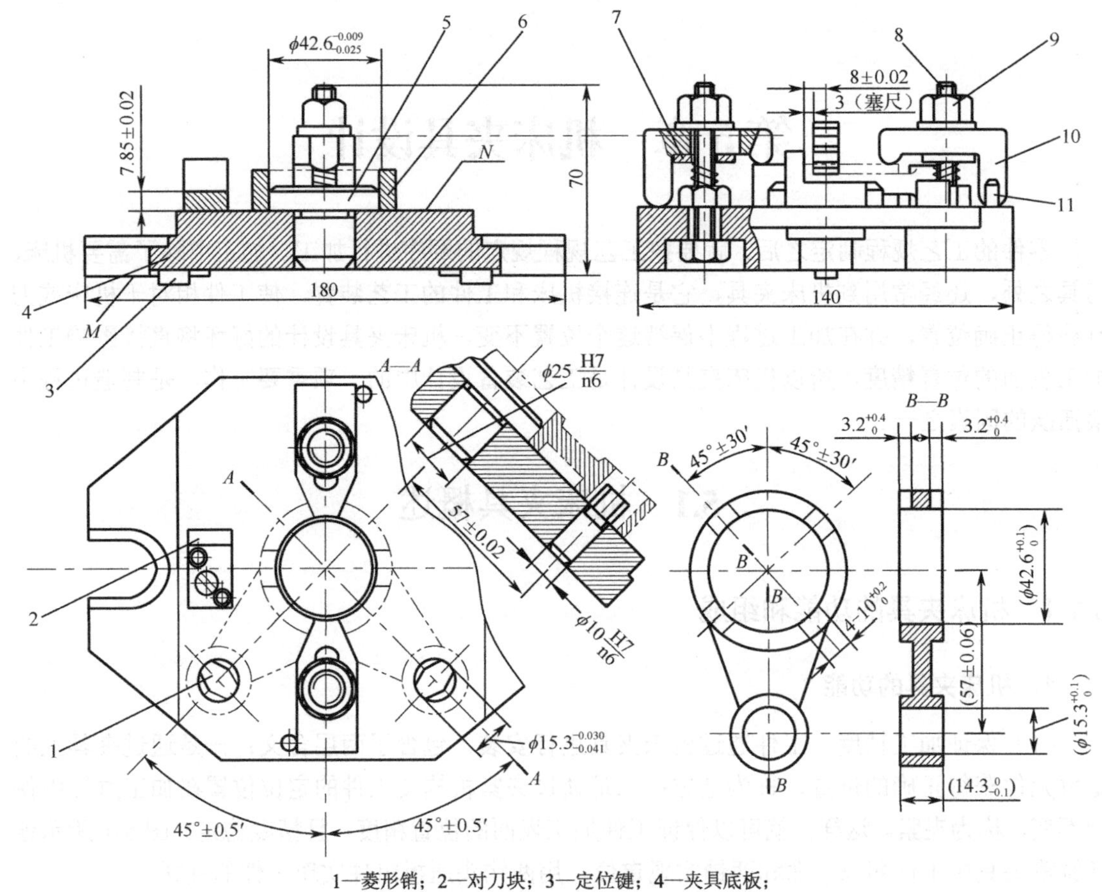

1—菱形销；2—对刀块；3—定位键；4—夹具底板；

5—圆柱销；6—工件；7—弹簧；8—螺栓；9—螺母；10—压板；11—止动销

图 5-1 连杆铣槽夹具

（3）导向及对刀元件。导向及对刀元件是用于确定工件与刀具相互位置的元件，如图 5-1 中的对刀块 2。

（4）动力装置。图 5-1 所示是手动夹具，没有动力装置。在成批生产中，为了降低工人劳动强度，提高生产率，常采用气动、液压等动力装置。

（5）夹具体。夹具体用于将各种元件、装置连接在一起，并通过它将整个夹具安装在机床上，如图 5-1 中的夹具底板 4。

（6）其他元件及装置。根据加工需要设置的其他元件或装置，如图 5-1 中的止动销 11、定位键 3 等。

以上所述是一般机床夹具的组成部分。对于一个特定的夹具，其组成部分可以只是其中的一部分。例如，数控机床上使用的夹具一般只需定位、夹紧、夹具体三部分装置。

5.1.2 机床夹具的类型

机床夹具有多种分类方法，按加工类型，可分为车床夹具、镗床夹具、铣床夹具、磨床夹具等；按夹紧装置的动力源，可分为手动夹具、气动夹具、液压夹具、电磁夹具、真空夹具等；按夹具的使用范围，则可分为以下五种类型。

（1）通用夹具。这类夹具通用性强，一般已标准化，不需调整就可适应多种工件的安装加工，在单件小批生产中获得了广泛应用，如车床上常用的三爪自定心卡盘、四爪单动卡盘，铣床上的平口钳、分度头，平面磨床上的电磁吸盘等。

（2）专用夹具。这类夹具是针对工件的某一道工序而专门设计的，因其用途专一而得名。专用夹具广泛用于成批生产和大批量生产中。

（3）可调整夹具和成组夹具。这类夹具的特点是夹具的部分元件可以更换，或夹具具有一定的可调性，以适应不同工件的安装和加工。可调整夹具一般适用于同类产品不同品种的生产，略做更换或调整就可用来安装不同品种的工件。成组夹具适用于一组尺寸相似、结构相似、工艺相似工件的安装和加工，在多品种、中小批量生产中有广泛的应用前景。

（4）组合夹具。这类夹具由一系列的标准化元件组装而成，就好像搭积木一样。使用时，根据被加工工件的结构和工序要求，选用合适元件进行组合，构成专用夹具。用完后可将元件拆卸、清洗、涂油、入库，以备后用。组合夹具特别适合单件小批生产中位置精度要求较高的工件的加工，同时也常用于产品研制过程中的零件装夹。

（5）随行夹具。这是一种在自动线和柔性制造系统中使用的夹具。工件安装在随行夹具上，除完成对工件的定位和夹紧外，还载着工件在机床间进行输送，当输送到下一道工序的机床后，还可以在机床上准确地定位和可靠地夹紧。一条生产线上有许多随行夹具，每个随行夹具都随着工件经历工艺过程的全过程，然后卸下已加工的工件，装上新的待加工工件，循环使用。

5.2　工件在机床夹具上的定位

5.2.1　典型的定位方式、定位元件及装置

1．平面定位

对于箱体、床身、机座、支架类零件的加工，最常用的定位方式是以平面为定位基准。图 5-2 所示为平面定位方式所采用的支承钉和支承板。平面定位方式所需的定位元件及定位装置均已标准化。

1）支承钉和支承板

支承钉和支承板也称为固定支承。如图 5-2（a）、（b）、（c）所示，支承钉有平头（A 型）、圆头（B 型）和花头（C 型）之分，平头支承钉可以减少磨损，避免压坏定位表面，常用于精基准定位；圆头支承钉容易保证与工件定位基准面间的点接触，位置相对稳定，但易磨损，多用于粗基准定位；花头支承钉的摩擦力大，但容易存屑，常用于侧面粗基准定位。支承钉的尾柄与夹具体上的基体孔的配合为过盈配合，多选为 H7/n6 或 H7/m6。

如图 5-2（d）、（e）所示，支承板常用于大、中型零件的精基准定位。图 5-2（e）所示支承板与图 5-2（d）所示支承板相比，其优点是容易清理切屑。

以上两种固定支承一般要求耐磨，均采用较好的材料。对于直径 $D\leqslant 12$mm 的支承钉和小型支承板，一般采用 T7A 钢，淬火处理，硬度为 60～64HRC；对于 $D>12$mm 的支承钉和较大的支承板，一般采用 20 钢，渗碳淬火，硬度为 60～64HRC。由于要保证固定支承在同一平

面上，装配后需经精磨，渗碳深度大一些，一般为 0.8～1.2mm。

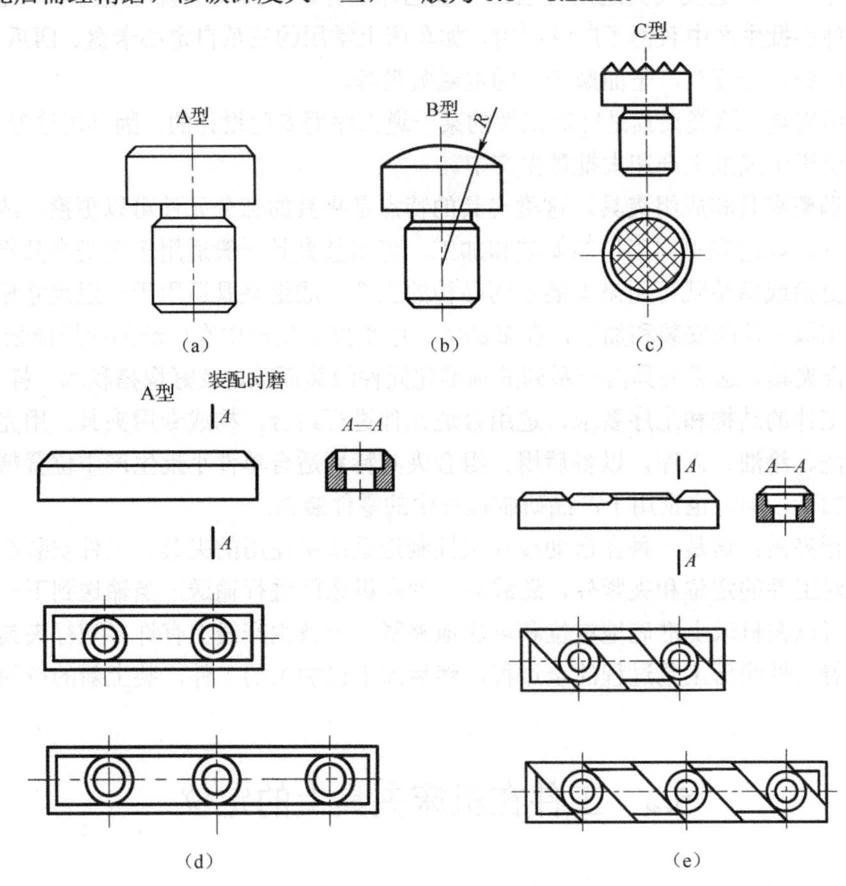

图 5-2　支承钉和支承板

2）可调支承和自位支承

支承点位置可以调整的支承称为可调支承。当工件的定位基准面形状复杂，各批毛坯尺寸、形状变化较大时，多采用这类支承。图 5-3 所示为几种常见的可调支承。

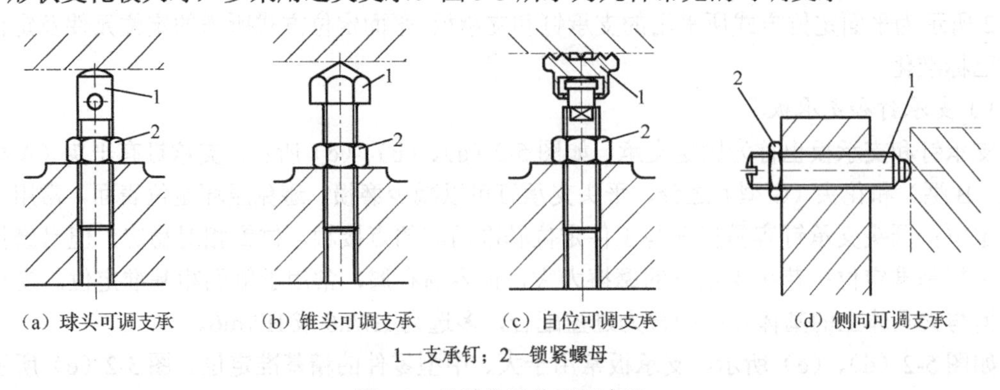

图 5-3　几种常见的可调支承

当工件的定位基面不连续、基准面为台阶面、基准面有角度误差、多个支承组合只限制一个自由度时，为避免过定位，常把支承设计为浮动或联动结构，使之自位，称为自位支承。图 5-4 所示为三种自位支承。

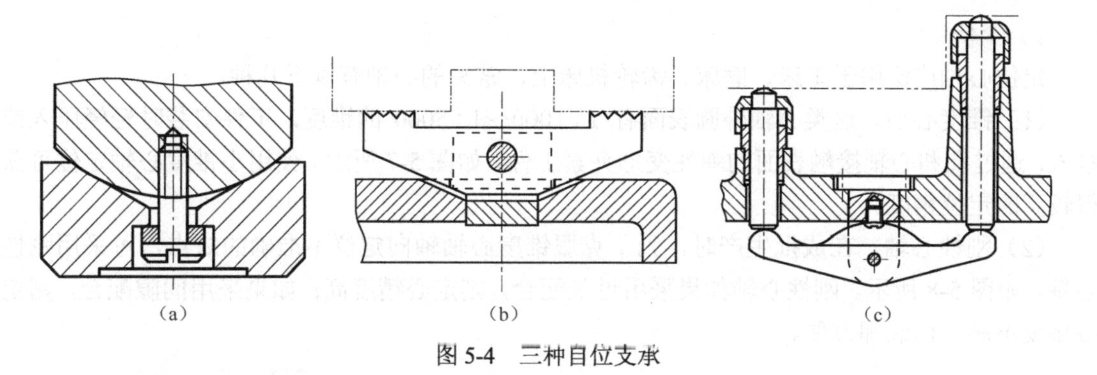

图 5-4　三种自位支承

3）辅助支承

辅助支承的主要作用是增强工件的刚度、减小切削变形。图 5-5 所示为辅助支承的典型结构。图 5-5（a）、（b）所示的两种结构动作较慢，且用力不当会破坏已定好的位置。图 5-5（c）所示的自动调节支承，靠弹簧 3 的弹力使支承 1 与工件接触，转动手柄 4 将支承 1 锁紧。图 5-6 所示为辅助支承的应用实例。

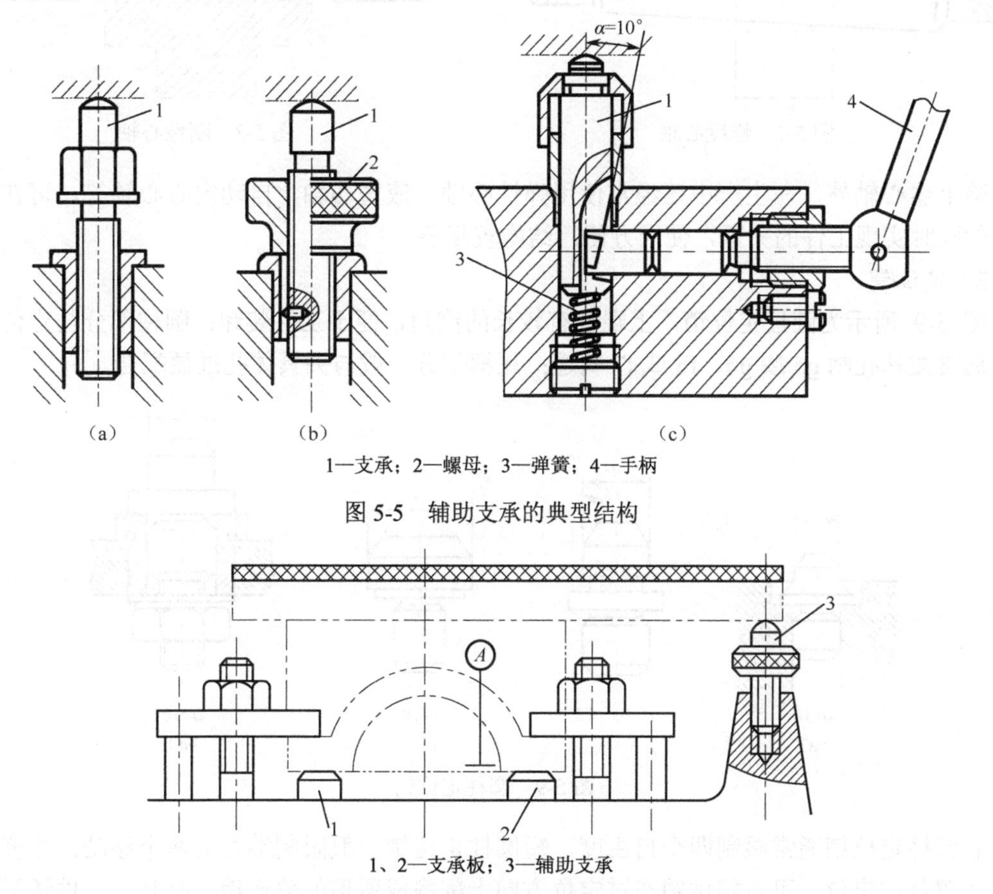

1—支承；2—螺母；3—弹簧；4—手柄

图 5-5　辅助支承的典型结构

1、2—支承板；3—辅助支承

图 5-6　辅助支承的应用实例

2. 圆柱孔定位

工件以圆柱孔定位时，定位基准为孔的轴线，常用定位元件是各类心轴和定位销。

1）心轴

定位心轴广泛用于车床、磨床、齿轮机床上，常见的心轴有以下几种。

（1）锥度心轴。这类心轴外圆表面有 1∶1000～1∶5000 的锥度，工件安装时轻轻压入或敲入，通过孔和心轴接触表面的弹性变形夹紧工件，如图 5-7 所示。使用小锥度心轴定位可获得较高的定位精度。

（2）刚性心轴。在成批生产时，为了克服锥度心轴轴向定位不准确的缺点，可采用刚性心轴，如图 5-8 所示。刚性心轴如果采用过盈配合，则定心精度高；如果采用间隙配合，则定心精度不高，但装卸方便。

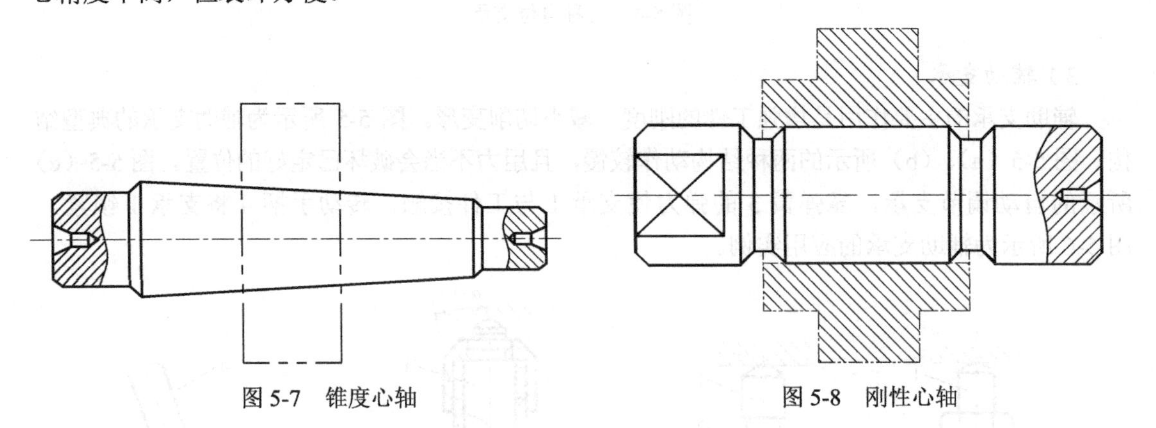

图 5-7 锥度心轴　　图 5-8 刚性心轴

除上述心轴外，在生产中还经常使用弹性心轴、液塑心轴、自动定心心轴等，可在完成定位的同时实现工件的夹紧，使用方便，结构较复杂。

2）定位销

图 5-9 所示为圆柱定位销，上端部有较长的倒角，便于工件装卸；圆柱部分与定位孔配合，通常按基孔制 g5 或 g6、f6 或 f7 制造；尾柄部分一般与夹具体孔过盈配合。

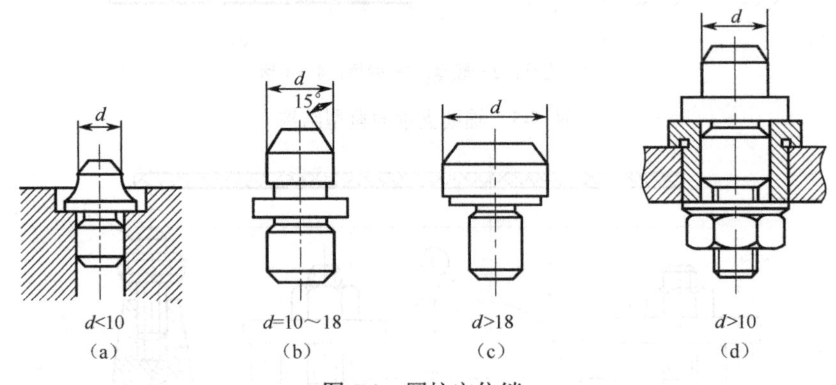

（a）　（b）　（c）　（d）

图 5-9 圆柱定位销

长圆柱定位销通常限制四个自由度，短圆柱定位销一般限制端面上两个移动自由度。有时为了避免过定位，可将圆柱销在过定位方向上削扁成所谓的菱形销。有时，工件还需限制轴向移动自由度，可采用圆锥销，如图 5-10 所示。

3. 外圆定位

工件以外圆柱表面定位有两种形式：一种是定心定位，另一种是支承定位。

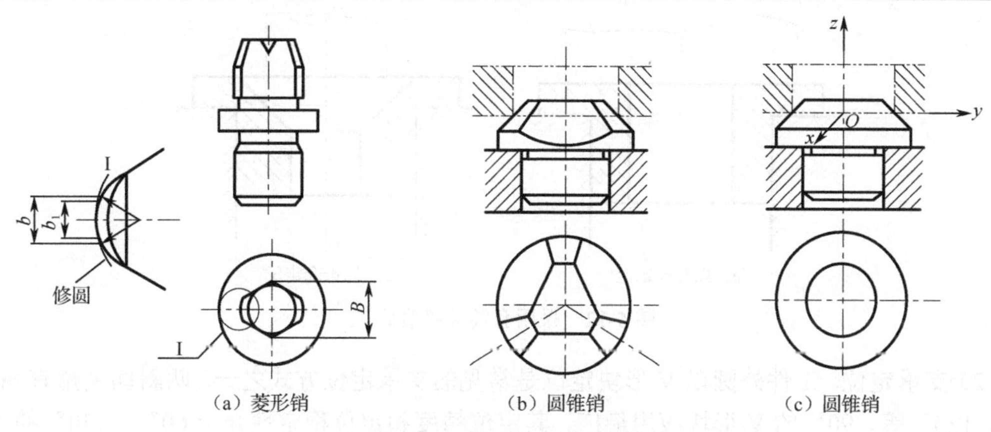

图 5-10　菱形销和圆锥销

（1）定心定位。与工件以圆柱孔定心定位类似，用各种卡头或弹簧筒夹代替心轴或圆柱销，来定位和夹紧工件的外圆，定心卡盘和卡头如图 5-11 所示。有时也可以采用套筒和锥套定位，如图 5-12 所示。

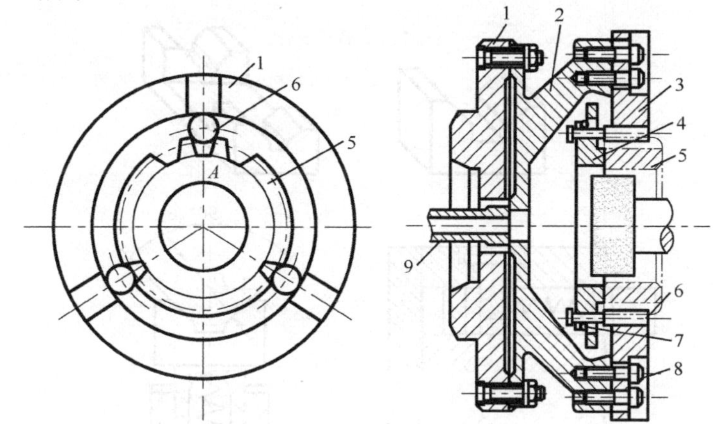

1—夹具体；2—膜片；3—卡爪；4—保持架；5—齿轮；6—定心圆柱；7—弹簧；8—螺钉；9—推杆

（a）磨齿轮内孔卡盘

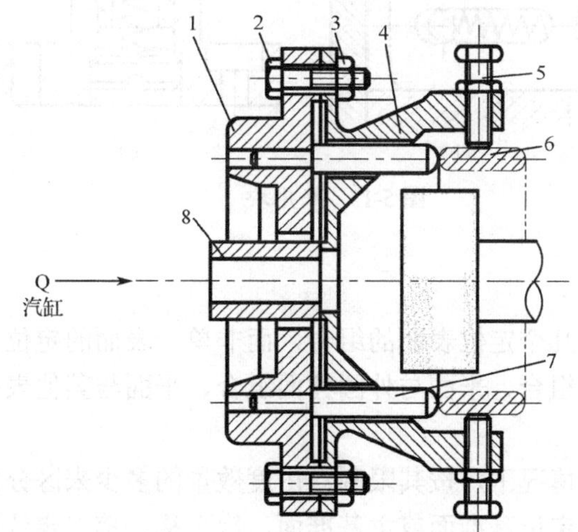

1—夹具体；2—螺钉；3—螺母；4—弹性盘；5—可调螺钉；6—工件；7—顶杆；8—推杆

（b）磨套圈内孔卡盘

图 5-11　定心卡盘和卡头

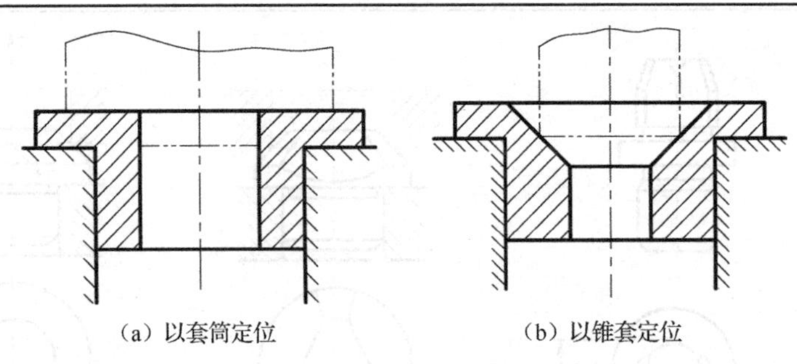

图 5-12 采用套筒和锥套定位

(2) 支承定位。工件外圆以 V 形块定位是常见的支承定位方式之一，两斜面夹角有 60°、90°、120° 等，90° 的 V 形块应用最广，其定位精度和定位稳定性介于 60°、120° 的 V 形块之间，精度比 60° 的 V 形块高，稳定性比 120° 的 V 形块好。使用 V 形块定位的优点是对中性好，可用于非完整外圆柱表面定位。V 形块有长、短之分，长 V 形块限制四个自由度，其宽度 B 与圆柱直径 D 之比 $B/D \geqslant 1$；短 V 形块常限制两个自由度，其宽度有时仅为 2mm。V 形块均已标准化，可以选用，特殊场合也可自行设计。V 形块如图 5-13 所示。

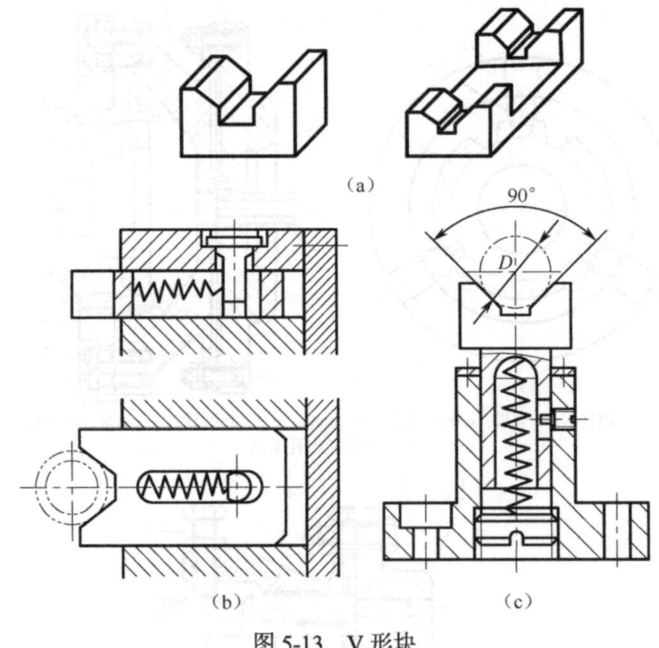

图 5-13 V 形块

4. 定位表面的组合

在实际生产中，经常是几个定位表面的组合，而非单一表面的定位。常见的组合形式有平面与平面组合、平面与孔组合、平面与外圆柱面组合、平面与其他表面组合、锥面与锥面的组合等。

在多个表面组合定位的情况下，按其限制自由度数量的多少来区分定位面，限制自由度数量最多的定位面称为第一定位基准面或主基准面，次之称为第二定位基准面或导向基准，限制一个自由度的称为第三定位基准面或定程基准。

在箱体类零件（如车床床头箱）加工中，往往将上顶面及其上的两个工艺孔作为定位基准，用一面两销实现定位。上顶面限制三个自由度，圆柱销限制两个自由度，菱形销（或削边销）限制一个自由度，实现完全定位。在设计夹具时，一面两销定位的设计按下述步骤进行（参见图5-14）。

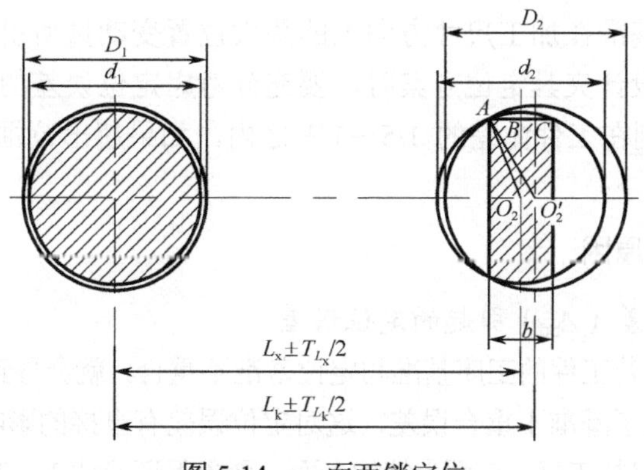

图5-14 一面两销定位

1）确定夹具中两定位销的中心距L_x

把工件上两孔中心距公差化为对称公差，即为$L_k \pm \frac{1}{2}T_{L_k}$（$T_{L_k}$为工件上两圆柱孔中心距的公差）。

取夹具两定位销的中心距为L_x（其值等于L_k），销中心距公差为工件孔中心距公差的1/5～1/3，即T_{L_x}=（1/5～1/3）T_{L_k}，销中心距及公差也化为对称形式，即$L_x \pm \frac{1}{2}T_{L_x}$。

2）确定圆柱销直径d_1及其公差

一般圆柱销d_1与孔D_1为基孔制间隙配合，d_1名义尺寸等于D_1名义尺寸，配合一般选为H7/g6或H7/f6，d_1的公差等级一般高于孔1级。

3）确定菱形销的直径d_2、宽度b及其公差

按表5-1查D_2，选定b，按下式计算菱形销与孔配合的最小间隙$\Delta_{2\min}$，然后计算菱形销的直径。

表5-1 菱形销结构尺寸 （单位：mm）

D_2	3～6	>6～8	>8～20	>20～25	>25～32	>32～40	>40～50
b	2	3	4	5	5	6	8
B	D_2−0.5	D_2−1	D_2−2	D_2−3	D_2−4	D_2−5	D_2−6

$$\Delta_{2\min} = b(T_{L_x} + T_{L_k} - \Delta_{1\min})/D_2 \quad (5\text{-}1)$$

$$d_2 = D_2 - \Delta_{2\min} \quad (5\text{-}2)$$

式中 b——菱形销宽度（mm）；

D_2——工件上菱形销定位孔直径（mm）；

$\Delta_{1\min}$、$\Delta_{2\min}$——圆柱销、菱形销定位时销、孔最小配合间隙（mm）；

T_{L_x}——夹具上两销中心距公差（mm）；

T_{L_k}——工件上两孔中心距公差（mm）；

d_2——菱形销名义尺寸（mm）。

菱形销的公差可按配合 H7/g6 选取，销精度等级高于孔精度 1 级。

5.2.2 定位误差的分析与计算

定位误差是指工序基准在加工尺寸方向上的最大位置变动量所引起的加工误差，它是工件加工误差的一部分。设计夹具定位方案时，要充分考虑定位误差的大小是否在允许的范围内，一般定位误差应控制在工件允差的 1/5～1/3 之内，如果超出范围，则应考虑重新设计定位方案。

1．定位误差产生的原因

1）由基准不重合误差（Δ_{bc}）引起的定位误差

在夹具定位方案中，若工件的工序基准与定位基准不重合，就会导致工序基准相对定位基准的位置发生变动，即产生了基准不重合误差，这对定位误差有直接的影响。例如，图 5-15（a）所示的工件，*A* 面、*B* 面已加工好，*C* 面为待加工面，要求保证尺寸 *N*，其定位方案如图 5-15（b）所示，现分析尺寸 *N* 加工时的相关误差。由于前道工序尺寸 A_1 在公差范围内变化，使得获得的工序尺寸 *N* 在 N_1 和 N_2 之间变动，这是由于工序基准（*A* 面）和定位基准（*B* 面）不重合造成的。

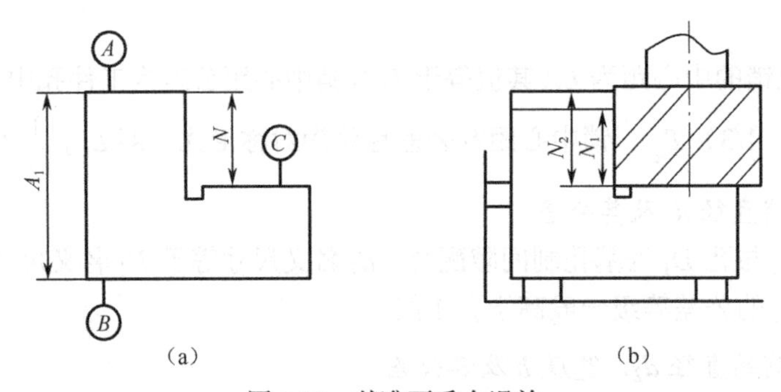

图 5-15 基准不重合误差

基准不重合误差的数值一般等于定位基准到工序基准间的尺寸（简称定位尺寸）的公差。由基准不重合误差引起的定位误差应注意取其在工序尺寸方向上的分量（投影），即

$$\Delta_{dw} = \Delta_{bc}\cos\beta \tag{5-3}$$

式中，Δ_{dw} 为定位误差，Δ_{bc} 为基准不重合误差，β 为定位尺寸与工序尺寸方向间的夹角。本例中尺寸 *N* 与尺寸 A_1 方向一致，所以 $\beta=0°$。

定位尺寸有可能是某一尺寸链中的封闭环，此时可按尺寸链原理计算该尺寸公差。当工序基准与多个定位基准有关时，则定位尺寸不止一个，基准不重合误差对定位误差的影响可参见后续描述。

2）由基准位置误差（Δ_{jw}）引起的定位误差

如图 5-16（a）所示，在圆柱表面上铣键槽，以 V 形块定位，工序基准为外圆几何中心，定位基准也为外圆几何中心，两基准重合，所以 $\Delta_{bc}=0$。但由于外圆在 V 形块上定位时，会产生定位基准位置误差，使工序基准在 *O* 和 O_3 间变动，与此相应的工序尺寸为 *H* 和 H_3。造成工序基准变动的原因显然来自定位基准位置误差 Δ_{jw}，同样 Δ_{jw} 在加工工序尺寸方向上的分量（投影）就是 Δ_{jw} 引起的定位误差，即

$$\Delta_{\mathrm{dw}} = \Delta_{\mathrm{jw}} \cos\gamma \tag{5-4}$$

式中，γ为基准位移方向与工序尺寸方向间的夹角，图中γ=0°。

2．定位误差的计算

定位误差的计算一般有三种方法，现分述如下。

1）根据定位误差的定义直接计算定位误差

在如图 5-16 所示的圆柱表面上铣键槽，采用 V 形块定位。键槽深度工序尺寸有三种表示方法，以图 5-16（b）为例进行分析。

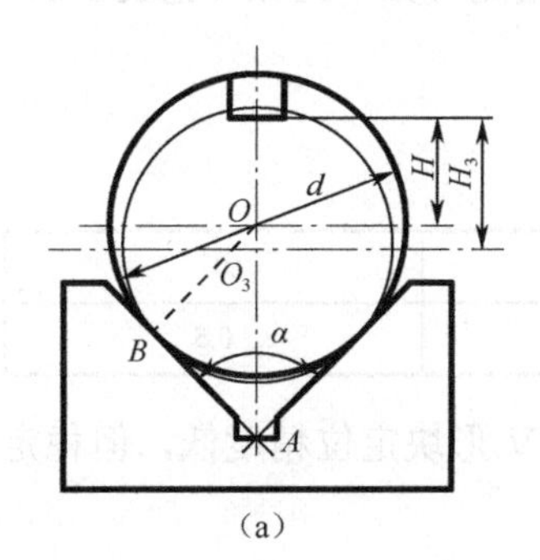

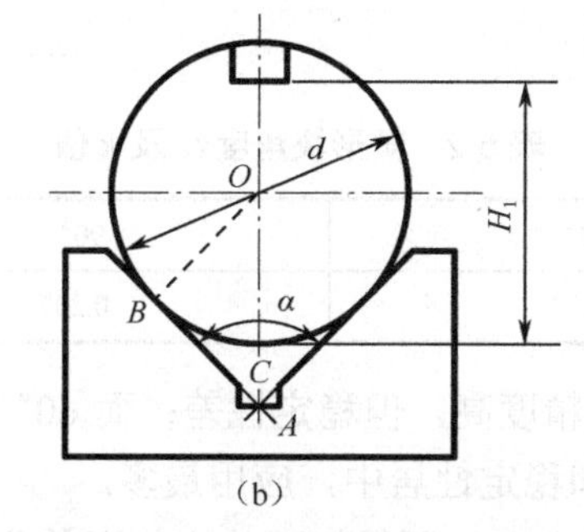

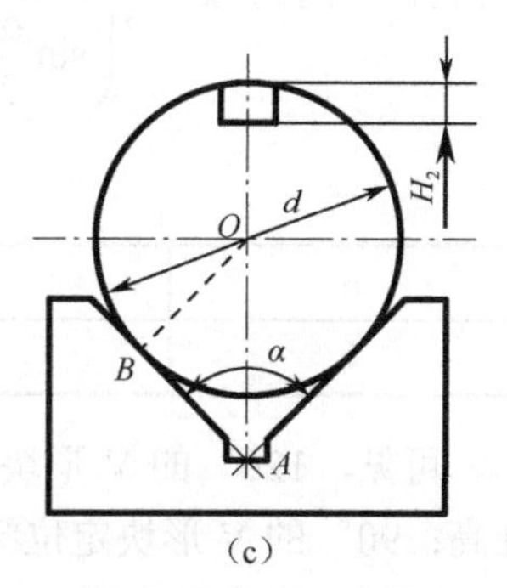

图 5-16　铣键槽的定位及尺寸标注

工序基准为圆柱的下母线，工序基准的两个极端位置为工件轴径分别为 d、$d-T_{\mathrm{d}}$ 时（T_{d}为工件轴径公差）的下母线位置，与 V 形块左边接触位置分别为 B、A，槽底至下母线的距离分别为 H_1'和 H_1''（参见图 5-17）。

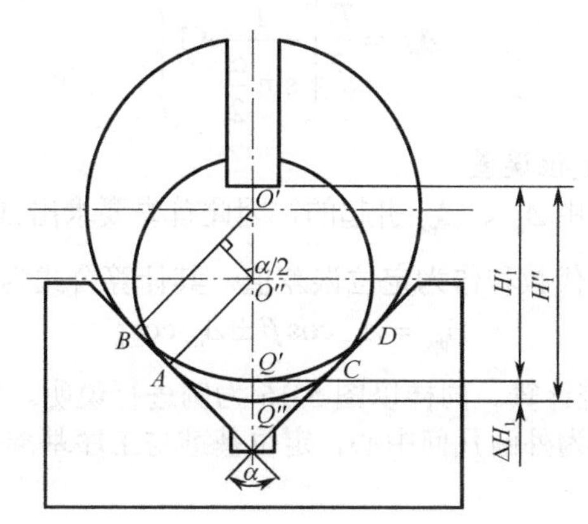

图 5-17　铣键槽的定位误差

定位误差为

$$\begin{aligned}\Delta_{H_1} &= H_1'' - H_1' \\ &= O'Q'' - O'Q' \\ &= O'O'' + O''Q'' - O'Q' \\ &= \frac{T_{\mathrm{d}}}{2\sin\dfrac{\alpha}{2}} + \frac{1}{2}(d - T_{\mathrm{d}}) - \frac{d}{2}\end{aligned} \tag{5-5}$$

$$=\frac{T_d}{2\sin\frac{\alpha}{2}}-\frac{T_d}{2}$$

$$=\frac{T_d}{2}\left(\frac{1}{\sin\frac{\alpha}{2}}-1\right)$$

记为$\varDelta_{H_1}=kT_d$，$k=\frac{1}{2}\left(\frac{1}{\sin\frac{\alpha}{2}}-1\right)$。由于V形块角度$\alpha$已标准化，因此有如下结果（见表5-2）。

表5-2 V形块角度α及k值

α	120°	90°	60°
k	0.077	0.207	0.5

可见，120°的V形块定位精度高，但稳定性差；而60°的V形块定位精度低，但稳定性高；90°的V形块定位精度和稳定性居中，应用最多。

同理，可推导出图5-16（a）、（c）所示情况的定位误差分别为

$$\varDelta_H=\frac{T_d}{2\sin\frac{\alpha}{2}} \tag{5-6}$$

$$\varDelta_{H_2}=\frac{T_d}{2}\left(\frac{1}{\sin\frac{\alpha}{2}}+1\right) \tag{5-7}$$

2）*用误差合成法计算定位误差*

如前所述，定位误差是由$\varDelta_{bc}$、$\varDelta_{jw}$引起的，因此首先要求出$\varDelta_{bc}$和$\varDelta_{jw}$的大小，然后取它们在工序尺寸方向上分量的代数和作为定位误差值。其计算公式为

$$\varDelta_{dw}=\varDelta_{bc}\cos\beta\pm\varDelta_{jw}\cos\gamma \tag{5-8}$$

（1）用V形块定位误差计算。同样以图5-16为例进行说明。图5-16（a）中工序基准为外圆几何中心，定位基准也为外圆几何中心，定位基准与工序基准重合，故$\varDelta_{bc}=0$。基准位置误差为

$$\varDelta_{jw}=OO_3=\frac{d}{2\sin\frac{\alpha}{2}}-\frac{d-T_d}{2\sin\frac{\alpha}{2}}=\frac{T_d}{2\sin\frac{\alpha}{2}} \tag{5-9}$$

定位误差为

$$\varDelta_{dw}=\varDelta_{bc}\cos\beta\pm\varDelta_{jw}\cos\gamma=\varDelta_{jw}=\frac{T_d}{2\sin\frac{\alpha}{2}} \tag{5-10}$$

图5-16（b）中工序基准为下母线，定位基准为外圆几何中心，定位基准与工序基准不重合，故$\varDelta_{bc}=T_d/2$，基准位置误差为

$$\Delta_{\text{jw}} = \frac{T_{\text{d}}}{2\sin\frac{\alpha}{2}} \tag{5-11}$$

因两误差方向相反，并与工序尺寸方向一致，因此定位误差为

$$\Delta_{\text{dw}} = \Delta_{\text{bc}}\cos\beta \pm \Delta_{\text{jw}}\cos\gamma = \frac{T_{\text{d}}}{2\sin\frac{\alpha}{2}} - \frac{T_{\text{d}}}{2} \tag{5-12}$$

图 5-16（c）中工序基准为上母线，定位基准为外圆几何中心，定位基准与工序基准不重合，故Δ_{bc}–$T_{\text{d}}/2$，基准位置误差为

$$\Delta_{\text{jw}} = \frac{T_{\text{d}}}{2\sin\frac{\alpha}{2}} \tag{5-13}$$

因两误差方向相同，并与工序尺寸方向一致，因此定位误差为

$$\Delta_{\text{dw}} = \Delta_{\text{bc}}\cos\beta \pm \Delta_{\text{jw}}\cos\gamma = \frac{T_{\text{d}}}{2\sin\frac{\alpha}{2}} + \frac{T_{\text{d}}}{2} \tag{5-14}$$

（2）孔销间隙配合定位误差的计算。在使用心轴、销、定位套定位时，工件定位基准面与定位元件间的间隙可使工件定心不准产生定位误差。如图 5-18 所示为定位销（$d'^{\,0}_{-T'_d}$）与孔（$D^{+T_D}_{\ 0}$）的定位情况，欲在外圆面上铣一键槽，要求计算孔销以任意边接触和以固定边接触两种情况下，尺寸 H_1、H_2、H_3 的定位误差。

首先，计算孔销配合的基准位置误差，当孔销以任意边接触时，基准位置误差计算方法如下（见图 5-18（b）中的 O_1O_2，此时孔直径最大，销直径最小）：

$$\Delta_{\text{jw}} = O_1O_2 = D_{\max} - d'_{\min} = D + T_D - (d' - T'_d) = T_D + T'_d + \Delta_{\min} \tag{5-15}$$

式中，$\Delta_{\min}$ 为孔销配合的最小间隙量。

孔销以固定边接触时的基准位置误差计算方法如下（见图 5-18（c）中的 O_1O_2）：

$$\Delta_{\text{jw}} = O_1O_2 = \frac{D_{\max}}{2} - \frac{D_{\min}}{2} + \frac{T'_d}{2} = \frac{T_D}{2} + \frac{T'_d}{2} \tag{5-16}$$

其次，计算定位误差。当孔销以任意边接触时，H_1、H_2、H_3 的定位误差分别为

$$\begin{aligned} \Delta_{H_1} &= \Delta_{\text{bc}} + \Delta_{\text{jw}} = 0 + (T_D + T'_d + \Delta_{\min}) \\ \Delta_{H_2} &= \Delta_{H_3} = \Delta_{\text{bc}} + \Delta_{\text{jw}} = \frac{T_d}{2} + (T_D + T'_d + \Delta_{\min}) \end{aligned} \tag{5-17}$$

式中，$T_D + T'_d + \Delta_{\min}$ 为基准位置误差，$T_d/2$ 为尺寸 H_2、H_3 的基准不重合误差。

如果孔销以固定边接触，则 H_1、H_2、H_3 的定位误差分别为

$$\begin{aligned} \Delta_{H_1} &= \Delta_{\text{bc}} + \Delta_{\text{jw}} = 0 + \left(\frac{T_D + T'_d}{2}\right) \\ \Delta_{H_2} &= \Delta_{H_3} = \Delta_{\text{bc}} + \Delta_{\text{jw}} = \frac{T_d}{2} + \left(\frac{T_D + T'_d}{2}\right) \end{aligned} \tag{5-18}$$

式中，$(T_D + T'_d)/2$ 为基准位置误差，$T_d/2$ 为尺寸 H_2、H_3 的基准不重合误差。

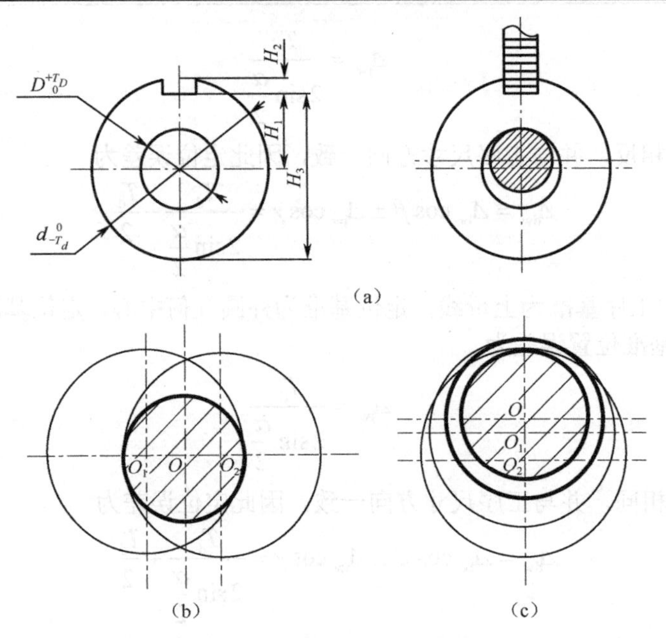

图 5-18 孔销配合定位误差计算

3）用微分法计算定位误差

例如，在一轴上铣平面，要求保证的工序尺寸为 A，与定位有关的尺寸及定位方案如图 5-19 所示，现求工序尺寸 A 的定位误差。

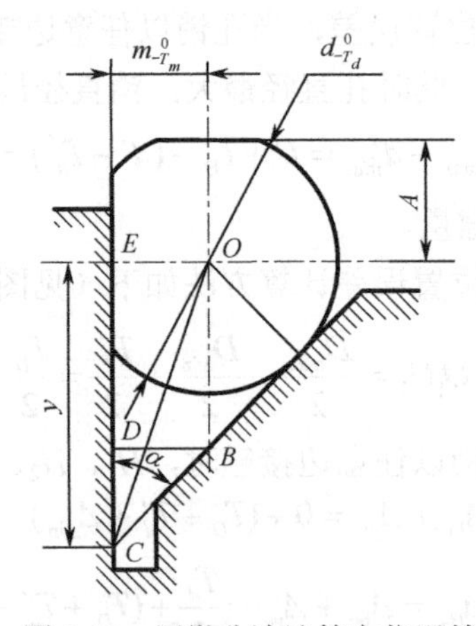

图 5-19 用微分法计算定位误差

由于定位误差是工序基准位置在工序尺寸方向上的变动量，因此首先把工序基准 O 与夹具上定点 C 点相连，并找出 OC 在工序尺寸方向上的分量 y，由图示几何关系得 y 的函数式：

$$y = \frac{m}{\tan\alpha} + \frac{d}{2\sin\alpha} \tag{5-19}$$

对上式微分，得到

$$\mathrm{d}y = \frac{\mathrm{d}m}{\tan\alpha} + \frac{\mathrm{d}d}{2\sin\alpha} - \frac{1}{\sin^2\alpha}\left(m + \frac{d}{2}\cos\alpha\right)\mathrm{d}\alpha$$

最大的定位误差为

$$\Delta_{dw}=\frac{T_m}{\tan\alpha}+\frac{T_d}{2\sin\alpha}+\frac{1}{\sin^2\alpha}\left(m+\frac{d}{2}\cos\alpha\right)T_\alpha \tag{5-20}$$

采用微分法计算定位误差，其前提是能建立各有关参数的函数式。当夹具结构复杂时，有时不能很容易地做到这一点。

【例 5-1】 在套筒零件上铣台阶面，如图 5-20(a)所示，要求保证尺寸 $10_{-0.08}^{\ 0}$ mm、$8_{-0.12}^{\ 0}$ mm，其他尺寸已在前工序完成。若采用图 5-20（b）所示的定位方案，孔与销的配合按 H7/g6 计算，问能否保证加工精度要求？

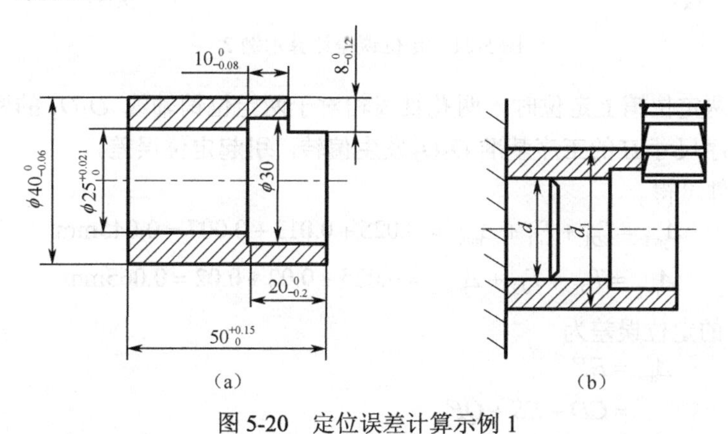

图 5-20　定位误差计算示例 1

解：按配合精度 H7/g6，则销的直径应为 $\phi25_{-0.020}^{-0.007}$ mm，因销为水平放置（孔销固定边接触），故有：

（1）对于尺寸 $8_{-0.12}^{\ 0}$ mm

$$\Delta_{jw}=\frac{1}{2}(T_D+T_d)=\frac{1}{2}(0.021+0.013)=0.017\text{mm}$$

$$\Delta_{bc}=\frac{1}{2}T_{d_1}=\frac{1}{2}\times0.06=0.03\text{mm}$$

得

$$\Delta_{dw}=0.017+0.03=0.047\text{mm}$$

由于定位误差大于尺寸公差的 1/3，所以不能满足要求。

（2）对于尺寸 $10_{-0.08}^{\ 0}$ mm

$$\Delta_{jw}=0$$

$$\Delta_{bc}=0.15+0.2=0.35\text{mm}$$

得

$$\Delta_{dw}=0.35\text{mm}$$

由于定位误差大于尺寸公差，所以不能满足要求。

【例 5-2】 工件以一面两孔为定位基面在垂直放置的一面两销上定位铣削 P 面，如图 5-21 所示，要求保证尺寸 H=60±0.15mm。已知：两定位孔直径为 $D=\phi12_{\ 0}^{+0.025}$ mm，两孔中心距 L_2=200±0.05mm，L_1=50mm，L_3=300mm，两定位销的直径尺寸分别为 $d_1=\phi12_{-0.020}^{-0.007}$ mm，$d_2=\phi12_{-0.04}^{-0.02}$ mm，试计算此工序的定位误差。

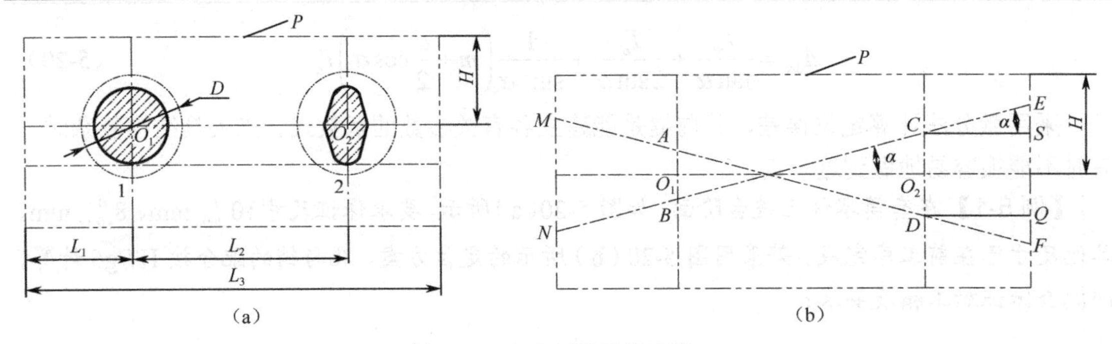

图 5-21　定位误差计算示例 2

解：工件在两定位销上定位时，两孔轴线相对于两定位销轴线 O_1O_2 的两个极限位置为 AD 和 BC，使工序尺寸 H 的工序基准 O_1O_2 发生偏转，引起定位误差。

根据已知条件可得

$$\varDelta_{\text{jw1}} = T_{D1} + T_{d1} + \varDelta_{\min 1} = 0.025 + 0.013 + 0.007 = 0.045\text{mm}$$

$$\varDelta_{\text{jw2}} = T_{D2} + T_{d2} + \varDelta_{\min 2} = 0.025 + 0.02 + 0.02 = 0.065\text{mm}$$

工序尺寸 H 的定位误差为

$$\begin{aligned}\varDelta_{\text{dw}} &= EF \\ &= CD + ES + QF \\ &= CD + 2(L_3 - L_2 - L_1)\tan\alpha \\ &= \varDelta_{\text{jw2}} + 2(L_3 - L_2 - L_1) \times \frac{\varDelta_{\text{jw1}} + \varDelta_{\text{jw2}}}{2L_2} \\ &= 0.065 + 2 \times (300 - 200 - 50) \times (0.045 + 0.065)/400 \\ &\approx 0.093\text{mm}\end{aligned}$$

5.3　工件在机床夹具中的夹紧

工件定位后，在加工过程中，会受到许多外力（如切削力、重力、惯性力等）的作用，而破坏工件的准确定位，因此要设法把工件夹紧在定位元件上，用于夹紧的机构称为夹紧机构或夹紧装置。夹紧机构在机床夹具设计中占有很重要的地位，一个夹具在性能上的优劣，除了从定位性能上加以评定外，还必须从夹紧机构的性能上来考核，如夹紧机构的可靠性、操作方便性。夹紧机构的复杂程度基本上决定了夹具的复杂程度。从设计的难度上讲，夹紧机构往往花费夹具设计人员较多的心血。

设计夹紧机构一般应遵循以下主要原则。

（1）夹紧必须保证定位准确可靠，而不能破坏定位。

（2）工件和夹具的变形必须在允许的范围内。

（3）夹紧机构必须可靠。夹紧机构各元件要有足够的强度和刚度，手动夹紧机构必须保证自锁，机动夹紧应有联锁保护装置，夹紧行程必须足够。

（4）夹紧机构操作必须安全、省力、方便、迅速、符合工人操作习惯。

（5）夹紧机构的复杂程度、自动化程度必须与生产纲领和工厂的条件相适应。

5.3.1　夹紧力三要素的确定

夹紧力包括方向、作用点和大小三个要素，这是夹紧机构设计中首先要解决的问题。

1．夹紧力方向的确定

夹紧力作用方向的选择必须注意以下几个原则。

1）夹紧力的方向应不破坏工件定位的准确性

如图 5-22 所示的夹具，用于对直角支座零件进行镗孔，要求孔与端面 A 垂直，因此应选 A 面为第一定位基准，夹紧力 F_{j1} 应垂直压向 A 面。若采用夹紧力 F_{j2}，由于工件 A 面与 B 面的垂直度误差，则镗孔只能保证孔与 B 面的平行度，而不能保证孔与 A 面的垂直度。

2）夹紧力方向应使工件变形最小

夹紧力方向应与工件刚度高的方向一致，以减小工件的变形。如图 5-23 所示为薄壁套筒的夹紧，采用三爪卡盘夹紧时的工件变形显然要比用特制螺母从轴向夹紧时的工件变形大。

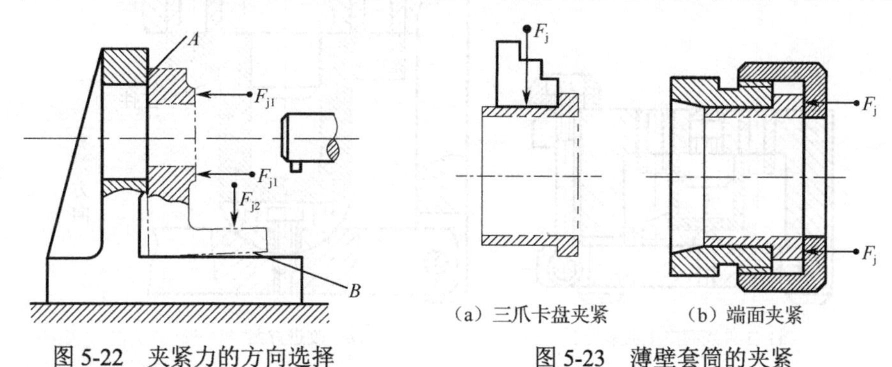

（a）三爪卡盘夹紧　（b）端面夹紧

图 5-22　夹紧力的方向选择　　图 5-23　薄壁套筒的夹紧

3）夹紧力方向应使所需夹紧力尽可能小

夹紧力方向应尽可能与切削力、重力方向一致，有利于减小夹紧力，如图 5-24（a）所示情况是合理的，图 5-24（b）所示情况则不尽合理。

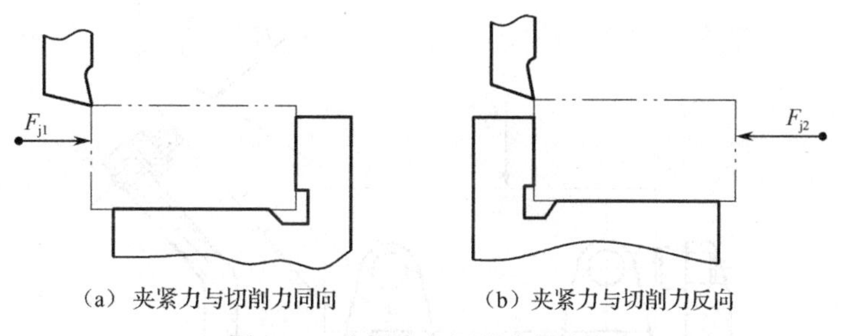

（a）夹紧力与切削力同向　（b）夹紧力与切削力反向

图 5-24　夹紧力与切削力的方向

2．夹紧力作用点的选择

夹紧力作用点的选择对工件夹紧稳定性和避免工件变形有重要影响。选择作用点应注意以下原则。

（1）夹紧力的作用点应与支承点“点对点”对应，或在支承点确定的区域内，以避免破坏定位或造成较大的夹紧变形。如图 5-25 所示两种情况均破坏了定位。

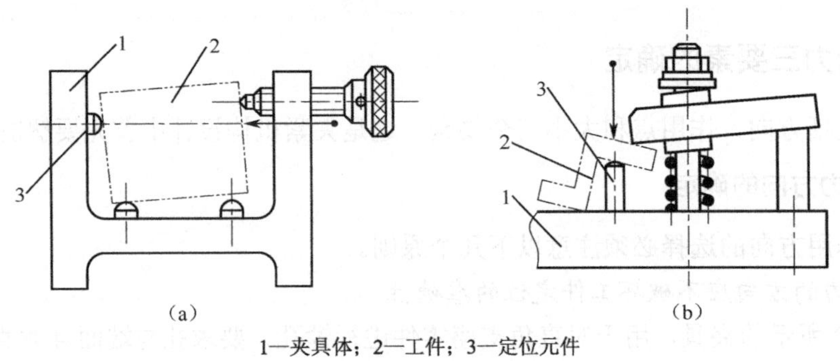

1—夹具体；2—工件；3—定位元件

图 5-25 夹紧力作用点的位置

（2）夹紧力的作用点应作用在工件刚度高的部位。如图 5-26（a）所示情况可造成工件薄壁底部较大的变形，改进后的结构如图 5-26（b）所示。

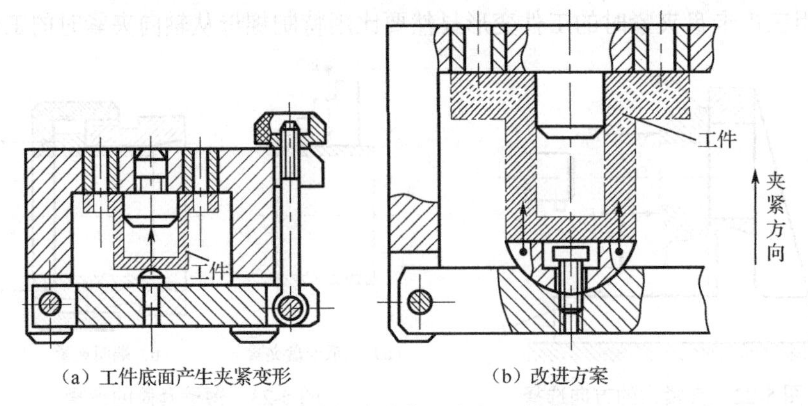

（a）工件底面产生夹紧变形　（b）改进方案

图 5-26 夹紧力的作用点与工件变形

（3）夹紧力的作用点和支承点尽可能靠近切削部位，以提高工件切削部位的刚度和抗振性。如图 5-27 所示的夹具，在切削部位增加了辅助支承和辅助夹紧。

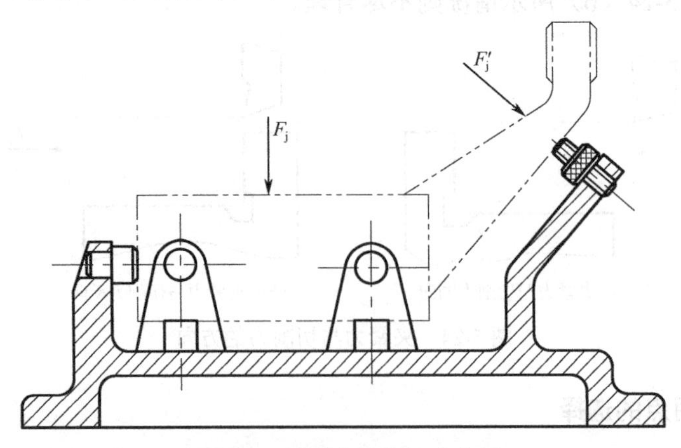

图 5-27 辅助支承和辅助夹紧

（4）夹紧力的反作用力不应使夹具产生影响加工精度的变形。如图 5-28（a）所示，工件 1 对夹紧螺杆 3 的反作用力使导向支架 2 变形，从而产生镗套 4 的导向误差。改进后的结构如图 5-28（b）所示，夹紧力的反作用力不再作用在导向支架 2 上。

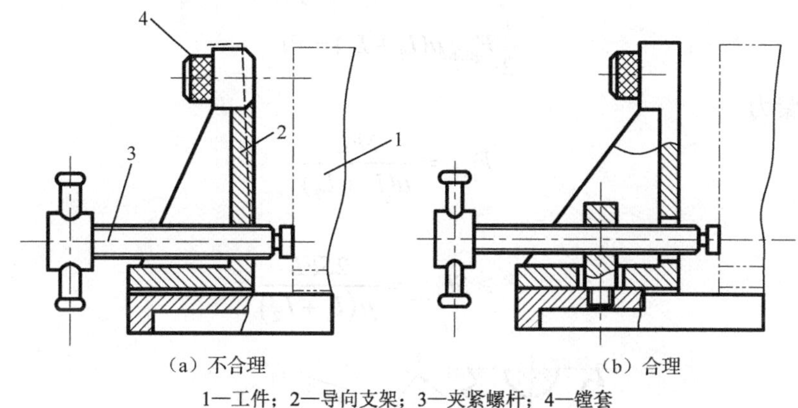

（a）不合理　（b）合理

1—工件；2—导向支架；3—夹紧螺杆；4—镗套

图 5-28　夹紧引起导向支架变形

3. 夹紧力大小的确定

夹紧力大小的计算是夹具设计中的一项重要内容。夹紧力大小与工件安装的可靠性、加工质量的高低、工件和夹具的变形、夹紧机构的复杂程度和传动装置的选用等有很大的关系。在手动夹紧时，可凭人的感觉控制夹紧力的大小，一般不进行计算。当设计机动（如气动、液压等）夹紧装置时，则应计算夹紧力的大小，以便决定动力部件的尺寸（如汽缸、活塞的直径等）。

夹紧力大小一般可经过实验来确定。通常，由于切削力本身是估算的，工件与支承件间的摩擦系数也是近似的，因此夹紧力也是粗略估算的。在计算夹紧力时，将夹具和工件看作一个刚性系统，以切削力的作用点、方向和大小处于最不利于夹紧时的状况为工件受力状况，根据切削力、夹紧力（大工件还应考虑重力，运动速度较大时应考虑惯性力等），以及夹紧机构具体尺寸，列出工件的静力平衡方程式，求出理论夹紧力，再乘以安全系数，作为实际所需夹紧力。安全系数一般可取 S=2～3，或按下式计算：

$$S = S_1 S_2 S_3 S_4 \tag{5-21}$$

式中　S_1——一般安全系数，考虑工件材料性质及余量不均匀等引起切削力变化，S_1=1.5～2；

S_2——加工性质系数，粗加工 S_2=1.2，精加工 S_2=1；

S_3——刀具钝化系数，S_3=1.1～1.3；

S_4——断续切削系数，断续切削时 S_4=1.2，连续切削时 S_4=1。

工件与支承元件之间的摩擦系数，以及工件与夹紧元件之间的摩擦系数可参见表 5-3。

表 5-3　摩擦系数

支承表面特点	摩擦系数 μ	支承表面特点	摩擦系数 μ
光滑表面	0.15～0.25	直沟槽，方向与切削方向垂直	0.40～0.50
直沟槽，方向与切削方向一致	0.25～0.35	交错网状沟槽	0.60～0.80

图 5-29 所示为工件铣削加工的情况，最不利于夹紧的状况是开始铣削时，此时切削力矩 FL 会使工件产生绕 O 点翻转的趋势，与之平衡的是支承面 A、B 处的摩擦力对 O 点的力矩。于是有

$$\frac{1}{2}F_{\mathrm{jmin}}\mu(L_1+L_2)=FL \tag{5-22}$$

可求出最小夹紧力

$$F_{\mathrm{jmin}}=\frac{2FL}{\mu(L_1+L_2)} \tag{5-23}$$

实际夹紧力

$$F_{\mathrm{j}}\geqslant SF_{\mathrm{jmin}}=\frac{2SFL}{\mu\left(L_1+L_2\right)} \tag{5-24}$$

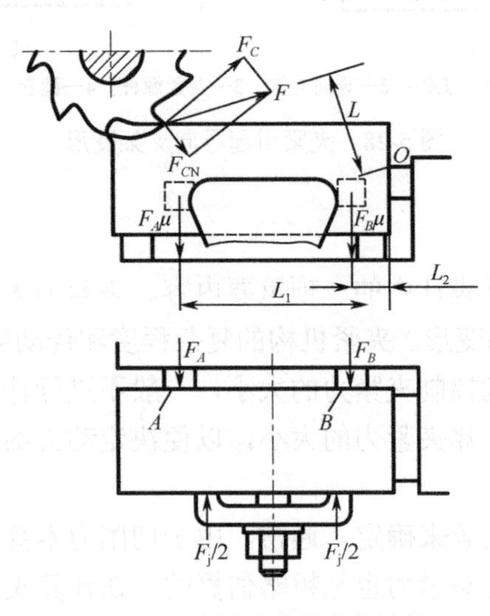

图 5-29 铣削时夹紧力的计算

本例中，压板与工件间也存在阻止工件绕 O 点翻转的摩擦力矩，若已知压紧点至 O 点的距离分别为 L_1'和 L_2''，则上式可写为

$$F_{\mathrm{j}}\geqslant\frac{2SFL}{\mu\left(L_1+L_2\right)+\mu'(L_1'+L_2'')} \tag{5-25}$$

5.3.2 常用夹紧机构

在夹紧机构中，绝大多数都利用斜面楔紧原理来夹紧工件，其基本形式是斜楔夹紧，而螺旋夹紧、偏心夹紧等都是它的变形。

1. 斜楔夹紧机构

图 5-30 所示是一种简单的斜楔夹紧机构，图 5-30（a）所示为钻两小孔用的夹具。工件装入夹具后，敲击楔块 3 的大端，使其楔入工件和夹具体之间，从而实现夹紧。在生产中直接用楔块夹紧工件的情况比较少，一般都与其他机构组合实现工件的夹紧。图 5-30（b）所示为一杠杠组合夹紧机构，楔块 3 可采用液压、气动等传动装置驱动。

下面我们分析斜楔夹紧时的夹紧力计算过程，图 5-30(a)中的斜楔夹紧受力分析如图 5-31 所示，在原始力 F_{s}的作用下，与工件接触的一面受有工件对它的反作用力 F_{j}（即夹紧力）和摩擦力 F_{M1}，与夹具体接触的一面受到夹具体对它的反作用力 F_{N}和摩擦力 F_{M2}，F_{j}和 F_{M1}合成为 F_{R1}，F_{N}和 F_{M2}合成为 F_{R2}，F_{R2}可分解为 $F_{\mathrm{R}x}$和 $F_{\mathrm{R}y}$，根据静力平衡条件，可得

$$F_j = \frac{F_s}{\tan\varphi_1 + \tan(\alpha + \varphi_2)} \tag{5-26}$$

其中，φ_1、φ_2 分别为楔块与工件及夹具体间的摩擦角；α为斜楔升角，为了手动夹紧时能自锁，α=5°～7°，在采用螺旋机构、偏心机构或气动、液动推动斜楔时，α可大一些。

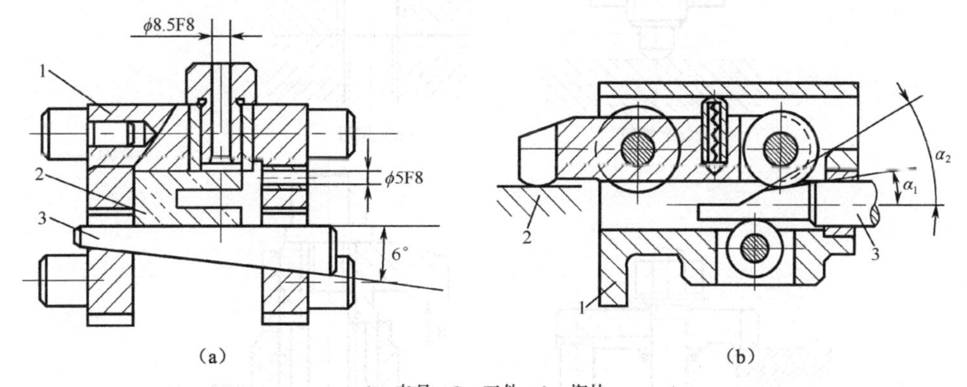

1—夹具；2—工件；3—楔块

图 5-30 斜楔夹紧机构

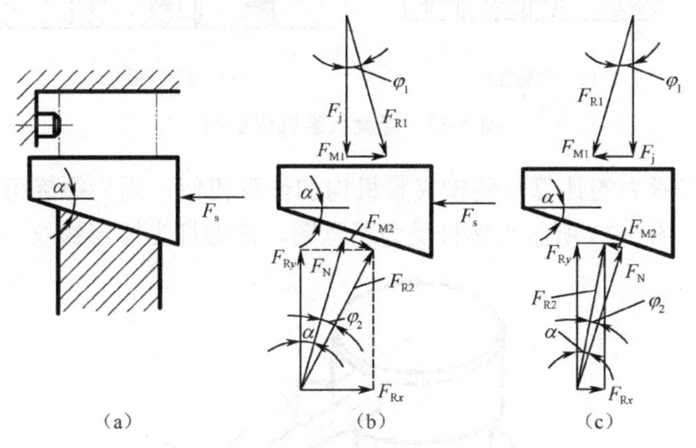

图 5-31 斜楔夹紧受力分析

斜楔机构一般要求具有自锁性，即当原始作用力 F_s 撤除后，夹紧机构能依靠摩擦力保持对工件的夹紧而不松开。斜楔在没有原始力 F_s 作用时，要实现自锁，必须满足：

$$F_{M1} \geqslant F_{Rx} \tag{5-27}$$

即

$$F_j \tan\varphi_1 \geqslant F_j \tan(\alpha - \varphi_2) \tag{5-28}$$

因α、φ_1、φ_2 都很小，可得自锁条件为

$$\alpha \leqslant \varphi_1 + \varphi_2 \tag{5-29}$$

斜楔夹紧机构的特点为：①斜楔具有增力作用，α 越小，则增力作用越大；②斜楔的夹紧行程很小；③在 $\alpha \leqslant \varphi_1 + \varphi_2$ 时，夹紧机构具有自锁性能；④直接用楔块手动夹紧时，操作很不方便。目前，斜楔夹紧机构主要作为增力自锁机构用在气动、液压夹紧装置中。

2. 螺旋夹紧机构

螺旋夹紧机构是夹紧机构中应用最广泛的一种，图 5-32 所示为螺旋夹紧机构示例。

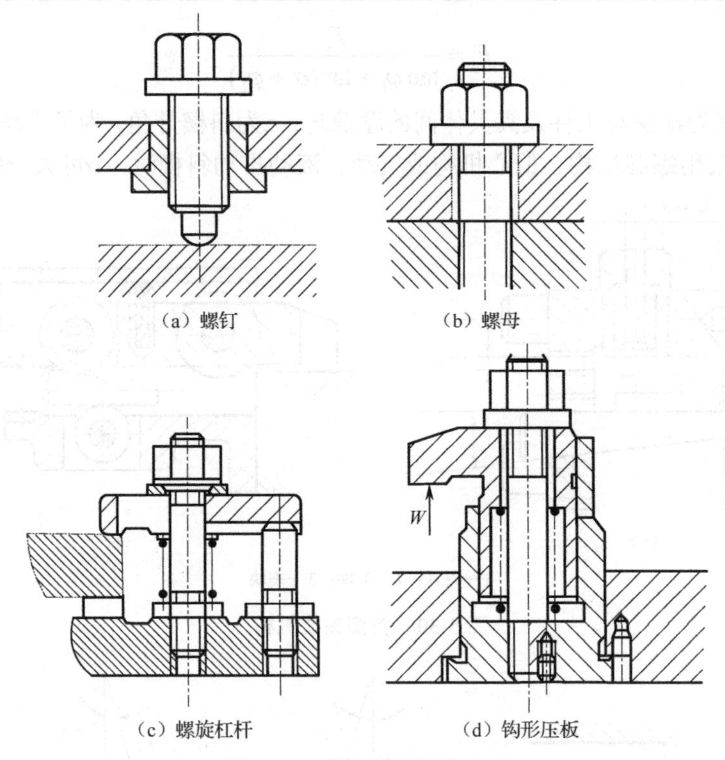

图 5-32　螺旋夹紧机构示例

螺旋夹紧机构夹紧力的计算与斜楔夹紧机构的计算相似，因为螺旋可以看作由一斜楔绕在圆柱体上而形成。图 5-33 所示为螺杆受力示意图，该螺杆为矩形螺纹。

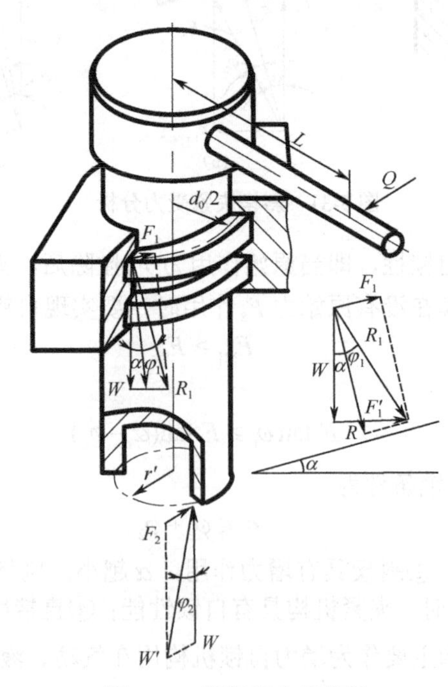

图 5-33　螺杆受力示意图

原始动力为 Q，力臂为 L，作用在螺杆上，其力矩为 $T=QL$。工件对螺杆的反作用力有垂

直方向反作用力 W（等于夹紧力）、工件对其摩擦力 $F_2=W\tan\varphi_2$。该摩擦力存在于螺杆端面的一个环面内，可视为集中作用于当量摩擦半径为 r' 的圆周上，因此摩擦力矩 $T_1=F_2r'=W\tan\varphi_2 r'$。螺母为固定件，其对螺杆的作用力有垂直于螺旋面的作用力 R 及摩擦力 F_1，其合力为 R_1。该合力可分解为螺杆轴向分力和周向分力，轴向分力与工件的反作用力 W 平衡。周向分力可视为作用在螺纹中径 d_0 上，对螺杆产生力矩 $T_2=W\tan(\alpha+\varphi_1)d_0/2$。螺杆上的力矩 T、T_1 和 T_2 平衡，有

$$QL - W\tan(\alpha+\varphi_1)\frac{d_0}{2} - W\tan\varphi_2 r' = 0 \tag{5-30}$$

则得

$$W = \frac{QL}{\dfrac{d_0}{2}\tan(\alpha+\varphi_1) + r'\tan\varphi_2} \tag{5-31}$$

式中　W——夹紧力（N）；

Q——原始动力（N）；

L——作用力臂（mm）；

d_0——螺纹中径（mm）；

α——螺纹升角（°）；

φ_1——螺母处摩擦角（°）；

φ_2——螺杆端部与工件（或压脚处）的摩擦角（°）；

r'——螺杆端部与工件当量摩擦半径（mm）。

不同的螺纹只要将 φ_1 换成 φ_1' 即可，三角螺纹 $\varphi_1'=\arctan(1.15\tan\varphi_1)$，梯形螺纹 $\varphi_1'=\arctan(1.03\tan\varphi_1)$。不同的螺杆端部，其当量摩擦半径计算参见表 5-4。

表 5-4　螺杆端部与工件的当量摩擦半径

	Ⅰ	Ⅱ	Ⅲ
压块形状		2r 2R	α R
r'	$r'=0$	$r'=\dfrac{2(R^3-r^3)}{3(R^2-r^2)}$	$r'=R\cot\dfrac{\alpha}{2}$

螺旋夹紧机构的优点是扩力比可达 80 以上，自锁性好，结构简单，制造方便，适应性强。其缺点是动作慢，操作强度大。

3. 偏心夹紧机构

偏心夹紧机构靠偏心轮回转时其半径逐渐增大而产生夹紧力来夹紧工件，图 5-34 所示为三种偏心夹紧机构。

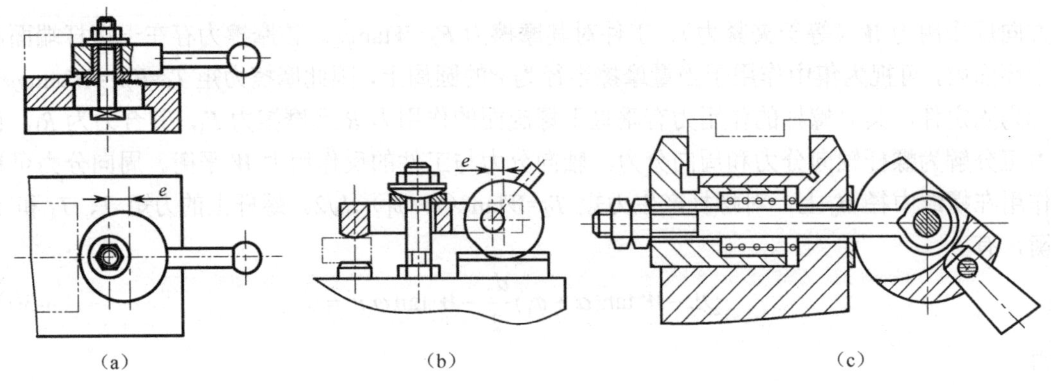

图 5-34 偏心夹紧机构

偏心夹紧原理与斜楔夹紧原理相似，只是斜楔夹紧的楔角不变，而偏心夹紧的楔角是变化的。如图 5-35（a）所示的偏心轮，展开后如图 5-35（b）所示，不同位置的楔角用下式求出：

$$\alpha = \arctan\left(\frac{e\sin\gamma}{R - e\cos\gamma}\right) \tag{5-32}$$

式中 α——偏心轮的楔角（°）；

e——偏心轮的偏心距（mm）；

R——偏心轮的半径（mm）；

γ——偏心轮作用点 X 与起始点 O 之间的圆心角（°），参见图 5-35（a）。

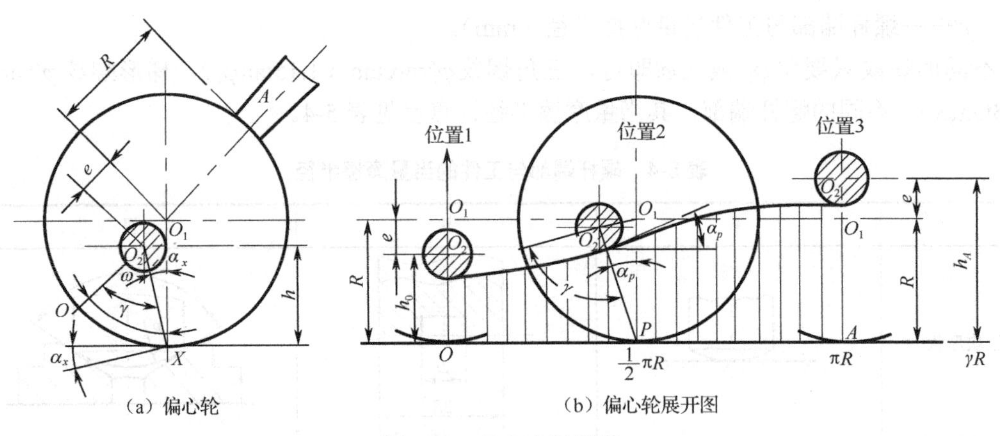

图 5-35 偏心夹紧原理

当 γ=90° 时，α 接近最大值

$$\alpha_{\max} = \arctan\left(\frac{e}{R}\right) \tag{5-33}$$

根据斜楔自锁条件：$\alpha \leqslant \varphi_1 + \varphi_2$，此处 φ_1、φ_2 分别为轮周作用点处与转轴处的摩擦角，忽略转轴处的摩擦，并考虑最不利的情况，或者说更保险的情况，偏心轮夹紧自锁条件为

$$\frac{e}{R} \leqslant \tan\varphi_1 = \mu_1 \tag{5-34}$$

式中 φ_1——轮周作用点的摩擦角（°）；

μ_1——轮周作用点的摩擦系数。

偏心夹紧的夹紧力可用下式计算：

$$W = \frac{QL}{P[\tan(\alpha_p + \varphi_2) + \tan\varphi_1]} \tag{5-35}$$

式中　W——夹紧力（N）；

Q——手柄上的动力（N）；

L——动力力臂（mm）；

P——转动中心 O_2 到作用点 P 间距离（mm）；

α_p——夹紧楔角（°）；

φ_2——转轴处的摩擦角（°）。

偏心夹紧的偏心轮已标准化，其夹紧行程和夹紧力在夹具设计手册上已给出，可以选用。偏心夹紧机构的优点是结构简单，操作方便，动作迅速。其缺点是自锁性能差，夹紧行程和增力比小。因此它一般用于工件尺寸变化不大、切削力小而且平稳的场合，不适合在粗加工中应用。

5.3.3　其他夹紧机构

1．铰链夹紧机构

图 5-36 所示为铰链夹紧机构的应用。铰链夹紧机构的特点是动作迅速，增力比大，易于改变力的作用方向。缺点是自锁性能差，一般常用于气动、液压夹紧。铰链夹紧机构设计时要仔细进行铰链和杠杆的受力分析、运动分析及主要参数的分析计算，并根据计算结果，设置必要的浮动、调整环节，以保证铰链夹紧机构正常工作。

2．定心夹紧机构

定心夹紧机构的设计一般按照以下两种原理来进行。

（1）定位—夹紧元件按等速位移原理来均分工件定位面的尺寸误差，实现定心或对中。图 5-37 所示为锥面定心夹紧心轴，拧动螺母 1 时，由于斜面 A、B 的作用，使两组滑块 2 同时等距外伸，直至每组三个滑块与孔壁接触，使工件得到定心夹紧。反向拧动螺母，滑块在弹簧 3 的作用下缩回，工件被松开。图 5-38 所示为螺旋定心夹紧机构，螺杆 3 的两端分别有螺距相等的左、右旋螺纹，转动螺杆可带动 V 形块 1、2 同步向中心移动，实现定心夹紧，叉形件 7 用来调整对称中心的位置。

（2）定位—夹紧元件按均匀弹性变形原理来实现定心夹紧，如各种弹性心轴、液性塑料夹头等。图 5-39 所示为弹簧夹头，带锥面一端开有三个或四个轴向槽。弹簧套筒 3 由卡爪 A、弹性部分（称为簧瓣）B 和导向部分 C 组成，拧紧螺母 2，在斜面作用下，卡爪收缩，将工件定心夹紧。图 5-40 所示为液性塑料夹头，转动螺钉 2，推动柱塞 1，挤压液性塑料 3，使薄壁套筒 4 扩张，从而实现工件定心和夹紧。

3．联动夹紧机构

在夹紧机构设计中，常常会遇到以下情况：工件需要多点同时夹紧，或多个工件同时夹紧，有时需要使工件先可靠定位再夹紧，或者先锁定辅助支承再夹紧等。这时为了操作方便、迅速，提高生产率，降低劳动强度，可采用联动夹紧机构。

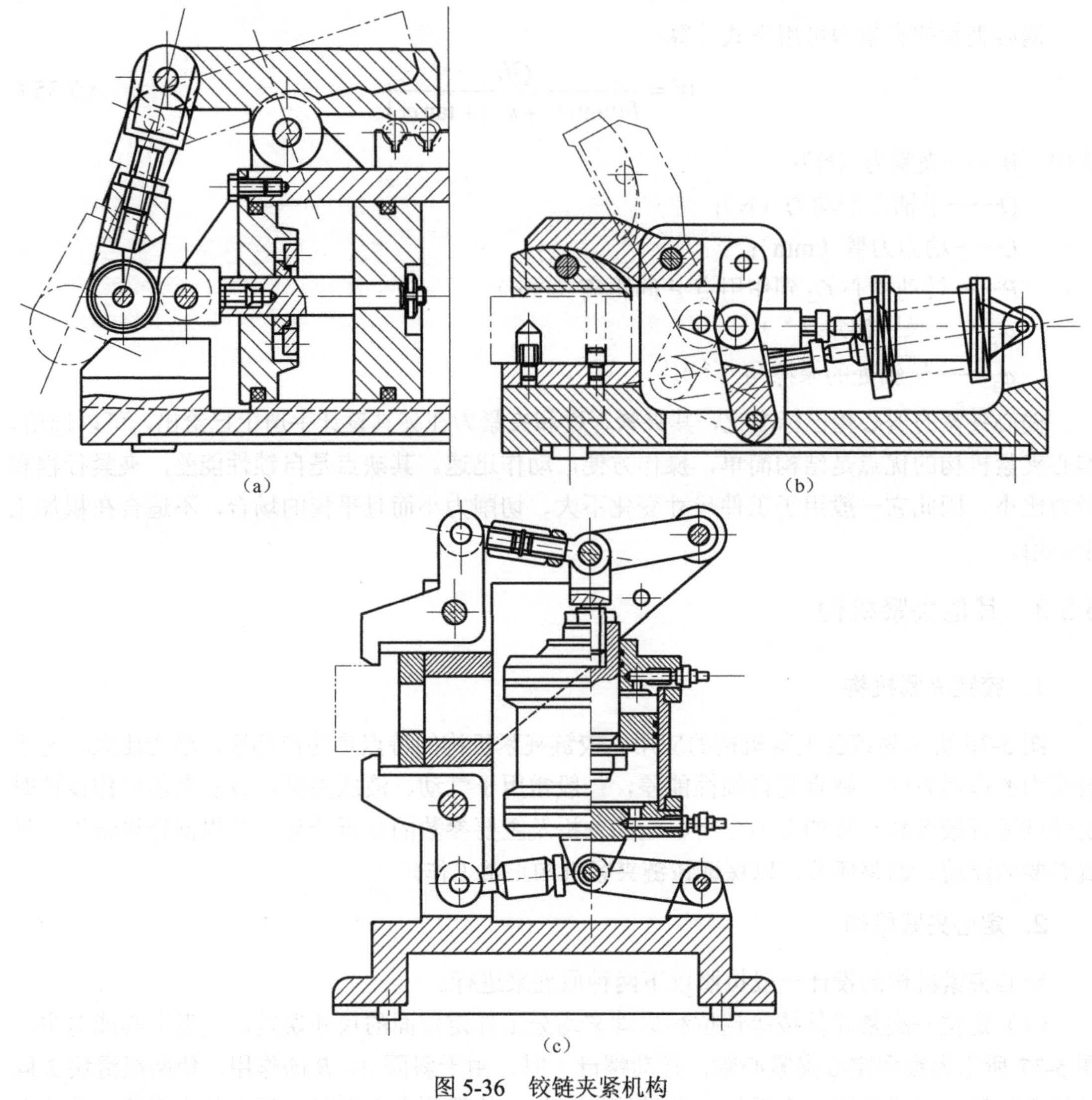

图 5-36 铰链夹紧机构

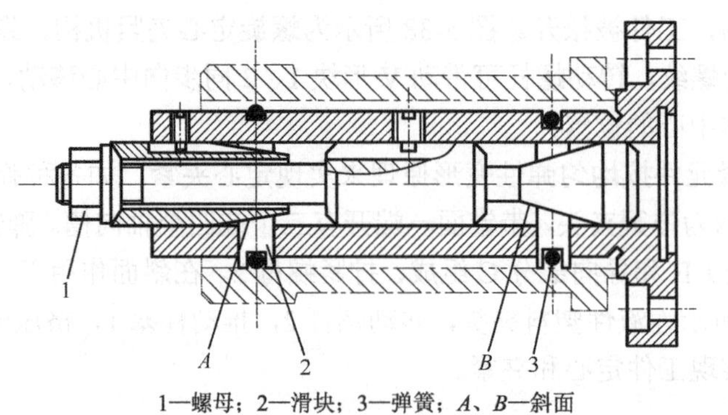

1—螺母；2—滑块；3—弹簧；A、B—斜面

图 5-37 锥面定心夹紧心轴

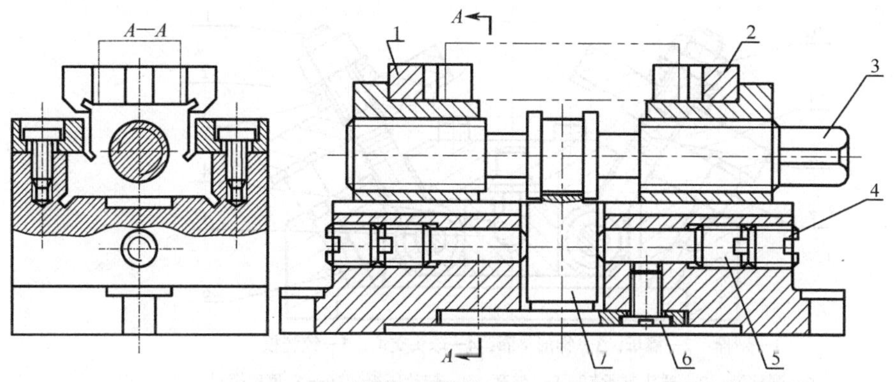

1、2—V 形块；3—螺杆；4、5、6—螺钉；7—叉形件

图 5-38　螺旋定心夹紧机构

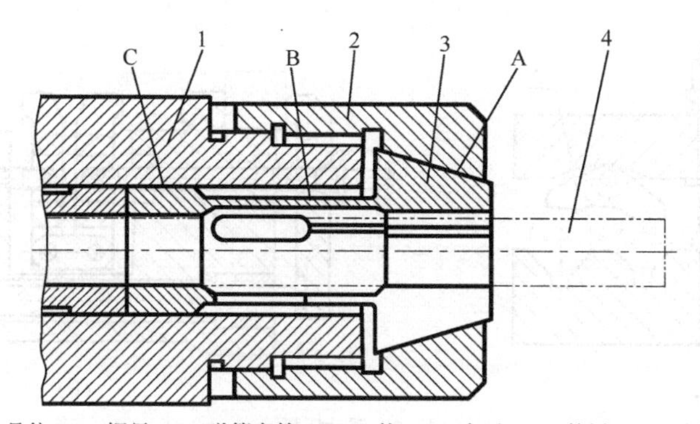

1—夹具体；2—螺母；3—弹簧套筒；4—工件；A—卡爪；B—簧瓣；C—导向部分

图 5-39　弹簧夹头

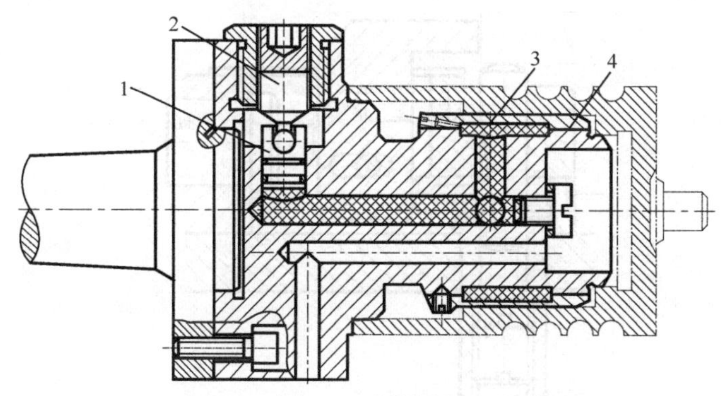

1—柱塞；2—螺钉；3—液性塑料；4—薄壁套筒

图 5-40　液性塑料夹头

图 5-41 所示为多点联动夹紧机构，图 5-42 所示为多件联动夹紧机构，图 5-43 所示为夹紧与辅助支承联动夹紧机构，图 5-44 所示为先定位与后夹紧联动夹紧机构。

图 5-44 所示夹紧机构的动作原理是：当活塞杆 1 右移时先脱离杠杆 3，弹簧 4 使斜楔杆 5 升起，推动压块 6 右移，使工件向右靠在 V 形块 8 上定位，活塞杆 1 继续右移，其上斜面推动杆 2，通过压板 7 夹紧工件。

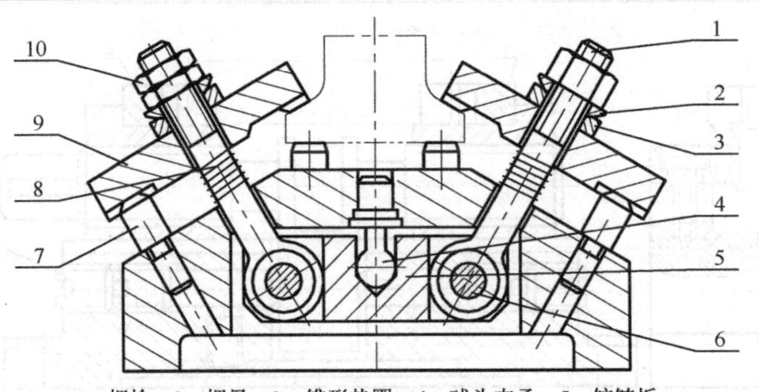

1—螺栓；2—螺母；3—锥形垫圈；4—球头支承；5—铰链板；
6—圆柱销；7—球头支承钉；8—弹簧；9—转动压板；10—六角扁螺母

图 5-41 多点联动夹紧机构

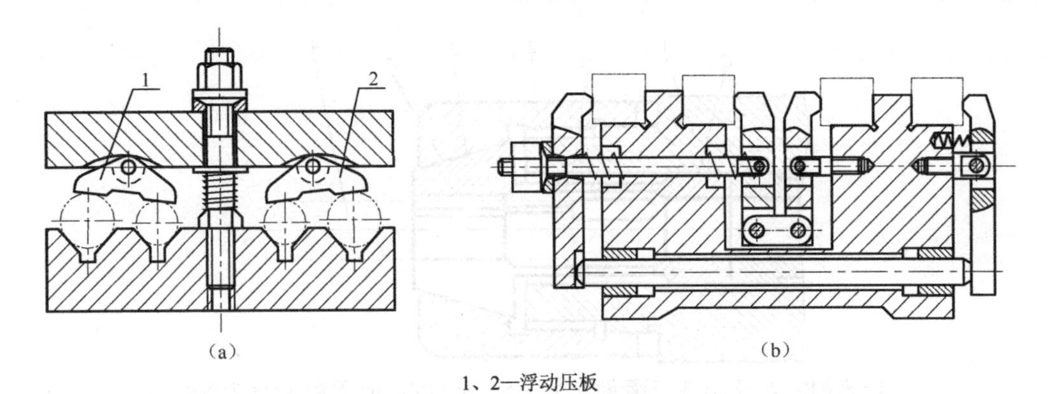

1、2—浮动压板

图 5-42 多件联动夹紧机构

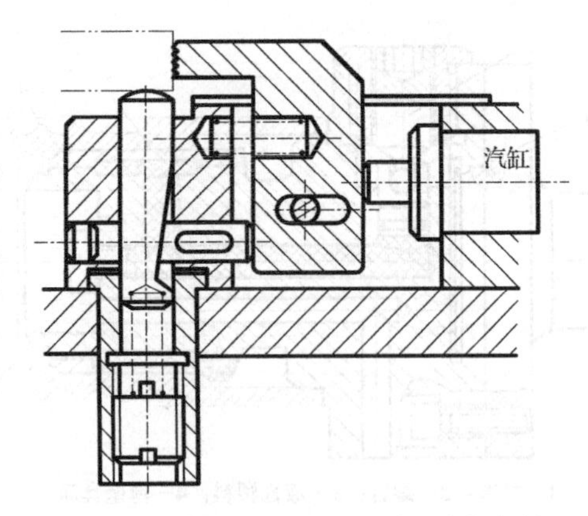

图 5-43 夹紧与辅助支承联动夹紧机构

设计联动夹紧机构时应注意以下几点。

（1）由于联动机构动作和受力情况比较复杂，应仔细进行运动分析和受力分析，以确保设计意图能够实现。

（2）在联动机构中要充分注意在哪些地方设置铰链、球面垫等浮动环节，要注意浮动方向和浮动大小，并设置必要的调整环节，保证夹紧均衡，运动不发生干涉。

（3）各压板都能很好地松夹，以便装卸工件。

（4）要注意整个机构和传动受力环节的强度和刚度。

（5）联动机构不要设计得太复杂，注意提高可靠性、降低制造成本。

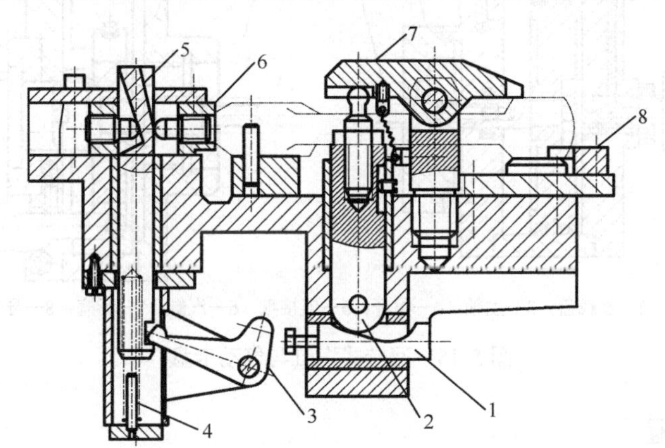

1—活塞杆；2—杆；3—杠杆；4—弹簧；5—斜楔杆；6—压块；7—压板；8—V 形块

图 5-44　先定位与后夹紧联动夹紧机构

5.3.4　夹紧机构的动力装置

手动夹紧机构在各种生产规模中都有广泛应用，但手动夹紧动作慢，劳动强度大，夹紧力变动大。在大批大量生产中往往采用机动夹紧，如气动、液压、电磁和真空夹紧。机动夹紧可以克服手动夹紧的缺点，提高生产率，还有利于实现自动化，当然机动夹紧成本也会提高。

1．气动夹紧装置

气动夹紧装置采用压缩空气作为夹紧装置的动力源。压缩空气具有黏度小、不污染、输送分配方便等优点。气动夹紧装置的缺点是夹紧力比液压夹紧小，一般压缩空气工作压力为 0.4～0.6MPa，结构尺寸较大，有排气噪声。

典型的气动传动系统如图 5-45 所示。

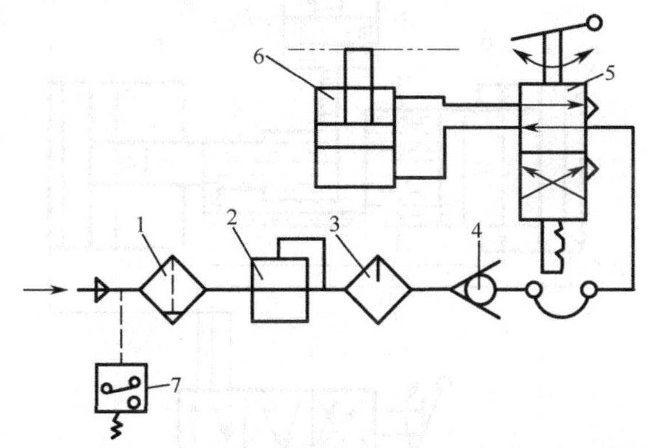

1—分水滤油器；2—调压阀；3—油雾器；4—单向阀；5—方向控制阀；6—汽缸；7—压力继电器

图 5-45　典型的气动传动系统

固定式汽缸和固定式油缸相似。回转式汽缸与气动卡盘如图 5-46 所示，主要用于车床夹具，由于汽缸和卡盘随主轴回转，还需要一个导气接头。

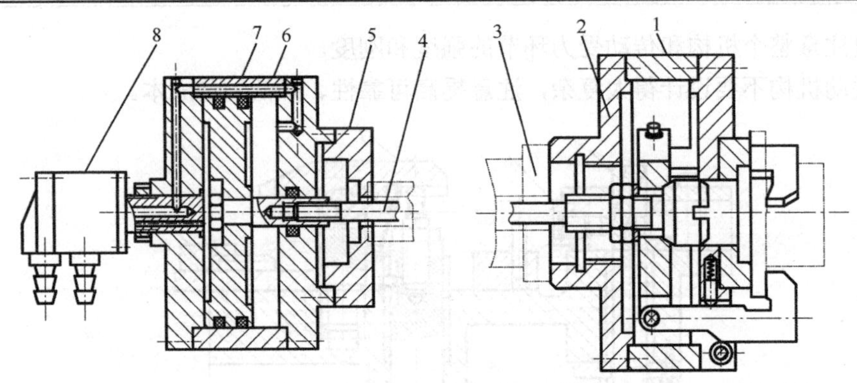

1—卡盘；2—过载盘；3—主轴；4—拉杆；5—连接盘；6—汽缸；7—活塞；8—导气接头

图 5-46 回转式汽缸与气动卡盘

2．液压夹紧装置

液压夹紧装置的工作原理和结构基本上与气动夹紧装置相似，它与气动夹紧装置相比有下列优点。

（1）压力油工作压力可达 6MPa，因此油缸尺寸小，不需增力机构，夹紧装置紧凑。

（2）压力油具有不可压缩性，因此夹紧装置刚度大、工作平稳可靠。

（3）液压夹紧装置噪声小。

其缺点是需要有一套供油装置，成本相对高一些，因此适用于具有液压传动系统的机床和切削力较大的场合。

3．气—液联合夹紧装置

气—液联合夹紧装置以压缩空气作为动力，以油液作为传动介质，它兼有气动和液压夹紧装置的优点。图 5-47 所示为气液增压器，将压缩空气的动力转换为较高的液体压力，供给夹具的夹紧油缸。

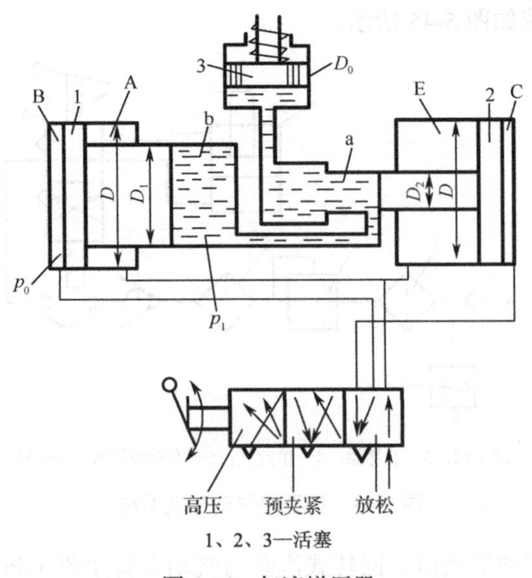

1、2、3—活塞

图 5-47 气液增压器

气液增压器的工作原理为：当三位五通阀由手柄打到预夹紧位置时，压缩空气进入左汽缸的B室，活塞1右移。将b室的油压经a室传至夹紧油缸下端，推动活塞3来预夹紧工件。由于D和D_1相差不大，因此压力油的压力p_1仅稍大于压缩空气压力p_0。但由于D_1比D_0大，因此左汽缸会将b室的油大量压入夹紧油缸，实行快速预夹紧。此后，将手柄打到高压夹紧位置，压缩空气进入右汽缸C室，推动活塞2左移，a、b两室隔断。由于D远大于D_2，使a室中压力增大许多，推动活塞3加大夹紧力，实现高压夹紧。当把手柄打到放松位置时，压缩空气进入左汽缸的A室和右气缸的E室，活塞1左移而活塞2右移，a、b两室联通，a室油压降低，夹紧油缸的活塞3在弹簧作用下下落复位，松开工件。

4．其他动力装置

（1）真空夹紧。真空夹紧利用工件基准面与夹具定位面间的封闭空腔抽取真空后来吸紧工件，即利用工件外表面受到的大气压力来压紧工件。真空夹紧特别适用于由铝、铜及其合金、塑料等非导磁材料制成的薄板形工件或薄壳形工件。图5-48所示为真空夹紧的工作情况，图5-48（a）所示是未夹紧状态，图5-48（b）所示是夹紧状态。

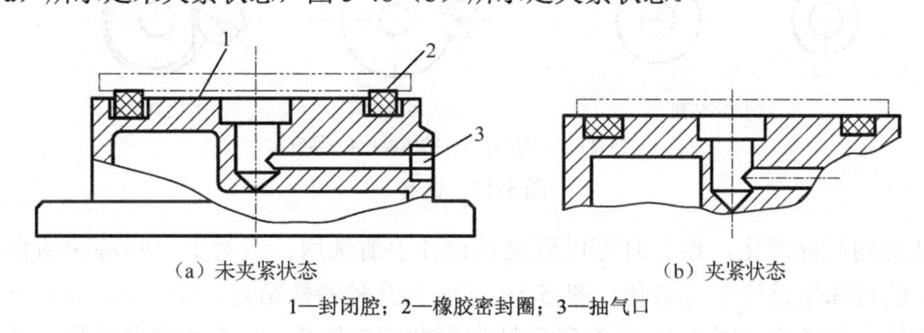

1—封闭腔；2—橡胶密封圈；3—抽气口

图5-48　真空夹紧的工作情况

（2）电磁夹紧。如平面磨床上的电磁吸盘，当线圈中通上直流电后，其铁芯就会产生磁场，在磁场力的作用下将导磁性工件夹紧在吸盘上。

（3）其他方式夹紧。指通过重力、惯性力、弹性力等将工件夹紧，这里不再一一赘述。

5.4　机床夹具的其他装置

机床夹具在某些情况下还需要其他一些装置才能符合该夹具的使用要求。这些装置有导向装置、对刀装置、分度装置和对定装置等。

5.4.1　导向装置

刀具的导向是为了保证孔的位置精度，增加钻头和镗杆的支承以提高其刚度，减小刀具的变形，确保孔加工的位置精度。

1．钻孔的导向装置

钻床夹具中钻头的导向采用钻套，钻套有固定钻套、可换钻套、快换钻套和特殊钻套四种，如图5-49和图5-50所示。

图5-49（a）所示的固定钻套直接压入钻模板或夹具体的孔中，采用过盈配合，位置精度

高，结构简单，但磨损后不易更换，适合于中、小批生产中只钻一次的孔。对于要连续加工的孔，如钻孔—扩孔—铰孔，则要采用可换钻套或快换钻套。

图 5-49（b）所示的可换钻套是先把衬套用过盈配合 H7/n6 或 H7/r6 固定在钻模板或夹具体孔中，再采用间隙配合 H6/g5 或 H7/g6 将可换钻套装入衬套中，并用螺钉压住钻套。这种钻套更换方便，适用于中批以上生产。对于在一道工序内需要连续加工的孔，应采用快换钻套。

图 5-49（c）所示的快换钻套与可换钻套在结构上基本相似，只是在钻套头部多开一个圆弧状或直线状缺口。更换钻套时，只需将钻套逆时针转动，当缺口转到螺钉位置时即可取出，换套方便迅速。

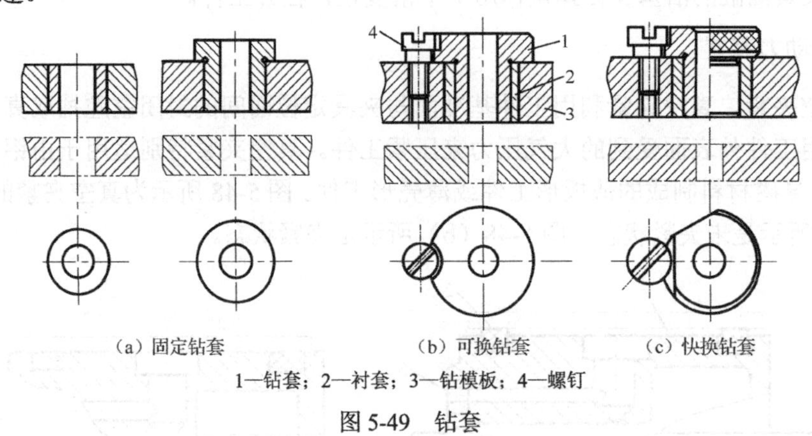

（a）固定钻套　（b）可换钻套　（c）快换钻套

1—钻套；2—衬套；3—钻模板；4—螺钉

图 5-49　钻套

上述钻套均已标准化，设计时可以查夹具设计手册选用。但对于一些特殊场合，可以根据加工条件的特殊性设计专用钻套。图 5-50 所示为几种特殊钻套，图 5-50（a）所示钻套用于两孔间距较小的场合；图 5-50（b）所示钻套更贴近工件孔，以改善导向效果；图 5-50（c）所示为加工斜面上的孔用钻套。

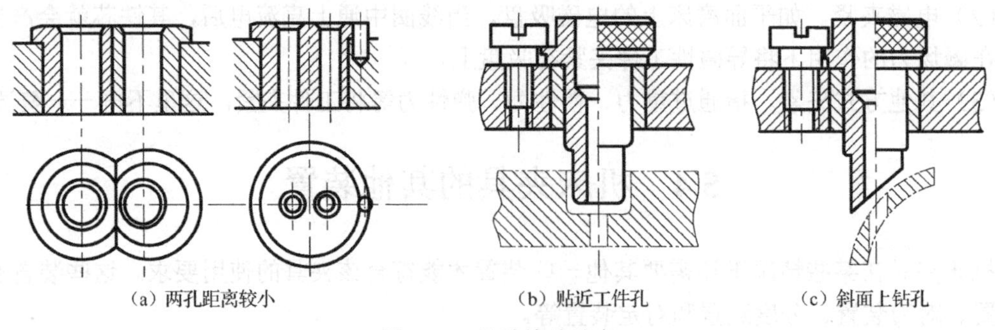

（a）两孔距离较小　（b）贴近工件孔　（c）斜面上钻孔

图 5-50　几种特殊钻套

设计钻套时，要注意钻套的高度 H 和钻套底端与工件间的距离 h。钻套高度是指钻套与钻头接触部分的长度，太短不能起到导向作用，降低了位置精度，太长则增加了摩擦和钻套的磨损。一般 $H=$（1～2）d，孔径 d 大时取小值，d 小时取大值，对于 $d<5$mm 的孔，$H\geqslant 2.5d$。h 的大小决定了排屑空间的大小，对于铸铁类脆性材料工件，$h=$（0.6～0.7）d；对于钢类韧性材料工件，$h=$（0.7～1.5）d。h 不要取得太大，否则容易产生钻头偏斜。在斜面、弧面上钻孔时，h 可取得更小些。

2．镗孔的导向装置

箱体类零件上的孔系加工，若采用精密坐标镗床、加工中心或具有高精度刚性主轴的组合机床加工，一般不需要导向装置，孔系位置精度由机床本身精度和精密坐标系统来保证。对于普通镗床、一般组合机床，为了保证孔系的位置精度，需要采用镗模来引导镗刀，孔系的位置由镗模上镗套的位置决定。镗套有两种，一种是固定镗套，其结构如图 5-51 所示，镗套结构与钻套相似，它固定在镗模导向支架上，不能随镗杆一起转动，通常镗杆线速度低于 20m/min。为了减轻镗套与镗杆之间的摩擦，可以采取以下措施。

- 镗套的工作表面应开油槽（直槽或螺旋槽）;
- 在镗杆上滴油润滑，或在镗杆上开有油槽;
- 镗套上自带润滑油孔，如图 5-51（b）所示。

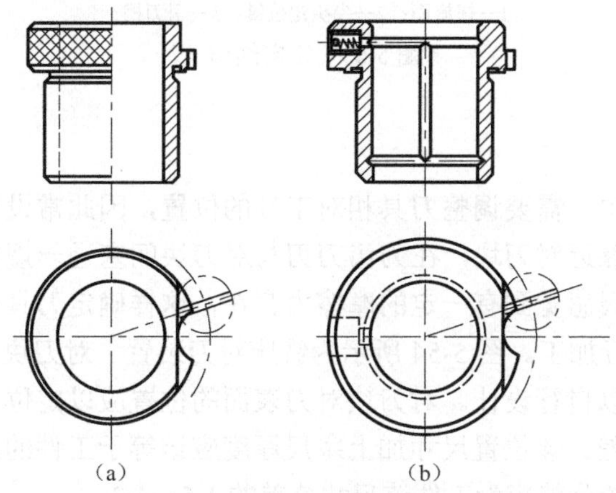

图 5-51　固定镗套

当镗杆线速度高于 20m/min 时，为了减小镗套磨损，一般采用回转式镗套，如图 5-52 所示。

图 5-52 中左端 a 为内滚式镗套，镗套 2 固定不动，镗杆 4、轴承和导向滑套 3 在固定镗套 2 内可轴向移动，镗杆可转动。这种镗套两轴承支承距离远，尺寸大，导向精度高，多用于镗杆的后导向，即靠近机床主轴端。图 5-52 中右端 b 为外滚式镗套，镗套 5 装在轴承内孔上，镗杆 4 右端与镗套为间隙配合，通过键连接，可以一起回转，而且镗杆可在镗套内相对移动。外滚式镗套尺寸较小，导向精度稍低一些，一般多用于镗杆的前导向。

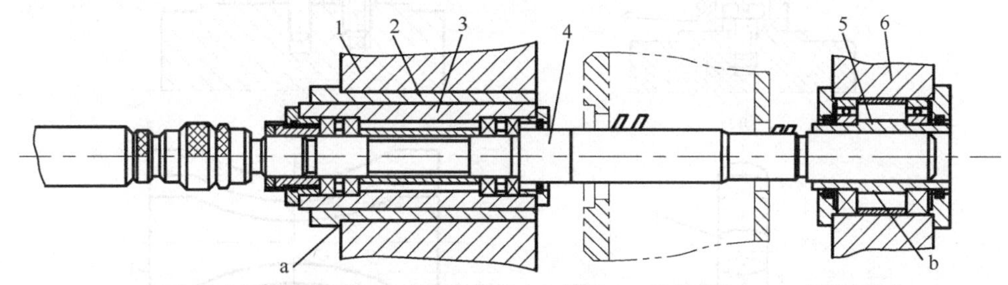

1、6—导向支架；2、5—镗套；3—导向滑套；4—镗杆；a—内滚式镗套；b—外滚式镗套

图 5-52　回转式镗套

在有些情况下，镗孔直径大于镗套内孔，如果镗刀是在镗模外安装调整好的，则镗刀通过镗套时，镗套上必须有引刀槽，而且镗刀还必须对准引刀槽。为此镗杆头部和镗套采用了如图 5-53 所示的定向结构。在回转式镗套上装有尖头定位键，如图 5-53（b）所示，镗杆端部做成如图 5-53（a）所示的双螺旋面 1。当镗杆进入镗套时，尖头定位键沿螺旋面 1 自动导入镗杆的键槽中，以保证镗刀与镗套的引刀槽 3 对准。

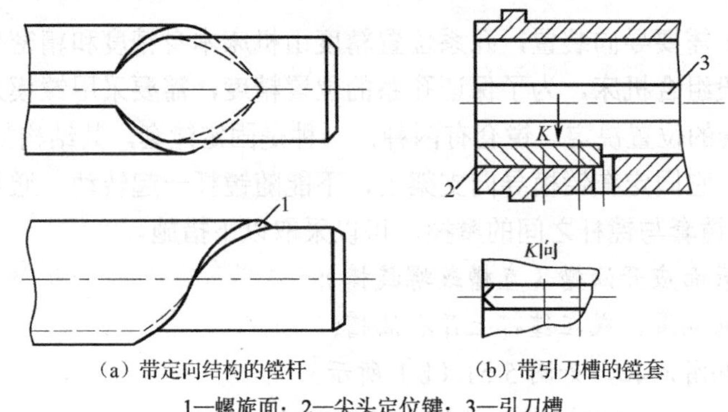

（a）带定向结构的镗杆　（b）带引刀槽的镗套

1—螺旋面；2—尖头定位键；3—引刀槽

图 5-53　定向结构

5.4.2　对刀装置

在铣床或刨床夹具中，需要调整刀具相对工件的位置，因此常设置对刀装置。对刀时移动机床工作台，使刀具靠近对刀块，在刀齿刀刃与对刀块间塞进一规定尺寸的塞尺，让刀刃轻轻靠紧塞尺，抽动塞尺感觉到有一定的摩擦力存在，这样确定刀具的最终位置。抽走塞尺后，就可以开动机床进行加工。图 5-54 所示为铣床对刀装置。对刀块已标准化，可以选用，特殊形式的对刀块也可以自行设计。对刀块对刀表面的位置应以定位元件的定位表面进行标注，以减小基准转换误差。该位置尺寸加上塞尺厚度应该等于工件的加工表面与定位基准面间的尺寸，该位置尺寸的公差应为工件该尺寸公差的 1/5～1/3。

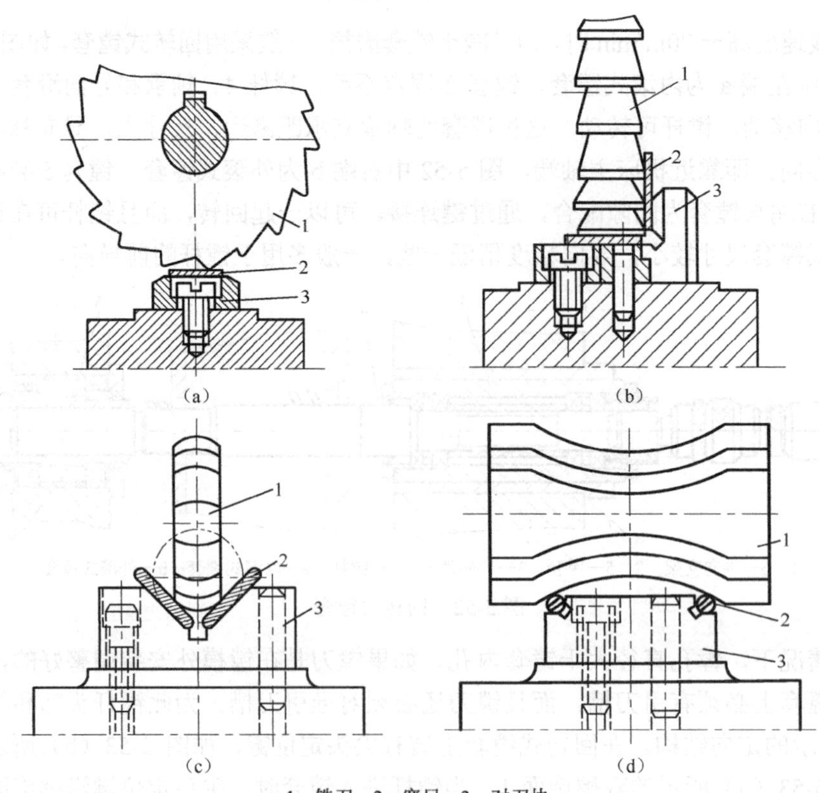

1—铣刀；2—塞尺；3—对刀块

图 5-54　铣床对刀装置

在批量加工中，为了简化夹具结构，采用标准工件对刀或试切法对刀，第一件对刀后，后续工件就不再对刀，此时，可以不设置对刀装置。

5.4.3　分度装置

工件上如有一些按一定角度分布的相同表面，它们需在一次定位夹紧后加工出来，则该夹具需要分度装置。图 5-55 所示为一斜面分度装置。

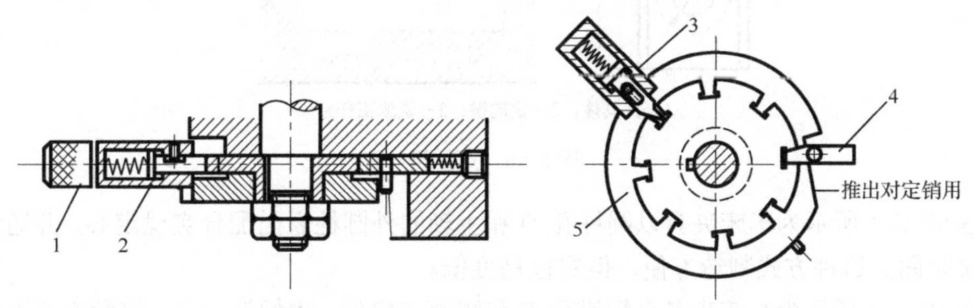

1—手柄；2—插销；3—插销装置；4—对定销；5—凸轮盘

图 5-55　斜面分度装置

当手柄 1 逆时针转动时，插销 2 由于斜面作用从槽中退出，并带动凸轮盘 5 转动，凸轮斜面推出对定销 4。当插销 2 到达下一个分度盘槽时，在弹簧作用下插销 2 插入，此时手柄顺时针转动，由插销 2 带动分度盘及心轴转动，凸轮上的斜面脱离对定销，在弹簧作用下，对定销 4 插入分度盘的另一个槽中，分度完毕。

为了简化分度夹具的设计、制造，可以把夹具安装在通用的回转工作台上实现分度，但分度精度要低一些。

5.4.4　对定装置

在进行机床夹具总体设计时，还要考虑夹具在机床上的定位、固定，这样才能保证夹具（含工件）相对于机床主轴（或刀具）、机床运动导轨有准确的位置和方向。夹具在机床上的定位有两种基本形式：一种是安装在机床工作台上，如铣床、刨床和镗床夹具；另一种是安装在机床主轴上，如车床夹具。

铣床类夹具体底面是夹具的主要基准面，要求底面经过精密加工，夹具的各定位元件相对于该底面应有较高的位置精度。为了保证夹具具有相对切削运动的准确的方向，夹具体底面的对称中心线上开有定位键槽，安装两个定位键，夹具靠定位键定位在工作台 T 形槽内，采用良好的配合（一般选为 H7/h6），再用 T 形螺栓固定夹具。由此可见，为了保证工件相对切削运动有准确的方向，夹具上的第二定位基准（导向）的定位元件必须与两定位键保持较高的位置精度，如平行度或垂直度。定位键如图 5-56 所示。

钻床类夹具的夹具体一般不设定位或导向装置，夹具通过夹具体底面安放在钻床工作台上，可直接用钻套找正并用压板夹紧（或在夹具体上设置耳座用螺栓夹紧）。对于翻转式钻床夹具，可在夹具体上设置四个左右的支脚，其宽度应大于机床工作台 T 形槽的宽度。

车床类夹具一般安装在主轴上，关键要了解所选用车床主轴端部的结构。当切削力较小时，可选用莫氏锥柄式夹具形式，夹具安装在主轴的莫氏锥孔内，如图 5-57（a）所示。

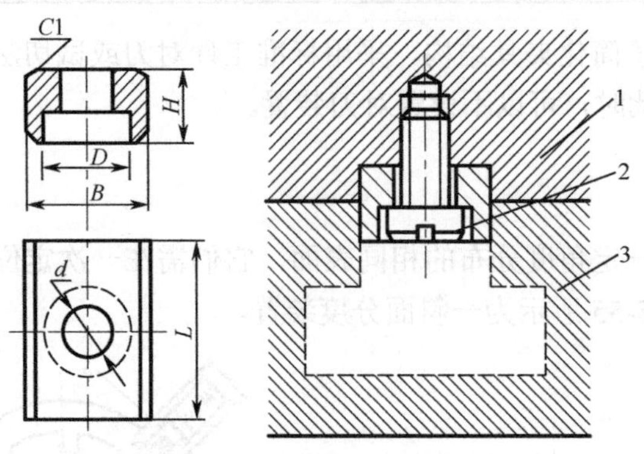

1—夹具体；2—定向键；3—铣床工作台

图 5-56 定位键

图 5-57（b）所示为车床夹具以圆柱孔 D 和主轴的外圆柱表面配合实现定心，并通过螺纹孔与主轴紧固。这种方式制造方便，但定位精度低。

图 5-57（c）所示为车床夹具靠短锥面 K 和端面 T 定位，由螺钉固定。这种方式不但定心精度高，而且刚度也高，但是这种方式是过定位，夹具体上的锥孔和端面制造精度要求也高，一般要经过与主轴端部的配磨加工。

图 5-57（d）所示为夹具通过过渡盘与主轴连接，这种连接方式有以下优点。

（1）有利于提高连接精度。由于过渡盘与夹具配合面可以在过渡盘安装到机床主轴后再精加工，因此避免了主轴的安装基面对其旋转中心的跳动影响。

（2）改善了夹具的制造工艺性。

（3）有利于夹具标准化。

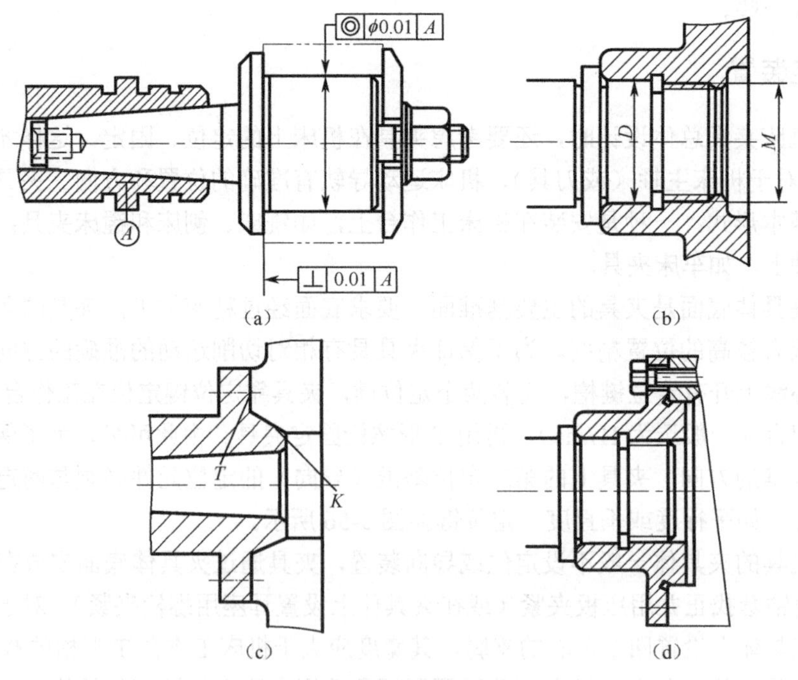

图 5-57 夹具在主轴上的安装

鉴于以上优点，一些车床的专用夹具都通过过渡盘安装在机床上。过渡盘标准中只规定了与夹具配合连接部分的尺寸，与机床连接部分未做规定，使用时按具体机床配置。

5.5　各类机床夹具举例

5.5.1　钻床夹具

钻床夹具因大都具有刀具导向装置，习惯上又称为钻模。钻模根据其结构特点可分为固定式钻模、回转式钻模、盖板式钻模和滑柱式钻模等。

加工中相对于工件的位置保持不变的钻模称为固定式钻模，多用于立式钻床、摇臂钻床等。如图 5-58 所示固定式钻模为加工连杆零件锁紧孔的钻模。

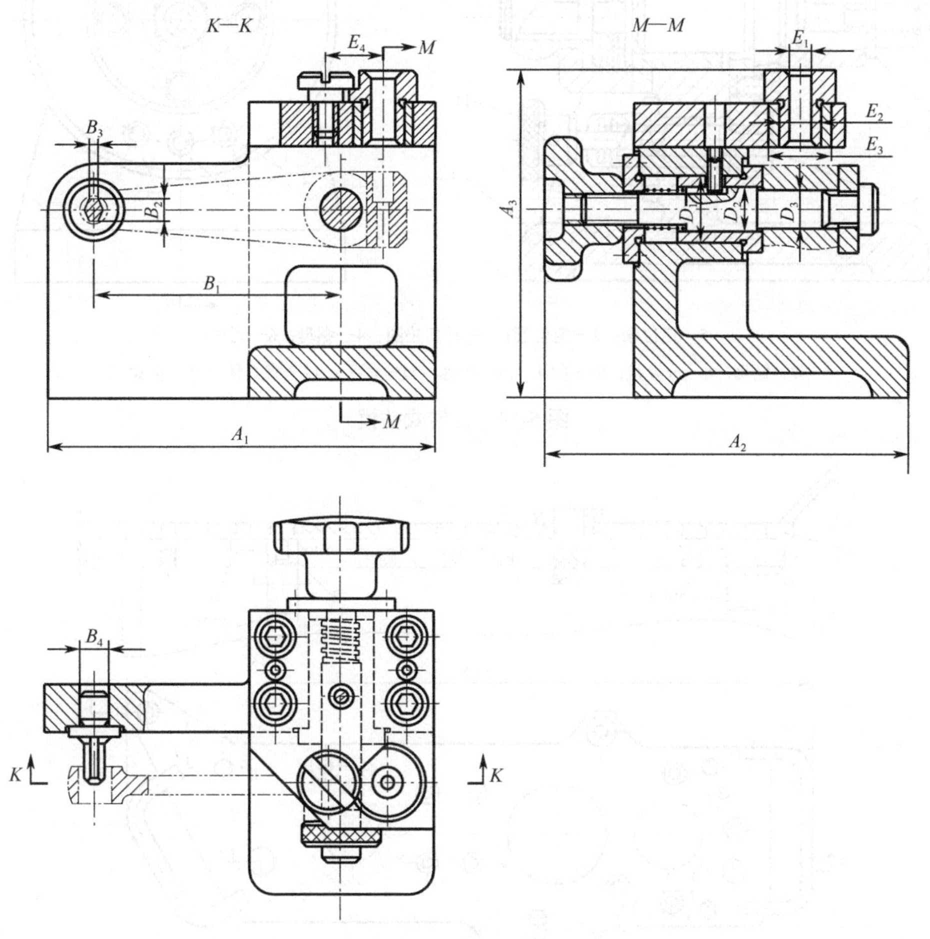

图 5-58　固定式钻模

回转式钻模的结构特点是夹具具有分度装置。图 5-59 所示为回转式钻模，用来加工扇形工件上三个有位置关系的小孔。拧紧螺母 4，通过开口垫圈 3 将工件夹紧。转动手柄 9，可将分度盘 8 松开，用捏手 11 将定位销 1 从定位套 2 中拔出，使分度盘连同工件一起回转 20°，将定位销 1 重新插入定位套 2′或 2″实现分度。再将手柄回转，将分度盘锁紧即可进行加工。

盖板式钻模的结构特点是没有夹具体。图 5-60 所示为加工车床溜板箱上多个小孔的盖板式钻模，工件用定位销 1 和菱形销 3 定位，并通过三个支承钉 4 安放在工件上。盖板式钻模多用于加工大型工件上的小孔。

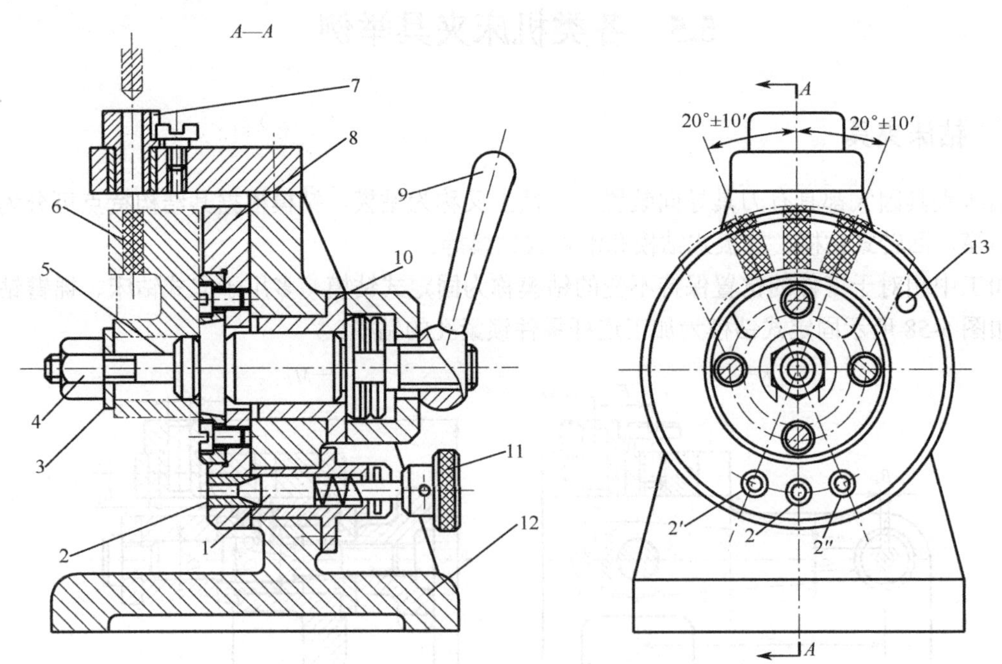

1、5—定位销；2—定位套；3—开口垫圈；4—螺母；6—工件；
7—钻套；8—分度盘；9—手柄；10—衬套；11—捏手；12—夹具体；13—挡销

图 5-59 回转式钻模

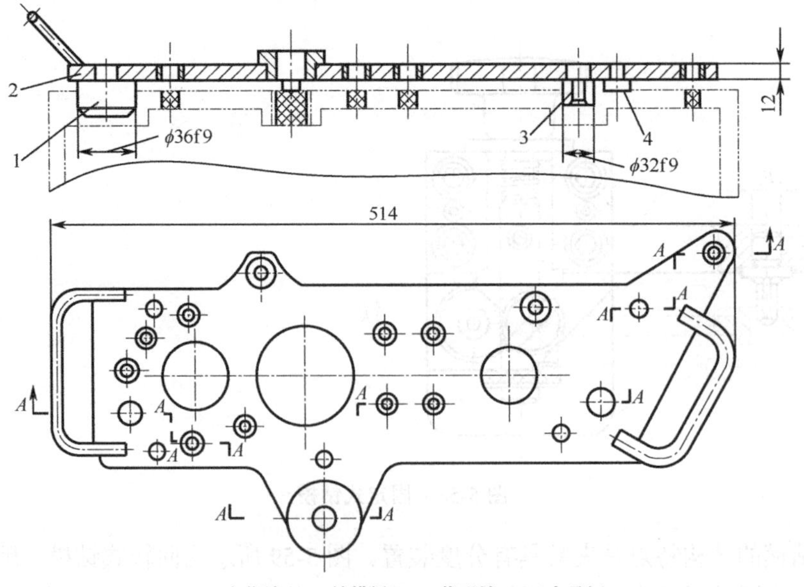

1—定位销；2—钻模板；3—菱形销；4—支承钉

图 5-60 盖板式钻模

滑柱式钻模是一种具有升降模板的通用可调整钻模。图 5-61 所示为手动滑柱式钻模，由钻模板、滑柱、夹具体、传动和锁紧机构组成，这些结构已标准化并形成系列。使用时，只需根据工件形状、尺寸和定位夹紧要求，设计制造与之匹配的定位、夹紧装置和钻套，并将之放置在夹具体上即可。图 5-62 所示为一应用实例。滑柱式钻模当钻模板上升到一定高度时或夹紧工件后应能自锁。图 5-61 中，当压紧工件后，作用在斜齿轮上的反作用力在齿轮轴上引起轴向力，使锥体 *A* 在夹具体的内锥面中楔紧，从而锁紧钻模板。加工完毕，钻模板升到一定高度，此时在钻模板自重的作用下齿轮轴产生反向作用力，使锥体与锥套 6 的锥孔楔紧，从而也锁紧钻模板。

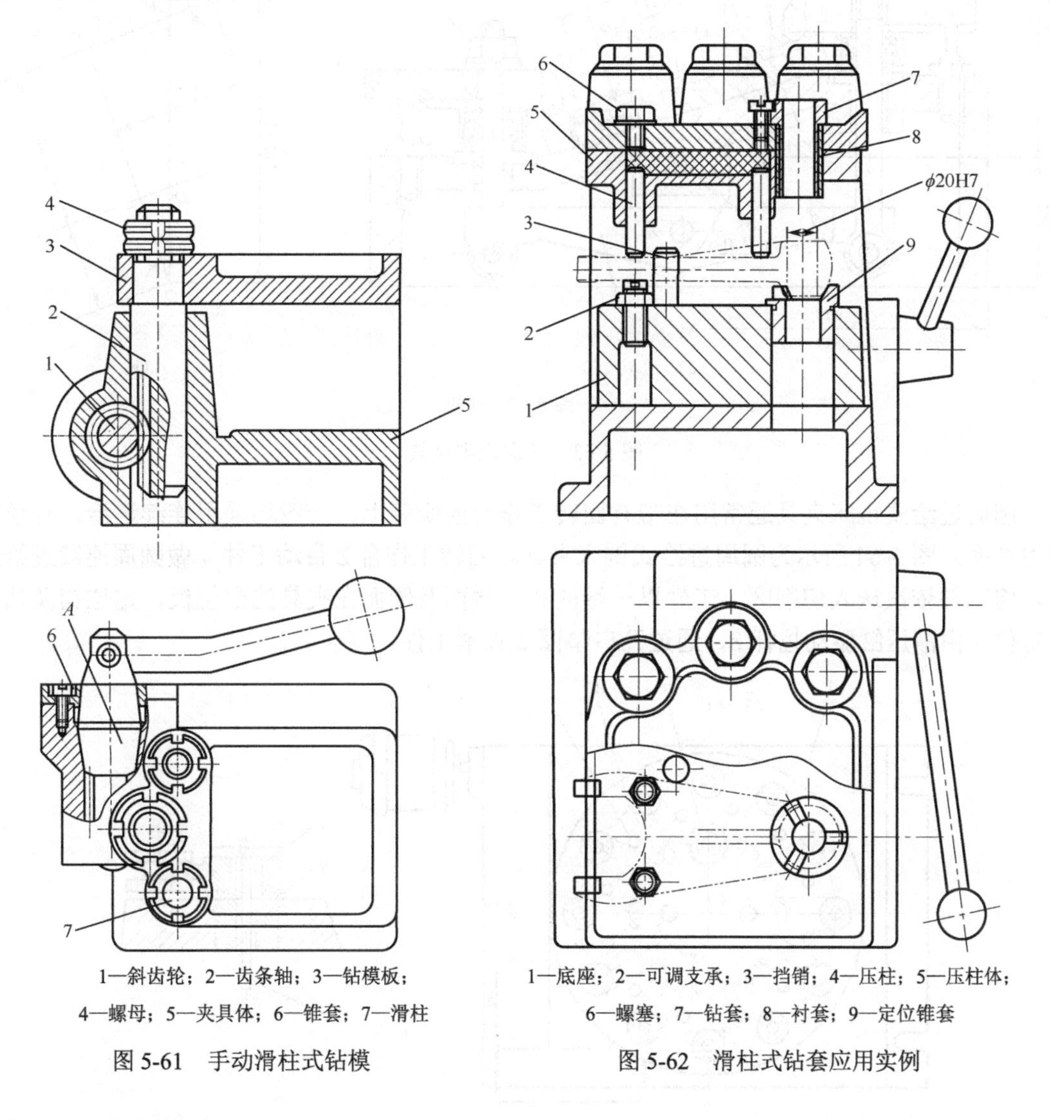

1—斜齿轮；2—齿条轴；3—钻模板；4—螺母；5—夹具体；6—锥套；7—滑柱

图 5-61　手动滑柱式钻模

1—底座；2—可调支承；3—挡销；4—压柱；5—压柱体；6—螺塞；7—钻套；8—衬套；9—定位锥套

图 5-62　滑柱式钻套应用实例

5.5.2　铣床夹具

铣床夹具主要用于加工零件上的平面、键槽、缺口及成形表面等。铣削过程中，铣床夹具大都与工作台一起做进给运动，其整体结构取决于铣削加工的进给方式。所以铣床夹具按不同的进给方式可分为直线进给式、圆周进给式和仿形进给式三种类型。

直线进给式铣床夹具用得最多。根据同时可安装的工件数量，铣床夹具可分为单件铣夹具和多件铣夹具。图 5-63（a）所示为斜面铣削夹具，工件以一面两孔定位，用压板组件夹紧。为保证夹紧力方向指向主要定位面，压板前端做成球面。为了确保对刀块的位置，在夹具上设置了工艺孔 O。图 5-63（b）所示为计算 O 点位置的尺寸关系图。

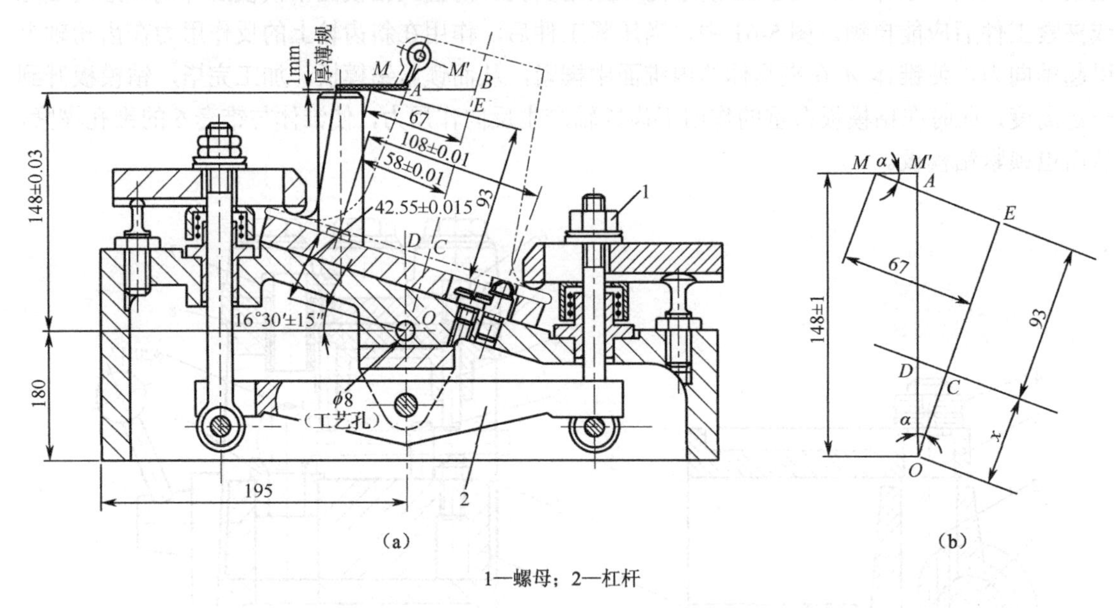

1—螺母；2—杠杆

图 5-63 斜面铣削夹具

圆周进给式铣床夹具通常用在带有回转工作台的铣床上，一般均采用连续进给，有较高的生产率。图 5-64 所示为圆周进给式铣床夹具。回转工作台 2 带动工件 4 做圆周连续进给运动，将工件依次送入切削区。工件以一端的孔、端面及侧面在夹具的定位板、定位销及挡销上定位。由液压缸驱动拉杆 8，通过开口垫圈 6 夹紧工件。

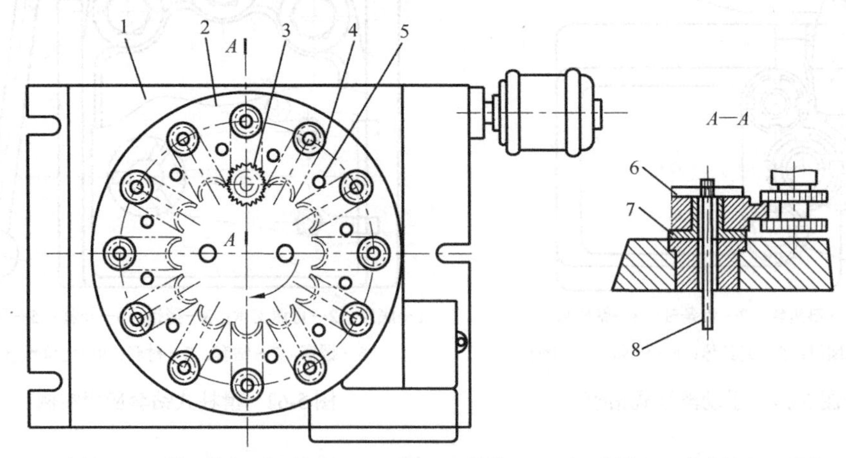

1—夹具；2—回转工作台；3—铣刀；4—工件；5—挡销；6—开口垫圈；7—定位销；8—拉杆

图 5-64 圆周进给式铣床夹具

铣床加工切削力大，又是断续切削，加工中易引起振动，因此铣床夹具的受力元件要有足够的强度和刚度。夹紧机构所提供的夹紧力应足够大，且要求有较好的自锁性能。

5.5.3　车床夹具

车床夹具主要用于加工零件的内外圆柱面、圆锥面、回转成形面、螺纹、端面及内孔面。根据工件定位基准及夹具本身的结构特点，车床夹具通常分为以下四类。

- 以工件外圆定位的车床夹具，如各类卡盘和夹头；
- 以工件内孔定位的车床夹具，如各种心轴；
- 以工件顶尖孔定位的车床夹具，如顶尖；
- 用于加工非回转体的车床夹具，如各种弯板式、花盘式车床夹具。

图 5-65 所示为弯板式车床夹具，用于加工壳体零件的孔和端面。工件以底面及两孔定位，并用两个钩形压板夹紧。孔中心线与零件底面之间的 8° 夹角由弯板的角度保证。为了控制端面尺寸，在夹具上设置了供测量用的测量基准（圆柱棒端面），同时设置了一个供检验和校正夹具用的工艺孔。

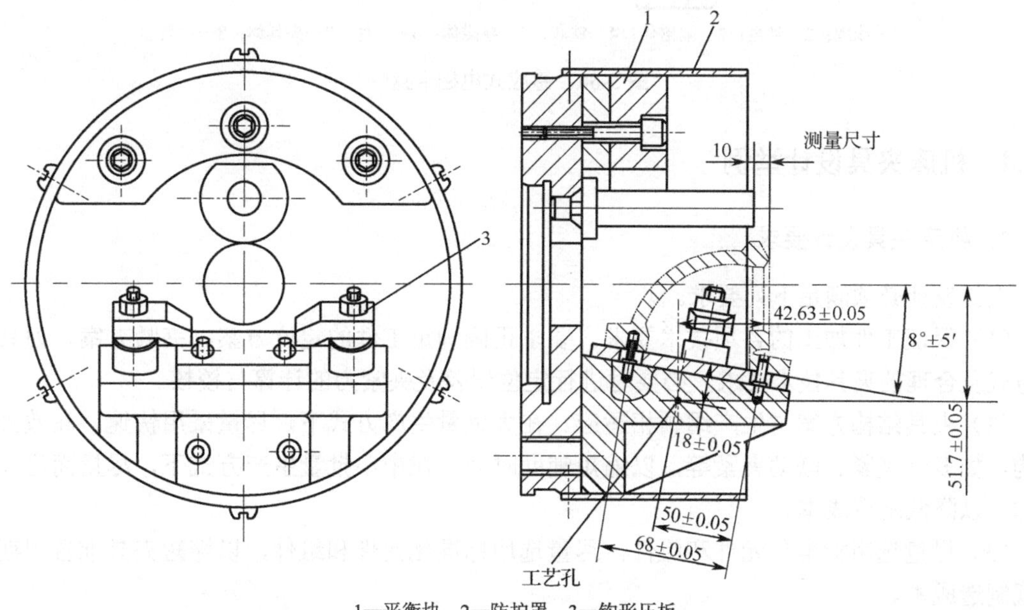

1—平衡块；2—防护罩；3—钩形压板

图 5-65　弯板式车床夹具

图 5-66 所示为车床上使用的感应式电磁卡盘。当线圈 1 中通入直流电后，在铁芯 4 上产生磁力线，避开隔磁体 3，磁力线通过工件 6 和导磁体 5 形成闭合回路，将工件吸附在吸盘 2 的盘面上。断电后磁力消失即可取下工件。

车床夹具大都安装在机床主轴上，并与主轴一起做回转运动。为了保证夹具工作平稳，夹具结构应尽量紧凑，重心应尽量靠近主轴端，一般要求夹具悬伸长度不大于夹具轮廓外径。对于弯板式等车床夹具，应利用平衡块进行平衡。为了保证工作安全，夹具上所有元件不应超出夹具体外轮廓，必要时加防护罩。车床夹具的夹紧机构应提供足够的夹紧力，而且自锁性能要好，不能发生松动现象。

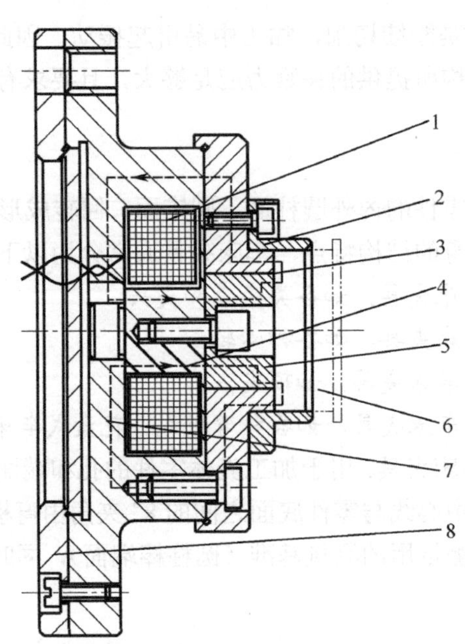

1—线圈；2—吸盘；3—隔磁体；4—铁芯；5—导磁体；6—工件；7—夹具体；8—过渡盘

图 5-66 感应式电磁卡盘

5.5.4 机床夹具设计举例

1. 机床夹具设计要求

夹具设计必须满足下列要求。

（1）保证工件加工的各项技术要求。要求正确确定工件的定位方案、夹紧方案、刀具导向方式及合理的夹具技术要求，必要时进行定位误差及夹紧力的计算与校核。

（2）夹具结构方案与生产纲领相适应。在大批量生产方式下，尽量采用快速、高效夹紧机构，如多件夹紧、联动夹紧等，以缩短辅助时间；在中小批量生产方式下，尽量简化夹具结构，以降低制造成本。

（3）尽量选用标准化元件和组件。尽量选用标准化元件和组件，以缩短夹具准备周期和降低制造成本。

（4）操作方便、安全、省力。尽量采用气动、液压等夹紧装置，以降低工人劳动强度。夹紧装置要放置在便于工人操作的地方，必要时加防护装置。

（5）具有良好的结构工艺性。所设计的夹具应便于制造、检验、装配、调整和维修。

2. 机床夹具设计的内容和步骤

（1）明确设计要求，收集和研究有关资料。接受夹具设计任务书后，应仔细研究工序图、零件图和相关装配图，了解零件的作用、结构特点、技术要求；本工序加工内容、要求、所用机床和刀具；工件的定位基准等。

（2）确定夹具结构方案。确定定位方案，选择定位元件，进行误差计算；确定对刀或导向方式，选择对刀块或导向元件；确定夹紧方案，选择夹紧装置；确定夹具其他组成部分，如分度装置等；确定夹具体的形式和夹具的总体结构。

可以提出多种夹具结构方案进行分析、比较，确定最优或较优的方案。

（3）绘制装配图，标注尺寸及技术要求。夹具装配图一般按 1∶1 比例绘制，主视图应取操作者实际工作位置。绘制装配图的顺序为：用双点画线画出工件的外形轮廓、定位面和加工面；画出定位件和导向件；按夹紧状态画出夹紧装置；画出其他夹具组成部分；画出夹具体，并把各部分连成一体，形成完整的夹具。在夹具装配图上，工件可视为透明体。

装配图画完后，标注必要的尺寸、配合公差及技术要求，并填写标题栏和明细表。

（4）绘制夹具零件图。绘制非标准件的零件图。

3. 机床夹具设计实例

图 5-67 所示为钻小孔的钻模设计实例。工序图如图 5-67（a）所示，已知：工件材料为 45 钢，毛坯为模锻件，机床型号为 Z525 型立式钻床，年产量为 500 件。设计步骤如下。

1）精度与批量分析

本工序有一定位置精度要求，属于批量生产，夹具结构力求简单。

2）夹具结构方案确定

（1）按工序图定位要求，确定定位装置。本例选用定位销 2 和活动 V 形块 5 实现定位，如图 5-67（b）所示。定位销与定位孔的配合尺寸取 $\phi 36\dfrac{\mathrm{H7}}{\mathrm{g6}}$ mm（定位孔为 $\phi 36_{0}^{+0.026}$ mm，定位销为 $\phi 36_{-0.0265}^{-0.0095}$ mm）。对工序尺寸（120±0.08）mm 而言，定位基准与工序基准重合，基准不重合误差为 0。基准位置误差为 $\varDelta_{\mathrm{jw}}=T_D+T_d+\varDelta_{\min}=0.026+0.017+0.0095=0.0525\,\mathrm{mm}$。定位误差小于工序尺寸公差的 1/3，所以定位方案可行。

（2）确定导向装置。本工序需依次对小孔进行钻、扩、粗铰、精铰四个工步的操作，才能达到工序加工要求。为此，选用快换钻套 4 作为导向元件。钻套高度 H=1.5d=1.5×18=27mm，排屑空间 h=d=18mm。

（3）确定夹紧装置。针对批量生产的工艺特征，采用螺旋夹紧机构夹紧工件，如图 5-67（d）所示。装夹工件时，先将工件定位孔装入带有螺母的定位销 2 上，接着向右移动 V 形块 5 使之与工件小头外圆相靠，实现定位；然后在工件与螺母之间插上开口垫圈 3，拧紧螺母夹紧工件。

（4）确定其他装置和夹具体。为提高刚度和减小变形，在工件小头孔端面设置一辅助支承 6。设计夹具体 1，把上述各部分连接成整体。

3）绘制夹具装配图

按上述方法画出夹具装配图，并按需要标注尺寸、配合公差及技术要求等，如图 5-67（e）所示。

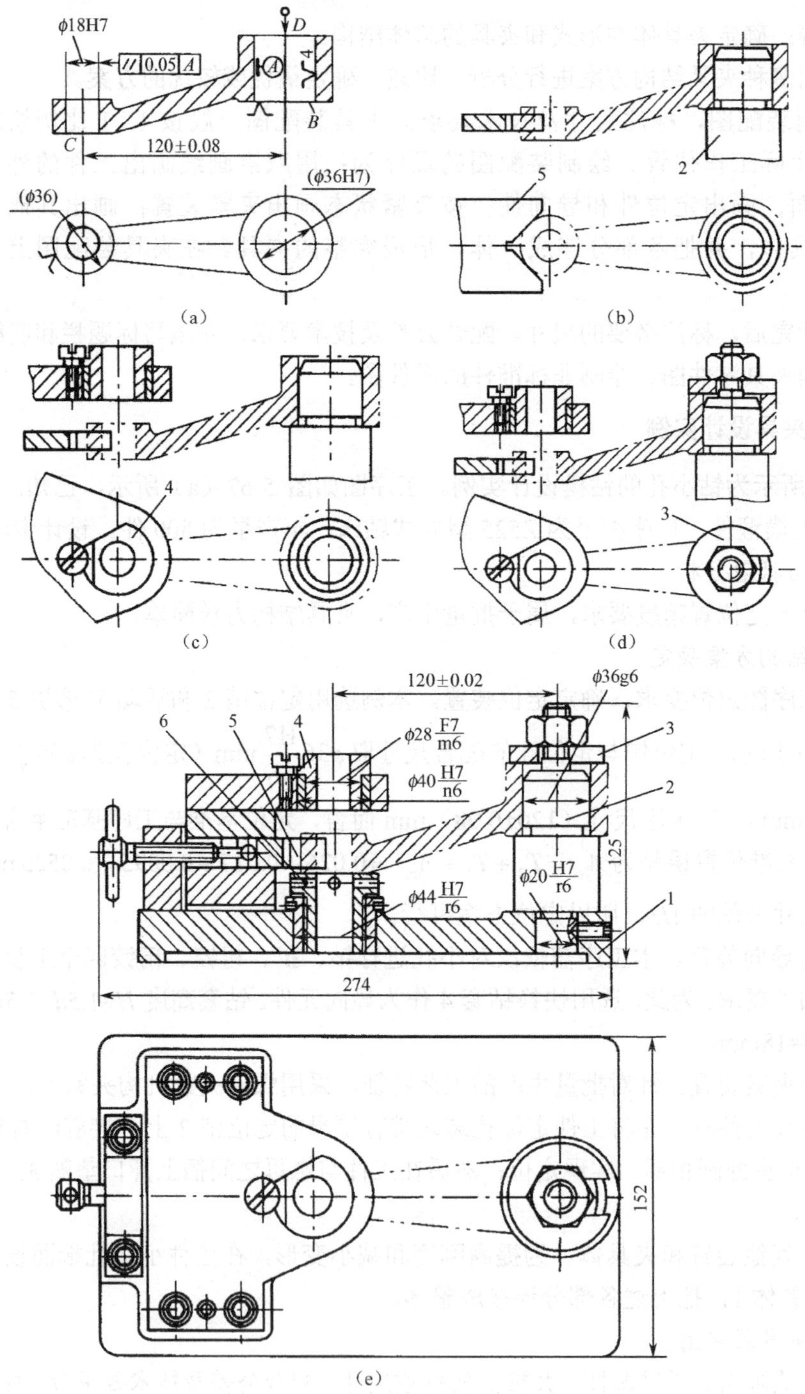

1—夹具体；2—定位销；3—开口垫圈；4—钻套；5—V形块；6—辅助支承

图5-67 钻模设计实例

5.6 航空制造中的典型夹具及设计方法

航空制造中的夹具设计一般也要遵循六点定位原理，满足基本的定位和夹紧要求。除此之外，由于航空零件具有精度高、壁薄、刚度低、易变形等特点，在设计夹具时，对刚度低的部位，可以考虑采用辅助支承，或采用工艺凸台、工艺孔进行定位和夹紧。由于航空零件生产批量较小，所以在生产中通常采用组合夹具和柔性夹具。

5.6.1　组合夹具

为了适应航空产品单件、小批量生产需求，许多航空企业都建有组合夹具站，以满足航空产品快速研制和生产的需求。

1．组合夹具元件系列

组合夹具是用一套预先制造好的标准元件和合件组装而成的夹具，目前使用的组合夹具有两种基本类型，即槽系组合夹具和孔系组合夹具。槽系组合夹具以槽和键相配合的方式实现元件间的定位，因元件的位置可沿槽的纵向任意调节，故组装十分灵活，适用范围广，是最早发展起来的组合夹具系统。孔系组合夹具通过孔和销的配合实现元件间的定位，孔系组合夹具具有元件刚性好、定位精度和可靠性高、工艺性好等特点，特别适用于数控机床。自 20 世纪 80 年代以来，随着数控机床、加工中心的发展，孔系组合夹具得到较快发展。

下面以中型槽系组合夹具为例，介绍主要元件的结构形式和基本用途。

1）基础件

基础件是组合夹具中最大的元件，包括各种规格尺寸的方形、矩形、圆形基础板和基础角铁等，如图 5-68 所示。基础件通常作为组合夹具的基体，通过它将其他各种元件或合件组装成一套完整的夹具。

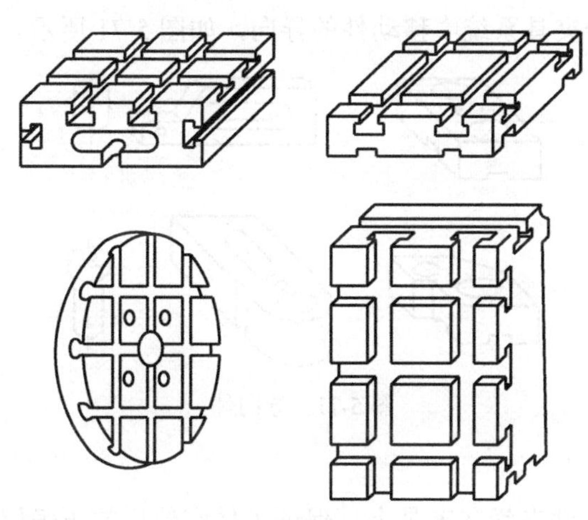

图 5-68　基础件

2）支承件

支承件是组合夹具的骨架元件。支承件通常在组合夹具中起承上启下的作用，即把上面的其他元件通过支承件与其下面的基础件连成一体，一般各种夹具结构中都少不了它。支承件有时可作为定位元件使用，当组装小夹具时，也可作为基础件。图 5-69 所示为部分支承件。

3）定位件

定位件用于保证夹具中各元件的定位精度、连接强度及整个夹具的可靠性，并用于被加工工件的正确安装和定位，如图 5-70 所示。

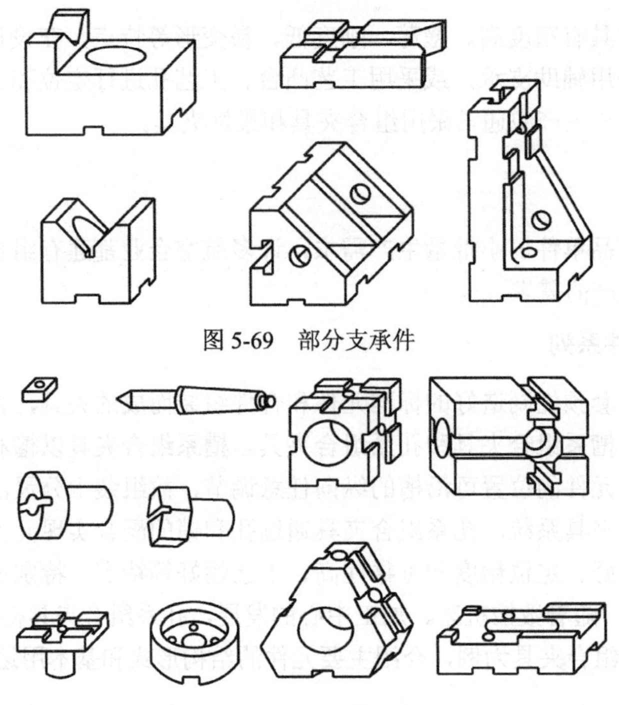

图 5-69　部分支承件

图 5-70　定位件

4）导向件

导向件主要用来确定刀具与工件的相对位置，加工时起引导刀具的作用。有的导向件可作定位用，也可用于组合夹具系统中移动件的导向，如图 5-71 所示。

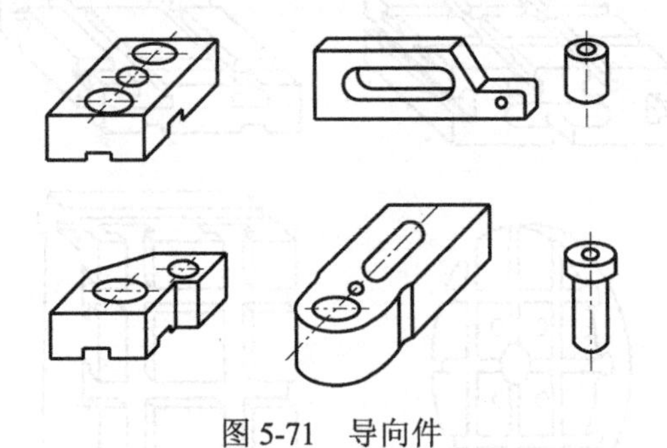

图 5-71　导向件

5）夹紧件

夹紧件主要用来将工件夹紧在夹具上，保证工件定位后的正确位置，也可作垫板和挡块用，如图 5-72 所示。

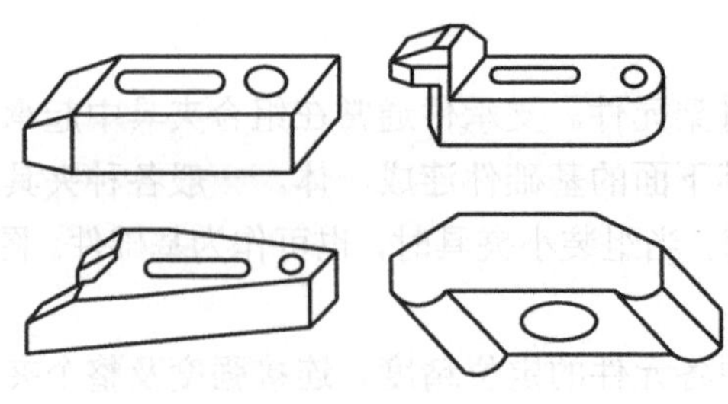

图 5-72　夹紧件

6）紧固件

紧固件主要用来连接组合夹具中各种元件及紧固工件。由于紧固件在一定程度上影响整个夹具的刚性，因此均采用细牙螺纹，这样可使元件的连接强度好，紧固可靠。同时，所选用材料、刚度、表面粗糙度及热处理要求均高于一般标准紧固件，如图 5-73 所示。

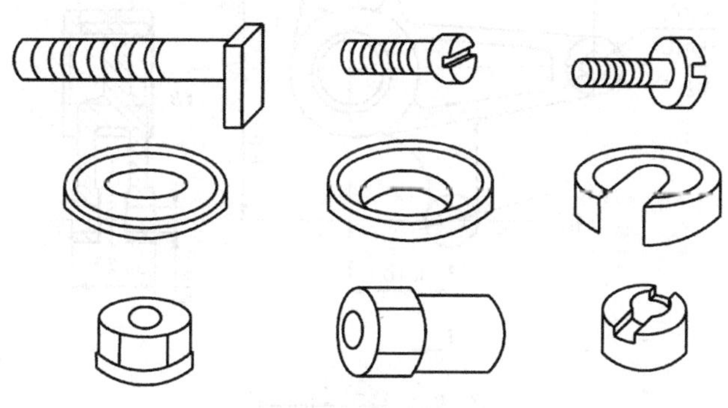

图 5-73　紧固件

7）其他件

除了上述六类元件以外，其他各种用途的单一元件均称为其他件。其他件中有的有明显的作用，有的无固定的用途，但如果用得合适，则能在组装中起到极为有利的辅助作用。

8）合件

合件由若干零件装配而成，并在组装过程中不拆散使用的独立部件。按其用途可分为定位合件、导向合件、分度合件及必需的专用工具等。

组合夹具的精度除了与上述元件的制造精度有关外，还与组合夹具的刚度及组合夹具的组装调整精度有直接关系。

2. 组合夹具的设计与组装

组合夹具的设计与组装就是根据工件的加工要求和装夹要求设计符合定位、夹紧、导向等要求的夹具，并根据设计明细表从元件实物库中选取相应的元件和合件进行拼装，以获得所需夹具实物的过程。组合夹具设计过程与专用夹具设计过程类似，包括熟悉工件有关技术资料、设计夹具图、试装、调整及检验等几个步骤。现以图 5-74 所示双臂曲柄的加工为例，说明其组合夹具的组装过程。

该工件要求钻铰 $2-\phi10_{0}^{+0.03}$ 孔，其技术要求如图 5-74 所示，夹具组装方案如图 5-75 所示。

根据基准重合原则，工件以 $\phi25_{0}^{+0.01}$ mm 孔限制两个自由度，以端面 C 限制三个自由度，以小平面 D 限制一个自由度，实现工件的六点定位。根据工件尺寸和两块钻模板的安装位置，选用 240mm×120mm×60mm 的长方形基础板；为便于调整，在基础板 T 形槽十字相交处安装 $\phi25$mm 的圆形定位销 6 及圆形定位盘 5，并用槽用方头螺栓 8 通过方形支承 4 紧固于基础板上。在基础板方形支承 2 上固定一伸长板 19，实现 D 面定位。工件的夹紧采用螺母、垫圈直接从 $\phi25$mm 孔的上端面压紧。在基础板上固定两个方形支承 12、17，再在其上固定两块钻模板 11 和 16，调整其钻套 9 和 13 的中心位置，以引导 a、b 两孔的刀具。为增强刚性，在 a、b 孔附近设置可调辅助支承 14 和 18。夹具组装完之后，应检查各元件紧固是否可靠，工件装卸是否方便等，并根据技术要求确定有关元件间的相互位置精度及零件定位精度等。

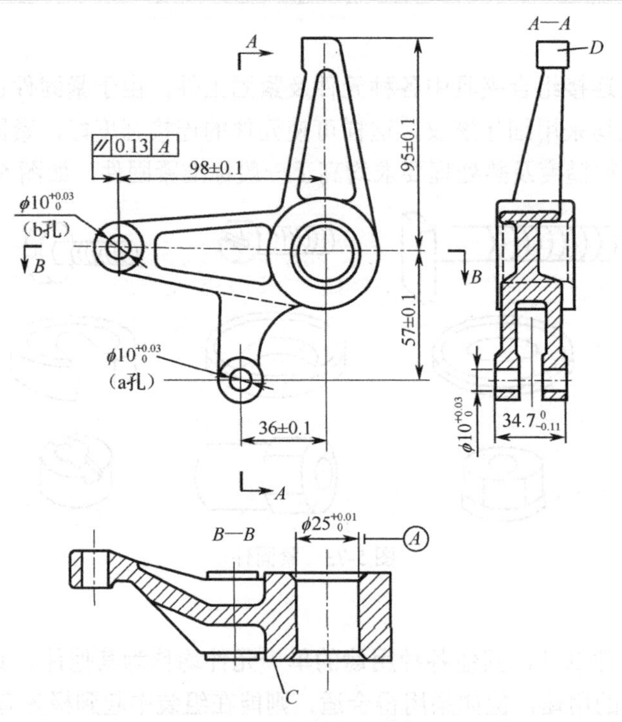

图 5-74　双臂曲柄的工序简图

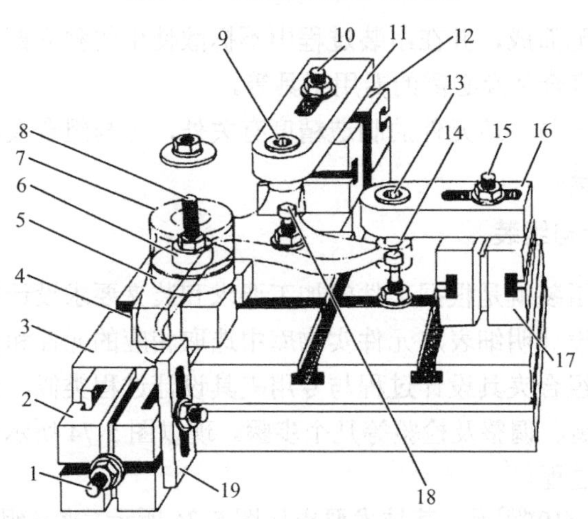

1、8、10、15—槽用方头螺栓；2、4、12、17—方形支承；3—长方形基础板；5—圆形定位盘；6—圆形定位销；7—工件；9—a 孔钻套；11、16—钻模板；13—b 孔钻套；14、18—可调辅助支承；19—伸长板

图 5-75　双臂曲柄工件的组合钻模

5.6.2　柔性夹具

现代航空企业的主要生产设备是数控机床、加工中心和以数控设备为基础的柔性制造系统（FMS）。在数控加工等生产方式下，用于夹持工件的机床夹具仍然不可缺少。目前，数控加工中的夹具设计、制造、装配的自动化程度较低，制造周期长，不能满足高速、高精数控加工的需要，是航空企业迫切需要解决的问题之一。为了提高制造系统的经济效益，要求夹具具有足够的柔性，快速满足加工需求。

1. 柔性夹具元件系列

本书中的柔性夹具主要指数控加工和柔性制造系统（FMS）中用到的夹具。柔性夹具元件系列是根据特定制造系统的加工对象进行设计并在成组技术（GT）相似性原理基础上建立的夹具系统，可以做到夹具元件的种类和数量最少，但能拼装出特定的制造系统中全部加工对象用的夹具。它对一组工件而言是专用的，但对组内工件而言是通用的。在数控加工方式下，工件应尽可能在一次装夹中完成多道工序的加工，因此柔性夹具必须满足工件多道工序的加工需要。

柔性夹具是拼装结构，有一个共同的基础板，其上可定位夹紧一个或多个工件。但它又不同于组合夹具，它们的区别在于：组合夹具理论上可以组装成任一个工件的任一道工序用的夹具；柔性夹具则具有某种“专用”范围，它是根据某一具体制造系统加工对象而设计制造的，如果增加新的加工对象，只要其结构外形、尺寸、定位基准形式等不超出系统原设计技术指标范围，夹具系统就仍可使用，只需重新拼装即可。这就是这种夹具“柔性”的含义。

与组合夹具相比，柔性夹具结构简单，拼装环节少，刚性好，易于满足制造系统中工件频繁变换与自动化加工的需要；夹具元件的种类和数量少，夹具设计制造费用少；存放夹具及夹具元件的面积减小，元件检索易行；易于实现计算机夹具辅助设计与拼装。

综上所述，柔性夹具具有以下主要特点。

（1）它是针对特定制造系统设计制造的夹具系统。

（2）夹具结构满足制造系统数控加工的需要，结构简单，装卸迅速，一次装夹完成多面加工。

（3）夹具具有足够的刚度和强度，可更好地适应数控大切削用量加工。

（4）夹具设计具有通用性，夹具系统有足够的柔性，可以最少的夹具元件系列组装成尽可能多的夹具，以满足制造系统零件加工需要。

（5）夹具元件的拼装环节少，从而能提高夹具总体刚性，降低累积误差。

2. 柔性夹具设计方法

1）设计依据

柔性夹具是针对某一具体制造系统而设计制造的，故不同的制造系统，由于机床形式、零件种类等条件不一致，必然会存在柔性夹具系统的不一致。设计柔性夹具时，有以下几点要求。

（1）分析制造系统对柔性夹具提出的要求。主要可从三个方面着手：一是分析制造系统待加工零件，要了解待加工零件的种类、材料、结构特征、加工形式、加工精度和表面粗糙度要求等；二是分析制造系统使用的机床，要了解机床的加工范围、坐标轴数、联动轴数、托盘大小及其结构特点、是立式还是卧式等；三是要分析制造系统对夹具材料、结构有无特殊要求，如夹具重量、高度的规定，夹具结构及拼装要求的规定，基础板材料的规定等。如果制造系统包含三坐标测量机，则还应知道测量机的龙门跨度大小等内容，以更好地设计柔性夹具。

（2）分析同类零件常规加工和单机数控加工的特点。无论是专用夹具、组合夹具还是柔性夹具，都有基本的定位夹紧系统。在分析同类零件加工方法时，要着重了解夹具的定位夹紧机构、基础板的结构形式，进而逐步明确制造系统中柔性夹具的结构模式。

（3）采用成组技术思想设计柔性夹具系统。在品种众多的零件之间存在着大量的相似性，只有充分利用这种相似性，才能科学地形成若干个零件族，减少柔性夹具的设计成本和费用。

2）设计方法

（1）制造系统产品零件确定。在制造系统中所加工的零件类型是确定的。建立柔性夹具，首先必须明确制造系统加工的零件类型。例如，某航空企业建立的柔性制造系统中确定的零件为33种小型的壳体类零件；又如，某航空研究所建立的柔性制造系统中确定的零件主要为12种航空航天结构件。零件的确定要依据企业或研究所加工的对象特征、FMS的规模及特点等众多因素。

（2）零件结构及工艺分析。

① 了解工件情况、工序要求和加工状态。对制造系统中所有零件进行认真细致的分析研究，包括被加工零件的结构、刚性、材料；零件的加工内容、加工余量；零件定位基准的选择、定位基准的精度、定位基准与加工面的关系；夹紧点的选择等。

② 了解数控机床、刀具的情况。夹具是安装在机床上的，设计夹具结构时要了解机床规格、联动轴数、运动情况，同时也要了解所用刀具的主要结构尺寸、制造精度和技术条件等。这些对于夹具方案的评价和夹具精度的估算都是必不可少的。

③ 利用相似性原理实现分组。前面已经提到，成组技术思想是设计柔性夹具的主要依据之一，为此在详细分析夹具结构及工艺流程、明确夹具使用要求后，应利用零件结构、工艺、材料相似性原理将FMS加工零件划分成多个“零件族”，这有利于夹具结构模式的确定和精简。

（3）夹具结构模式的确定。夹具结构模式随零件外形尺寸、数控机床形式、工序内容而变化，模式确定时要满足下列基本要求。

- 应使零件组内任一种零件迅速而稳定地在夹具上安装；
- 应具有良好的继承性（特别是基础件），以适应制造系统加工零件品种增加的要求；
- 应尽可能采用高效率的夹紧装置；
- 应具有良好的调整性能，力求操作简便、性能可靠；
- 应注意减小累积误差，以保证足够的刚度；
- 应使结构紧凑，操作安全、可靠。

柔性夹具设计中的关键是确定零件定位及夹紧最佳方案，在拟定和确定方案时，应注意下面两点。

① 尽可能使组内各零件处于最佳的加工位置，减小机床或刀具行程，减少机床和刀具的调整工作量。

② 同组零件若结构形状的相似程度较差、有关尺寸分散程度较大，则应按尺寸参数划分调整组。

（4）柔性夹具元件系列的确定。夹具结构模式确定后，仅表明夹具结构的大致形态及其在数控加工机床上的安装状态。究竟这些夹具由哪些元件组成，哪些是通用标准件，哪些是专用件，则要根据柔性夹具的特点做进一步分析。只有这样，才能建立完善的夹具元件系列，保证以最少的夹具元件系列组装制造系统全部零件加工所需的夹具，而且夹具元件的数量和种类要满足制造系统提出的同时组装若干套夹具的需要。这样既节省夹具元件的设计制造费用，又节省夹具元件的存储空间，便于在加工现场组装。

3．柔性夹具设计实例

待加工零件为飞机主梁，轮廓尺寸为 904mm×207mm×50mm，材料为 30CrMnSiNi2A，在卧式加工中心上加工，加工内容为内外轮廓铣削、孔加工，工件以两孔一面定位。零件简图如图 5-76 所示，夹具设计简图如图 5-77 所示，主要元件明细表如表 5-5 所示。

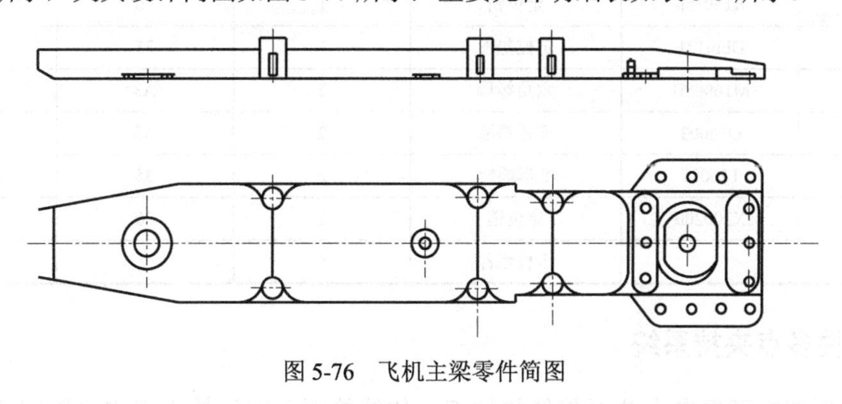

图 5-76　飞机主梁零件简图

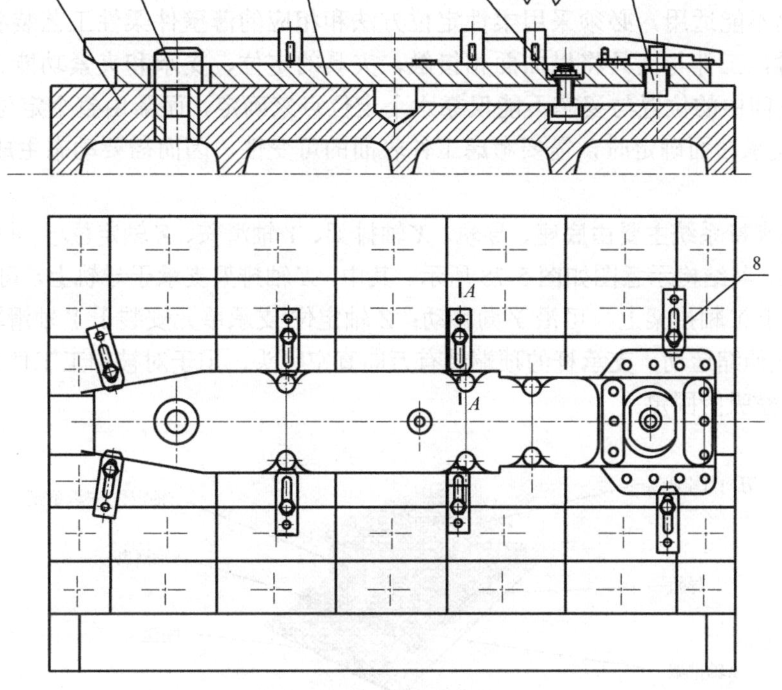

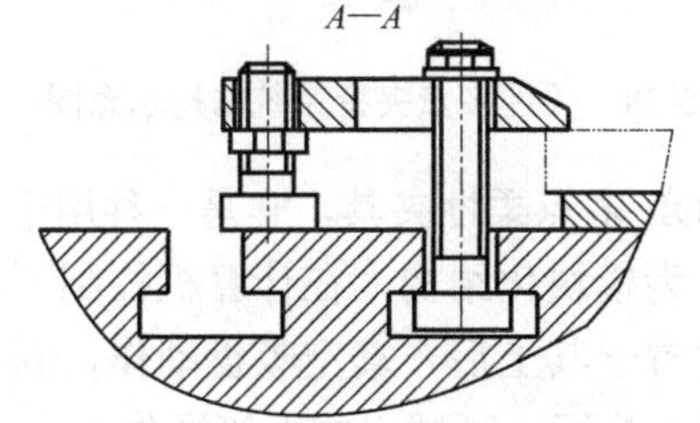

1—碑式基础板；2、7—定位销；3—定位垫板；4—六角螺母；5—普通垫圈；

6—T 形螺栓；　8—压板组件

图 5-77　飞机主梁零件夹具设计简图

表 5-5　主要元件明细表

序　号	编　码	名　称	数　量	材　料	规　格
1	B18096	碑式基础板	1	QT60-3	960×700
2	X15035b	定位销	1	20	35
3	Dbf0121	定位垫板	1	35	H20
4	M16008B	六角螺母	2	A3	M16
5	Q16003	普通垫圈	2	A3	M16
6	T16035	T 形螺栓	2	35	M16×35
7	X20020b	定位销	1	20	20
8		压板组件	6		

5.6.3　柔性多点夹持系统

对于大型航空薄壁自由曲面零件的加工，传统的面向刚体的六点定位原理和相应的工艺装备技术已不能适用，必须采用柔性定位方法和相应的薄壁件柔性工艺装备。薄壁弹性体曲面定位时，工件与夹具将以曲面相接触，夹具的定位、支承和夹紧功能将融为一体，工件在加工空间中的位置与姿态不能仅靠六个定位点来确定，而需由整个定位/支承曲面来确定。定位/支承曲面确定时，需要考虑工件表面的可变性，因而需要动态生成所需的定位/支承曲面。

柔性多点夹持系统主要由底座、导轨、*X* 轴排架、*Y* 轴滑鞍、*Z* 轴定位/支承单元及控制驱动装置等组成，其结构示意图如图 5-78 所示。其中，*X* 轴排架支承于导轨上，可沿 *X* 向移动；*Y* 轴滑鞍安装于 *X* 轴排架上，可沿 *Y* 向移动；*Z* 轴定位/支承单元安装于 *Y* 轴滑鞍上，其支承杆可沿 *Z* 轴做伸缩运动，支承杆的顶端装有万向真空吸头，用于对被加工工件进行自适应定位、支承和真空吸附固定。

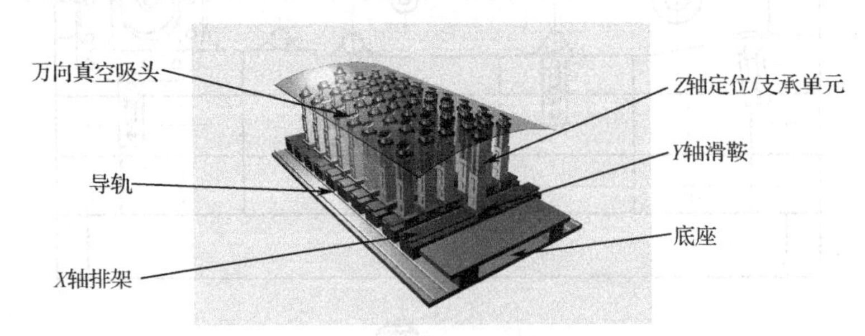

图 5-78　柔性多点夹持系统结构示意图

图 5-79 所示为 TORRESTOOL 多点柔性夹具，它是一种用于支承飞机板类（包括曲面）部件的柔性多点定位固定装置，为模块化结构，在计算机控制下，可根据工件形状调整其空间轮廓形状，将成形后的零部件置于其上后，真空吸盘动作，固定住工件。此类夹具可广泛应用于铣削、水切割、激光切割、装配、测试、成形等操作。

图 5-79　TORRESTOOL 多点柔性夹具

5.6.4　智能夹具

为满足现代飞机长寿命、轻量化等方面的要求，飞机大量使用整体结构件，包括框、梁、壁板等。飞机结构件具有尺寸大、富含薄壁结构、材料去除率高等特点，使得飞机结构件在加工后容易发生变形（如图 5-80 所示）。飞机结构件的加工变形受到初始残余应力、切削加工残余应力、装夹参数、加工工艺等多方面因素的影响。

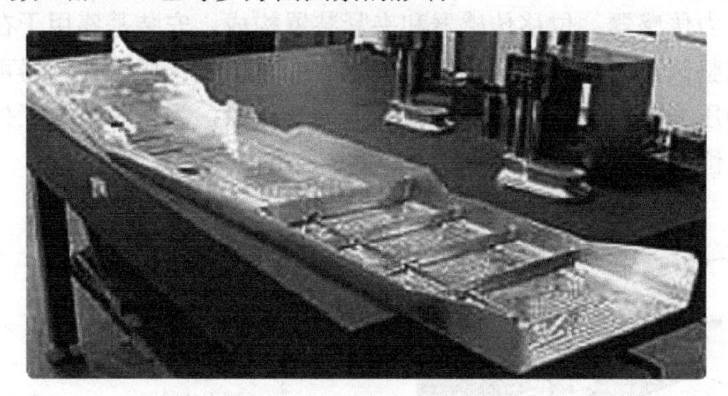

图 5-80　扭曲变形的某飞机结构件

飞机结构件加工前经过定位后，一般通过螺栓、压板等夹紧装置固定在机床工作台上，如图 5-81（a）所示，加工过程中大量的材料被切除，工件内部残余应力重新分布，松开夹紧装置后工件产生较大的变形，如图 5-81（b）所示。工件变形后加工基准也发生变化，需要依靠人工经验手动调整加工基准进行加工，如图 5-81（c）所示，会严重降低加工效率，同时，加工基准若调整不当可能会导致工件报废。

随着新一代飞机结构件形状更加复杂，制造周期要求更短，对加工变形控制提出了更高的要求，传统的加工模式已经很难满足新一代飞机结构件的制造要求。针对飞机结构件加工变形的问题，在加工过程中可采用自适应释放和消除变形的智能浮动装夹方法。零件在浮动装夹加工过程中，实时监测装夹点夹紧力，当夹紧力变化量超过设定阈值时，就控制夹紧装置松开装夹，使工件释放变形。同时，根据装夹点变形量实时调整装夹点的空间位置，使得工件在自由状态下再次被夹紧。工件已产生的变形通过后续的加工进行消除，减小工件的最终变形。

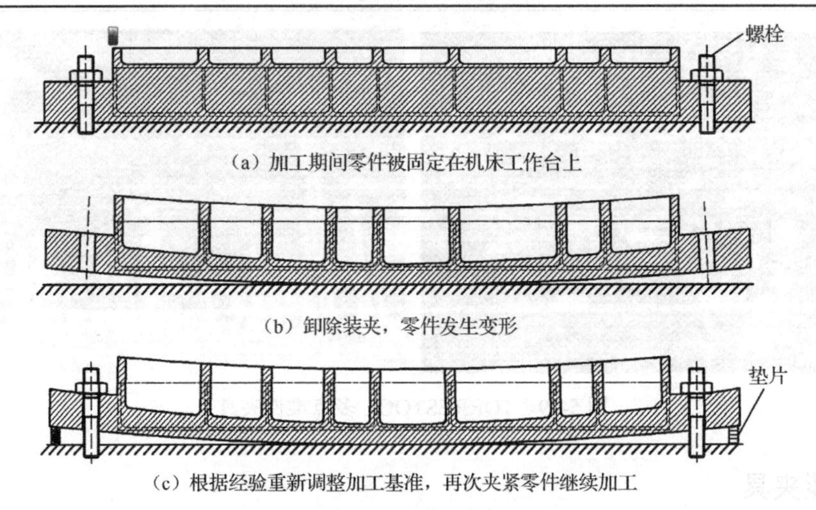

螺栓
(a) 加工期间零件被固定在机床工作台上
(b) 卸除装夹，零件发生变形
垫片
(c) 根据经验重新调整加工基准，再次夹紧零件继续加工

图 5-81 传统飞机结构件加工模式

在浮动装夹加工模式下，传统夹具已无法满足加工过程实时监测、自适应调整的需求。针对这一问题，出现了各种智能夹具，图 5-82 所示为南京航空航天大学研制的能在加工过程中实时监测夹紧力、自适应释放和监测工件变形的智能夹具。智能夹具主要由安装基座、自适应调整装置、压力传感器、位移传感器和夹紧装置构成。安装基座用于在工作台上固定智能夹具；自适应调整装置负责自适应调整装夹点的空间位置；压力传感器可以测得夹紧点的压力，通过与初始压力对比可以计算得到夹紧力的变化量，为适时释放工件进行自适应调整提供准确的数据；位移传感器可以测得装夹点的变形量。

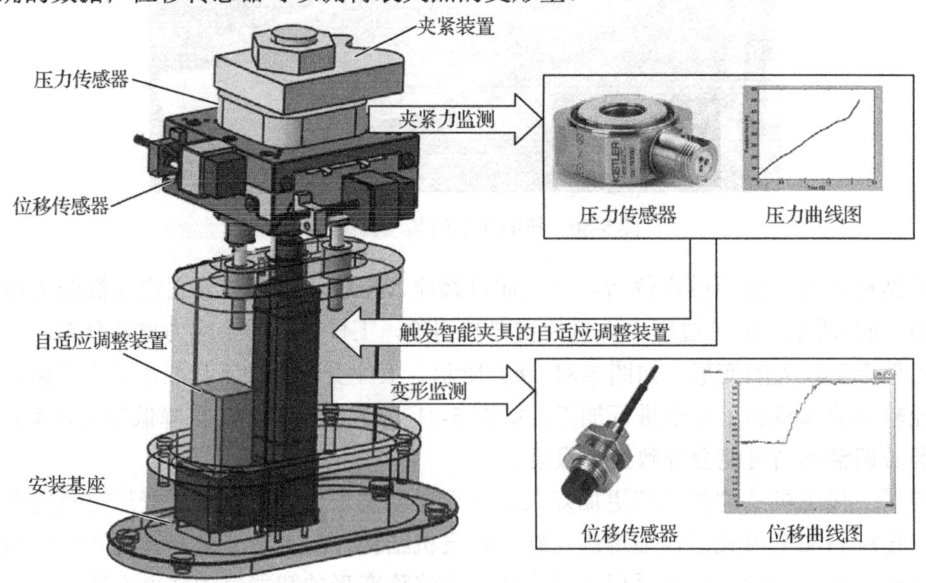

图 5-82 智能夹具

图 5-83 所示为国内某飞机制造企业用于加工长梁、框类结构件的智能夹具，使用浮动装夹自适应加工方法解决了长梁、框类结构件加工后变形而引起的超差和报废等问题。此外，智能夹具采用模块化设计，通过增减夹具数量和摆放位置使得其适用于各类不同结构、不同尺寸的飞机结构件的加工。

图 5-83　用于加工长梁、框类结构件的智能夹具

习题与思考题

5-1 什么是机床夹具？它包括哪几部分？各部分起什么作用？

5-2 何谓定位误差？定位误差是由哪些因素引起的？定位误差的数值一般应控制在零件公差的什么范围内？

5-3 有一批套类零件，如图 5-84 所示。欲在其上铣一键槽，试分析计算各种定位方案中 H_1、H_2、H_3 的定位误差。

（1）在可胀心轴上定位，如图 5-84（b）所示；

（2）在处于水平位置的刚性心轴上具有间隙定位，定位心轴直径为 $d'^{\ 0}_{-T'_d}$，如图 5-84（c）所示；

（3）在处于垂直位置的刚性心轴上具有间隙定位，定位心轴直径为 $d'^{\ 0}_{-T'_d}$；

（4）如果工件内、外圆同轴度误差为 t，上述三种定位方案中，H_1、H_2、H_3 的定位误差各是多少？

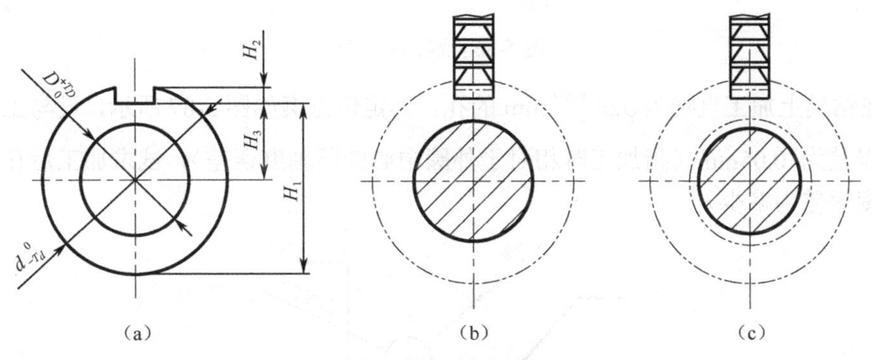

图 5-84　题 5-3 用图

5-4 如图 5-85 所示，一批工件以孔 $\phi 20^{+0.021}_{\ 0}$ mm 在心轴 $\phi 20^{-0.007}_{-0.020}$ mm 上定位，在立式铣床上用顶针顶住心轴铣键槽。其中 $\phi 40\text{h}6(^{\ 0}_{-0.016})$ mm 外圆、$\phi 20\text{H}7(^{+0.021}_{\ 0})$ mm 内孔及两端面均已加工合格。而且 $\phi 40\text{h}6$ mm 外圆对 $\phi 20\text{H}7$ mm 内孔的径向跳动在 0.02mm 之内。要保证铣槽的主要技术要求为：

（1）槽宽 b=12H9mm；

（2）槽的端面尺寸为 20H12mm；

（3）槽底位置尺寸为 34.8H11mm；

（4）槽两侧面对外圆轴线的对称度不大于 0.10mm。

试分析其定位误差对保证各项技术要求的影响。

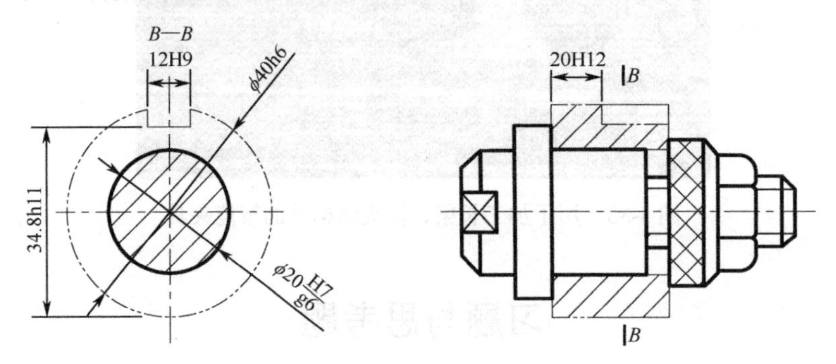

图 5-85 题 5-4 用图

5-5 在套筒零件上铣键槽，要求保证尺寸 $54_{-0.14}^{\ 0}$ mm 及对称度。现有如图 5-86（b）、（c）、（d）所示三种定位方案，已知同轴度误差为 0.01mm，销直径为 $\phi32_{-0.03}^{-0.01}$ mm，其余尺寸见图示。试计算定位误差，并选出较优的方案。

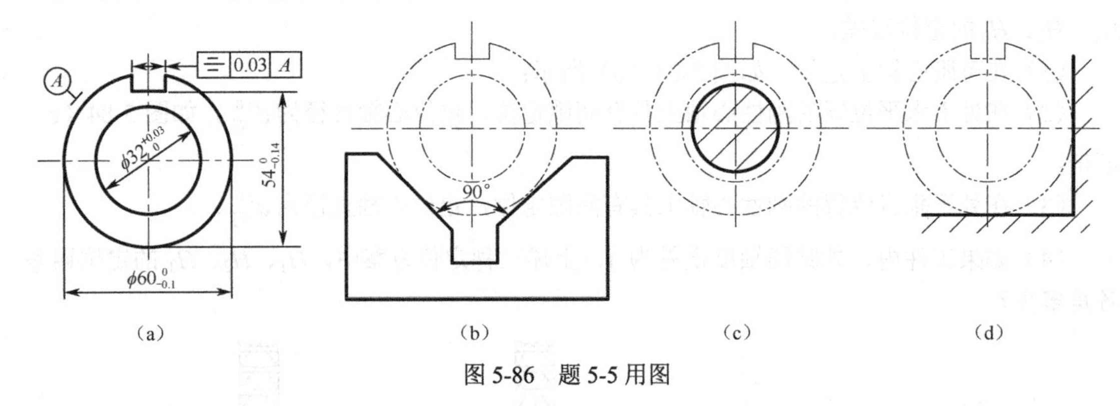

图 5-86 题 5-5 用图

5-6 在钻模上加工直径为 $\phi20_{\ 0}^{+0.045}$ mm 的孔，其定位方案如图 5-87 所示，设与工件定位无关的加工误差为 0.05mm（指加工时相对于外圆中心的同轴度误差），试求加工后孔与外圆的最大同轴度误差为多少？

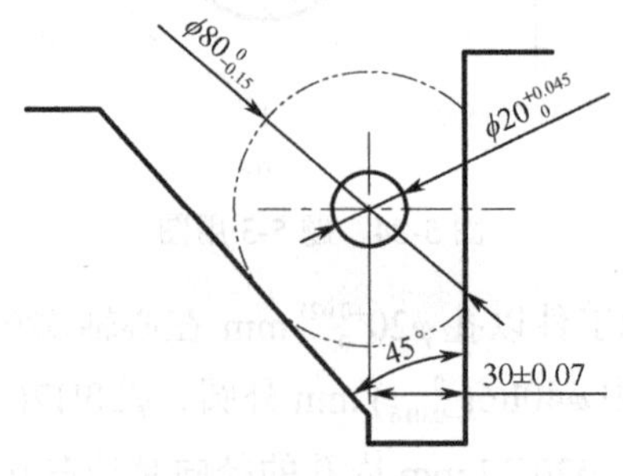

图 5-87 题 5-6 用图

5-7 有一批工件，采用钻模钻削工件上ϕ5mm 和ϕ8mm 两孔，现采用如图 5-88（b）、（c）、（d）所示三种定位方案，若定位误差不得大于加工允差的 1/2，试问这三种定位方案是否都可行（$\alpha=90°$）？

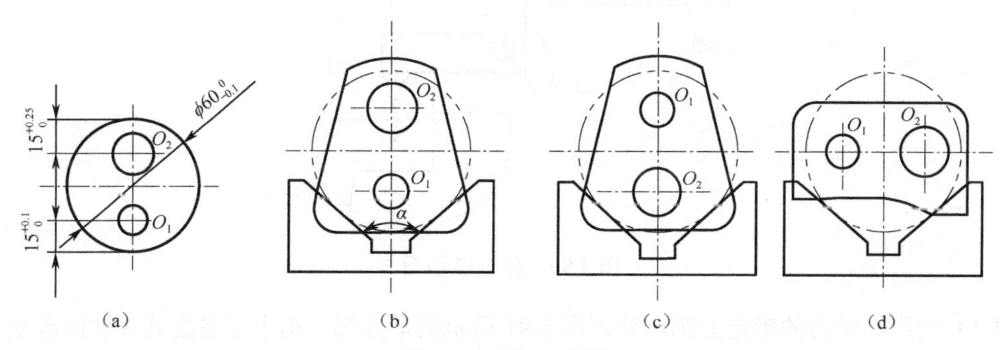

图 5-88　题 5-7 用图

5-8 工件尺寸如图 5-89（a）所示，台阶轴$\phi40^{\ 0}_{-0.03}$mm 与$\phi35^{\ 0}_{-0.02}$mm 的同轴度公差为ϕ0.02mm。欲钻孔 O，并保证尺寸$30^{\ 0}_{-0.11}$mm。采用图示四种定位方案，图 5-89（b）所示为平面定位，图 5-89（c）所示为 V 形块定位，图 5-89（d）所示为直角面定位，图 5-89（e）所示为套筒定位，试分别计算四种定位方案的定位误差（V 形块夹角$\alpha=90°$）。

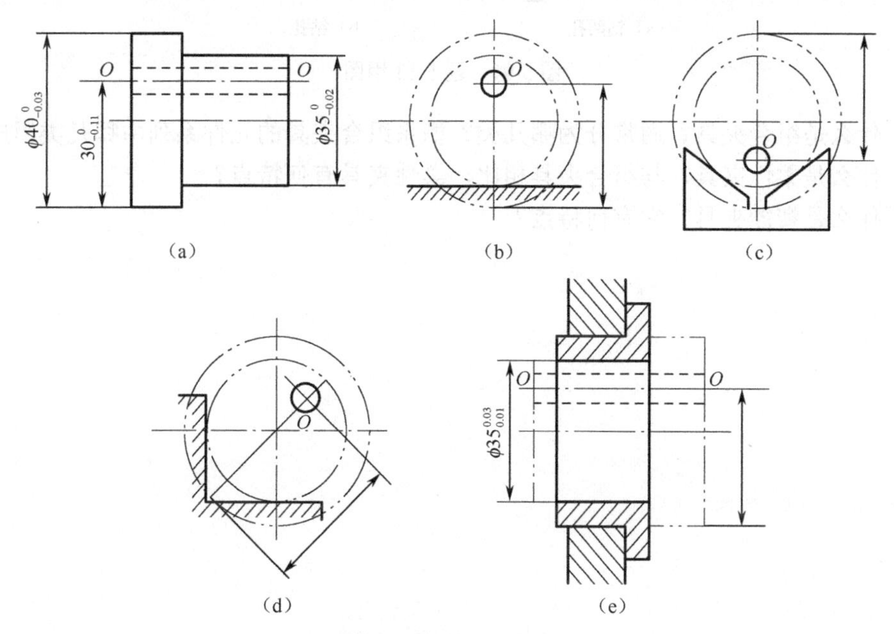

图 5-89　题 5-8 用图

5-9 对夹紧装置的基本要求有哪些？

5-10 何谓联动夹紧机构？设计联动夹紧机构时应注意哪些问题？试举例说明。

5-11 试述一面两孔组合定位时，定位元件设计及定位误差的计算方法。

5-12 夹紧装置如图 5-90 所示，若切削力 F=800N，液压系统压力 $P=2\times10^6$Pa（为简化计算，忽略加力杆与孔壁的摩擦，按效率 η=0.95 计算），试求液压缸的直径应为多大，才能将工件压紧？夹紧安全系数 K=2；夹紧杆与工件间的摩擦系数 μ=0.1。

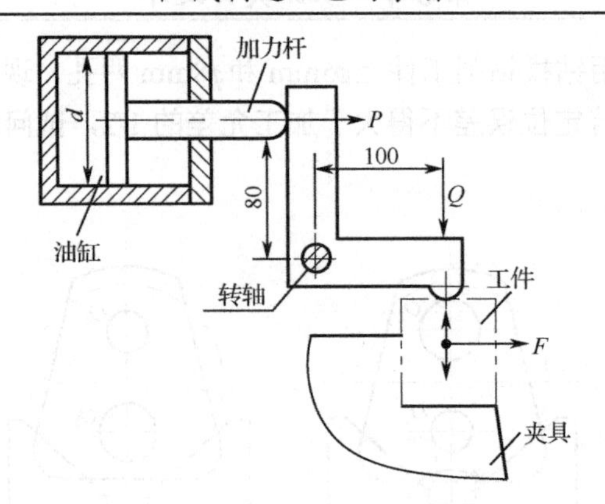

图 5-90　题 5-12 用图

5-13 应用夹紧力的确定原则，分析图 5-91 所示夹紧方案，指出不妥之处并加以改正。

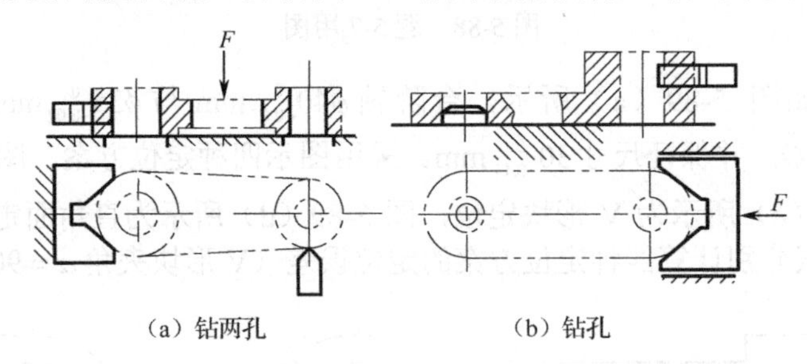

图 5-91　题 5-13 用图

5-14 什么是组合夹具？通常分为哪几类？槽系组合夹具的元件系列由哪几类组成？

5-15 什么是柔性夹具？与组合夹具相比，柔性夹具有何特点？

5-16 什么是智能夹具？它有何特点？

第6章　机械加工精度

6.1　概　　述

机械产品质量与零件的加工质量、产品的装配质量密切相关，保证机械产品质量是机械制造人员的首要任务。零件的加工质量将直接影响产品的性能、效率、寿命及可靠性等质量指标，它是保证产品制造质量的基础。零件的加工质量包括机械加工精度和加工表面质量两个方面。本章主要讨论零件的机械加工精度。

1．机械加工精度的定义和主要内容

机械加工精度是指零件机械加工后的实际几何参数（尺寸、形状和相互位置）与理想几何参数的符合程度。符合程度越高，加工精度就越高。零件的加工精度包含尺寸精度、形状精度和位置精度三个方面，分述如下。

（1）尺寸精度：指机械加工后零件的直径、长度和表面间距离等尺寸的实际值与理想值的符合程度。获得尺寸精度的方法主要有试切法、调整法、定尺寸刀具法和自动控制法。

（2）形状精度：指机械加工后零件表面的实际形状与理想形状的符合程度。国家标准中规定用直线度、平面度、圆度、圆柱度、线轮廓度和面轮廓度来评定形状精度。获得形状精度的方法主要是轨迹法、成形法、仿形法和展成法。

（3）位置精度：指机械加工后零件各表面间实际位置与理想位置的符合程度。国家标准中规定用平行度、垂直度、同轴度、对称度、位置度、圆跳动和全跳动来评定位置精度。获得位置精度的方法主要是一次装夹法和多次装夹法。

实际加工不可能也没有必要把零件做得绝对精确而达到理想零件，会允许有一定的偏差。加工误差是指加工后零件的实际几何参数（尺寸、形状和相互位置）与理想几何参数的偏离程度。从保证产品的使用性能分析，零件加工尺寸允许在某一规定的范围内变动，这个允许变动的范围就是公差。

尺寸公差、形状公差和位置公差在数值上有一定的对应关系。一般来说，同一要素上的形状公差应小于位置公差，而位置公差和形状公差应为相应尺寸公差的1/2～1/3。通常，当尺寸精度要求高时，相应的位置精度和形状精度要求也高。但生产中也有形状精度、位置精度要求极高而尺寸精度要求不很高的零件表面，如机床床身导轨表面。

一般情况下，零件加工精度越高，则加工成本越高，生产效率则越低。因此，设计人员应根据零件的使用要求，合理地规定零件的加工精度。工艺人员则应根据设计要求、生产条件等采取适当的工艺方法，使加工误差小于设计图上规定的公差，并在保证加工精度的前提下，尽量提高生产效率和降低成本。

2．影响机械加工精度的原始误差

机械加工中零件尺寸、几何形状、位置的形成，归根结底取决于刀具和工件之间的相对运动位置关系，而刀具和工件又分别安装在机床和夹具上。由机床、夹具、刀具和工件组成的系统，称为工艺系统。工艺系统中可能出现的种种误差，将破坏工件和刀具之间正确的几何关系，在不同的条件下、以不同的方式表现为工件的加工误差。可见，工艺系统的误差是造成加工误差的根源，称为原始误差。

原始误差中一部分与工艺系统的初始状态有关，一部分与加工过程有关。影响加工精度的原始误差主要有：

（1）与工艺系统的初始状态有关的原始误差（几何误差），包括加工原理误差、调整误差、测量误差和机床、刀具、夹具的制造误差，它们在切削加工前已经存在。其中，加工原理误差、调整误差、测量误差、刀具和夹具的制造误差是工件相对于刀具在静止状态下已存在的误差，机床的制造误差是工件相对于刀具在运动状态下已存在的误差。

（2）与工艺系统加工过程有关的原始误差（动误差），包括切削力及其他力引起的受力变形、切削热引起的受热变形，以及刀具磨损、测量误差和残余应力引起的变形。

3．误差敏感方向

切削加工过程中，由于各种原始误差的影响，会使刀具和工件间的正确几何关系遭到破坏，引起加工误差。各种原始误差的大小和方向是各不相同的，而加工误差必须在工序尺寸方向度量。因此，不同的原始误差对加工精度有不同的影响。当原始误差的方向与工序尺寸的方向一致时，其对加工精度的影响最大。以外圆车削为例（见图 6-1）分析原始误差与加工误差的关系。车削时工件的回转轴线是 O，刀尖正确位置在 A，设某一瞬时由于各种原始误差的影响，使刀尖移到 A'。$\overline{AA'}$ 即为原始误差 δ，它与 $\overline{OA}$ 间的夹角为 φ，由此引起工件加工后的半径由 $R_0=\overline{OA}$ 变为 $R=\overline{OA'}$，故半径上（即工序尺寸方向上）的加工误差 ΔR 为

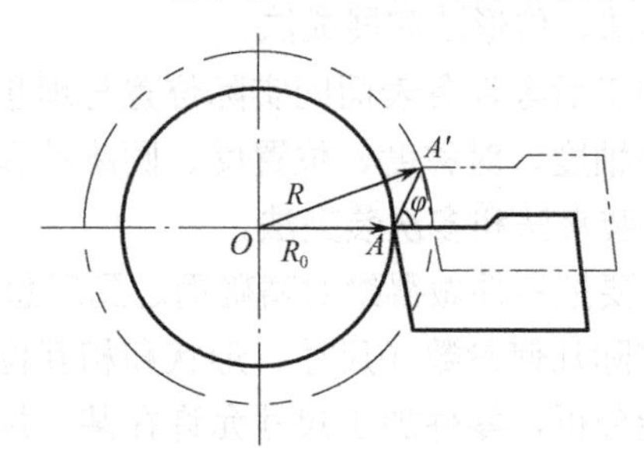

图 6-1 误差的敏感方向

$$
\begin{aligned}
\Delta R=\overline{OA'}-\overline{OA}&=\sqrt{R_0{}^2+\delta^2+2R_0\cdot\delta\cdot\cos\varphi}-R_0\\
&=\frac{R_0{}^2+\delta^2+2R_0\delta\cos\varphi-R_0{}^2}{\sqrt{R_0{}^2+\delta^2+2R_0\delta\cos\varphi}+R_0}\\
&=\frac{\delta^2+2R_0\delta\cos\varphi}{\sqrt{R_0{}^2+\delta^2+2R_0\delta\cos\varphi}+R_0}\\
&\approx\delta\cos\varphi+\frac{\delta^2}{2R_0}
\end{aligned}
\tag{6-1}
$$

可以看出，当原始误差的方向恰为加工表面法线方向时（$\varphi=0°$），引起的加工误差最大（$\Delta R_{\varphi=0°}=\delta$）；当原始误差的方向恰为加工表面的切线方向时（$\varphi=90°$），引起的加工误差最

小$\left(\Delta R_{\varphi=90^\circ}=\dfrac{\delta^2}{2R_0}\right)$，一般可以忽略不计。为了便于分析原始误差对加工精度的影响程度，将对加工精度影响最大的那个方向（即通过刀刃的加工表面的法线方向）称为误差的敏感方向；而将对加工精度影响最小的那个方向（即通过刀刃的加工表面的切线方向）称为误差的不敏感方向。

4. 研究加工精度的方法

研究加工精度的方法有以下两种。

（1）单因素分析法。为简单起见，一般不考虑其他因素的同时作用，而研究某一确定因素对加工精度的影响。通过分析、计算、测试得到该因素与加工误差间的关系。

（2）统计分析法。针对批量生产的工件的实测数据，运用数理统计方法进行数据处理，找出误差出现的规律，判断误差的性质，用于控制加工质量。

实际生产中，两种方法常常结合起来应用。先用统计分析法寻找误差出现的规律，初步判断产生误差的可能原因，再运用单因素分析法进行分析、试验，以确定影响加工精度的主要原因。

6.2 工艺系统的几何误差

6.2.1 加工原理误差、调整误差和测量误差

1. 加工原理误差

加工原理误差是指由于采用了近似的成形运动或近似的切削刃轮廓进行加工而产生的误差。例如，如图 6-2 所示，在数控铣床上加工曲面时，实际是由一段一段的空间直线逼近空间曲面的，或者说，整个曲面实际是通过加工出的大量微小直线段逼近形成的，图 6-2 中 t 表示线段的步长，s 表示曲线之间的行距。

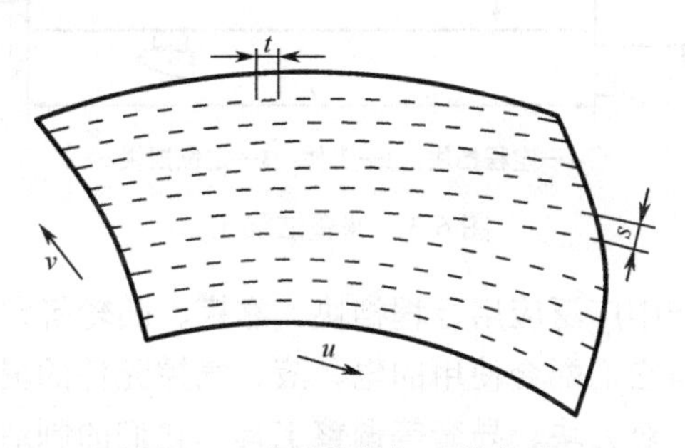

图 6-2　曲面数控加工的实质

又如，滚齿加工渐开线齿轮时，由于滚齿刀刃数量有限，切削是不连续的，实际滚切出的齿形是一条由微小折线段组成的曲线，与理论上的光滑渐开线有差异。

机械加工中，采用近似的成形运动或近似的刀刃轮廓进行加工，虽然由此会产生一定的原理误差，但可以简化机床结构和减少刀具数，提高生产效率和加工经济效益，只要加工误差能够控制在允许的公差范围内，就可采用近似加工方法。

2. 调整误差

在机械加工的每一个工序中，总要对工艺系统进行调整。例如，调整夹具在机床上的位置，调整刀具相对于工件的位置等。调整不可能绝对准确，由此产生的误差称为调整误差。调整误差的大小取决于调整方法和操作者的技术水平。

工艺系统的调整有两种方法，不同调整方法引起误差的来源不同。

1）试切法

单件、小批生产中普遍采用试切法。试切法是对工件进行试切，测量、调整刀具与工件的相对位置，再试切，直至达到要求的尺寸精度。试切法中引起调整误差的因素主要有：

（1）测量误差。测量误差指量具本身的精度、测量方法或使用条件下的误差（如温度影响、操作者的细心程度）等。

（2）机床进给机构的位移误差。当试切最后一刀时，经常要按照刻度盘的显示值来微调刀具的进给量，这时常会出现进给机构的“爬行”现象，使刀具的实际进给量比刻度盘显示值偏大或偏小，造成加工误差。

（3）最小切削厚度的影响。刀具所能切掉的最小切削厚度应该大于切削刃钝圆半径。如果切削厚度过小，切削刃就会在切削表面打滑，切不下金属。粗加工时，试切的最后一刀背吃刀量还比较大，切削刃不会打滑，但正式切削时背吃刀量更大，受力变形也更大，实际切除的金属层厚度就会比试切时小一些；精加工时，试切的最后一刀往往很薄，而正式切削的背吃刀量一般比试切时大，因此，切削刃不易打滑，实际切深比试切时要大一些。

2）调整法

成批、大量生产类型中，广泛采用试切法（或样件、样板），预先调整好刀具与工件的相对位置，并在一批工件的加工中保持这种相对位置不变来获得所要求的工件尺寸，如图 6-3 所示。采用调整法对工艺系统进行调整，也要以试切为依据，因此上述影响试切法调整精度的因素，对调整法也有影响。

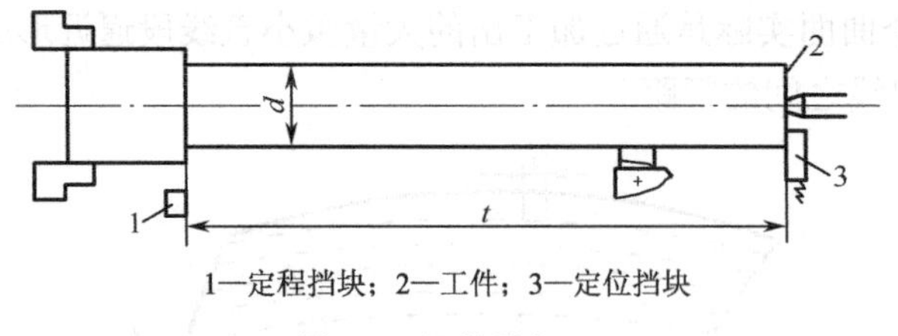

1—定程挡块；2—工件；3—定位挡块

图 6-3 调整法加工

此外，在大批大量生产中广泛应用行程挡块、靠模、凸轮等定程机构，这些机构的制造精度、安装精度、磨损及与它们配合使用的电、液、气控元件的灵敏度也是调整误差的主要来源。若采用样件、样板、对刀块、导套等调整工具，它们的制造误差、安装误差和对刀误差也是影响调整精度的因素。

3. 测量误差

测量误差是工件的测量尺寸与实际尺寸的差值。工件加工过程中，要进行检验、测量以调整刀具相对工件的位置；加工后，要用测量结果来评定加工精度。对于一般精度的零件，测量误差可占工序尺寸公差的 1/10～1/5；对于精密零件，测量误差可占工序尺寸公差的 1/3 左右。

造成测量误差的原因主要有：量具量仪、测量方法本身的误差，测量过程环境温度的影响，测量者的读数误差，测量者施力不当引起量具量仪或被测工件的变形等。

6.2.2　机床的几何误差

加工过程中，刀具相对于工件的成形运动通常都是通过机床完成的。工件的加工精度在很大程度上取决于机床的精度。引起机床误差的原因是机床的制造误差、安装误差和磨损。对工件加工精度影响较大的是机床制造误差中的主轴回转误差、导轨导向误差和传动链的传动误差。

1．主轴回转误差

1）主轴回转误差及其对加工精度的影响

主轴是机床上用来装夹工件或刀具，并传递主要切削运动的重要零件，它的回转精度是机床精度的一项重要指标，将直接影响零件加工表面的形状精度和位置精度。主轴回转误差是指主轴实际回转轴线相对其理想回转轴线的变动量。理想回转轴线客观上存在，但无法确定其位置，因此通常是用平均回转轴线（即主轴各瞬时回转轴线的平均位置）来代替。为便于分析，可将主轴回转误差分解为径向圆跳动、轴向圆跳动和倾角摆动三种基本形式，如图 6-4 所示。

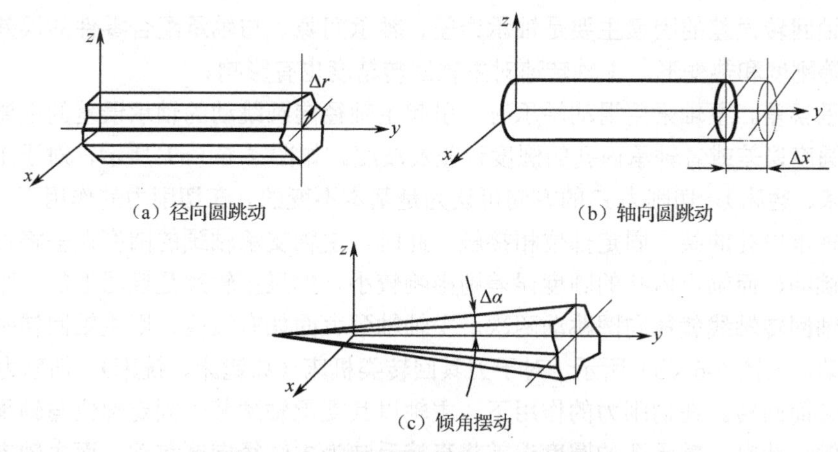

图 6-4　主轴回转误差的三种基本形式

（1）径向圆跳动。径向圆跳动是主轴回转轴线相对于平均回转轴线在径向的变动量，如图 6-4（a）所示。径向圆跳动会使工件产生圆度误差，但不同加工方法的误差敏感方向不同，因此影响程度也不尽相同。在镗床上镗孔时，误差敏感方向和切削力方向随主轴回转而不断变化，主轴的径向圆跳动会使镗出的孔呈椭圆形，其圆度误差等于主轴径向简谐运动的幅值。在车床上车外圆时，误差敏感方向和切削力方向在水平面上保持不变，主轴的径向圆跳动使车削出的工件表面接近于正圆，即径向圆跳动对车削外圆的圆度影响很小。一般精密车床的主轴径向圆跳动应控制在 5μm 以内。

（2）轴向圆跳动。轴向圆跳动是主轴回转轴线沿平均回转轴线方向的变动量，如图 6-4（b）所示。轴向圆跳动对圆柱面的加工精度没有影响，但对于端面加工，会使车出的端面与圆柱面产生垂直度误差或平面度误差。如果主轴回转一周，来回跳动一次，则加工出的端面近似为螺旋面：向前跳动的半周形成右螺旋面，向后跳动的半周形成左螺旋面。如图 6-5 所示，由轴向圆跳动引起的端面对圆柱面的垂直度误差为

$$\tan\theta = A/R$$

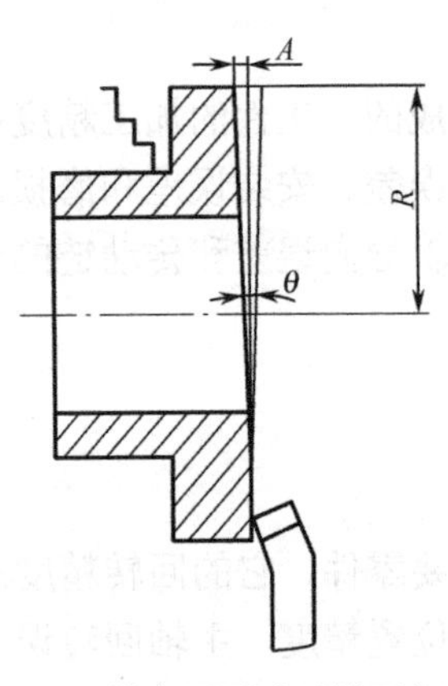

图 6-5　轴向圆跳动对端面加工的影响

式中　A——主轴轴向圆跳动的幅值；

R——工件车削端面的半径；

θ——车削后端面的垂直度偏角。

加工螺纹时，轴向圆跳动会使螺距产生周期误差。因此，对主轴轴向圆跳动的幅值通常有严格的要求。一般精密车床的主轴轴向圆跳动规定为 2～3μm，甚至更低。

（3）角度摆动。主轴回转轴线相对平均回转轴线成一倾斜角度的运动如图 6-4（c）所示，车削时，它使加工表面产生圆柱度误差和端面的形状误差。

必须指出，实际上主轴工作时其回转轴线的偏差总是上述三种形式的误差运动的合成，故不同横截面内轴心的误差运动轨迹既不相同，又不相似，既影响加工工件圆柱面的形状精度，又影响端面的形状精度。

2）影响主轴回转精度的因素

引起主轴回转误差的因素主要是轴承误差、轴承间隙、与轴承配合零件的误差、主轴系统的径向不等刚度和热变形。主轴转速对主轴回转精度也有影响。

（1）轴承误差。主轴采用滑动轴承时，引起主轴径向圆跳动的轴承误差的主要来源是：支承轴颈的圆度误差或者轴承内孔的圆度误差及波度。如图 6-6（a）所示，对于工件回转类机床（如车床、磨床），切削力 F 的方向可认为是基本不变的。在切削力的作用下，主轴颈以不同部位和轴承内孔的某一固定部位相接触，此时，主轴支承轴颈的圆度误差将直接反映为主轴径向圆跳动，而轴承内孔的圆度误差则影响较小。如果主轴颈是椭圆形的，则主轴每回转一周，主轴回转轴线就径向圆跳动两次。主轴轴颈表面如有波度，则主轴回转时将产生高频径向圆跳动。如图 6-6（b）所示，对于刀具回转类机床（如镗床、铣床），切削力 F 的方向随主轴的回转而回转。在切削力的作用下，主轴以其支承轴颈某一固定部位与轴承内表面的不同部位接触，此时，轴承孔的圆度误差将直接反映为主轴径向圆跳动，而主轴支承轴颈的圆度误差则影响较小。如果轴承孔是椭圆形的，则主轴每回转一周，就径向圆跳动一次。轴承内孔表面如有波度，同样会使主轴回转时产生高频径向圆跳动。

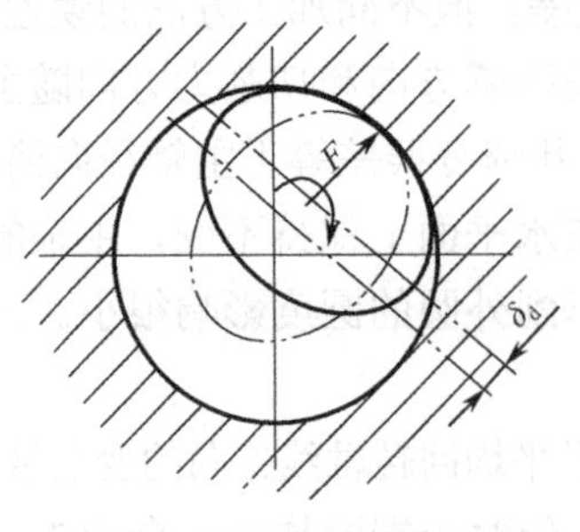

（a）工件回转类机床

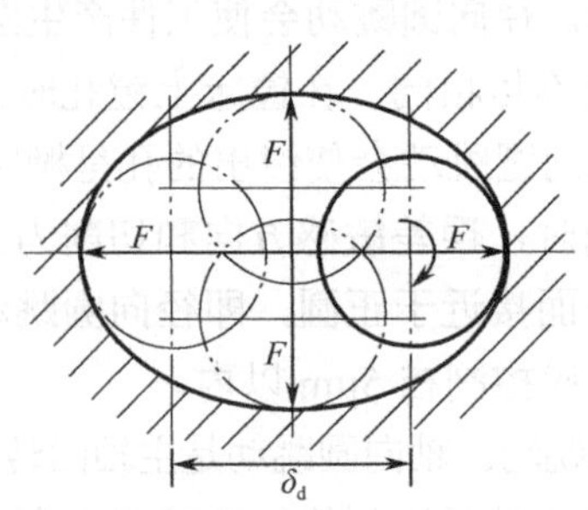

（b）刀具回转类机床

图 6-6　采用滑动轴承时主轴的径向圆跳动

以上分析适用于单油楔动压轴承，如采用多油楔动压轴承，则主轴回转精度较高，而且影响回转精度的主要是轴颈的圆度。由于动压轴承必须在一定运转速度下才能建立起压力油膜，因此主轴启动和停止过程中轴线都会发生漂移；如果采用静压轴承，由于油膜压力由液压泵提供，与主轴转速无关，同时轴承的油腔对称分布，因此油膜厚度变化引起的轴线漂移小于动压轴承。

主轴采用滚动轴承时，滚动轴承是由内圈、外圈和滚动体组成的，轴承内、外圈滚道的圆度误差和波度对回转精度的影响，与前述单油楔动压滑动轴承的情况相似。分析时可把外圈滚道看作轴承孔，内圈滚道看作轴。因此，对工件回转类机床，内圈滚道的圆度误差对主轴径向圆跳动影响较大，主轴每回转一周，径向圆跳动两次；对刀具回转类机床，外圈滚道的圆度误差对主轴径向圆跳动影响较大，主轴每回转一周，径向圆跳动一次。滚动轴承的内、外圈滚道如有波度，会使主轴回转时产生高频径向圆跳动；滚动体的尺寸误差也会使主轴回转时产生径向圆跳动。径向跳动周期与保持架的转速有关，由于保持架的转速近似为主轴转速的 1/2，所以主轴每回转两周，主轴轴线就径向圆跳动一次。

主轴轴向圆跳动主要由主轴轴肩端面和推力轴承承载端面对回转轴线的垂直度误差引起。滚锥、向心推力轴承的内外滚道的倾斜既会造成主轴的轴向圆跳动，又会引起径向圆跳动和倾角摆动。

（2）轴承间隙。轴承间隙对回转精度也有影响，如果轴承间隙过大，会使主轴工作时油膜厚度增大，油膜承载能力降低，当载荷、转速等变化时，油楔厚度变化较大，使主轴回转轴线偏移量增大。

（3）与轴承配合零件的误差。由于轴承内、外圈或轴瓦很薄，受力后容易变形，因此与之相配合的轴颈或箱体孔的圆度误差会使轴承圈或轴瓦发生变形，从而产生回转误差。与轴承圈端面配合的零件如轴肩、过渡套、轴承端盖、螺母等有关的端面，如果有平面度误差或与主轴回转轴线不垂直，会使轴承圈滚道倾斜，造成主轴回转轴线的径向、轴向跳动。箱体前后支承孔、主轴前后支承轴颈的同轴度会使轴承内、外圈滚道相对倾斜，同样也会引起主轴回转轴线的漂移。

（4）主轴系统的径向不等刚度和热变形。主轴系统的刚度在不同方向上往往不等，当主轴上所受外力方向随主轴回转而变化时，就会因变形不一致而使主轴轴线漂移。机床工作时，主轴系统温度将升高，使主轴轴向膨胀和径向发生位移；由于轴承径向热变形不相等，前后轴承的热变形也不相同，会引起主轴回转轴线的位置变化和漂移。

（5）主轴转速的影响。主轴部件质量的不平衡、机床各种随机振动及回转轴线的不稳定都会随主轴转速的增加而增加，使主轴在某个转速范围内的回转精度较高，而当超过这个范围时，误差就较大。

3）提高主轴回转精度的措施

（1）提高主轴部件的制造精度。首先应提高轴承的制造精度，如选用高精度的滚动轴承，或采用高精度的多油楔动压轴承和静压轴承。其次是提高箱体支承孔、主轴轴颈和与轴承相配合零件的制造精度。此外，还可在装配时先测出滚动轴承及主轴锥孔的径向圆跳动，然后调节径向圆跳动的方位，使误差相互抵消，以减小轴承误差对主轴回转精度的影响。

（2）对滚动轴承进行预紧。对滚动轴承适当预紧以消除间隙，甚至产生微量过盈，这样既增加了轴承刚度，又对轴承内、外圈滚道和滚动体的误差起均化作用，可提高主轴的回转精度。

（3）使主轴的回转误差不反映到工件上。直接保证工件在加工中的回转精度而不依赖于主轴，是一种简单而又有效的方法。例如，在外圆磨床上磨削外圆面时，工件不直接装夹在主轴上而是采用两个固定顶尖装夹，主轴只起传动作用，使工件的回转精度完全取决于主轴顶尖和工件中心孔的形状精度和同轴度，提高顶尖和中心孔的精度要比提高主轴部件的精度容易且经济得多。又如，在镗床上加工箱体类零件上的孔时，可采用带前、后导向套的镗模，刀杆与主轴浮动连接，如图 6-7 所示。这样，刀杆的回转精度不受主轴回转精度的影响，仅由刀杆和镗套的配合质量决定。

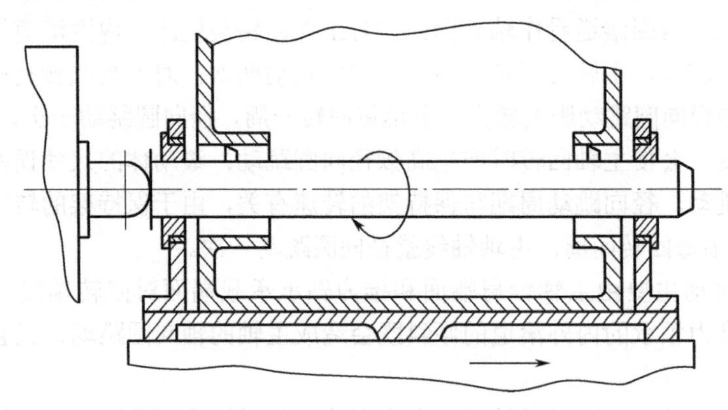

图 6-7 刀杆与主轴浮动连接

2. 导轨导向误差

1）导轨导向误差对加工精度的影响

导轨是机床中确定各主要部件相对位置和运动关系的基准，它的误差将直接影响被加工工件的精度。导轨导向精度是指机床导轨副的运动部件实际运动方向与理想运动方向的符合程度，这两者之间的偏差值称为导向误差。导轨的导向误差对不同的加工方法和加工对象，将会产生不同的加工误差。在分析各项导轨导向误差对加工精度的影响时，主要应考虑导向误差引起刀具与工件在误差敏感方向的相对位移。

（1）导轨在水平面内的直线度误差对加工精度的影响。在卧式车床上车削圆柱面，误差的敏感方向在水平面上，因此导轨在水平面内的直线度误差将直接反映在被加工工件的半径误差上，对加工精度影响最大。假设导轨在水平面内的直线度误差为 Δy，则由 Δy 引起的工件半径误差 $\Delta R = \Delta y$，如图 6-8 所示。

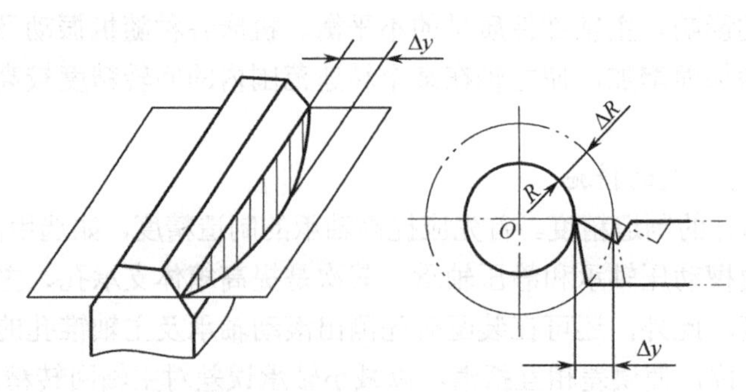

图 6-8 导轨在水平面内的直线度误差对加工精度的影响

（2）导轨在垂直平面内的直线度误差对加工精度的影响。假设导轨在垂直平面内的直线度误差为Δz，则由Δz引起的工件半径误差ΔR为（见图6-9）

$$\Delta R \approx \frac{(\Delta z)^2}{2R}$$

该误差值较小，一般可忽略不计。

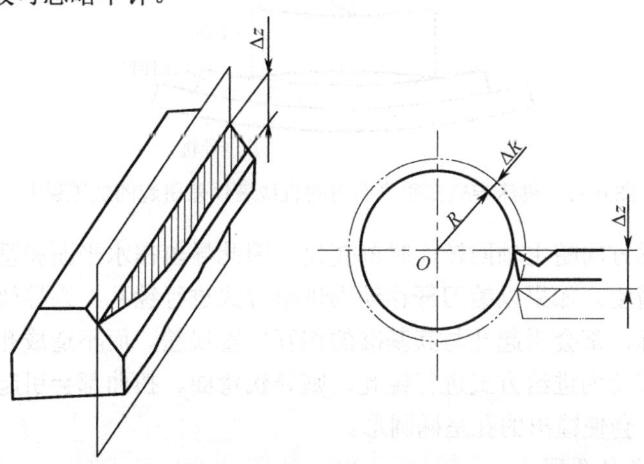

图6-9　导轨在垂直平面内的直线度误差对加工精度的影响

（3）前后导轨间的平行度误差对加工精度的影响。当前后导轨在垂直平面内有平行度误差（扭曲误差）时，刀架将产生摆动，刀架沿床身导轨做纵向进给运动时，刀尖的运动轨迹是一条空间曲线，使工件产生圆柱度误差。

假如导轨间在垂直方向的平行度误差为Δl_3，则由Δl_3引起的工件半径误差ΔR为（见图6-10）

$$\Delta R = \Delta y \approx (H/B) \times \Delta l_3$$

一般车床$H/B \approx 2/3$，外圆磨床$H \approx B$，因此导轨间平行度误差引起的加工误差不可忽略。当Δl_3很小时，该误差不显著。

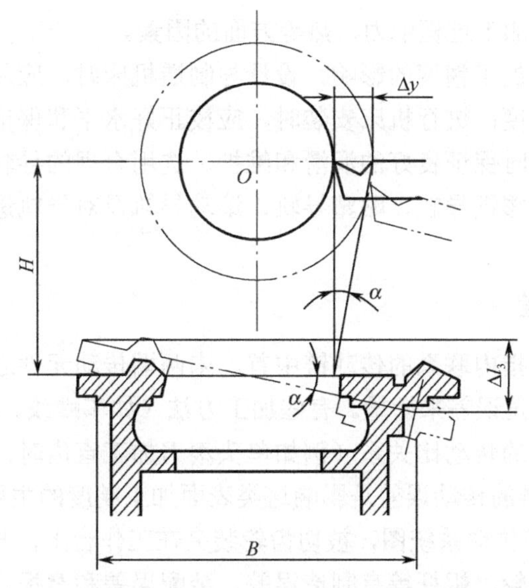

图6-10　前后导轨间的平行度误差对加工精度的影响

刨床的误差敏感方向在垂直平面，因此，导轨在垂直平面内的直线度误差对工件加工表面的直线度和平面度误差影响较大，而导轨在水平面内的直线度误差对工件加工误差影响较小，如图 6-11 所示。

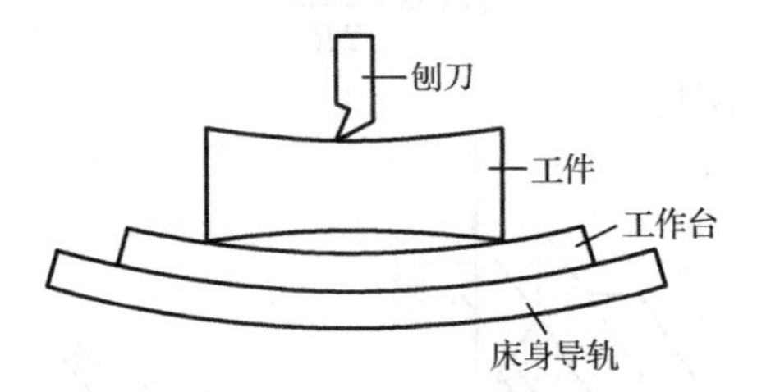

图 6-11 刨床导轨在垂直面内的直线度误差引起的加工误差

镗床的误差敏感方向随主轴回转而时刻变化，因此导轨在水平面和垂直面内的直线度误差均直接影响加工精度。如果以镗刀杆移动为进给方式进行镗孔，则导轨弯曲、扭曲或镗刀杆轴线与主轴不平行，都会引起孔与其基准的相互位置误差，而不造成孔的形状误差；如果以工件在工作台上移动为进给方式进行镗孔，则导轨弯曲、扭曲都会引起孔的轴线不直，而导轨与主轴不平行，会使镗出的孔呈椭圆形。

2）引起导轨误差的原因

除了导轨本身的制造误差外，安装不正确造成的导轨误差往往更大。例如，对于龙门机床和导轨磨床，其床身导轨是细长结构，刚度较差，在自重作用下容易变形，如果安装不合理，或者地基不良，都会造成导轨弯曲变形，严重的变形量可达 2～3mm。

导轨磨损是造成导轨误差的另一个重要原因。由于使用频率不同及受力不均，导轨在使用一段时间后，沿全长各段的磨损量不等，在同一横截面上的磨损量也不等。导轨磨损会造成床鞍在水平面和垂直面内的位移，引起倾斜，从而产生导轨误差。机床导轨的磨损与工作的连续性、负荷量、工作条件、导轨材质和结构等有关。一般卧式车床，两班制使用一年后，前导轨（三角形）磨损量可达 0.04～0.05mm；粗加工条件下，磨损量可达 0.1～0.2mm。车削铸铁件，导轨的磨损会更大。

引起导轨误差的还有加工过程中力、热等方面的因素。

为了减小导轨误差对加工精度的影响，设计与制造机床时，应从结构、材料、加工等方面采取措施以提高导向精度；进行机床安装时，应校正好水平和保证地基质量；使用时要注意调整导轨配合间隙，同时保证良好的润滑和维护。选用合理的导轨形状和导轨组合形式，采用耐磨合金铸铁导轨、镶钢导轨、贴塑导轨、滚动导轨及对导轨进行表面淬火处理等，均可提高导轨的耐磨性。

3．传动链的传动误差

传动链的传动误差是指内联系的传动链中首、末两端传动元件之间相对运动的误差，一般用传动链末端元件的转角误差来衡量。有些加工方法（如车螺纹、滚齿、插齿），要求刀具与工件之间必须具有严格的传动比关系（例如单头滚刀加工直齿时，要求滚刀转一转，工件转过一个齿），机床传动链的传动误差是影响这类表面加工精度的主要原因之一。

图 6-12 所示为滚齿机传动系统图，被切齿轮装夹在工作台上，与蜗轮同轴回转。传动链中各传动件，如齿轮、蜗轮、蜗杆等有制造误差、装配误差和磨损，每个传动件的误差都将

通过传动链影响被切齿轮的加工精度。各传动件在传动链中所处的位置不同，它们对工件加工精度的影响程度也不同。设滚刀轴均匀旋转，若齿轮z_1有转角误差$\Delta\varphi_1$，而其他各传动件假设无误差，则由$\Delta\varphi_1$传到末端件（即第n个传动元件）的转角误差为

$$\Delta\varphi_{1n}=\Delta\varphi_1\times\frac{80}{20}\times\frac{80}{80}\times\frac{28}{28}\times\frac{28}{28}\times\frac{42}{56}\times i_{差}\times\frac{e}{f}\times\frac{a}{b}\times\frac{c}{d}\times\frac{1}{7}=K_1\Delta\varphi_1$$

式中 $i_{差}$——差动机构的传动比；

K_1——齿轮z_1到工作台的传动比，K_1反映了齿轮z_1的转角误差对终端工作台（末端件）传动精度的影响程度，称为误差传递系数。

若第j个传动元件有转角误差$\Delta\varphi_j$，则由$\Delta\varphi_j$通过相应的传动链传递到被切齿轮的转角误差为

$$\Delta\varphi_{jn}=K_j\Delta\varphi_j$$

式中 K_j——第j个传动件的误差传递系数。

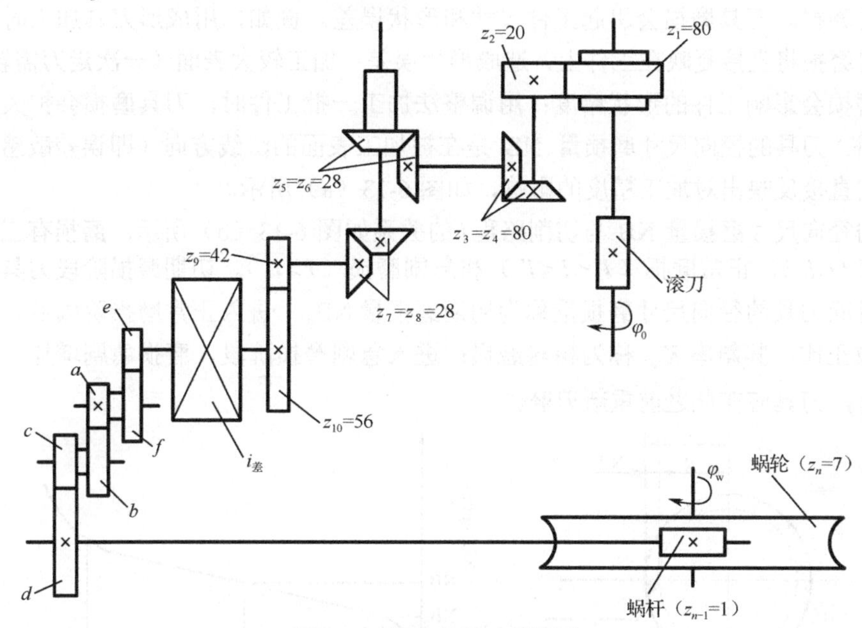

图6-12 滚齿机传动系统图

由于所有的传动件都可能存在误差，因此，各传动件对工件精度影响的总和$\Delta\varphi_\Sigma$为各传动元件所引起的末端元件转角误差的叠加，即

$$\Delta\varphi_\Sigma=\sum_{j=1}^{n}\Delta\varphi_{jn}=\sum_{j=1}^{n}K_j\Delta\varphi_j \tag{6-2}$$

如果考虑到各传动元件的转角误差都是独立的随机变量，则传动链末端元件的总转角误差可用概率法进行估算，即

$$\Delta\varphi_\Sigma=\sqrt{\sum_{j=1}^{n}K_j^2\Delta\varphi_j^2} \tag{6-3}$$

分析式（6-3）可知，减少传动件数，提高传动元件尤其是末端件（如滚齿机的分度蜗轮、螺纹加工机床的最后一个齿轮及传动丝杠）的制造精度和装配精度，采用降速传动（$i<1$），特别是末端传动副的传动比小，均可减小传动链的传动误差。为保证降速传动，对于螺纹或

丝杠加工机床，机床传动丝杠的螺距应大于工件螺纹螺距；对于齿轮加工机床，分度蜗轮的齿数一般比被加工齿轮的齿数多。

6.2.3　刀具的几何误差

不同种类刀具的误差对加工精度的影响不同。

（1）定尺寸刀具（如钻头、铰刀、键槽铣刀、镗刀块、圆拉刀等）的尺寸误差将直接影响工件的尺寸精度。

（2）成形刀具（如成形车刀、成形铣刀、齿轮模数铣刀、成形砂轮等）的形状误差将直接影响工件的形状精度。

（3）展成刀具（如滚齿刀、花键滚刀、插齿刀等）的切削刃形状是加工表面的共轭曲线，因此，切削刃的形状误差会影响加工表面的形状精度。

（4）一般刀具（如车刀、镗刀、铣刀等）的制造误差对工件加工精度无直接影响，但这类刀具容易磨损。刀具磨损会引起工件尺寸和形状误差。例如，用成形刀具加工时，刀具刃口的不均匀磨损将直接复映在工件上，造成形状误差；加工较大表面（一次走刀需较长时间）时，刀具磨损会影响工件的形状精度；用调整法加工一批工件时，刀具磨损会扩大工件尺寸的分散范围。刀具的径向尺寸磨损量 NB 是在被加工表面的法线方向（即误差敏感方向）上度量的，它直接反映出对加工精度的影响，如图 6-13（a）所示。

刀具的径向尺寸磨损量 NB 与切削路程 l 的关系如图 6-13（b）所示。磨损有三个阶段：初期磨损（$l<l_0$）、正常磨损（$l_0<l<l'$）和急剧磨损（$l>l'$）。初期磨损阶段刀具磨损较剧烈，这段时间刀具的径向尺寸磨损量称为初期磨损量 NB_0；进入正常磨损阶段后，磨损量与切削路程成正比，其斜率 K_{NB} 称为相对磨损；进入急剧磨损阶段，磨损急剧增加，刀具已不能正常工作，刀具应在此之前重新刃磨。

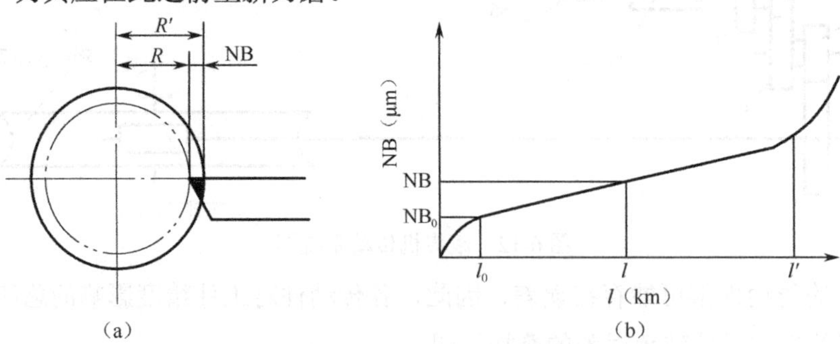

图 6-13　刀具的尺寸磨损与切削路程的关系

刀具的径向尺寸磨损量可用下式计算：

$$NB = NB_0 + K_{NB}(l - l_0) \approx NB_0 + K_{NB}l$$

式中　K_{NB}——每切削 1000m 路程刀具的径向尺寸磨损量（μm/km）。

选用新型耐磨刀具材料，合理选用刀具几何参数和切削用量，正确刃磨刀具，采用冷却液等，均可减少刀具的磨损。必要时，还可采用补偿装置对刀具尺寸磨损进行自动补偿。

6.2.4　夹具误差

工件相对于刀具和机床的正确位置是通过夹具实现的，因此，夹具误差对工件加工精度，特别是位置精度有很大影响。夹具误差的来源主要是：①定位元件、刀具导向元件、分度机构、夹具体等的制造误差；②夹具元件装配后工作面间的相对尺寸误差；③夹具在使用过程中工作表面的磨损。

图 6-14 所示钻孔夹具中，影响工件孔轴线 a 与底面 c 之间尺寸精度和平行度的因素有：钻套轴线 f 与夹具定位元件支承平面 c 之间的距离和平行度误差；夹具定位元件支承平面 c 与夹具体底面 d 之间的垂直度误差；钻套孔的直径误差等。

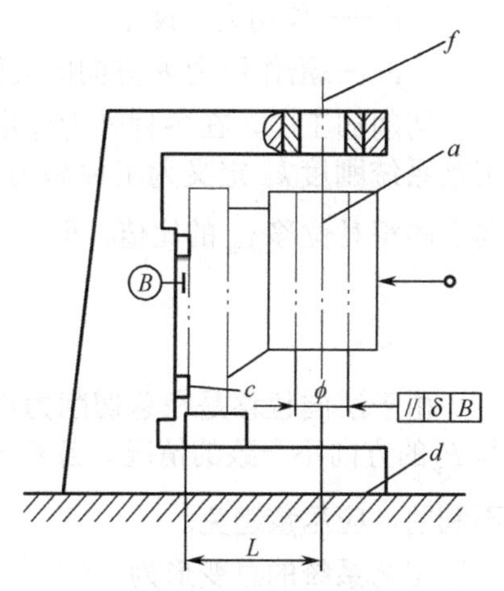

图 6-14　工件在夹具中的装夹示意图

夹具误差通常对加工表面的位置度影响较大。在设计夹具时，对夹具上直接影响工件精度的有关尺寸应严格控制其制造公差，一般精加工用夹具可取工件上相应尺寸或位置公差的 $\frac{1}{10}\sim\frac{1}{5}$，粗加工用夹具可取 $\frac{1}{3}\sim\frac{1}{2}$。

夹具元件磨损易使夹具的误差增大。为此，夹具中的定位元件、导向元件、对刀元件等关键易损元件均需选用高性能耐磨材料。

6.3　工艺系统的受力变形

6.3.1　工艺系统的刚度

由机床、夹具、刀具和工件组成的工艺系统，在切削力、传动力、惯性力、夹紧力及重力等的作用下，将产生相应的变形。这种变形将破坏刀具和工件之间已调整好的正确的位置关系，从而产生加工误差。

例如，车削细长轴时，工件在切削力作用下的弯曲变形使加工后的轴产生鼓形的圆柱度误差，如图 6-15（a）所示。又如，在内圆磨床上用横向切入法磨孔时，磨出的孔会产生带有锥度的圆柱度误差，如图 6-15（b）所示。

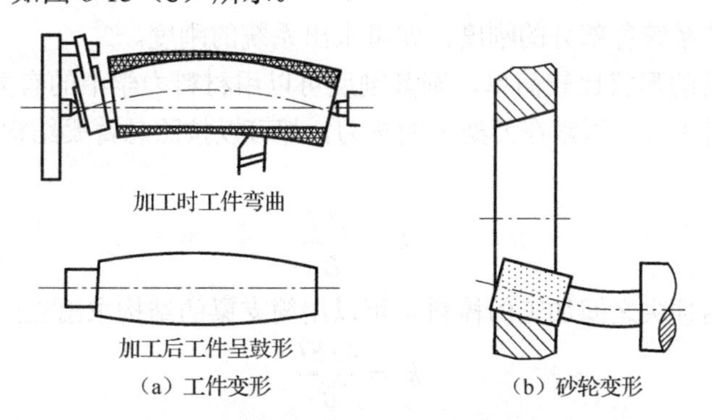

图 6-15　工艺系统受力变形引起的加工误差

从材料力学知道，任何一个物体受力总要产生一些变形。作用力 F（静载）与由它引起的在作用力方向上的变形量 y 的比值，称为物体的静刚度 k（简称刚度），即

$$k=\frac{F}{y}$$

式中 k——静刚度（N/mm）；

F——作用力（N）；

y——沿作用力 F 方向的变形（mm）。

切削加工中，在各种外力作用下，工艺系统各部分将在各个受力方向产生相应的变形。工艺系统刚度 k_{xt} 定义为工件和刀具的法向切削分力 F_y 与在总切削力作用下工艺系统在该方向上的相对位移 y_{xt} 的比值，即

$$k_{xt}=\frac{F_y}{y_{xt}} \tag{6-4}$$

由于法向位移是在总切削力作用下工艺系统综合变形的结果，因此有可能出现变形方向与 F_y 的方向不一致的情况。当 F_y 与 k_{xt} 方向相反时，即出现负刚度。负刚度对保证加工质量是不利的，应尽量避免。

工艺系统的总变形为

$$y_{xt}=y_{jc}+y_{jj}+y_d+y_g$$

式中 y_{jc}——机床的受力变形（mm）；

y_{jj}——夹具的受力变形（mm）；

y_d——刀具的受力变形（mm）；

y_g——工件的受力变形（mm）；

而机床刚度 k_{jc}、夹具刚度 k_{jj}、刀具刚度 k_d 和工件刚度 k_g 分别为

$$k_{jc}=\frac{F_y}{y_{jc}},\quad k_{jj}=\frac{F_y}{y_{jj}},\quad k_d=\frac{F_y}{y_d},\quad k_g=\frac{F_y}{y_g}$$

代入式（6-4），得到工艺系统刚度的计算式为

$$k_{xt}=\frac{1}{\dfrac{1}{k_{jc}}+\dfrac{1}{k_{jj}}+\dfrac{1}{k_d}+\dfrac{1}{k_g}} \tag{6-5}$$

此式表明，已知工艺系统各部分的刚度，即可求出系统的刚度。

如果工件、刀具的形状比较简单，则其刚度可以用材料力学中的有关公式求得。例如，装夹在卡盘中的棒料工件、压紧在刀架上的车刀，都可以按照悬臂梁结构来计算它们的刚度，即

$$k_1=\frac{3EI}{L^3}$$

又如，支承在两顶尖之间加工的棒料，可以用简支梁的结构求出它的刚度，即

$$k_2=\frac{48EI}{L^3}$$

式中 L——工件（刀具）长度（mm）；

E——材料的弹性模量（N/mm^2）；

I——工件（刀具）的截面二次轴矩（mm^4）。

对于由若干个零件组成的机床部件及夹具，其刚度多采用实验的方法测定，而很难用纯粹的计算方法求出。

式（6-5）表明，工艺系统的刚度主要取决于弱刚度部件的刚度。计算工艺系统刚度时，可以针对具体情况加以简化。例如，车削外圆时，车刀本身在切削力作用下的变形很小，故工艺系统刚度的计算中可省去刀具刚度一项；再如，镗孔时，镗刀杆的受力变形严重地影响着加工精度，而工件（如箱体零件）的刚度一般较大，故工艺系统刚度的计算中可忽略工件的刚度，而主要考虑镗刀杆的刚度。

6.3.2　工艺系统受力变形对加工精度的影响

1．切削力作用点位置变化引起的形状误差

切削过程中，工艺系统的刚度会随切削力作用点位置的变化而变化，因此工艺系统受力变形也随之变化，引起工件形状误差。下面以在车床前后顶尖上车削光轴为例进行说明。

1）车削粗而短的光轴

在车床两顶尖间车削粗而短的光轴的情况如图 6-16（a）所示。假定工件短而粗，车刀悬伸长度很短，即工件和刀具的刚度都高，其受力变形相对机床的受力变形小到可以忽略不计，也就是说，工艺系统中仅考虑机床的变形。又假定工件的加工余量很均匀，并且由于机床变形而造成的背吃刀量的变化对切削力的影响也很小，即假定车刀进给过程中切削力保持不变。此时，工艺系统的变形主要取决于机床上的主轴箱、尾座和刀架的变形。假设工件长度为 L，加工中车刀处于图 6-16（a）所示位置 x 时，在切削分力 F_y 的作用下，主轴箱由 A 点移到 A' 点，尾座由 B 点移到 B' 点，刀架由 C 点移到 C' 点，它们的位移量分别用 y_{zz}、y_{wz} 及 y_{dj} 表示。

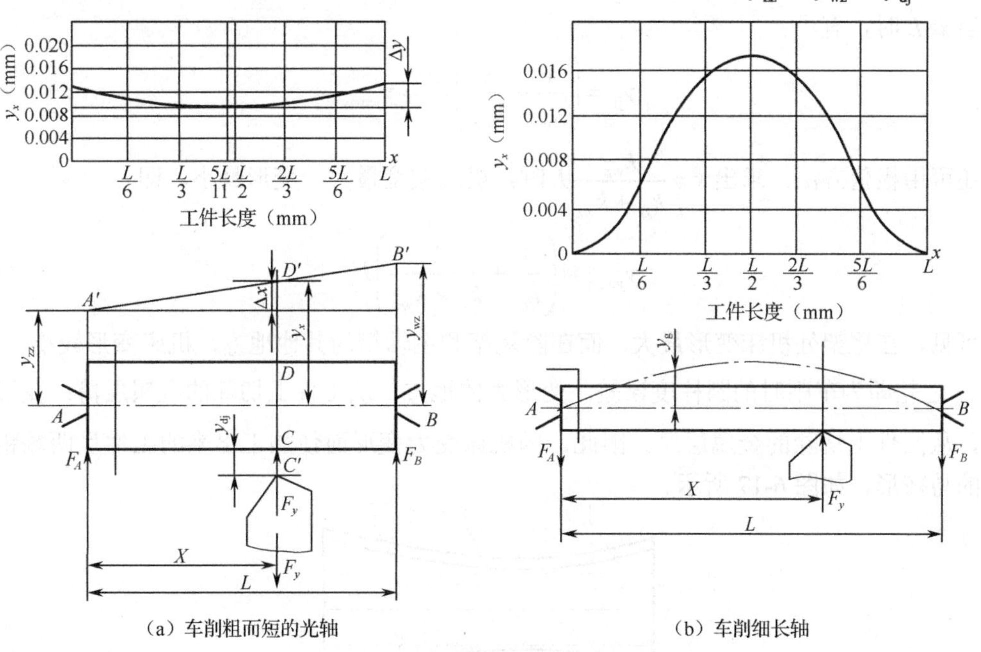

（a）车削粗而短的光轴　　（b）车削细长轴

图 6-16　工艺系统变形随受力点变化而变化

工件轴线由 AB 移到 $A'B'$，刀具切削点处工件轴线的位移 y_x 为

$$y_x = y_{zz} + \Delta x$$

即

$$y_x = y_{zz} + (y_{wz} - y_{zz})\frac{x}{L}$$

设 F_A、F_B 为 F_y 所引起的主轴箱、尾座处的作用力，则

$$y_{zz} = \frac{F_A}{k_{zz}} = \frac{F_y}{k_{zz}}\left(\frac{L-x}{L}\right)$$

$$y_{wz} = \frac{F_B}{k_{wz}} = \frac{F_y}{k_{wz}}\frac{x}{L}$$

因此

$$y_x = \frac{F_y}{k_{zz}}\left(\frac{L-x}{L}\right)^2 + \frac{F_y}{k_{wz}}\left(\frac{x}{L}\right)^2$$

当按上述条件车削时，工艺系统刚度实为机床刚度。考虑到刀架的变形 y_{dj} 与工件的变形 y_x 方向相反，因此工艺系统的总位移为

$$y_{jc} = y_x + y_{dj} = F_y\left[\frac{1}{k_{zz}}\left(\frac{L-x}{L}\right)^2 + \frac{1}{k_{wz}}\left(\frac{x}{L}\right)^2 + \frac{1}{k_{dj}}\right] \tag{6-6}$$

由式（6-6）看出，工艺系统刚度是随切削力作用点的位置变化而变化的，因此随着切削力作用点位置的变化，工艺系统的变形也是变化的。

当 x=0 时，有

$$y_{jc} = \left(\frac{1}{k_{dj}} + \frac{1}{k_{zz}}\right)F_y$$

当 x=L 时，有

$$y_{jc} = \left(\frac{1}{k_{dj}} + \frac{1}{k_{wz}}\right)F_y = y_{jcmax}$$

还可用极值方法，求出 $x = \dfrac{k_{wz}}{k_{zz} + k_{wz}}L$ 时，机床刚度最大，变形最小，即

$$y_{jcmin} = \left(\frac{1}{k_{dj}} + \frac{1}{k_{zz} + k_{wz}}\right)F_y \tag{6-7}$$

可见，在尾架处机床变形最大，而在除尾架和主轴箱的其他地方，机床变形较小。y_{jcmax} 与 y_{jcmin} 之差即为车削时的圆柱度误差。变形大的地方，从工件上切除的金属层薄；变形小的地方，从工件上切除的金属层厚。因此，因机床受力变形而使加工出来的工件呈两端粗、中间细的马鞍形，如图 6-17 所示。

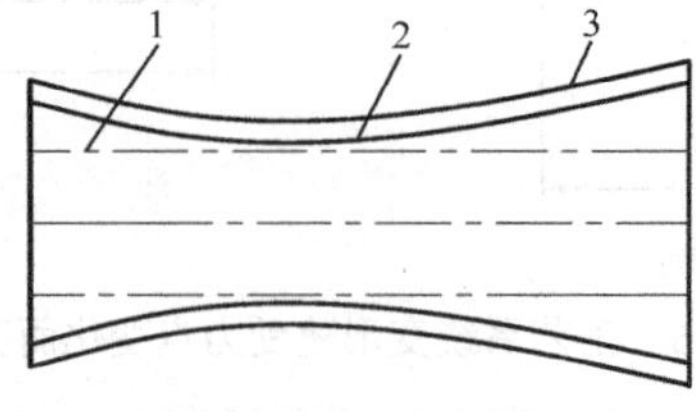

1—假设机床不变形；2—考虑主轴箱、尾座变形；3—考虑包括刀架变形

图 6-17 车削短而粗的光轴时由于机床变形造成的加工误差

2）车削细长轴

在两顶尖间车削细长轴时的情况如图 6-16（b）所示。由于工件细长、刚度小，在切削力作用下，其变形大大超过机床、夹具和刀具所产生的变形。因此，可忽略机床、夹具和刀具的受力变形，此时工艺系统的变形完全取决于工件的变形。加工中车刀处于图 6-16（b）所示位置 x 时，工件的轴线产生弯曲变形。

由材料力学公式计算工件在切削点的变形量为

$$y_{\mathrm{g}}=\frac{F_y}{3EI}\frac{(L-x)^2x^2}{L} \tag{6-8}$$

当 x=0 或 x=L 时，$y_{\mathrm{g}}=0$；当 x=L/2 时，工件刚度最小，变形最大，因此加工后的工件呈两端细、中间粗的腰鼓形。

工艺系统刚度随受力点位置变化而变化的例子很多，如立式车床、龙门刨床、龙门铣床等的横梁及刀架，大型镗铣床滑枕内的轴等，其刚度均随刀架位置或滑枕伸出长度的不同而异（见图 6-18），其分析方法可参照上述例子。

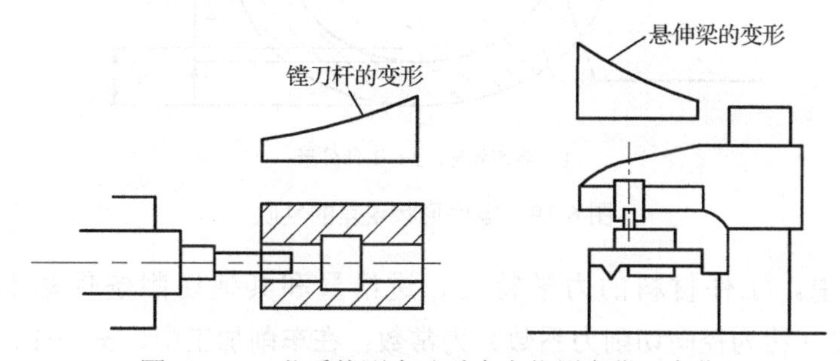

图 6-18　工艺系统刚度随受力点位置变化而变化

2．切削力大小变化——误差复映现象

在车床上加工短轴时，工艺系统刚度变化不大，可近似看作常数。这时，如果毛坯形状误差较大或材料硬度不均匀，会引起工件加工时切削力大小的变化，造成工艺系统受力变形不一致而产生工件加工误差。

以车削一个椭圆形横截面毛坯为例，零件形状误差的复映如图 6-19 所示。由于毛坯的圆度误差（如椭圆），使车削时工件每转一转，背吃刀量在 a_{p1} 与 a_{p2} 之间变化（长轴方向处为最大背吃刀量 a_{p1}，短轴方向处为最小背吃刀量 a_{p2}），切削分力 F_y 也随之由最大 $F_{y\max}$ 变到最小 $F_{y\min}$，工艺系统将产生相应的由 y_1 到 y_2 的变形（刀尖相对工件在法线方向的位移变化），即造成工件圆度误差。待加工表面上有什么样的误差，加工表面上必然也有同样性质的误差，这就是切削加工中的误差复映现象。

误差复映的大小可用刚度计算公式求得。毛坯圆度误差为

$$\Delta_{\mathrm{m}}=a_{\mathrm{p1}}-a_{\mathrm{p2}}$$

车削后工件的圆度误差为

$$\Delta_{\mathrm{g}}=y_1-y_2=\frac{1}{k_{\mathrm{xt}}}(F_{y\max}-F_{y\min})$$

由切削原理可知

$$F_y = C_{F_y} a_p^{x_{F_y}} f^{y_{F_y}} v^{z_{F_y}} K_{F_y}$$

式中 C_{F_y} ——与工件材料和切削条件（刀具材料、刀具几何参数、切削种类、切削液等）有关的切削分力系数；

x_{F_y}、y_{F_y}、z_{F_y} ——背吃刀量 a_p、进给量 f、切削速度 v 的指数；

K_{F_y} ——当实际加工条件与建立切削力经验公式时的试验条件不相符时，各种影响因素对切削分力的修正系数的乘积。

各修正系数的值可查阅参考文献[16]。

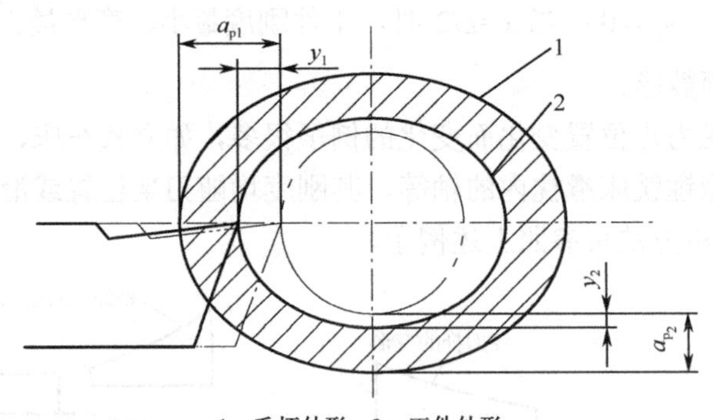

1—毛坯外形；2—工件外形

图 6-19 零件形状误差的复映

在一次走刀中，工件材料的力学特征、进给量和其他切削条件基本不变，因此令 $C_{F_y} f^{y_{F_y}} v^{z_{F_y}} K_{F_y} = C$（称为径向切削力系数）为常数；在车削加工中，$x_{F_y} \approx 1$，故有

$$F_y = Ca_p$$

因此

$$F_{y\max} = Ca_{p1}$$

$$F_{y\min} = Ca_{p2}$$

$$\Delta_g = \frac{C}{k_{xt}}(a_{p1} - a_{p2}) = \frac{C}{k_{xt}}\Delta_m = \varepsilon\Delta_m \tag{6-9}$$

式中 ε ——误差复映系数，表示为

$$\varepsilon = \frac{C}{k_{xt}} \tag{6-10}$$

由于 Δ_g 总是小于 Δ_m，因此 ε 总是小于 1，它定量地反映了毛坯误差经过加工后减小的程度。减小 C（如用主偏角 κ_r 接近 90° 的车刀、减小进给量 f 等）或增大 k_{xt} 都能使 ε 减小。增加走刀次数也可以减小工件的误差复映。设 $\varepsilon_1, \varepsilon_2, \cdots, \varepsilon_n$ 分别为第一、第二……第 n 次走刀的误差复映系数，则第一次走刀后工件的误差为

$$\Delta_{g1} = \varepsilon_1\Delta_m$$

第二次走刀后工件的误差为

$$\Delta_{g2} = \varepsilon_2\Delta_{g1} = \varepsilon_1\varepsilon_2\Delta_m$$

同理，第 n 次走刀后工件的误差为

$$\Delta_{gn} = \varepsilon_n \cdots \varepsilon_2 \varepsilon_1 \Delta_m \tag{6-11}$$

总的误差复映系数

$$\varepsilon_{总} = \varepsilon_1 \varepsilon_2 \cdots \varepsilon_n$$

根据已知的Δ_m值，用式（6-11）可以估算加工后的工件误差，或者根据工件的公差值与毛坯误差值可以确定走刀次数。由于ε_i是一个小于1的正数，多次走刀后$\varepsilon_{总}$就变成远远小于1的数。因此，一般IT7级要求的工件经过2～3次走刀后，可能使毛坯误差复映到工件上的误差减小到公差允许值的范围内。

由以上分析可知，当工件毛坯有形状误差（如圆度、圆柱度、直线度等）或相互位置误差（如偏心、径向圆跳动等）时，加工后仍然会有同性质的误差出现。在成批大量生产中用调整法加工一批工件时，如毛坯尺寸不一，那么加工后这批工件仍有尺寸不一的误差。

3. 其他力引起的加工误差

1）夹紧力引起的加工误差

工件在装夹时，由于工件刚度较低或夹紧力着力点不当，都会引起工件的变形，造成加工误差。特别是薄壁套、薄板等薄壁零件，极易产生夹紧变形。

图6-20所示是用三爪自定心卡盘装夹薄壁套筒的加工示意图。假定套筒毛坯是正圆形，夹紧后坯件呈三棱形，如图6-20（a）所示；镗削后镗出的孔为正圆形，如图6-20（b）所示；但松开后，由于弹性回复，使孔又变成三棱形，如图6-20（c）所示。为了使夹紧力均匀分布，可采用开口过渡环，如图6-20（d）所示；或采用专用卡爪，如图6-20（e）所示。

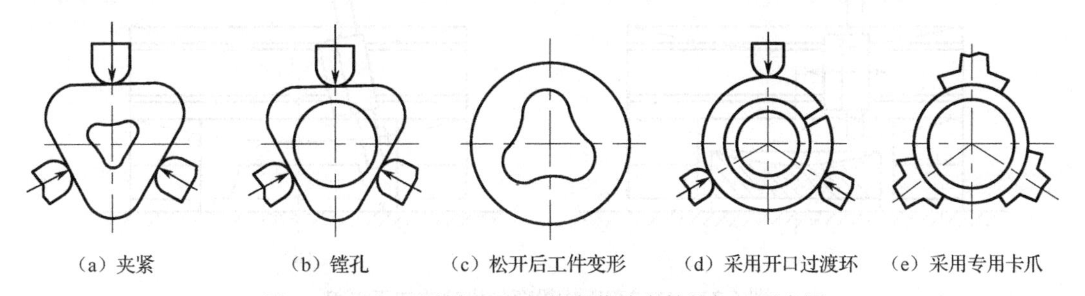

（a）夹紧　（b）镗孔　（c）松开后工件变形　（d）采用开口过渡环　（e）采用专用卡爪

图6-20　用三爪自定心卡盘装夹薄壁套筒的加工示意图

图6-21所示是装夹薄板件进行磨削加工的示意图。如图6-21（a）所示，毛坯会有一定的翘曲，当磁力将工件吸向底板时，薄板件将产生弹性变形，如图6-21（b）所示。磨完后，由于弹性恢复，磨平的表面又产生翘曲，如图6-21（c）所示。改进办法是在工件和磁力吸盘之间加橡皮垫（厚0.5mm），如图6-21（d）、（e）所示。工件被夹紧时，橡皮垫被压缩，减小了工件的变形，然后再以磨好的表面为定位基准，磨另一面，正、反面互为基准多次磨削后，可获得平面度较高的平面。

图6-22所示是连杆大头孔的装夹示意图，夹紧力施加于两头连接杆上，着力点不当，造成加工后两孔中心线不平行及其与定位端面不垂直。

2）重力引起的加工误差

工艺系统有关零部件自身重力引起的变形也会造成加工误差。例如，龙门铣床、龙门刨床的刀架和横梁的变形、镗床镗刀杆伸长而下垂变形等，都会造成加工误差。如图6-23所示，大型立式车床刀架的自身重力将引起横梁变形，图6-23（a）、（b）分别表示由于横梁变形导致的工件端面的平面度误差、外圆的锥度误差。

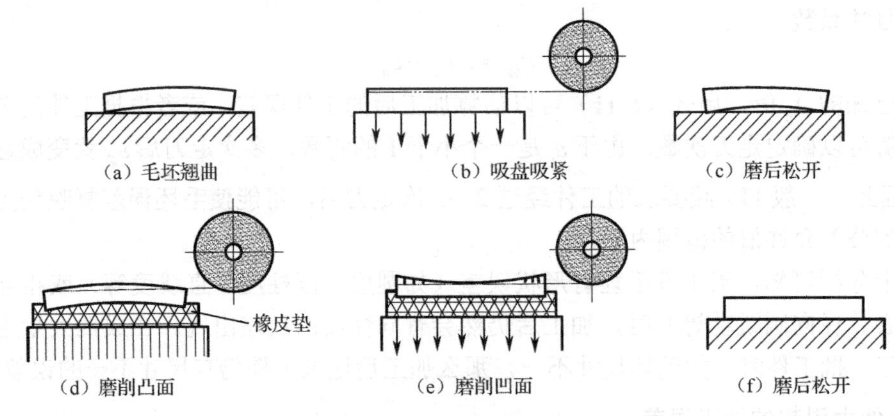

图 6-21 装夹薄板件进行磨削加工的示意图

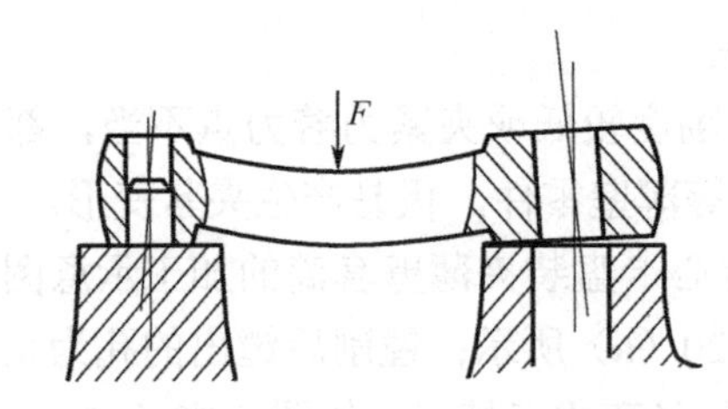

图 6-22 连杆大头孔的装夹示意图

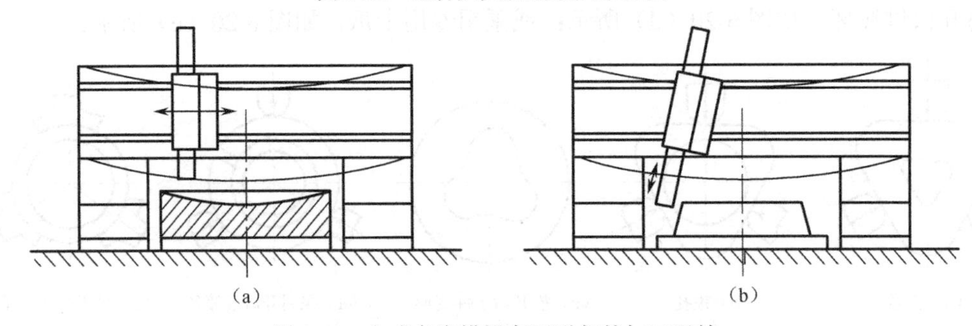

图 6-23 立式车床横梁变形引起的加工误差

对于大型工件的加工，如以自为基准磨削床身导轨面，则工件自身重力变形成了产生形状误差的主要原因。实际生产装夹大型工件时，通过恰当地布置支承，可以减小自重带来的变形。

3）惯性力引起的加工误差

在高速切削时，如果工艺系统中有不平衡的高速旋转构件存在，就会产生离心力。离心力在工件的每一转中不断变更方向，当有不平衡质量存在时，使离心力大于切削力，车床主轴轴颈和轴套内孔表面的接触点将不停地变化，轴套孔的圆度误差将传给工件的回转轴心。周期变化的惯性力还常常引起工艺系统的强迫振动。对于不平衡质量，可采用反向加装平衡块的方法，使离心力相互抵消。必要时也可适当降低转速，以减小离心力的影响。

6.3.3 减小工艺系统受力变形的措施

减小工艺系统受力变形是机械加工中保证加工精度的有效途径之一。根据生产实际情况，可采取以下几方面措施。

1．提高连接表面的接触刚度

由于部件的接触刚度大大低于实体本身的刚度，所以提高接触刚度是提高工艺系统刚度的关键，特别是对机床设备，提高其连接表面的接触刚度，是提高机床刚度最简便、最有效的方法。

常用的方法是提高工艺系统主要零件接合表面的配合质量，比如，机床导轨副、顶尖锥体与主轴和尾座套筒锥孔、顶尖与中心孔等配合面采用刮研与研磨，以提高配合表面的形状精度，减小表面粗糙度值，使实际接触面增加，从而有效地提高接触刚度。

提高接触刚度的另一个方法是在接触面间预加载荷，这样可以消除配合面间的间隙，增加接触面积，减小受力后的变形量。该方法常用在各类轴承、滚珠丝杠副的调整中。

2．提高工件的刚度

在加工中，由于工件本身的刚度较低，特别是叉架类、细长轴等零件，很容易产生变形。在这种情况下，提高工件的刚度是提高加工精度的关键。其主要措施是缩小切削力的作用点和支承之间的距离。图 6-24（a）表示车削较长工件时，采用中心架增加支承；图 6-24（b）表示车细长轴时，采用跟刀架增加支承，都用来提高工件切削时的刚度。

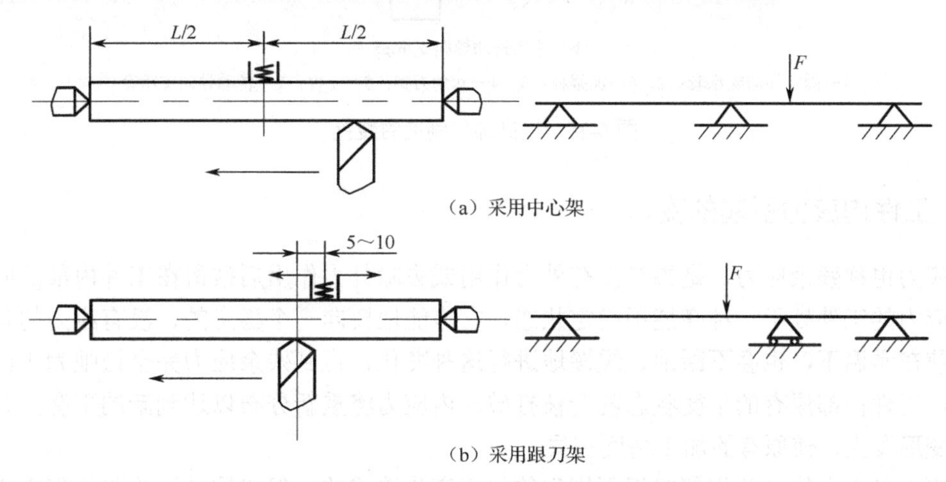

图 6-24　增加支承以提高工件的刚度

3．提高机床部件的刚度

切削加工中，由于机床部件刚度低而引起变形和振动，是影响加工精度和生产率的主要因素。在设计机床时，应尽量减少连接面的数量，并注意刚度的匹配，防止有局部低刚度薄弱环节；在设计基础件、支承件时，应合理选择零件截面形状，适当使用加强筋，以提高刚度。

图 6-25（a）所示是在转塔车床上采用固定导向支承套，图 6-25（b）所示是采用转动导向支承套，用加强杆和导向支承套来提高部件的刚度。

4．减小载荷及其变化

采取适当的工艺措施，比如增大前角、让主偏角接近 90°，适当减小进给量和背吃刀量，以减小切削力，尤其是法向切削力。合理装夹工件（尤其是薄壁工件），采取措施以减小夹紧变形。将毛坯分组，使一次调整中加工的毛坯余量比较均匀，就能减小切削力的变化和误差复映。

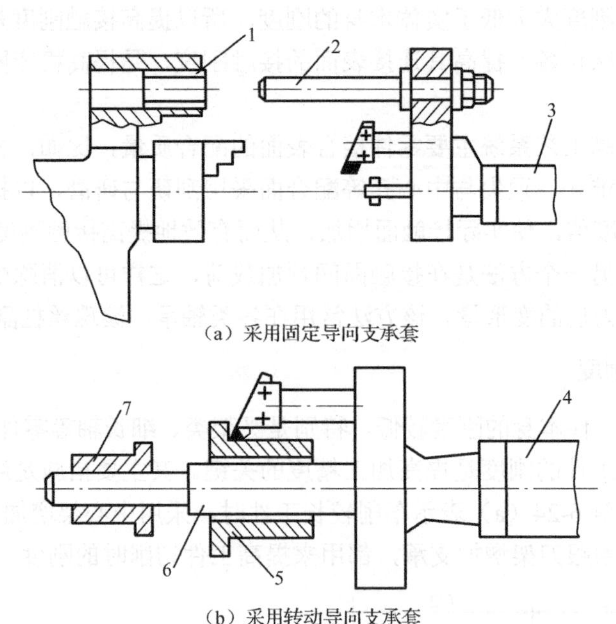

（a）采用固定导向支承套

（b）采用转动导向支承套

1—固定导向支承套；2、6—加强杆；3、4—六角刀架；5—工件；7—转动导向支承套

图 6-25 提高部件刚度的装置

6.3.4 工件内应力引起的变形

内应力也称残余应力，是指在没有外力作用或去除外力作用后残留在工件内部的应力。带有内应力的工件处于一种高能不稳定状态，它本能地要向一个稳定的、没有应力的状态转化。即使在常温下，也会不断地、缓慢地进行这种变化，直到残余应力完全松弛为止。这一过程中，工件内部原有的平衡状态就会被打破，内应力将重新分布以达到新的平衡，并伴随有翘曲变形发生，使原有的加工精度丧失。

内应力是由金属内部相邻组织不均匀的体积变化造成的。促成这种不均匀体积变化的因素主要来自冷、热加工。

1. 热加工中产生的内应力

在铸造、锻压、焊接和热处理等加工过程中，由于工件壁厚不均、各部分冷热收缩不均匀或金相组织转变的体积变化等原因，都会使工件产生内应力。具有内应力的毛坯处于暂时平衡状态，在短时间内看不出有什么变化。但是，当加工中某些表面被切去一层金属后，这种平衡将会被打破，内应力将重新分布，零件就会明显地出现变形。

以如图 6-26（a）所示的内、外壁厚相差较大的铸件为例进行说明。铸件浇铸后，由于壁 A、C 比中部壁 B 薄，因此散热较快，冷却速度也较快，当壁 A、C 从塑性状态冷却到弹性状态（约 620℃）时，壁 B 仍处于塑性状态，壁 B 对壁 A、C 的继续收缩不起阻碍作用，此时不会产生内应力。当壁 B 也冷却到弹性状态时，壁 A、C 的温度已经下降很多，收缩速度变得很慢，此时壁 B 的收缩将受到壁 A、C 的阻碍，使壁 B 产生拉应力，壁 A、C 就相应地产生与之平衡的压应力。如果在壁 A 上开一缺口，壁 A 上的压应力消失，原来的平衡状态被打破，工件将通过下凹变形（朝着壁 C 伸长、壁 B 收缩以减小壁 C 压应力、减小壁 B 拉应力的方向变形），如图 6-26（b）所示，使内应力重新分布并达到新的平衡状态，工件产生了弯曲变形。

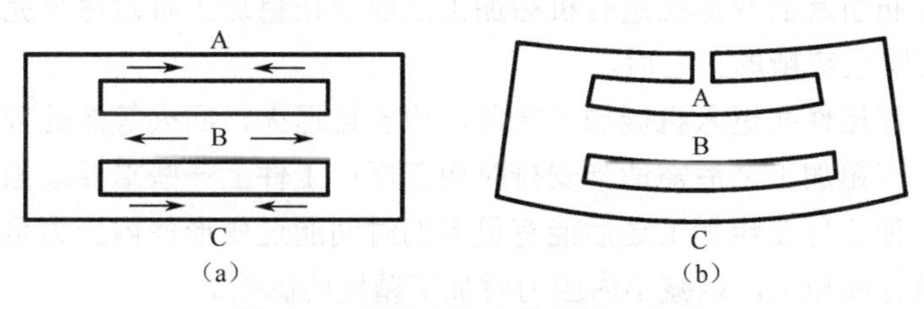

图 6-26　铸件内应力的形成及变形

又如，铸造后的机床床身，其导轨面和冷却快的地方都会出现压应力。带有压应力的导轨表面在粗加工中被切去一层后，残余应力就重新分布，结果使导轨中部下凹。

2．冷校直产生的内应力

对于一些刚度较差容易变形的轴类零件，常采用冷校直方法，使之反向弯曲并产生一定的塑性变形而校直。

在室温状态下，将有弯曲变形的轴放在两个 V 形块上，使凸起部位朝上，如图 6-27（a）所示。然后对凸起部位施加外力 *F*，如果力 *F* 的大小仅能使工件产生弹性变形，那么在去除力 *F* 后工件仍将恢复原状，不能有校直效果。外力 *F* 必须使工件产生反向弯曲并在外层材料产生一定的塑性变形才能取得校直效果，如图 6-27（b）、（c）所示。图 6-27（d）所示是应力分布图，图中工件外层材料（*CD*、*AB* 区）的应力分别超过了各自的拉压屈服极限并有塑性变形产生，塑性变形后，塑性变形层的应力自然就消失了；内层材料（*OC*、*OB* 区）的拉压应力均在弹性极限范围内，此时工件横截面内的应力分布如图 6-27（e）所示。卸载后，*OC*、*OB* 区内的弹性应力力求使工件恢复原状，但 *CD*、*AB* 区塑性变形层阻止其恢复原状，于是就在工件中产生了如图 6-27（f）所示的内应力分布。综上所述，一个外形弯曲但没有内应力的工件，经冷校直后虽然外形是校直了，但在工件内部却产生了附加内应力。该应力平衡状态一旦被破坏（如在轴上切掉一层材料，或其他外界条件发生变化），工件又会产生新的弯曲。

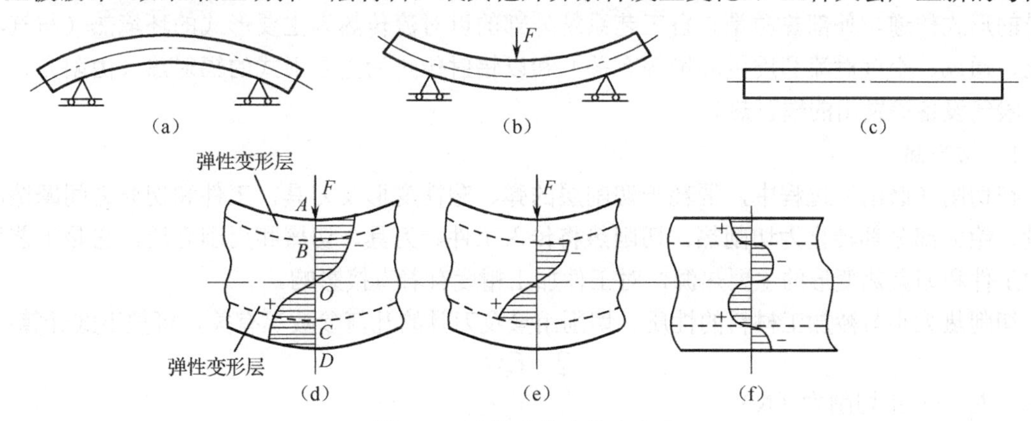

图 6-27　冷校直带来的内应力

3．减小或消除内应力变形误差的途径

（1）合理设计零件结构。在设计零件结构时，应尽量做到壁厚均匀、结构对称，以减小内应力的产生。

（2）合理安排工艺过程。工件中如有内应力产生，必然会有变形发生，但迟变不如早变，应使内应力重新分布引起的变形在进行机械加工之前或在粗加工阶段尽早完成，不让内应力变形发生在精加工阶段或精加工之后。

铸件、锻件、焊接件在进入机械加工之前，应安排退火、回火等热处理工序；对箱体、床身等重要零件，在粗加工之后需适当安排时效工序；工件上一些重要表面的粗、精加工工序宜分阶段安排，使工件在粗加工之后能有更多的时间通过变形使内应力重新分布，待工件充分变形之后再进行精加工，以减小内应力对加工精度的影响。

6.4 工艺系统的受热变形

工艺系统在热作用下产生的局部变形，会破坏刀具与工件的正确位置关系，造成工件的加工误差。工艺系统热变形对加工精度影响较大，特别是在精密加工和大件加工中，热变形所引起的加工误差通常会占到工件加工总误差的40%～70%。

为了减小热变形对加工精度的影响，通常需要预热机床以获得热平衡，或降低切削用量以减少切削热和摩擦热，或粗加工后停机待热量散发后再进行精加工，或增加工序（使粗、精加工分开）等。因此，热变形不仅影响加工精度，还影响加工效率。

随着高精度、高效率及自动化加工技术的发展，工艺系统热变形问题日益突出。工艺系统是一个复杂系统，有许多因素影响其热变形，因而控制和减小热变形往往比较复杂，无论在理论上还是在实践上都有许多问题尚待研究与解决。

6.4.1 基本概念

1．工艺系统的热源

热总是由高温处向低温处传递。热的传递有三种方式：传导、对流和辐射。工艺系统的热源可分为内部热源和外部热源两大类。内部热源主要是切削热和摩擦热，其热量主要以热传导的形式传递。外部热源是来自工艺系统外部的以对流传热为主要形式的环境热（与气温变化、通风、空气对流和周围环境等有关）和以辐射传热为主要形式的辐射热（由阳光、照明、暖气设备等发出的辐射热）。

1）切削热

在切削（磨削）过程中，消耗于切削层的弹、塑性变形及刀具、工件和切屑之间摩擦的能量，绝大部分都转化为切削热。切削热将传入工件、刀具、切屑和周围介质，它是工艺系统中工件和刀具热变形的主要热源，对工件加工精度有着直接影响。

切削热大小与被加工材料的性质、切削用量及刀具的几何参数等有关，可按下式计算：

$$Q = F_c v t$$

式中　F_c——主切削力（N）；

v ——切削速度（m/min）；

t ——切削时间（min）。

影响切削热传导的主要因素是工件、刀具、机床等材料的导热性能及周围介质。若工件材料热导率大，则由切屑和工件传导的切削热较多；同样，若刀具材料热导率大，则从刀具传导的切削热也会较多。

在车削加工中，切屑带走的热量最多，可达 50%～80%（切削速度越高，切屑带走的热量越多），传给工件的热量次之，约为 30%，而传给刀具的热量则很少，一般不超过 5%；在铣削、刨削加工中，传给工件的热量一般占总切削热的 30%以下；在钻削和镗削加工中，因为大量的切屑滞留在所加工孔中，传给工件的热量往往超过 50%；磨削时磨屑很小，磨屑带走的热量很少，大部分热量（80%以上）传给工件，使磨削区温度高达 800～1000℃，因此，磨削热既影响工件的加工精度，又影响工件的表面质量。

2）摩擦热

工艺系统中的摩擦热主要是由机床和液压系统中的运动部件产生的，如电动机、轴承、齿轮、丝杠副、导轨副、离合器、液压泵、阀等各运动部件产生的摩擦热。尽管摩擦热比切削热少，但摩擦热是工艺系统中的局部发热，会引起局部温升和变形，破坏系统原有的几何精度，也会对加工精度造成严重影响。

3）外部热源

外部热源主要是指周围环境温度通过空气对流，以及日光、照明、取暖设备等通过辐射传导到工艺系统的热量。

环境温度的变化及外部热源的热辐射对机床热变形的影响有时也是不可忽视的。例如，在加工大型工件时，往往要昼夜连续加工，由于昼夜温度不同，使得工艺系统的热变形也不同，从而影响加工精度。

又如，对靠近窗口的机床，由于日光的照射，机床在上午和下午的温升不同；而且日照（或灯光）通常是单向与局部的，受到照射的部分与未经照射的部分之间也会有温差。尤其对于精密机床，这种影响不能忽视。精密机床应安装在恒温车间，恒温室平均温度一般为 20℃，其恒温精度一般控制在±1℃以内，精密级控制在±0.5℃以内。

2. 热平衡与温度场

工艺系统在工作状态下，一方面经受各种热源的作用，温度会逐渐升高；另一方面，也通过各种传热方式向周围介质散发热量。当工件、刀具和机床的温度升到某一数值时，单位时间内传出和传入的热量接近相等，这时工艺系统就达到了热平衡状态。在热平衡状态下，工艺系统各部分的温度保持在某一相对固定的数值上，因而各部分的热变形也相应地趋于稳定。

作用于工艺系统各组成部分的热源，其发热量、作用时间各不相同，其热容量、散热条件也不相同，因此各部分的温升是不同的；即使是同一组成部分，处于不同空间位置的各点在不同时间其温度也是不同的。物体中各点温度的分布称为温度场。当物体未达到热平衡时，各点温度不仅是坐标位置的函数，也是时间的函数，这种温度场称为不稳态温度场；物体达到热平衡后，各点温度将不再随时间而变化，而只是其坐标位置的函数，这种温度场称为稳态温度场。

目前，对于工艺系统温度场和热变形的研究，着重于模型试验与实测。热敏电阻、热电偶是常用的局部温度测量手段。近年来红外测温、光导纤维、激光全息照像等技术在机床热变形研究中开始得到应用。例如，用红外热像仪将机床的温度场拍摄成一目了然的热像图，用光导纤维引出发热信号传入红外热像仪测出工艺系统内部的局部温升，用激光全息技术拍摄变形场。

6.4.2 工艺系统热变形对加工精度的影响

在工艺系统中，工件和刀具的热源比较简单，热变形相对简单一些，可用解析法进行估算和分析；而机床的热源较多，因而机床的热变形最为复杂，通常应用多体理论进行建模与分析。

1．工件热变形

使工件产生热变形的热源主要是切削热。对于精密零件，环境温度和局部日光等外部热源的辐射热也不容忽视。工件的热变形可以归纳为以下两种情况来分析。

1）工件均匀受热

对于轴类、套类、盘类等形状简单的零件，其车削或磨削可看成在沿工件全长和圆周上是均匀受热的。其热变形量ΔL（mm）可按热膨胀公式估算，表示为

$$\Delta L = \alpha L \Delta T \tag{6-12}$$

式中 L——工件在变形方向上的尺寸（长度或直径）(mm)；

α——工件材料的热膨胀系数（1/℃，钢为1.17×10^{-5}/℃，铸铁为1×10^{-5}/℃，黄铜为1.7×10^{-5}/℃)；

ΔT——工件的平均温升（℃）。

加工盘类和长度较短的轴、套类零件时，由于走刀行程很短，可以忽略沿工件轴向位置的切削时间（即加热时间）有先后的影响，因此引起的工件纵向方向上的误差可以忽略。车削较长工件时，由于沿工件轴向位置切削时间有先后，开始切削时工件温升近于零，随着切削的进行，温升逐渐增加，工件直径随之逐渐增大，因此车刀的背吃刀量将随走刀而逐渐增大。切削后工件冷却收缩，外圆表面就会产生圆柱度误差$\Delta R_{\max} = \alpha (D/2)\Delta T$，其中$D$为外圆直径。

通常杆件的长度尺寸精度要求不高，热变形引起的轴向伸长可以不予考虑。但当工件以两顶尖定位受热伸长时，如果顶尖不能轴向移动，则工件受顶尖的压力将产生弯曲变形，这对加工精度的影响就大了。因此，加工精度要求较高的轴类零件，如磨削外圆、丝杠等时，宜采用可伸缩的弹性或液压尾顶尖。

工件热变形对于精加工影响比较严重。例如，在磨削 400mm 长的丝杠螺纹时，如果被磨削丝杠的温度比机床母丝杠高 2℃，则被磨削丝杠将伸长$\Delta L = 1.17\times10^{-5}\times400\times2 = 0.00936$mm，而 5 级丝杠的螺距累积误差在 400mm 长度上不允许超过 5μm，由此可见，热变形对精密加工件的影响是很大的。

工件热变形对粗加工的影响通常可不必考虑，但是在工序集中的场合，却会给精加工造成麻烦。例如，在一台三工位的立轴回转工作台上加工孔，第一工位是装卸工件，第二工位是钻孔，第三工位是铰孔。要加工孔的尺寸为ϕ20mm，材料为铸铁，钻孔时转速为 500r/min，进给

量为 0.3mm/r，温升达 100℃，则被加工孔的直径膨胀量为 $\Delta D = 1\times10^{-5}\times20\times100 = 0.02\text{mm}$。如果钻孔后接着铰孔，在工件完全冷却后，则其孔径收缩量已相当于 IT7 级的公差值了。在这种场合下，粗加工的工件热变形将影响精加工的精度。因此，在安排工艺过程时应尽可能把粗、精加工分开在两个工序中进行，以使粗加工后工件留有足够的冷却时间。

2）工件不均匀受热

铣、刨、磨平面时，除在进给方向有温差外，更严重的是只在单面受切削热作用，上、下表面间的温差将导致工件向上拱起，加工中该凸起表面被切去，冷却后加工表面将下凹，造成平面度误差。

例如，磨削薄板平面，板长 L，厚 H，其热变形挠度（即中间凸起量）Δf 可按图 6-28 所示的图形计算。由于中心角 φ 值很小，故中心层的弦长可近似看作等于工件原长 L。工件的凸起量

$$\Delta f = \frac{L}{2}\tan\frac{\varphi}{4} \approx \frac{L}{8}\varphi \qquad (6\text{-}13)$$

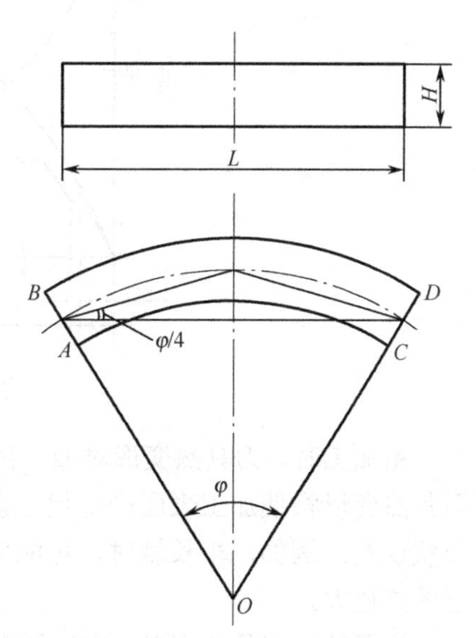

图 6-28　薄板不均匀受热引起的热变形

由于

$$\alpha L\Delta T = \overset{\frown}{BD} - \overset{\frown}{AC} = \overline{AB}\varphi = H\varphi$$

所以

$$\varphi = \frac{\alpha\cdot L\cdot\Delta T}{H}$$

将 φ 值代入式（6-13）得

$$\Delta f \approx \frac{\alpha L^2\Delta T}{8H}$$

可以看出，薄板单面受热时的热变形挠度（工件凸起量）与工件长度 L 的平方成正比，且工件越薄，工件的凸起量就越大。

对于大型板类精密零件，例如对高 600mm、长 2000mm 的机床床身进行磨削加工，当工件（床身）的温差为 2.4℃时，热变形可达 20μm。可见，工件单面受热引起的热变形对加工精度的影响是很严重的。为了减小这种误差，通常是在切削时使用足够的切削液，以减小切削表面的温升；也可采用误差补偿的方法，在装夹工件时使工件上表面产生微凹的夹紧变形，以此来补偿切削时工件单面受热而拱起的误差。

2．刀具热变形

使刀具产生热变形的热源主要是切削热。切削热传入刀具的比例虽然不大（车削时为 5%左右），但由于热量集中在切削部分，且刀具体积小，热容量小，所以刀具切削部分的温升仍较高。例如，车削时，高速钢车刀刀刃部位的温度可达 700～800℃，硬质合金刀具刀刃部位的温度可达 1000℃以上。

图 6-29 所示为车刀的热变形曲线。连续切削时，刀具热变形量在切削初期增长很快，随着车刀温度的增高，散热量逐渐加大，车刀热伸长逐渐变慢，达到热平衡时车刀便不再伸长，刀具总的热变形量可达 0.03～0.05mm。间断切削时（图中 t_m 为刀具切削时间，t_f 为刀具不参加切削时间），由于刀具有短暂的冷却时间，故其热变形曲线具有热胀冷缩双重特性，且总的

变形量比连续切削时要小一些，最后趋于稳定，在很小的范围内变动。切削停止后，车刀温度立即下降，开始时冷却较快，以后逐渐变慢。

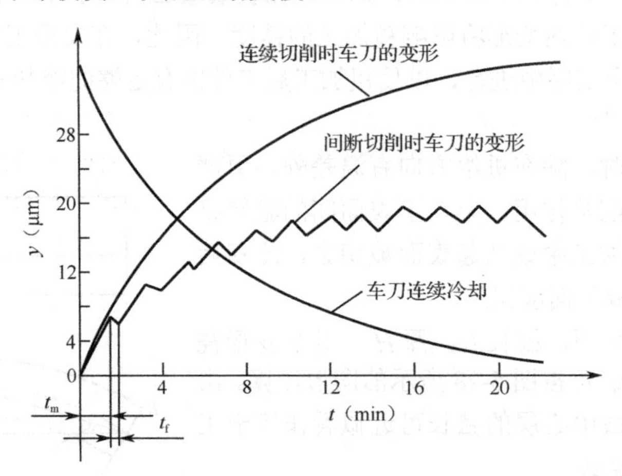

图 6-29　车刀的热变形曲线

粗加工时，刀具热变形对加工精度的影响一般可以忽略不计；对于精度要求较高的零件，刀具热变形将使加工表面产生尺寸误差或形状误差；对于大型零件，刀具热变形往往会造成形状误差。例如，车长轴时，可能由于刀具热伸长而产生锥度，即尾座处的直径比主轴箱附近的直径大。

为了减小刀具热变形，应选择合理的切削用量和刀具几何参数，并给予充分冷却和润滑，以降低切削温度。

3．机床热变形

使机床产生热变形的热源主要是摩擦热和外界传入的热量。

机床各部件由于体积都比较大，热容量大，因此其温升一般不大。例如，车床主轴箱温升一般不大于 60℃，车床床身与主轴箱接合处的温升一般不大于 20℃，磨床温升一般不大于 15～25℃。其他精密机床部件的温升还要低得多。但由于机床结构的复杂性及各部件热源分布的不均匀，机床各部件的温升各不相同（机床各部件结构与尺寸差异较大，各部分达到热平衡的时间也不相同，热容量大的部件达到热平衡的时间长），形成不均匀的温度场，使机床零部件之间的相互位置发生变化，破坏了机床原有的几何精度而造成加工误差。

1）机床热态几何精度

机床空运转时，各运动部件上的摩擦热基本不变，此时各部件传入的热量大于散发的热量，没有达到热平衡状态，使得机床的几何精度变化不定，对加工精度的影响也变化不定。运转一段时间后，传入的热量和散失的热量基本相等，即达到热平衡状态，变形趋于稳定。因此，精密加工应在机床处于热平衡状态之后进行。

机床达到热平衡状态时的几何精度称为机床热态几何精度。机床空运转达到热平衡的时间及其热态几何精度是衡量精加工机床质量的重要指标。在分析机床热变形对加工精度的影响时，也应首先注意其温度场是否稳定。

一般机床，如车床、磨床等，其空运转的热平衡时间为 4～6h，中、小型精密机床为 1～2h，大型精密机床往往要超过 12h，甚至达数十小时。

2）机床热变形对加工精度的影响

机床类型不同，其主要热源也各不相同，热变形对加工精度的影响也不相同。

车、铣、钻、镗类机床，其主轴箱中的齿轮、轴承摩擦发热和润滑油发热是主要热源，使主轴箱及与之相连部分（如床身、立柱）温度升高而产生较大变形。例如，车床主轴发热使主轴箱在垂直面和水平面内偏移和倾斜，如图 6-30 所示。在垂直面内，主轴箱的温升将使主轴升高；又由于前轴承的发热量大于后轴承的发热量，故主轴前端将比后端高；此外，主轴箱的热量传给床身，还会使床身和导轨向上凸起，故而加剧了主轴的倾斜。卧式车床热变形试验结果表明，影响车床主轴倾斜的主要因素是床身变形，它约占总倾斜量的 75%，主轴前、后轴承温度差所引起的倾斜量只占 25%。试验结果也表明，车床主轴在水平方向的偏移比在垂直方向的要小很多，但水平方向是卧式车床车削加工的误差敏感方向，因而主轴在水平面内的热位移对加工精度影响较大。

大型机床，如龙门刨床、导轨磨床等，其床身较长，如果导轨面和底面之间有温差，就会引起较大的弯曲变形，故床身热变形是影响其加工精度的主要因素。床身上、下表面产生温差，不仅是由导轨面运动摩擦发热造成的，还有环境温度的影响。例如在夏天，地面温度一般低于车间室温，因此床身中凸；冬天则地面温度高于车间室温，使床身中凹。此外，机床局部阳光照射，或照射部位随时间变化，也会引起床身各部位不同的热变形。

磨床通常都有液压传动系统和高速回转磨头，并使用大量的切削液，它们都是磨床的主要热源。砂轮主轴轴承发热，将使主轴轴线升高并使砂轮架向工件方向趋近；由于主轴的前、后轴承温升不同，主轴侧母线还会出现倾斜。液压系统的发热使床身各处温升不同，导致床身的弯曲和倾斜。例如，图 6-31 所示为外圆磨床的热变形示意图，其中砂轮架 5 升温将使砂轮主轴升高，砂轮架 5 还将以螺母 6 为支点向头架方向趋近；床身 1 内腔所储液压油发热，将使头架 3 轴线升高，并以导轨 2 为支点向远离砂轮 4 的方向移动。在热变形的作用下，砂轮主轴轴线与工件轴线之间的距离会发生变化。

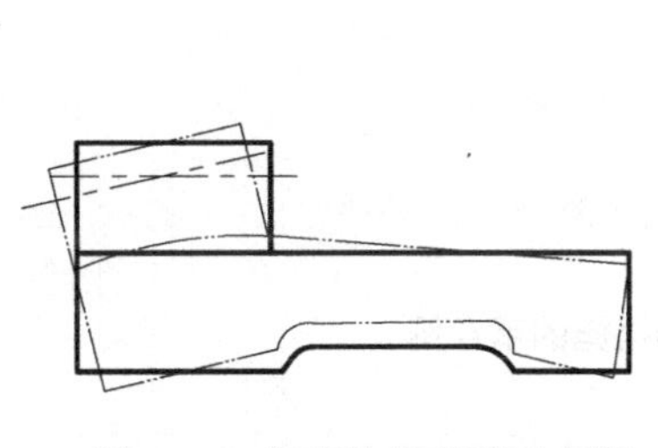

图 6-30　车床的热变形示意图

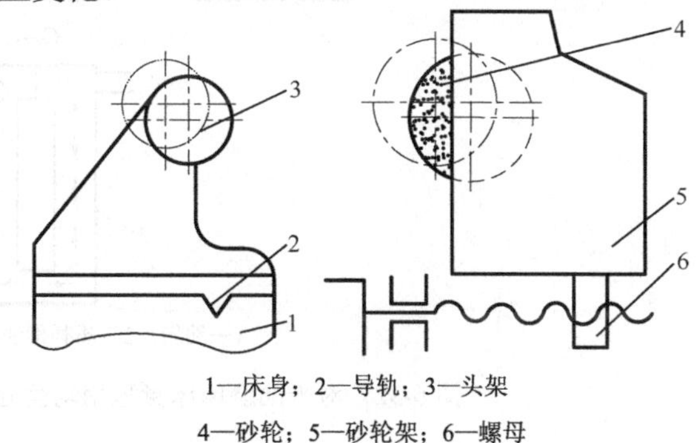

1—床身；2—导轨；3—头架
4—砂轮；5—砂轮架；6—螺母

图 6-31　外圆磨床的热变形示意图

6.4.3　减小工艺系统热变形的措施

1. 减少热源的发热和隔离热源

为了减小切削热，应选用合适的切削用量和刀具几何参数。另外，如前所述，如果粗、精加工在同一个工序内，工件粗加工时的热变形将影响精加工的精度，因此可以在粗加工后将工件松开，待冷却后再进行精加工。当零件精度要求较高时，则应粗、精加工分开。

机床内部的热源是产生机床热变形的主要热源。为了减小机床的热变形，凡是有可能从主机分离出去的热源，如电动机、变速箱、液压系统、油箱、冷却系统等，都应尽量放在机床外部。对于不能分离的热源，如主轴轴承、丝杠螺母、高速运动的导轨副等，则可以从结构、润滑等方面采取措施改善其摩擦特性。例如，选用发热较少的静压轴承、静压导轨，改用低黏度的润滑油、锂基油脂，或使用循环冷却润滑、油雾润滑等，将发热部件和床身、立柱等机床大件之间用隔热材料隔离开来。

2．改善散热条件

对发热量大且既不能从机床内部移出，又不便隔热的热源，可采用强制式的风冷、水冷等散热措施。例如，大型机床、加工中心目前采用冷冻机对润滑油和切削液进行强制冷却，对电主轴通以冷却液，都是为了减小热变形。

3．均衡温度场

在外移热源时，还应注意考虑均衡温度场的问题。图 6-32 所示是对平面磨床床身采用均衡温度场措施的示意图，图中泵 A 为静压导轨液压泵，泵 B 为回油强迫循环液压泵。该机床床身较长，加工时工作台纵向进给速度较高，所以床身导轨的温度高于底部。为均衡温度场，把油箱 1 从主机移出，在床身底部配置热补偿油沟 2，使一部分带有余热的回油经热补偿油沟再送回油箱。采取此措施后，可以降低床身上、下温差，减小床身导轨的中凸量。

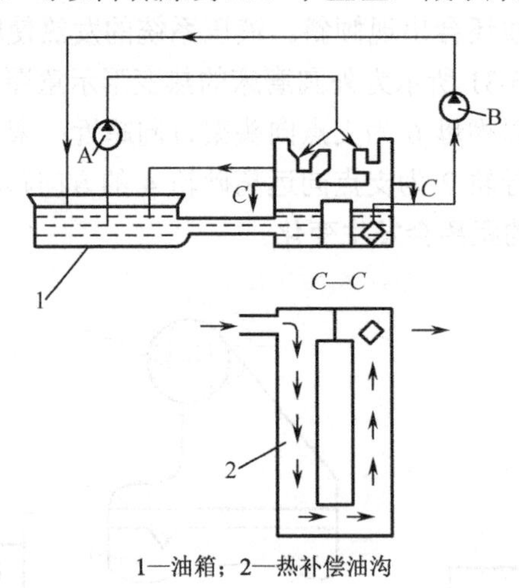

图 6-32　对平面磨床床身采用均衡温度场措施的示意图

4．改进机床结构

机床部件采用热对称结构，可以减小热变形。例如，变速箱中轴、轴承、传动齿轮等采用对称布置，可使箱壁温升均匀，箱体变形减小；加工中心采用双立柱结构，由于左右对称，仅产生垂直方向的热变形，使得主轴相对于工作台的热变形比单立柱结构小得多。图 6-33 所示为双端面磨床改进后的主轴结构，主轴 1 因轴承发热而向左伸长时，套筒 3 则向右伸长，带动整个主轴向右移动，两个方向的热变形可以相互抵消。

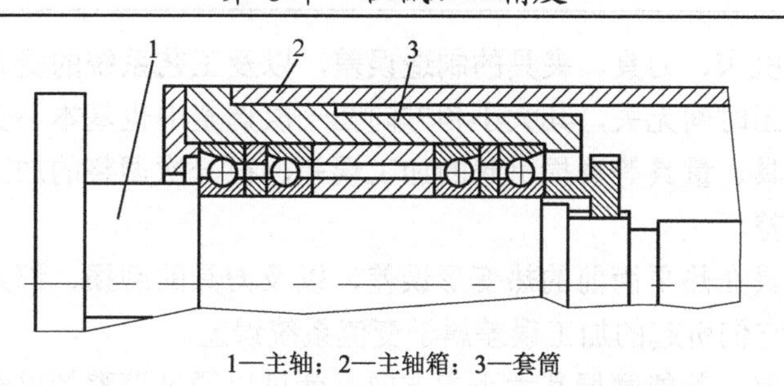

1—主轴；2—主轴箱；3—套筒

图 6-33　双端面磨床改进后的主轴结构

合理选择机床零部件的装配基准也可以减小热变形对加工精度的影响。图 6-34 所示为车床主轴箱在床身上的两种定位方式。在图 6-34（a）中，y 方向（误差敏感方向）的受热变形将直接影响刀具与工件的法向相对位置，故造成较大的加工误差。而在图 6-34（b）中，主轴轴线相对于装配基准 H 主要在 z 方向产生热位移，故对加工精度影响较小。

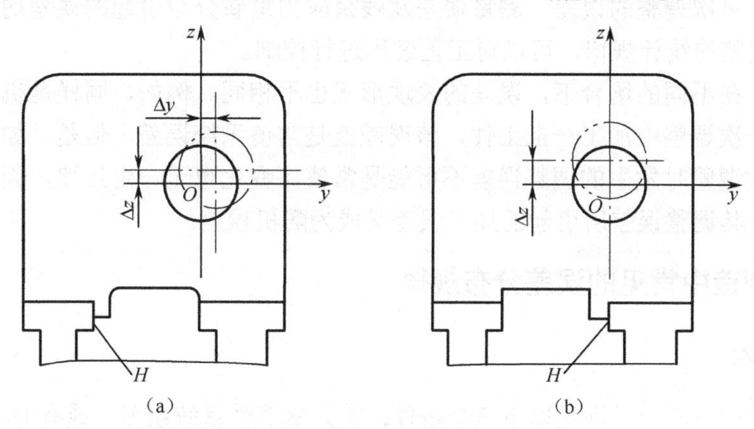

图 6-34　车床主轴箱在床身上的两种定位方式

6.5　加工误差的统计分析

前面分析了各项原始误差对加工精度的影响，这对研究工艺过程中误差产生的原因，提出控制加工精度的途径与方法，无疑是有指导意义的。但是在实际生产中，影响加工精度的因素往往是错综复杂的，有时很难用单因素分析法来分析某一工序的加工误差，这时就必须通过对生产现场中实际加工的一批工件进行检查、测量，运用概率统计方法加以处理和分析，从中发现误差的规律，找出提高加工精度的途径。这就是加工误差的统计分析。

6.5.1　加工误差的性质

按照一批工件误差的出现规律，加工误差可分为系统误差和随机误差。

1. 系统误差

系统误差可分为常值系统误差和变值系统误差。在顺序加工一批工件时，其加工误差的大小和方向都保持不变，或者按照一定的规律变化，统称为系统误差。前者称为常值系统误差，后者称为变值系统误差。

加工原理误差，机床、刀具、夹具的制造误差，以及工艺系统的受力变形误差，它们引起的加工误差均与加工时间无关，其大小和方向在一次调整中也基本不变，因此都属于常值系统误差。机床、夹具、量具等磨损引起的加工误差，在一次调整的加工中也无明显变化，故也属于常值系统误差。

机床、刀具、夹具在热平衡前的热变形误差，以及刀具的磨损，都是随加工时间而有规律地变化的，因此由它们引起的加工误差属于变值系统误差。

对于常值系统误差，若能掌握其大小和方向，就可以通过调整加以消除；对于变值系统误差，若能掌握其大小和方向随时间变化的规律，则也可通过补偿措施加以消除或减小。

2. 随机误差

在顺序加工一批工件时，加工误差的大小和方向都是随机变化的，称为随机误差。

毛坯误差（加工余量大小不一、材料硬度不均匀等）的复映、定位误差中的基准位置误差、夹紧误差、多次调整的误差、测量误差及残余应力重新分布引起的误差均属随机误差。通过分析随机误差的统计规律，可以对工艺过程进行控制。

应该指出，在不同的场合下，误差的表现形式也不相同。例如，同样是机床调整误差，如果是在机床一次调整中加工一批工件，该误差就是常值系统误差。但是，如果是多次调整机床，由于每次调整时发生的调整误差不可能是常值，变化也无一定规律，因此经多次调整加工一批工件，其调整误差所引起的加工误差又成为随机误差。

6.5.2 机械制造中常见的误差分布规律

1. 正态分布

在机械加工中，若同时满足以下三个条件：①无变值性系统误差（或有但不显著）；②各随机误差之间是相互独立的；③在随机误差中没有一个是起主导作用的误差因素，则工件的加工误差就服从正态分布。

1）正态分布函数

正态分布的概率密度函数为

$$y(x)=\frac{1}{\sigma\sqrt{2\pi}}\exp\left[-\frac{1}{2}\left(\frac{x-\mu}{\sigma}\right)^2\right] \tag{6-14}$$

$$(-\infty<x<+\infty,\ \sigma>0)$$

式中 μ——正态分布随机变量的平均值，$\mu=\frac{1}{n}\sum_{i=1}^{n}x_i$，其中 x_i 为随机变量，n 为随机变量的个数；

σ——正态分布随机变量的标准差（均方根偏差），$\sigma=\sqrt{\frac{1}{n-1}\sum_{i=1}^{n}(x_i-\mu)^2}$。

图 6-35 所示是根据式（6-14）画出的正态分布曲线，相对顶峰位置左右对称。令 y 对 x 的一阶导数等于 0，可得当 $x=\mu$ 时，y 取最大值，即

$$y_{\max}=\frac{1}{\sigma\sqrt{2\pi}}\approx\frac{0.4}{\sigma}$$

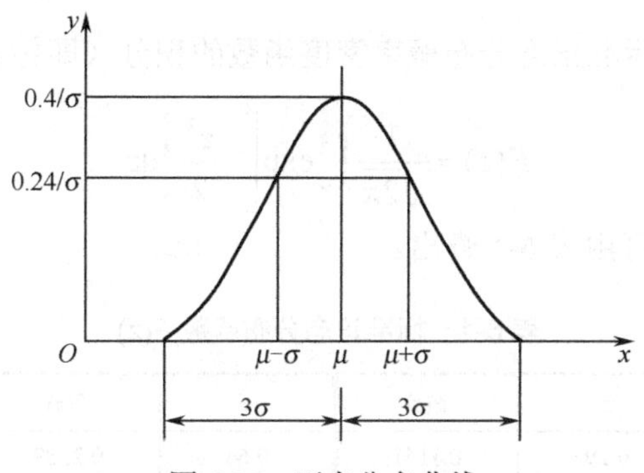

图 6-35　正态分布曲线

平均值 μ 和标准差 σ 是表征正态分布曲线的两个特征参数。当 μ 改变时，分布曲线将沿横坐标移动而不改变其形状，如图 6-36（a）所示，可见 μ 是表征正态分布曲线位置的参数。由于顶峰 $y_{\max}$ 与 σ 成反比且曲线围成的面积总是等于 1，因此当 σ 减小时，分布曲线将向上升高且两侧向中间收紧，如图 6-36（b）所示；反之，当 σ 增大时，分布曲线将平坦地沿横轴向两侧伸长，可见 σ 是表征正态分布曲线形状的参数。

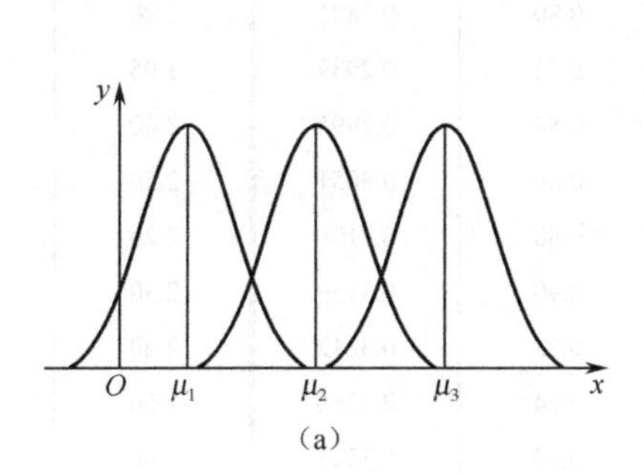

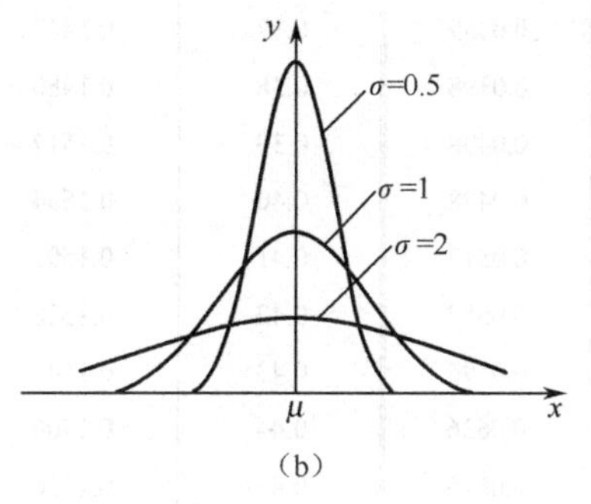

图 6-36　μ、σ 对正态分布曲线的影响

平均值 μ 表示尺寸分散中心，它主要由常值系统误差决定；μ 与尺寸公差带中心 d_M 之间的距离越近，表示常值系统误差越小。标准差 σ 表示尺寸的分散程度，它由变值系统误差和随机误差决定，σ 越小，表示误差越小。

2）标准正态分布

$\mu=0$、$\sigma=1$ 的正态分布称为标准正态分布，其概率密度函数为

$$f(x)=\frac{1}{\sqrt{2\pi}}\exp\left[-\frac{x^2}{2}\right] \tag{6-15}$$

正态分布函数是正态分布概率密度函数的积分，即

$$F(x)=\int_{x_1}^{x_2}y(x)\mathrm{d}x=\frac{1}{\sigma\sqrt{2\pi}}\int_{x_1}^{x_2}\exp\left[-\frac{1}{2}\left(\frac{x-\mu}{\sigma}\right)^2\right]\mathrm{d}x$$

式中　x_1、x_2——上、下积分限。

如图 6-37 所示，$F(x)$ 是阴影部分的面积，它表征了随机变量 x（即工件尺寸）落在区间 (x_1,x_2) 上的概率。

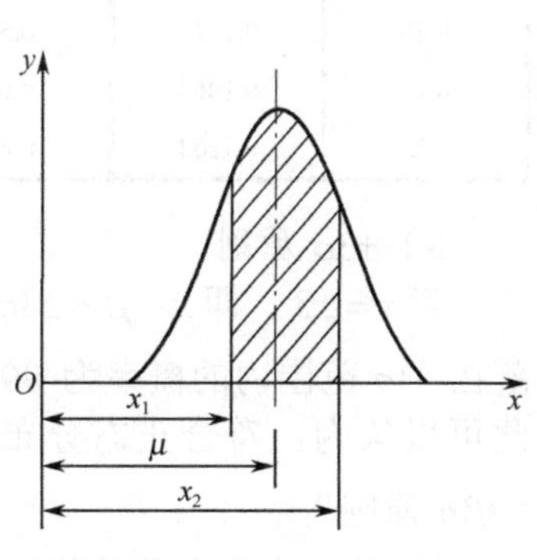

图 6-37　工件尺寸分布概率

任何正态分布都可以通过坐标变换 $z=\dfrac{x-\mu}{\sigma}$ 转变为标准正

态分布。令$z=\frac{x-\mu}{\sigma}$，则标准正态分布概率密度函数的积分（即标准正态分布函数）为

$$F(z)=\frac{1}{\sqrt{2\pi}}\int_0^z \exp\left[-\frac{z^2}{2}\right]\mathrm{d}z \tag{6-16}$$

对应不同z的$F(z)$值可由表 6-1 查出。

表 6-1 标准正态分布函数 $F(z)$

z	$F(z)$	z	$F(z)$	z	$F(z)$	z	$F(z)$
0.01	0.0040	0.29	0.1141	0.64	0.2389	1.50	0.4332
0.02	0.0080	0.30	0.1179	0.66	0.2454	1.55	0.4394
0.03	0.0120	0.31	0.1217	0.68	0.2517	1.60	0.4452
0.04	0.0160	0.32	0.1255	0.70	0.2580	1.65	0.4502
0.05	0.0199	0.33	0.1293	0.72	0.2642	1.70	0.4554
0.06	0.0239	0.34	0.1331	0.74	0.2703	1.75	0.4599
0.07	0.0279	0.35	0.1368	0.76	0.2764	1.80	0.4641
0.08	0.0319	0.36	0.1406	0.78	0.2823	1.85	0.4678
0.09	0.0359	0.37	0.1443	0.80	0.2881	1.90	0.4713
0.10	0.0398	0.38	0.1480	0.82	0.2939	1.95	0.4744
0.11	0.0438	0.39	0.1517	0.84	0.2995	2.00	0.4772
0.12	0.0478	0.40	0.1554	0.86	0.3051	2.10	0.4821
0.13	0.0517	0.41	0.1591	0.88	0.3106	2.20	0.4861
0.14	0.0557	0.42	0.1628	0.90	0.3159	2.30	0.4893
0.15	0.0596	0.43	0.1641	0.92	0.3212	2.40	0.4918
0.16	0.0636	0.44	0.1700	0.94	0.3264	2.50	0.4938
0.17	0.0675	0.45	0.1736	0.96	0.3315	2.60	0.4953
0.18	0.0714	0.46	0.1772	0.98	0.3365	2.70	0.4965
0.19	0.0753	0.47	0.1808	1.00	0.3413	2.80	0.4974
0.20	0.0793	0.48	0.1844	1.05	0.3531	2.90	0.4981
0.21	0.0832	0.49	0.1879	1.10	0.3643	3.00	0.49865
0.22	0.0871	0.50	0.1915	1.15	0.3749	3.20	0.49931
0.23	0.0910	0.52	0.1985	1.20	0.3849	3.40	0.49966
0.24	0.0948	0.54	0.2054	1.25	0.3944	3.60	0.499841
0.25	0.0987	0.56	0.2123	1.30	0.4032	3.80	0.499928
0.26	0.1023	0.58	0.2190	1.35	0.4115	4.00	0.499968
0.27	0.1064	0.60	0.2257	1.40	0.4192	4.50	0.499997
0.28	0.1103	0.62	0.2324	1.45	0.4265	5.00	0.49999997

3）$\pm3\sigma$ 原则

当$z=\pm3$，即$x-\mu=\pm3\sigma$时，$2F(3)=2\times0.49865=99.73\%$。即随机变量$x$（工件尺寸）落在$\pm3\sigma$范围内的概率为 99.73%，而落在该范围以外的概率仅为 0.27%，此值非常小。因此可以认为，符合正态分布的工件尺寸的分散范围为$\mu\pm3\sigma$，这就是工程上经常用到的“$\pm3\sigma$ 原则”。

6σ的大小代表了某种加工方法在一定条件下（如毛坯余量，切削用量，正常的机床、夹

具、刀具等）所能达到的加工精度。一般情况下，所选择加工方法的标准差σ与公差带宽度T之间应具有以下关系：

$$6\sigma \leqslant T$$

2．平顶分布

在影响加工误差的诸多因素中，如果砂轮或刀具的磨损比较显著，变值系统误差将占主导地位，则所得一批工件的尺寸将呈现平顶分布，如图 6-38（b）所示。这是由于刀具的均匀磨损引起工件尺寸分布的平均值随时间匀速移动，因此平顶分布曲线可以看成是由平移的众多正态分布曲线组合而成的。

3．双峰分布

若将两台机床所加工的同一种工件混在一起，由于两台机床的调整误差（各自调整误差属于常值系统误差，它决定平均值μ）不尽相同，如两次常值系统误差的差值大于2.2σ，则工件的尺寸将呈现双峰分布；并且两台机床的精度（属于随机误差，其决定标准差σ）也不相同，因此曲线的两个高峰也不一样，如图 6-38（c）所示。

4．偏态分布

采用试切调整法加工时，操作者主观上存在宁可返修也不可报废的倾向，造成工件的尺寸呈偏态分布。加工轴时宁大勿小，故曲线凸峰偏向右；加工孔时宁小勿大，故曲线凸峰偏向左，如图 6-38（d）所示

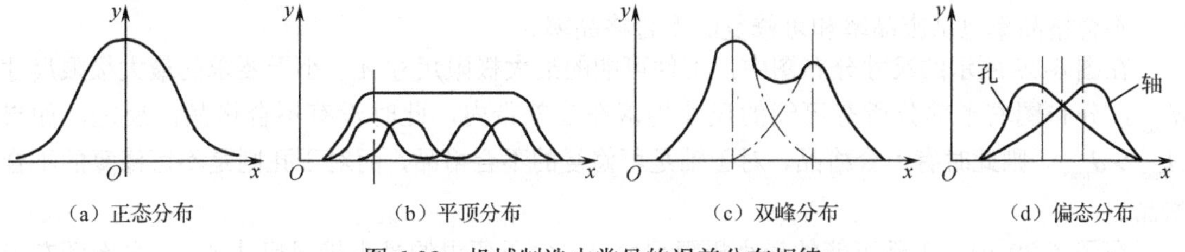

（a）正态分布　（b）平顶分布　（c）双峰分布　（d）偏态分布

图 6-38　机械制造中常见的误差分布规律

当工艺系统存在显著的热误差时，工件尺寸往往呈现不对称分布，如刀具热伸长严重，则加工轴时，曲线凸峰将偏向左；加工孔时，曲线凸峰将偏向右。

6.5.3　分布图分析法

1．分布图分析法的应用

1）判断加工误差性质

如果加工过程中没有变值系统误差，那么尺寸应服从正态分布，这是判别加工误差性质的基本依据。即如果工件尺寸符合正态分布，则说明加工过程中没有变值系统误差（或影响很小）。进一步，根据平均值μ与公差带中心d_M是否重合，可判断是否存在常值系统误差。若$\mu \neq d_M$，则说明存在常值系统误差。可见，常值系统误差只影响分布曲线的位置，而对分布曲线的形状没有影响。

2）确定工序能力及其等级

工序能力是指工序处于稳定状态时，加工误差正常波动的幅度。当加工尺寸服从正态分布时，根据 $\pm 3\sigma$ 原则，尺寸分散范围是 6σ，所以工序能力是 6σ。

工序能力等级是以工序能力系数来表示的，它代表了工序能满足加工精度要求的程度。当工序处于稳定状态时，工序能力系数 C_p 计算式为

$$C_p = \frac{T}{6\sigma} \tag{6-17}$$

式中　T——工件公差。

根据 C_p 值，可将工序能力分为五级，如表 6-2 所示。一般情况下，工序能力不应低于二级，即 $C_p > 1$。如果 $C_p < 1$，那么不论怎么调整，出现不合格品都是不可避免的。

表 6-2　工序能力等级

工序能力系数	工序能力等级	说　明
$C_p > 1.67$	特级	工序能力过高，可以允许有异常波动
$1.67 \geqslant C_p > 1.33$	一级	工序能力足够，可以有一定的异常波动
$1.33 \geqslant C_p > 1.00$	二级	工序能力勉强，必须密切注意
$1.00 \geqslant C_p > 0.67$	三级	工序能力不足，可能出少量不合格品
$0.67 \geqslant C_p$	四级	工序能力很差，必须加以改进

3）确定合格品率及不合格品率

不合格品率包括废品率和可修复的不合格品率。

在图 6-39 所示的尺寸分布图中，工件可能的最大极限尺寸 A_{max} 小于要求的最大极限尺寸 d_{max}，分布图右半部分所有可能的尺寸均落在公差带内，此时没有不合格品；反之，如果 $A_{max} > d_{max}$，则此时有不合格品，对于轴是可修复的不合格品，而对于孔则是不可修复的不合格品。

在图 6-39 中，工件可能的最小极限尺寸 A_{min} 大于要求的最小极限尺寸 d_{min}，分布图左半部分所有可能的尺寸均落在公差带内，此时没有不合格品；反之，如果 $A_{min} < d_{min}$，则此时有不合格品，对于轴是不可修复的不合格品，而对于孔则是可修复的不合格品。

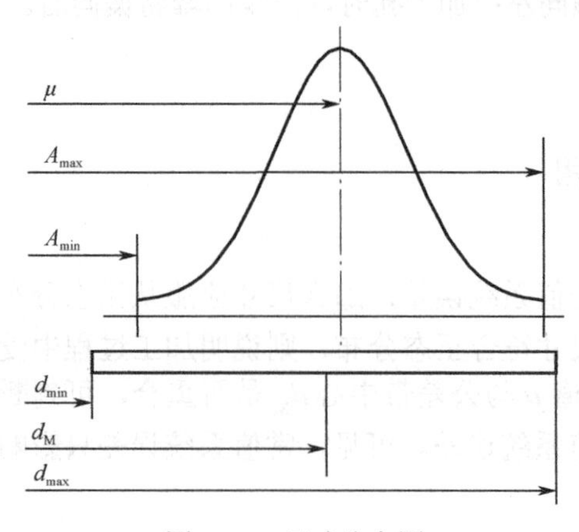

图 6-39　尺寸分布图

必须指出，$C_p>1$ 只说明该工序的工序能力足够，至于是否会出现不合格品，还要看刀具相对工件调整得是否正确。为了保证不出现不合格品，除了满足 $T\geqslant 6\sigma$ 外，T 还要增大以补偿常值系统误差，即 $T\geqslant 6\sigma+2|\mu-d_M|$。

2．分布图分析法应用实例

【例 6-1】 在磨床上磨削一批轴径为 $d=\phi 12_{-0.043}^{-0.016}$ mm 的销轴。抽取一批零件，经实测后计算得到 $\mu=11.974$mm，$\sigma=0.005$mm，零件尺寸符合正态分布，分析该工序的加工精度。

解：（1）绘制销轴直径尺寸分布图，如图 6-40 所示。

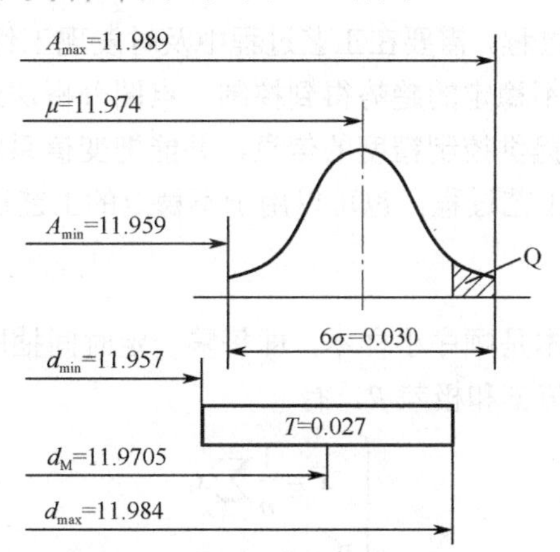

图 6-40　销轴直径尺寸分布图

（2）计算工序能力系数，有

$$C_p=\frac{T}{6\sigma}=\frac{-0.016-(-0.043)}{6\times 0.005}=0.9<1$$

表明该工序的工序能力不足，无论如何调整，不合格品总是不可避免的。

（3）计算不合格品率。工件要求的最小极限尺寸 $d_{\min}=11.957$ mm，最大极限尺寸 $d_{\max}=11.984$mm；尺寸分散范围内的最大极限尺寸 $A_{\max}=\mu+3\sigma=11.974+0.015=11.989$mm，最小极限尺寸 $A_{\min}=\mu-3\sigma=11.974-0.015=11.959$mm。

$A_{\min}>d_{\min}$，因此在分布图的左半部分不会产生不可修复的废品。而 $A_{\max}>d_{\max}$，因此在分布图的右半部分会产生可修复的不合格品。$d_{\max}$ 对应的

$$z=\frac{d_{\max}-\bar{x}}{\sigma}=\frac{11.984-11.974}{0.005}=2$$

查 $F(z)$ 表，$F(2)=0.4772$。因此，不合格品率为

$$P=0.5-0.4772=2.28\%$$

（4）调整措施。调整机床，使分散中心 μ 与公差带中心 d_M 重合，则可以减少不合格品。调整量 $\Delta=|\mu-d_M|=|11.974-11.9705|=0.0035\text{mm}$。在具体操作中，使砂轮向前多进 $\Delta/2$ 的背吃刀量。

分布图分析法能够反映工艺过程的总体情况，并且能够把常值系统误差从误差中区分开来，但其也有缺点：

（1）分布图不考虑工件的先后加工顺序，故不能反映误差变化的趋势，难以区分变值系统误差和随机误差。

（2）必须要等到一批工件加工完毕后才能绘制分布图，因此不能及时提供加工过程中的精度信息。

（3）在加工过程中平均值和标准差如果基本保持不变，则工艺过程是稳定的，适合用分布图分析工艺过程的精度；但如果加工中存在较大的变值系统误差，或者随机误差大小显著变化，则平均值和标准差明显波动，工艺过程不稳定。分析工艺过程的稳定性通常采用点图分析法。

6.5.4 点图分析法

对于一个不稳定的工艺过程，需要在工艺过程中及时发现工件可能出现不合格品的趋向，以便及时调整工艺系统，使不稳定的趋势得到控制。点图分析法通过反映质量指标随时间变化的情况，能够给加工过程提供控制精度的信息，并能把变值系统误差从误差中区分出来。这种方法既可以用于稳定的工艺过程，也可以用于不稳定的工艺过程。

1. 点图的基本形式

点图分析法所采用的样本是顺序小样本，即每隔一定时间抽取样本容量 $n=5\sim10$ 的小样本，计算小样本的算术平均值 $\bar{x}$ 和极差 R，有

$$\begin{cases} \bar{x}=\dfrac{1}{n}\sum\limits_{i=1}^{n}x_i \\ R=x_{\max}-x_{\min} \end{cases} \tag{6-18}$$

式中 $x_{\max}$、$x_{\min}$——样本中个体的最大值与最小值。

点图是由 $\bar{x}$ 点图和 R 点图组成的 $\bar{x}-R$ 点图（参见图 6-41）。$\bar{x}-R$ 点图的横坐标是按时间先后采集的小样本的组序号，纵坐标为小样本的均值 $\bar{x}$ 和极差 R。在 $\bar{x}$ 点图上有五根控制线：$\bar{\bar{x}}$ 是样本平均值的均值线，ES、EI 分别是加工工件公差带的上、下限，UCL、LCL 分别是样本均值 $\bar{x}$ 的上、下控制限。在 R 点图上有三根控制线：$\bar{R}$ 是样本极差 R 的均值线，UCL、LCL 分别是样本极差的上、下控制限。

一个稳定的工艺过程必须同时具有均值变化不显著和标准差变化不显著两种特征。$\bar{x}$ 点图反映分布中心的变化趋势，R 点图反映分散范围的变化趋势。只有综合这两个点图的变化趋势，才能对工艺过程的稳定性做出评价。

2. 点图上、下控制限

确定 $\bar{x}-R$ 图上、下控制限，首先需要知道样本均值 $\bar{x}$ 和样本极差 R 的分布规律。由数理统计学的中心极限定理可以推论，即使总体不是正态分布，若总体均值为 λ、方差为 σ^2，则样本均值 $\bar{x}$ 也近似服从均值为 λ、方差为 σ^2/n 的正态分布，即

$$\bar{x}\sim N(\lambda,\sigma^2/n)$$

样本均值 $\bar{x}$ 的分散范围为 $\lambda\pm3\sigma/\sqrt{n}$。

数理统计学已经证明，样本极差 R 也近似服从正态分布，即

$$R\sim N(\bar{R},\sigma_R^2)$$

样本极差 R 的分散范围为 $\bar{R}\pm3\sigma_R$，式中 $\bar{R}$、σ_R 分别是 R 分布的均值和方差。

由数理统计学可知，σ 的估计值 $\hat{\sigma}=a_n\bar{R}$，$\sigma_R=d\hat{\sigma}$，其中 a_n、d 为系数，其值参见表 6-3。

表 6-3　系数 d、a_n、A_2、D_1、D_2 值

n	d	a_n	A_2	D_1	D_2
4	0.880	0.486	0.73	2.28	0
5	0.864	0.430	0.58	2.11	0
6	0.848	0.395	0.48	2.00	0

$\bar{x}$ 点图上、下控制限为

$$\mathrm{UCL}=\bar{x}+3\frac{\hat{\sigma}}{\sqrt{n}}=\bar{\bar{x}}+3\frac{a_n\overline{R}}{\sqrt{n}}=\bar{\bar{x}}+A_2\overline{R} \tag{6-19}$$

$$\mathrm{LCL}=\bar{\bar{x}}-3\frac{\hat{\sigma}}{\sqrt{n}}=\bar{\bar{x}}-3\frac{a_n\overline{R}}{\sqrt{n}}=\bar{\bar{x}}-A_2\overline{R} \tag{6-20}$$

式中，$A_2=3a_n/\sqrt{n}$，其值参见表 6-3。

R 点图上、下控制限为

$$\mathrm{UCL}=\overline{R}+3\sigma_R=\overline{R}+3da_n\overline{R}=(1+3da_n)\overline{R}=D_1\overline{R} \tag{6-21}$$

$$\mathrm{LCL}=\overline{R}-3\sigma_R=\overline{R}-3da_n\overline{R}=(1-3da_n)\overline{R}=D_2\overline{R} \tag{6-22}$$

式中，系数 D_1、D_2 可由表 6-3 查得。

【例 6-2】 一批轴颈外圆尺寸要求为 $\phi25_{-0.025}^{-0.013}$ mm，在加工过程中每隔一定时间抽取一个样本，共抽取 $q=20$ 个样本，每个样本的容量为 n=5，每个样本的 $\bar{x}$、R 值列于表 6-4 中。试作出这批工件的 $\bar{x}-R$ 点图。

表 6-4　$\overline{X}$ 和 R 值数据表　（mm）

序号	$\bar{x}$	R	序号	$\bar{x}$	R	序号	$\bar{x}$	R	序号	$\bar{x}$	R
1	24.9765	0.006	6	24.9795	0.008	11	24.9825	0.009	16	24.9795	0.008
2	24.9775	0.008	7	24.9825	0.008	12	24.9805	0.009	17	24.9810	0.009
3	24.9795	0.008	8	24.9805	0.005	13	24.9845	0.006	18	24.9850	0.005
4	24.9785	0.007	9	24.9785	0.007	14	24.9820	0.005	19	24.9845	0.005
5	24.9790	0.005	10	24.9815	0.007	15	24.9835	0.008	20	24.9825	0.007

解：计算样本均值，有

$$\bar{\bar{x}}=\frac{1}{q}\sum_{i=1}^{q}\bar{x}_i=\frac{499.62}{20}=24.981\text{mm}$$

计算样本极差的均值

$$\overline{R}=\frac{1}{q}\sum_{i=1}^{q}R_i=\frac{0.140}{20}=0.007\text{mm}$$

$\bar{x}$ 点图的上、下控制限分别为

$$\mathrm{UCL}=\bar{\bar{x}}+A_2\overline{R}=24.981+0.58\times0.007\approx24.985\text{mm}$$

$$\mathrm{LCL}=\bar{\bar{x}}-A_2\overline{R}=24.981-0.58\times0.007\approx24.977\text{mm}$$

R 点图的上、下控制限分别为

$$\mathrm{UCL}=D_1\overline{R}=2.11\times0.007\approx0.0148\text{mm}$$

$$LCL = D_2\overline{R} = 0$$

按上述计算结果作 $\bar{x}-R$ 点图，如图 6-41 所示。

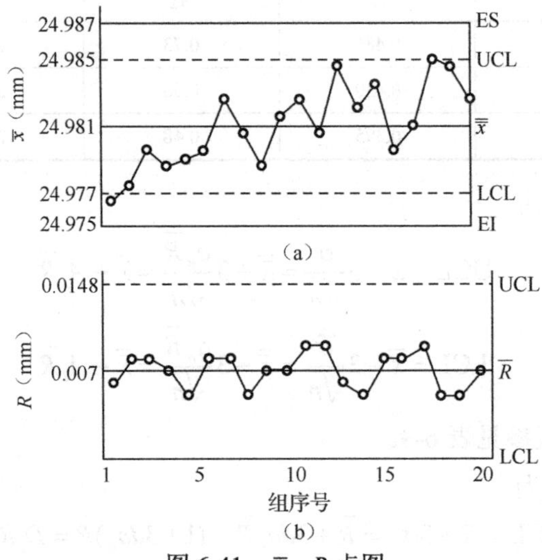

图 6-41 $\bar{x}-R$ 点图

3. 工艺过程的点图分析

顺序加工一批工件，获得的尺寸总是参差不齐的，点图上的点子总是有波动的。若只有随机波动，则表明工艺过程是稳定的，属于正常波动；若出现异常波动，则表明工艺过程是不稳定的，就要及时寻找原因，采取措施。表 6-5 所示是根据数理统计学原理确定的正常波动与异常波动的标志。

表 6-5 正常波动与异常波动的标志

正常波动	异常波动
1. 没有点子超出控制线； 2. 大部分点子在均值线上下波动，小部分在控制线附近； 3. 点子没有明显的规律性	1. 有点子超出控制线； 2. 点子密集在控制线附近； 3. 点子密集在均值线上下附近； 4. 连续 7 点以上出现在均值线一侧； 5. 连续 11 点中有 10 点出现在均值线一侧； 6. 连续 14 点中有 12 点以上出现在均值线一侧； 7. 连续 17 点中有 14 点以上出现在均值线一侧； 8. 连续 20 点中有 16 点以上出现在均值线一侧； 9. 点子有上升或下降倾向； 10. 点子有周期性波动

分析图 6-41 可知，加工过程尚处于稳定状态，但 $\bar{x}$ 点图上有连续多点出现在均值线的上方一侧，且随后又有一点接近 $\bar{x}$ 的上控制限，需密切注意工艺过程发展动向。

6.6 提高加工精度的途径

为了保证和提高机械加工精度，首先要明确造成加工误差的主要原始误差因素，然后采取措施来减小这些因素对加工的影响。

1．直接减小原始误差

直接减小原始误差是提高零件加工精度的基本方法。在查明影响加工精度的主要原始误差因素之后，设法对其直接进行消除或减小。

例如，加工细长轴时，因工件刚度极差，容易产生弯曲变形和振动，影响加工精度，如图 6-42（a）所示。为了减小因吃刀抗力使工件弯曲变形而造成的加工误差，可采取如下措施：①采用反向讲给切削方式，使进给抗力对工件起拉伸作用，如图 6-42（b）所示；②尾座改用弹性活顶尖，使工件不因进给力和热应力而被压弯；③车刀采用大进给量和较大主偏角，增大进给抗力，使工件在强有力的拉伸作用下抑制振动、切削平稳。

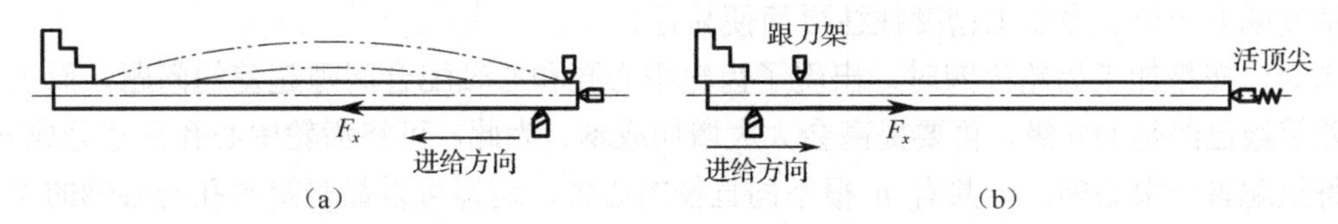

图 6-42　采用不同进给方式车削细长轴的比较

2．转移原始误差

误差转移法是把影响工件加工精度的原始误差转移到误差非敏感方向或转移到其他零部件上。

例如，用立轴转塔车床车削外圆时，如果转塔刀架上的外圆车刀的切削基面也像卧式车床那样在水平面内，如图 6-43（a）所示，那么刀架的转位误差将引起刀具在误差敏感方向上的位移 $\Delta_{分度}$，使工件半径产生 $\Delta R_a = \Delta_{分度}$ 的误差。如果将转塔刀架垂直安装（“立刀”安装），如图 6-43（b）所示，那么刀架的转位误差引起的刀具位移 $\Delta_{分度}$，将使工件半径产生 $\Delta R_b = \dfrac{(\Delta_{分度})^2}{2R}$ 的误差。可以看出，ΔR_b 远小于 ΔR_a，这表明，对于转塔车床，通过“立刀”安装，将刀架的转位误差转移到了误差的不敏感方向，可以显著减小其对加工精度的影响。

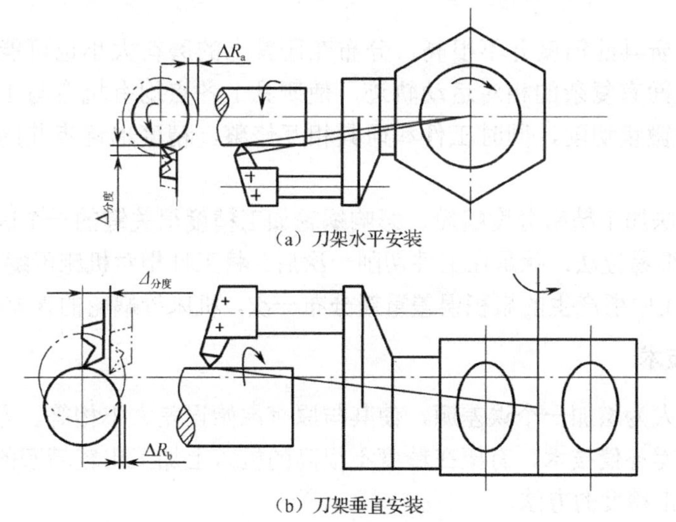

图 6-43　立轴转塔车床刀架转位误差的转移

又如，在镗床上加工箱体孔系，采用带前、后导向的镗模，镗刀杆与主轴浮动连接，主轴回转误差被转移，将不反映在工件上。工件加工精度完全靠镗杆和镗套的配合精度来保证，而提高它们的精度远比提高主轴精度容易，故在实际生产中得到了广泛应用。

3．均分原始误差

生产中会出现这样的情况：由于毛坯或上一道工序的加工误差较大，引起了很大的误差复映或定位误差，造成本工序的加工误差超差。解决这类问题，可以采用通过误差分组均分误差的办法。具体为，将毛坯或上一道工序加工的工件按实测尺寸分为 *n* 组，因此每组工件的误差分散范围就变为原来的 $1/n$；按各组分别调整刀具与工件的相对位置，或选用合适的定位元件，就可显著减小上一道工序加工误差对本工序加工精度的影响。这个办法比直接提高毛坯精度或上一道工序加工精度往往更简便易行。

例如，在精加工齿轮齿圈时，出现了齿轮中心孔和心轴配合间隙超差的问题，而工件孔的公差等级已经是 IT6 级，再要提高会大大增加成本。为此，可将齿轮中心孔尺寸分成 *n* 组，对应每组配置一根心轴，一共有 *n* 根不同直径的心轴，这样可以显著提高孔与心轴的配合精度。例如，齿轮中心孔与心轴按表 6-6 所示分组。

表 6-6　心轴与孔的尺寸分组

分　组	心轴直径（mm）	配合工件孔直径（mm）	配合间隙（μm）
第一组	25.002	25.000～25.004	+2～-2
第二组	25.006	25.004～25.008	+2～-2
第三组	25.011	25.008～25.013	+2～-3

4．均化原始误差

有些误差如导轨的直线度、传动链的传动误差、刀具的误差，是根据局部的最大误差值来判定的。利用有密切联系的表面之间的相互比较、相互修正，或者互为基准进行加工，就能让这些局部较大的误差比较均匀地传递到整个加工表面，可以减小原始误差对加工精度的影响。

例如，研磨时研具的精度并不很高，分布在研具上的磨料大小也可能不一样，但由于研磨时工件和研具间有复杂的相对运动轨迹，使研具上各点均有机会与工件的各点相互接触，并受到均匀的微量切削，同时工件和研具相互修整，精度也逐步共同提高，进一步使误差均化。

又如，用易位法加工精密分度蜗轮。影响蜗轮加工精度很关键的一个因素就是机床母蜗轮的累积误差。所谓易位法，就是在工件切削一次后，将工件相对机床母蜗轮转动一个角度，再切削一次，使加工中所产生的累积误差重新分布一次，机床母蜗轮的误差由此得到了均化。

5．误差补偿技术

误差补偿就是人为增加一个误差源，使其与原有原始误差大小相等、方向相反，以抵消原始误差。采用误差补偿技术，有望在精度不很高的机床上加工出较精密的零件，是一种有效而经济的提高加工精度的方法。

对于消除或减小常值系统误差，其补偿一般比较容易实现；但对于变值系统误差，由于补偿量不固定，而且其随时间的变化规律较难掌握，因此补偿较难实现，有时不恰当的补偿反而会加大误差。

图 6-44 所示是精密丝杠车床使用一套自动控制装置来补偿螺距误差。图中，光电编码盘用于测量主轴每转转速，光栅式位移传感器（光栅尺）用于测量刀架的纵向位移量。将主轴的回转量、刀架的纵向位移同步输入计算机，经数据处理，可实时求出螺距误差，再由计算机发出螺距误差补偿控制信号，驱动压电陶瓷微位移刀架（它装在溜板箱上）做螺距误差补偿运动。

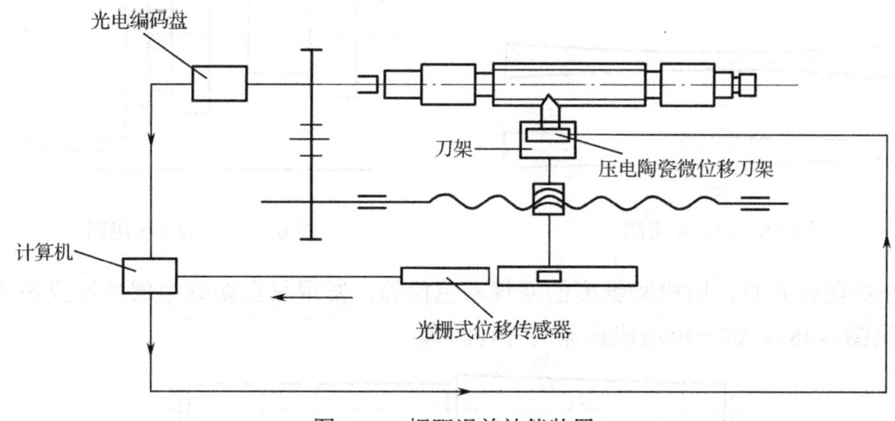

图 6-44　螺距误差补偿装置

习题与思考题

6-1 车床床身导轨在垂直面及水平面的直线度对车削圆轴类零件的加工误差有什么影响？影响程度有何不同？

6-2 试分析滚动轴承的外环内滚道及内环外滚道的形状误差，如图 6-45 所示的主轴回转轴线的运动误差对被加工零件精度有什么影响？

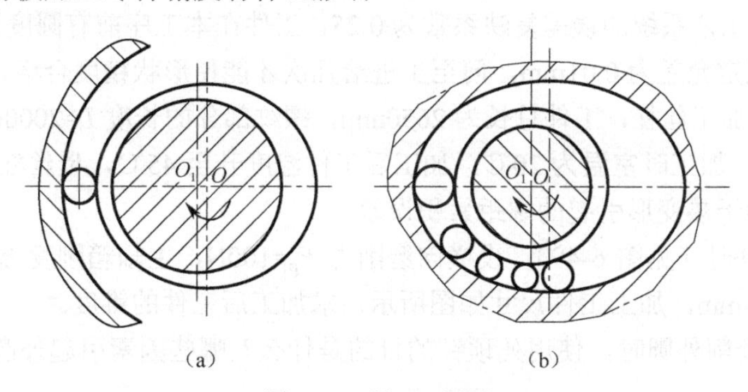

图 6-45　题 6-2 用图

6-3 试分析在车床上加工时，产生下述误差的原因。

（1）在车床上镗孔时，引起被加工孔圆度和圆柱度误差；

（2）在车床上采用三爪自定心卡盘镗孔时，引起内孔与外圆同轴度误差、端面与外圆的垂直度误差。

6-4 在车床上用两顶尖装夹工件车削细长轴时，出现如图 6-46 所示误差是什么原因？可分别采用什么办法来减小或消除误差？

6-5 试分析在塔台车床上将车刀垂直安装加工外圆（见图 6-47）时，影响直径误差的元素中，导轨在垂直面和水平面内的弯曲哪个影响大？与卧式车床比较有什么不同？为什么？

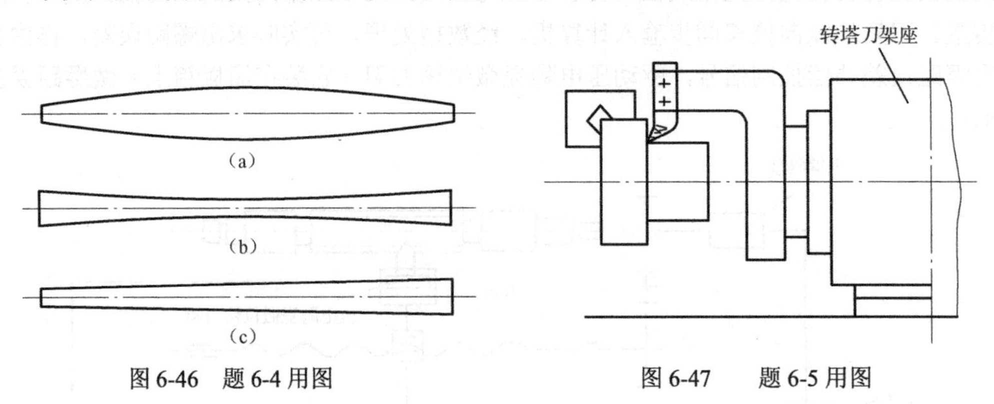

图 6-46 题 6-4 用图　　图 6-47 题 6-5 用图

6-6 在磨削锥孔时，用检验锥度的塞规着色检验，发现只在塞规中部接触或在塞规的两端接触（见图 6-48）。试分析造成误差的各种因素。

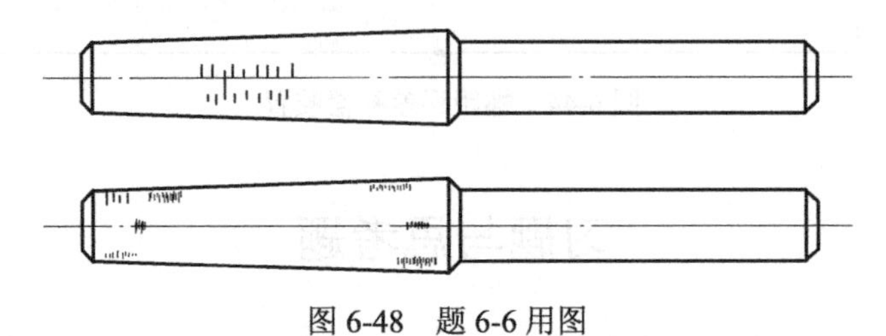

图 6-48 题 6-6 用图

6-7 如果被加工齿轮分度圆直径 D=100mm，滚齿机滚切传动链中最后一个交换齿轮的分度圆直径 d=200mm，分度蜗轮副的降速比为 1:96，若此交换齿轮的齿距累积误差 ΔF=0.12mm，试求出由此引起的工件的齿轮偏差。

6-8 设已知一工艺系统的误差复映系数为 0.25，工件在本工序前有圆度误差 0.45mm，若本工序形状精度规定允差为 0.01mm，问至少进给几次才能使形状精度合格？

6-9 在车床上加工丝杠，工件总长为 2650mm，螺纹部分的长度 L=2000mm，工件和母丝杠材料都是 45 钢，加工时室温为 20℃，加工后工件温度升至 45℃，母丝杠温度升至 30℃。试求工件全长上由于热变形引起的螺距累积误差。

6-10 横磨工件时（见图 6-49），设横向磨削力 F_p=100N，主轴箱刚度 k_{ij}=5000N/mm，尾座刚度 k_{wz}=4000N/mm，加工工件尺寸如图所示，求加工后工件的锥度。

6-11 试说明磨削外圆时，使用死顶针的目的是什么？哪些因素引起外圆的圆度和锥度误差（见图 6-50）？

6-12 在车床或磨床上加工相同尺寸及相同精度的内、外圆柱表面时，加工内孔表面的进给次数往往多于加工外圆面的进给次数，试分析其原因。

6-13 在车床上加工一长度为 800mm、直径为 60mm 的 45 钢光轴。现已知机床各部件的刚度分别为 k_{tj}=90000N/mm，k_{wz}=50000N/mm，k_{dj}=40000N/mm，加工时切削力 F_c=600N，

F_p=0.4F_c。试分析计算一次进给后的工件轴向形状误差（工件装夹在两顶尖之间）。

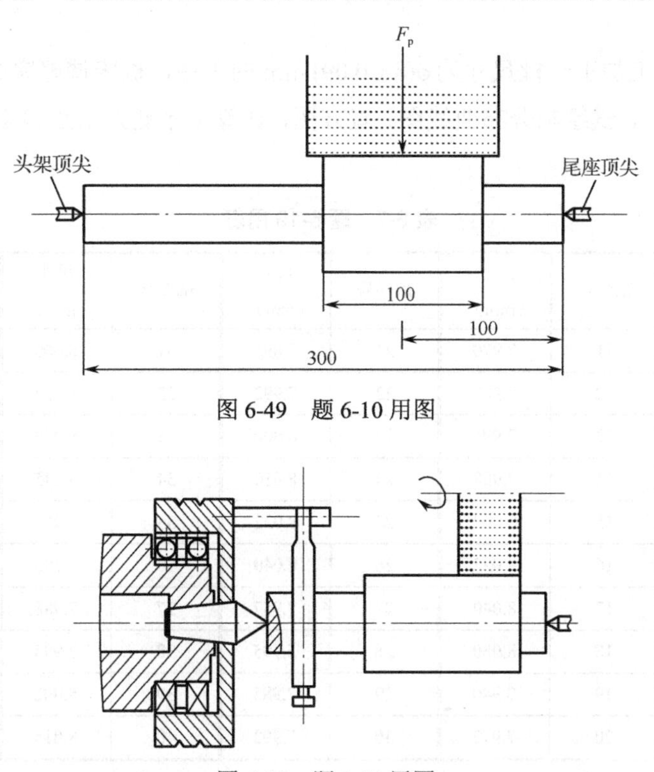

图 6-49　题 6-10 用图

图 6-50　题 6-11 用图

6-14 在卧式铣床上铣削键槽时（见图 6-51），经测量发现靠近工件两端的深度大于中间部位的深度，且都比调整的深度尺寸小。试分析产生这一现象的原因。

6-15 如图 6-52 所示的床身零件，当导轨面在龙门刨床上粗刨之后便立即进行精刨。试分析若床身刚度较低，精刨之后导轨面将产生什么样的误差？

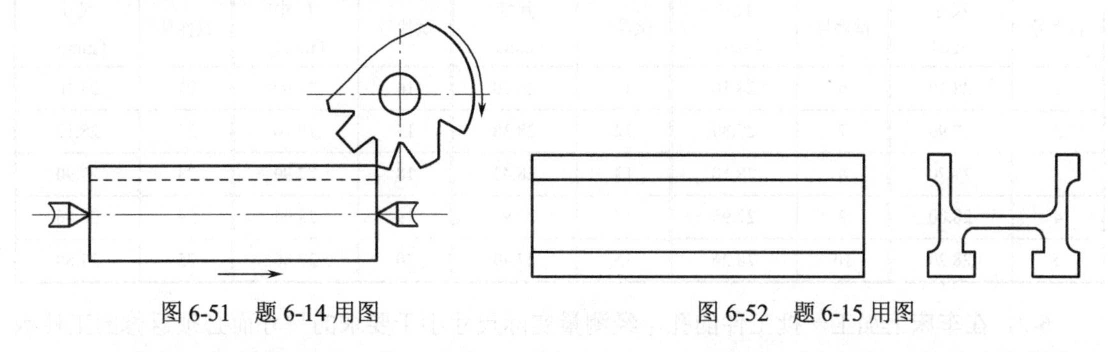

图 6-51　题 6-14 用图　　　　图 6-52　题 6-15 用图

6-16 车削一批轴的外圆，其尺寸为 $\phi(25 \pm 0.05)$ mm，已知此工序的加工误差分布曲线是正态分布曲线，其标准误差 $\sigma = 0.025$mm，曲线的顶峰位置偏于公差带中值的左侧，偏差为 0.03mm。试求零件的合格率、废品率。工艺系统经过怎样的调整可使废品率降低？

6-17 在无心磨床上用贯穿法磨削加工 ϕ20mm 的小轴，已知该工序的标准差 $\sigma = 0.003$mm。现从一批工件中任取 5 件，测量其直径，求得算术平均值为 ϕ20.008mm。试估算这批工件的最大尺寸及最小尺寸。

6-18 有一批零件，其内孔尺寸为$\phi70_{0}^{+0.03}$ mm，属正态分布。试求尺寸在$\phi70_{+0.01}^{+0.03}$ mm 之间的概率。

6-19 在自动机上加工一批尺寸为$\phi(8\pm0.09)$ mm 的工件，机床调整完成后试车 50 件，测得尺寸如表 6-7 所示，试绘制分布曲线图、直方图，计算工序能力系数和废品率，并分析误差产生的原因。

表 6-7 题 6-19 用表

试件号	尺寸（mm）	试件号	尺寸（mm）	试件号	尺寸（mm）	试件号	尺寸（mm）	试件号	尺寸（mm）
1	7.920	11	7.970	21	7.895	31	8.000	41	8.024
2	7.970	12	7.982	22	7.992	32	8.012	42	7.028
3	7.980	13	7.991	23	8.000	33	8.024	43	7.965
4	7.990	14	7.998	24	8.010	34	8.045	44	7.980
5	7.995	15	8.007	25	8.022	35	7.960	45	7.988
6	8.005	16	8.022	26	8.040	36	7.795	46	7.995
7	8.018	17	8.040	27	7.957	37	7.988	47	8.004
8	8.030	18	8.080	28	7.795	38	7.994	48	8.027
9	8.060	19	7.940	29	7.985	39	8.002	49	8.065
10	7.935	20	7.972	30	7.992	40	8.015	50	8.017

6-20 加工一批零件，其外径尺寸为$\phi(28\pm0.6)$ mm。已知从前在相同工艺条件下加工同类零件的标准差为 0.14mm，试设计加工该批零件的$\bar{x}-R$图。如果该批零件的尺寸如表 6-8 所示，试分析该工序的工艺稳定性。

表 6-8 题 6-20 用表

试件号	尺寸（mm）	试件号	尺寸（mm）	试件号	尺寸（mm）	试件号	尺寸（mm）	试件号	尺寸（mm）
1	28.10	6	28.10	11	28.20	16	28.00	21	28.10
2	27.90	7	27.80	12	28.38	17	28.10	22	28.12
3	27.70	8	28.10	13	28.43	18	27.90	23	27.90
4	28.00	9	27.95	14	27.90	19	28.04	24	28.06
5	28.20	10	28.26	15	27.40	20	27.86	25	27.80

6-21 在车床上加工一批工件的孔，经测量实际尺寸小于要求的尺寸而必须返修的工件数占 22.4%，大于要求的尺寸而不能返修的工件数占 1.4%，如孔的直径公差 T=0.2mm，整批工件尺寸服从正态分布，试确定该工序的标准差σ，并判断车刀的调整误差是多少。

第 7 章　机械加工表面质量

零件的机械加工质量不仅指加工精度，还有表面质量。任何机械加工所得到的零件表面，实际上都不是完全理想的表面，存在着表面粗糙度、表面波度、加工纹理等微观几何形状误差及伤痕等缺陷，零件表面层在加工过程中还会产生加工硬化、金相组织变化及残余应力等现象。实践表明，产品的工作性能，尤其是可靠性、寿命等，在很大程度上取决于主要零件的表面质量，机器零件的破坏一般也都是从零件表面层开始的。

研究机械加工表面质量的目的，就是要掌握机械加工中各种工艺因素对表面质量影响的规律，以便应用这些规律控制加工过程，最终达到提高表面质量及产品使用性能的目的。

7.1　机械加工表面质量的概念

机械加工表面质量是指零件经过机械加工后表面层的几何形貌及表面层材料的物理机械性能。表面层的几何形貌是由加工过程中刀具与被加工工件的摩擦、切屑分离时的塑性变形及加工系统的振动等因素的作用，在工件表面上留下的表面结构。同时，表面层金属材料在加工时还会产生物理机械性能变化，在某些情况下还会产生化学性质变化。

7.1.1　表面层的几何形貌

表面层的几何形貌主要包括表面粗糙度、波度、纹理方向和表面缺陷四个方面。

根据加工表面轮廓的特征（波长 L 与波高 H 的比值），可将表面轮廓分为以下三种（见图 7-1）：L/H>1000 时称为宏观几何形状误差，如圆度误差、圆柱度误差等，它们属于加工精度范畴，不在本章讨论之列；L/H=50～1000 时称为波度，它主要是由工艺系统的低频振动引起的；L/H<50 时称为微观几何形状误差，也称表面粗糙度，是切削运动后刀刃在被加工表面上形成的峰谷不平的痕迹。

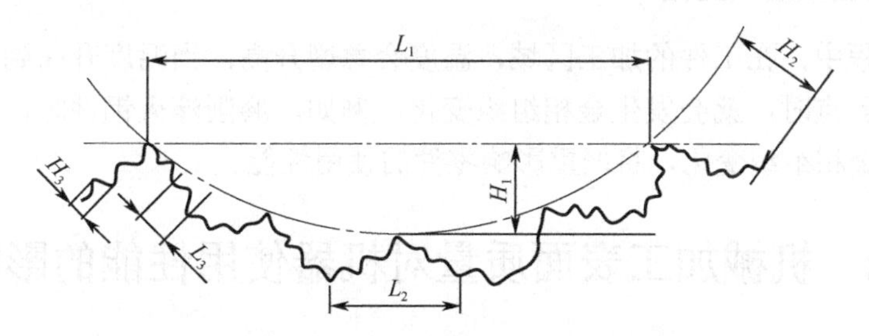

图 7-1　表面粗糙度、波度与宏观几何形状误差

纹理方向是指表面刀纹的方向，它取决于表面形成过程中所采用的加工方法。图 7-2 给出了各种加工纹理方向及其符号标注。

表面缺陷是指加工表面上出现的各种缺陷，如砂眼、气孔、裂痕等。

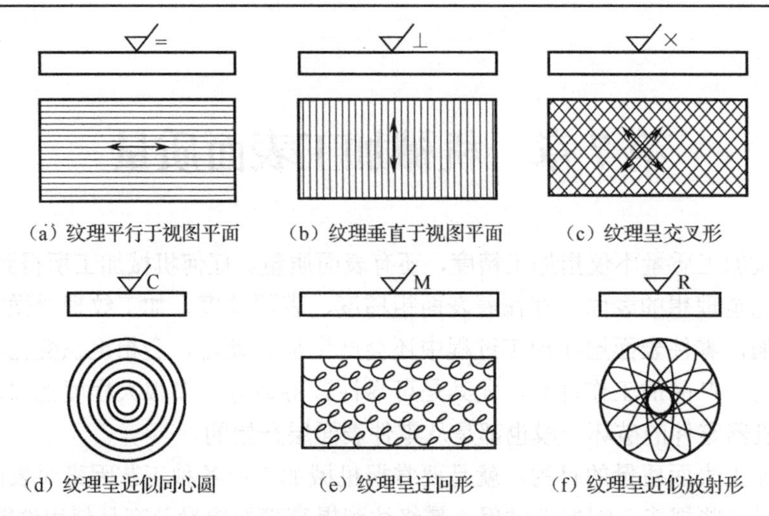

图 7-2 加工纹理方向及其符号标注

7.1.2 表面层材料的物理机械性能

表面层材料的物理机械性能包括表面层的冷作硬化、残余应力及金相组织变化。

1. 表面层的冷作硬化

机械加工过程中表面层金属产生强烈的塑性变形，使晶格扭曲、畸变，晶粒间产生剪切滑移，晶粒被拉长，这些都会使表面层金属的硬度增加、塑性减小，统称为冷作硬化。

2. 表面层的残余应力

机械加工过程中，由于切削变形和切削热等因素作用在工件表面层材料而产生的内应力，称为表面层残余应力。在铸、锻、焊、热处理等加工过程中产生的内应力与这里介绍的表面残余应力的区别在于：前者是在整个工件上平衡的应力，它的重新分布会引起工件的变形；后者则是在加工表面层材料中平衡的应力，它的重新分布不会引起工件变形，但它对机器零件表面质量有重要影响。

3. 表面层的金相组织变化

机械加工过程中，在工件的加工区域，温度会急剧升高，当温度升高到超过工件材料金相组织变化的临界点时，就会发生金相组织变化。例如，磨削淬火钢件时，常会出现回火烧伤、退火烧伤等金相组织变化，将严重影响零件的使用性能。

7.2 机械加工表面质量对机器使用性能的影响

1. 表面质量对耐磨性的影响

零件的耐磨性不仅与摩擦副的材料、热处理情况和润滑条件有关，而且还与摩擦副表面质量有关。

1）表面粗糙度对耐磨性的影响

表面粗糙度值越大，接触表面的实际压强越大，粗糙不平的凸峰间相互咬合、挤裂，使磨损加剧，表面粗糙度值越大越不耐磨；但表面粗糙度值也不能太小，表面太光滑，因存不住润滑油使接触面间容易发生分子粘接，也会导致磨损加剧。表面粗糙度的最佳值与机器零件的工况有关，载荷加大时，磨损曲线向上向右位移，最佳粗糙度值也随之右移，如图 7-3 所示。

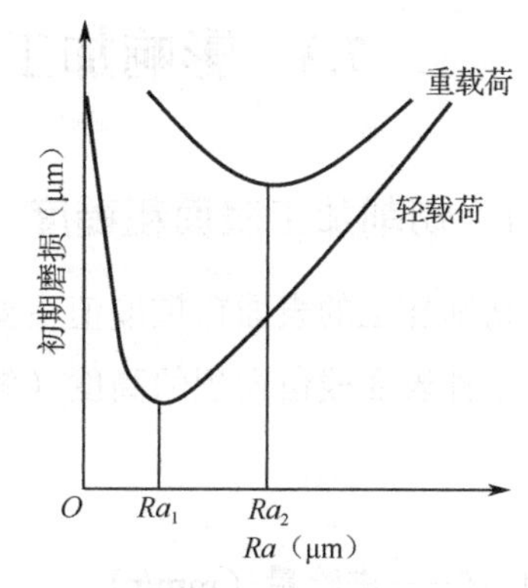

图 7-3　表面粗糙度与初期磨损量的关系

2）表面冷作硬化对耐磨性的影响

机械加工后的表面，由于冷作硬化使表面层金属的显微硬度提高，可降低磨损。加工表面的冷作硬化一般能提高耐磨性；但是过度的冷作硬化将使加工表面金属组织变得“疏松”，严重时甚至出现裂纹，使磨损加剧。

3）表面纹理对耐磨性的影响

在轻载运动副中，两相对运动零件表面的刀纹方向均与运动方向相同时，耐磨性好；两相对运动零件表面的刀纹方向均与运动方向垂直时，耐磨性差，这是因为两个摩擦面在相互运动中切去了妨碍运动的加工痕迹。但在重载时，两相对运动零件表面的刀纹方向均与相对运动方向一致时容易发生咬合，磨损量反而大；两相对运动零件表面的刀纹方向相互垂直，且运动方向平行于下表面的刀纹方向时，磨损量较小。

2．表面质量对零件疲劳强度的影响

表面粗糙度对零件的疲劳强度影响很大。在交变载荷作用下，表面粗糙度的凹谷部位容易产生应力集中，出现疲劳裂纹，加速疲劳破坏。零件上容易产生应力集中的沟槽、圆角等处的表面粗糙度对疲劳强度的影响更大。对于重要零件表面，如连杆、曲轴等，应进行光整加工，减小表面粗糙度值，以提高其疲劳强度。

零件表面存在一定的冷作硬化，可以阻碍表面疲劳裂纹的产生，缓和已有裂纹的扩展，有利于提高疲劳强度；但冷作硬化强度过高时，可能会产生较大的脆性裂纹反而降低疲劳强度。

加工表面层如有一层残余压应力产生，可以提高疲劳强度。

3．表面质量对抗腐蚀性能的影响

零件在潮湿的空气中或在腐蚀性介质中工作时，会发生化学腐蚀或电化学腐蚀。零件表面粗糙度值越大，表面与气体、液体接触面积越大，腐蚀介质越容易积聚于表面的微观凹谷处，并通过微小裂纹向金属内部扩展。残余压应力使零件表面紧密，腐蚀物质不容易进入，增强零件的耐蚀性，而拉应力则降低零件的耐蚀性。

4．表面质量对零件配合性质的影响

对于间隙配合，配合零件表面越粗糙，磨损越大，使配合间隙增大，降低配合精度；对于过盈配合，两零件粗糙表面相配时凸峰被挤平，使有效过盈量减小，将降低过盈配合的连接强度。

7.3 影响加工表面粗糙度的工艺因素及其控制

7.3.1 切削加工表面粗糙度

切削加工的表面粗糙度值主要取决于切削残留面积的高度。对于刀尖圆弧半径 $r_\varepsilon = 0$ 的刀具，工件表面残留面积的高度（参见图 7-4（a））为

$$H = \frac{f}{\cot\kappa_r + \cot\kappa_r'} \tag{7-1}$$

式中 f——进给量（mm/r）；

κ_r——主偏角（$\kappa_r \neq 90°$）；

κ_r'——副偏角（$\kappa_r' \neq 90°$）。

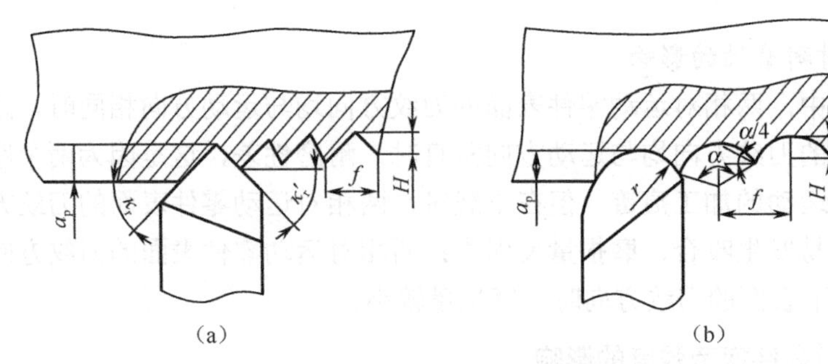

图 7-4 车削时工件表面的残留面积

对于刀尖圆弧半径 $r_\varepsilon \neq 0$ 的刀具，工件表面残留面积的高度（参见图 7-4（b））为

$$H = \frac{f}{2}\tan\frac{\alpha}{4} = \frac{f}{2}\sqrt{\frac{1-\cos\frac{\alpha}{2}}{1+\cos\frac{\alpha}{2}}}$$

而 $\cos\frac{\alpha}{2} = \frac{r_\varepsilon - H}{r_\varepsilon} = 1 - \frac{H}{r_\varepsilon}$，将其代入上式，略去二次微小量 H^2，整理得

$$H \approx \frac{f^2}{8r_\varepsilon} \tag{7-2}$$

分析式（7-1）、式（7-2）可知，减小 f、κ_r、κ_r' 及增大 r_ε 均可减小残留面积的高度 H 值。

切削加工后表面的实际轮廓形状一般都与纯几何因素形成的理论轮廓有较大的差别，这是由于切削加工中有塑性变形发生的缘故，切削过程中的塑性变形对加工表面粗糙度有很大影响

加工塑性材料时，切削速度对加工表面粗糙度的影响如图 7-5 所示。在图示某一切削速度范围内，容易生成积屑瘤，使表面粗糙度值增大；当切削速度超过这一范围时，表面粗糙度值下降并趋于稳定。加工脆性材料时，切削速度对表面粗糙度的影响不大。

加工相同材料的工件，晶粒越粗大，切削加工后的表面粗糙度值也越大。为减小表面粗糙度值，常在精加工前进行正火、调质等热处理，目的在于得到均匀细密的晶粒组织，并适

当提高材料的硬度。

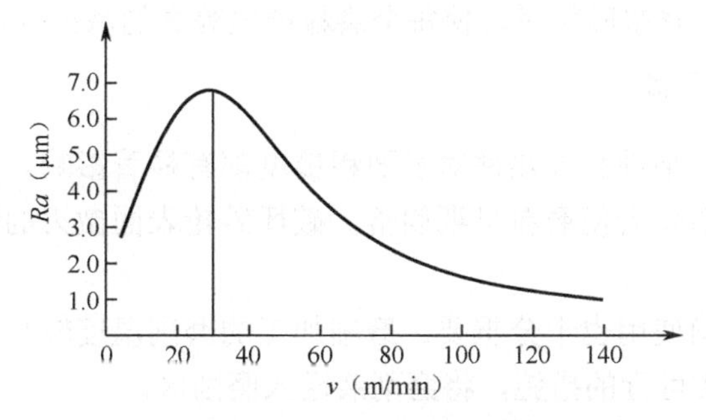

图 7-5　切削速度对加工表面粗糙度的影响

此外，适当增大刀具的前角，可以降低被切削材料的塑性变形；降低刀具前刀面和后刀面的表面粗糙度值，可以抑制积屑瘤的生成；增大刀具后角，可以减小刀具和工件的摩擦；合理选择冷却润滑液，可以减小材料的变形和摩擦，降低切削区的温度。采取上述各项措施均有利于减小加工表面的粗糙度值。

7.3.2　磨削加工表面粗糙度

磨削加工表面粗糙度的形成也是由几何因素和表面层材料的塑性变形决定的，但磨削过程要比切削过程复杂。工件的磨削表面是由砂轮上大量磨粒刻划出无数极细的刻痕形成的，单纯从几何因素考虑，工件单位面积上通过的砂粒数越多，则刻痕越多，刻痕的等高性也越好，表面粗糙度值越小。另外，砂轮的磨削速度极高且磨粒大多为负前角，在磨削过程中，每个磨粒的切削厚度极小（0.2μm 左右），因此，大多数磨粒在磨削中只在加工面上挤过，磨削余量实际是在很多砂粒的多次挤压下，经过充分的塑性变形出现疲劳而剥落的那层工件材料，磨削深度越大，塑性变形程度越大，对加工表面粗糙度的影响也越大。

1．磨削用量的影响

砂轮转速 v_s 越高，单位时间内通过被磨表面的磨粒数越多，表面粗糙度值就越小。

工件转速 v_w 对表面粗糙度的影响与砂轮转速 v_s 的影响相反。工件转速越大，单位时间内通过被磨表面的磨粒数越少，表面粗糙度值就越大。

增大磨削深度 a_p 和提高工件速度，塑性变形将随之增大，会增大表面粗糙度值。通常在粗磨时采用较大的径向进给量 f_r，精磨时采用较小的径向进给量或无进给磨削（光磨），以提高磨削效率并获得较小的表面粗糙度值。

2．砂轮的影响

砂轮的粒度越细，单位面积上参与磨削的磨粒数越多，表面粗糙度值越小。但粒度过细时，砂轮易被磨屑堵塞，若导热情况不好，反而会在加工表面产生烧伤，使表面粗糙度值增大。砂轮的硬度是指磨粒在磨削力作用下从砂轮上脱落的难易程度，砂轮太硬，磨粒钝化后仍不易脱落，不能及时被新磨粒代替，增大加工表面塑性变形，增大表面粗糙度值；砂轮太软，则磨粒易脱落，常会产生磨削不均匀现象，使磨削表面粗糙度值增大。

砂轮的修整质量是改善磨削表面粗糙度的重要途径，因为砂轮表面的不平整在磨削时将被复映到被加工表面上。修整砂轮时，使每个磨粒产生等高的微刃，可降低表面粗糙度值。

3．工件材料性质的影响

被加工材料的硬度、塑性和导热性对表面粗糙度都有显著影响。太硬易使磨粒磨钝，太软容易堵塞砂轮；热导率差会使磨粒早期崩落，破坏砂轮表面微刃的等高性，这些都会增大表面粗糙度值。

此外，磨削液的正确使用也十分重要。磨削加工的磨削温度较高，热因素的影响往往占主导作用，必须采取切实可行的措施，将磨削液送入磨削区。

7.4 影响加工表面物理机械性能的工艺因素及表面强化工艺

7.4.1 表面层材料的冷作硬化

1．冷作硬化及其评定参数

切削过程中产生的塑性变形，会使表面层金属的晶格发生扭曲、畸变，晶粒间产生剪切滑移，晶粒被拉长，甚至破碎，这些都会使表面层金属的硬度和强度提高，这种现象称作冷作硬化，也称强化。冷作硬化的程度取决于材料塑性变形的程度。

被冷作硬化的金属处于高能位的不稳定状态，只要一有可能，金属的不稳定状态就要向比较稳定的状态转化，这种现象称为弱化。弱化作用的大小取决于温度的高低、热作用时间的长短和表面层金属的强化程度。

由于在加工过程中表面层金属同时受到变形和热的作用，因此加工后表面层金属的最后性质取决于强化和弱化综合作用的结果。

评定冷作硬化的指标是表面层金属的显微硬度HV、硬化层深度h和硬化程度N。

$$N=[(\mathrm{HV}-\mathrm{HV}_0)/\mathrm{HV}_0]\times 100\% \quad (7\text{-}3)$$

式中，HV_0为工件内部金属的显微硬度。

2．影响冷作硬化的工艺因素

1）刀具的影响

切削刃钝圆半径越大，已加工表面在形成过程中受挤压程度越大，加工硬化也越大；减小刀具的前角，加工表面层塑性变形增加，切削力增大，冷作硬化程度和深度都将增加；当刀具后刀面的磨损宽度 VB 增大时，后刀面与已加工表面的摩擦随之增大，冷作硬化程度也增大；但磨损宽度继续加大，摩擦热将急剧增大，弱化趋势增大，表面层金属的显微硬度将逐渐下降，直至稳定在某一水平。

2）切削用量的影响

背吃刀量a_p和进给量f增大，塑性变形加剧，冷作硬化加强。切削速度v_c增大时，刀具对工件的作用时间缩短，使塑性变形的扩展深度减小，随着切削速度的增大和切削温度的升高，冷作硬化程度将会降低。

3）加工材料的影响

被加工工件材料的硬度越低、塑性越大，冷作硬化倾向越大。碳钢中含碳量越大，强度越高，其塑性就越小，冷作硬化程度越低。有色金属的熔点低，容易弱化，因此，切削有色合金工件时的冷作硬化程度要比切削钢件时低。

7.4.2 表面层材料的金相组织变化

加工表面温度超过相变温度时，表面层金属的金相组织将会发生相变。切削加工时，切削热大部分被切屑带走，因此影响较小，多数情况下，表面层金属的金相组织没有质的变化。磨削加工时，切除单位体积材料所需消耗的能量远大于切削加工，而且加工所消耗的能量绝大部分都要转化为热，磨削热大部分将传给工件，使加工表面层金属的金相组织发生变化，使表面层金属硬度下降，呈现氧化膜颜色，这种现象称为磨削烧伤。

磨削淬火钢时，会产生以下三种不同类型的烧伤。

（1）如果磨削区温度已超过马氏体的转变温度（中碳钢为 300℃）而未超过相变温度（碳钢的相变温度为 723℃），则这时工件表面层金属由原来的马氏体转变为硬度较低的回火组织（索氏体或托氏体），这种烧伤称为回火烧伤。

（2）如果磨削区温度超过了相变温度，再加上切削液的急冷作用，则会使表面层金属发生二次淬火，硬度比原来的回火马氏体高；里层金属则由于冷却速度慢，出现了硬度比原先的回火马氏体低的回火组织（索氏体或托氏体），这种烧伤称为淬火烧伤。

（3）若工件表面层温度超过相变温度，而磨削区又没有冷却液，则表面层金属将产生退火组织，硬度将急剧下降，称为退火烧伤。

磨削导热性较差的材料，如耐热钢、轴承钢和不锈钢等，容易产生烧伤，应特别注意。磨削烧伤将严重影响零件的使用性能，必须采取措施加以控制。控制磨削烧伤有两个途径：一是尽可能减少磨削热的产生；二是改善冷却条件，加快热的传导，尽量减少传入工件的热量。采用硬度稍软的砂轮、在砂轮的孔隙浸入石蜡润滑物、选用开槽砂轮、适当减小磨削深度和磨削速度、适当增加工件的回转速度和轴向进给量、采用高效冷却方式（如高压大流量冷却、喷雾冷却、内冷却）等措施，都可以降低磨削区温度，防止发生磨削烧伤。

7.4.3 表面层的残余应力

在机械加工过程中，当表面层金属发生冷塑性变形、热塑性变形或金相组织变化时，将在表面层金属与其基体间产生相互平衡的残余应力。

1. 表面层金属产生残余应力的原因

1）冷塑性变形引起表面层材料的比容增大

切削过程中加工表面受到切削刃钝圆部分与后刀面的挤压与摩擦，产生塑性变形，由于晶粒碎化等原因，表面层材料的比容增大。由于塑性变形只在表面层产生，表面层金属比容增大，体积膨胀，不可避免地要受到与它相连的里层基体材料的阻碍，故表面层材料产生残余压应力，里层材料则产生与之相平衡的残余拉应力。

2）切削热的影响

切削加工中，切削区会有大量的切削热产生，工件表面的温度往往很高。例如，在磨削外圆时，表面层金属的平均温度高达300～400℃，瞬时磨削温度可高达800～1200℃。图7-6（a）所示为工件表面层温度分布示意图。t_p点相当于金属具有高塑性的温度，温度高于t_p时表面层金属不会有残余应力产生；t_n为标准室温；t_m为金属熔化温度。切削时，表面层金属1的温度超过t_p，处于完全塑性状态。金属层2的温度在t_n～t_p之间，这层金属受热作用要膨胀。金属层1因处于完全塑性状态，所以它对金属层2受热膨胀不起阻碍作用，但金属层2的膨胀要受到处于室温状态的里层金属3的阻碍，因此，金属层2产生瞬时压缩应力，而金属层3则产生瞬时拉伸应力，如图7-6（b）所示。切削过程结束之后，在金属层1冷却到低于t_p时，金属层1冷却要收缩，但下面的金属层2阻止它收缩，因此就在金属层1内产生拉伸应力，而在金属层2内的压缩应力还要进一步加大，金属层3拉伸应力有所减小，如图7-6（c）所示。表面层金属继续冷却，金属层1继续收缩，它受到里层金属的阻碍，因此金属层1的拉伸应力还要继续加大，金属层2的压缩应力扩展到金属层2和金属层3内。

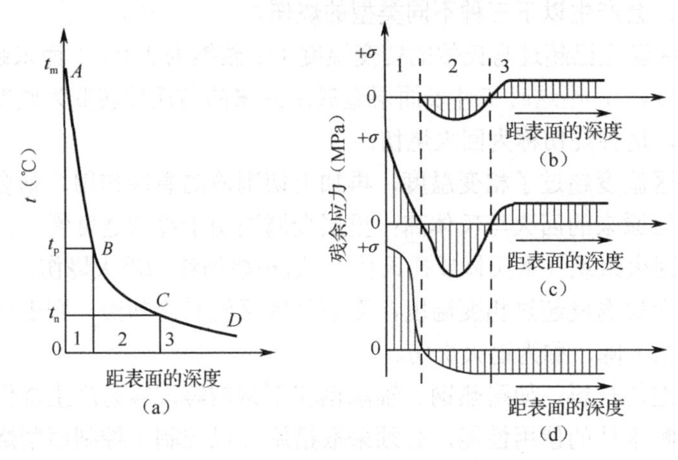

图7-6　表面层金属产生残余应力分析图

3）金相组织的变化

切削时的高温会使表面层的金相组织发生变化。不同的金相组织有不同的密度（$\rho_{马氏体}=7.75\text{g/cm}^3$，$\rho_{奥氏体}=7.96\text{g/cm}^3$，$\rho_{铁素体}=7.88\text{g/cm}^3$，$\rho_{珠光体}=7.78\text{g/cm}^3$），也即具有不同的比容。表面层金属金相组织的变化引起体积的变化，必然受到与之相连的基体金属的阻碍，因此就有残余应力产生。当表面层金属体积膨胀时，表面层金属产生残余压应力，里层金属产生与之相平衡的残余拉应力；当表面层金属体积缩小时，表面层金属产生残余拉应力，里层金属产生残余压应力。例如，磨削淬火钢时，表面层产生回火烧伤，其金相组织由马氏体转化为索氏体或托氏体，表面层金属密度由7.75g/cm^3增至7.88g/cm^3，比容减小，表面层金属由于相变而产生的收缩受到基体金属的阻碍，因而表面层金属将产生残余拉应力，里层金属将产生残余压应力。

机械加工后表面层的残余应力是冷塑性变形、热塑性变形和金相组织变化三方面因素综合作用的结果。在一定条件下，其中某一种或两种因素可能会起主导作用，决定表面层残余应力的状态。切削加工时起主导作用的往往是冷态塑性变形，表面层常产生残余压应力；磨削加工时，通常热态塑性变形或金相组织变化是产生残余应力的主要因素，因此表面层常产生残余拉应力。

2. 影响表面层残余应力的工艺因素

1）切削速度与被加工材料的影响

用正前角车刀加工 45 钢的切削试验结果表明，在所有的切削速度下，工件表面层金属均产生拉伸残余应力，这说明切削热在切削过程中起主导作用。在同样的切削条件下加工 18CrNiMoA 钢时，表面残余应力状态就有很大变化。

图 7-7 所示是车削 18CrNiMoA 钢工件的残余应力分布图。在采用正前角车刀以较低的切削速度（6～20m/min）车削 18CrNiMoA 钢时，工件表面产生拉伸残余应力；但随着切削速度的增大，拉伸应力值逐渐减小，在切削速度为 200～250m/min 时表面层呈现压缩残余应力，如图 7-7（a）所示。高速（500～850m/min）车削 18CrNiMoA 钢时，表面产生压缩残余应力，如图 7-7（b）所示。这说明在低速车削时，切削热起主导作用，表面层产生拉伸残余应力；随着切削速度的提高，表面层温度逐渐提高至淬火温度，表面层金属产生局部淬火，金属的比容开始增大，金相组织变化因素开始起作用，致使拉伸残余应力数值逐渐减小。当高速切削时，表面层金属的淬火进行得比较充分，表面层金属的比容增大，金相组织变化起主导作用，因而在表面层金属中产生了压缩残余应力。

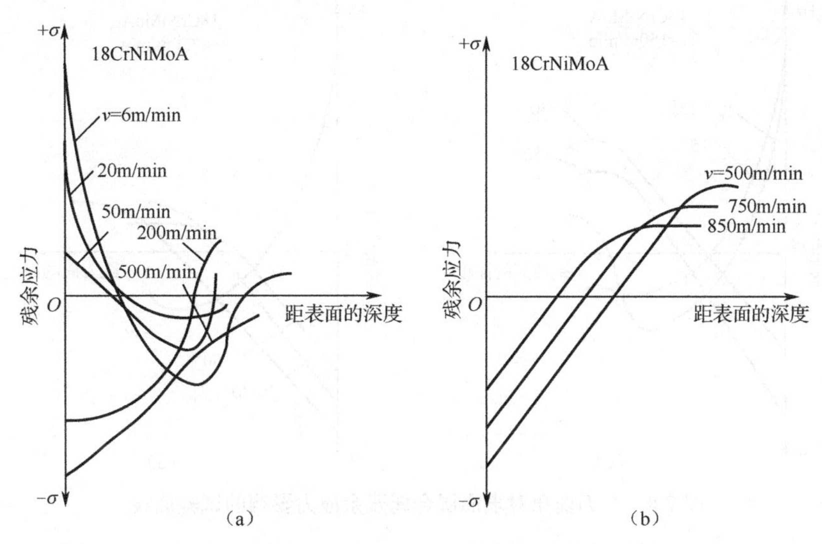

图 7-7　车削 18CrNiMoA 钢工件的残余应力分布图

2）前角的影响

前角对表面层金属残余应力的影响极大，图 7-8 所示是车刀前角对表面层残余应力影响的试验曲线。以 150m/min 的切削速度车削 45 钢时，前角由正值变为负值或继续增大负前角，拉伸残余应力的数值将减小，如图 7-8（a）所示。当以 750m/min 的切削速度车削 45 钢时，前角的变化将引起残余应力性质的变化，刀具负前角很大（$\gamma_o = -30°$ 和 $\gamma_o = -50°$ ）时，表面层金属发生淬火反应，表面层金属产生压缩残余应力，如图 7-8（b）所示。

车削容易发生淬火反应的 18CrNiMoA 合金钢时，在 150m/min 的切削速度下，用前角 $\gamma_o = -30°$ 的车刀切削，就能使表面层金属产生压缩残余应力，如图 7-8（c）所示；而当切削速度加大到 750m/min 时，用负前角车刀加工会使表面层金属产生压缩残余应力，只有在采用较大的正前角车刀加工时，才会产生拉伸残余应力，如图 7-8（d）所示。前角的变化不仅影

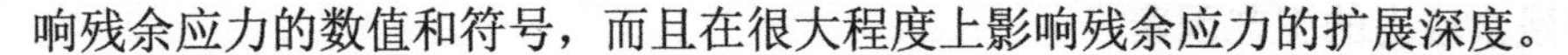

响残余应力的数值和符号，而且在很大程度上影响残余应力的扩展深度。

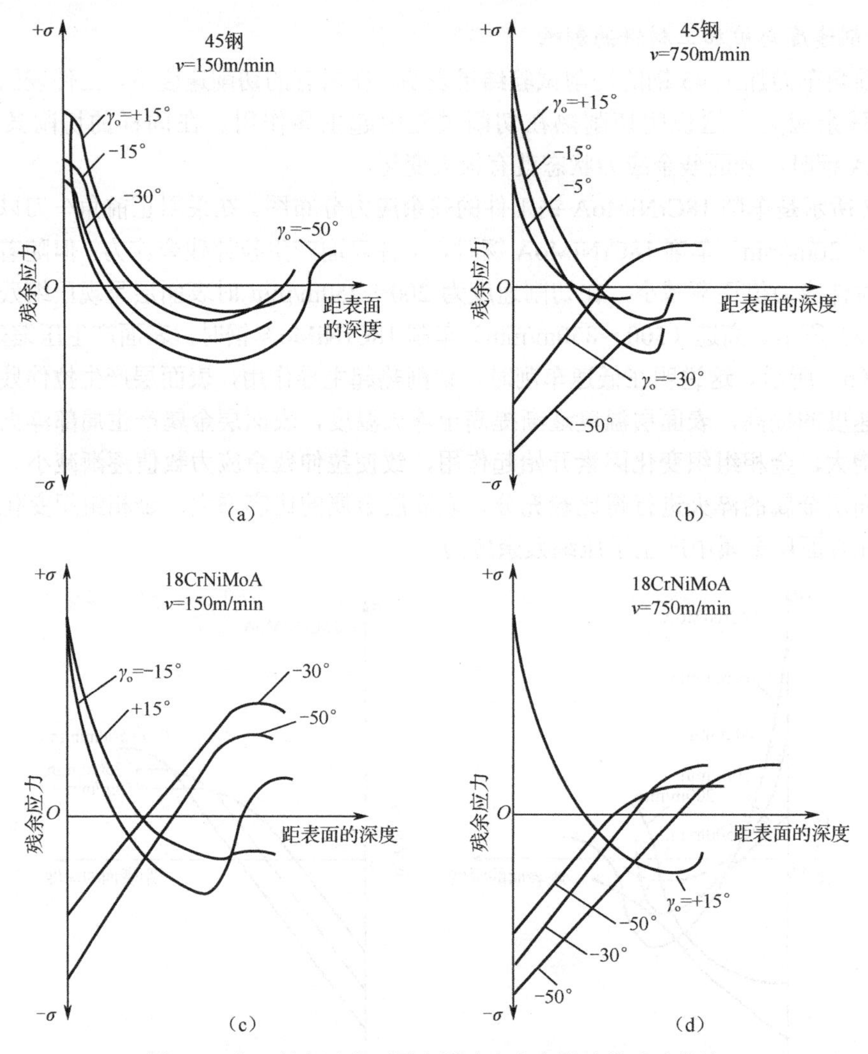

图 7-8 车刀前角对表面层金属残余应力影响的试验曲线

此外，切削刃钝圆半径、刀具磨损状态等都对表面层金属残余应力的性质及分布有影响。

3. 零件主要工作表面最终工序加工方法的选择

零件加工最终工序在被加工表面上留下的残余应力将直接影响机器零件的使用性能。最终工序加工方法的选择与机器零件的失效形式密切相关。机器零件失效主要有以下三种形式。

1）*疲劳破坏*

在交变载荷的作用下，机器零件表面开始出现微观裂纹，之后在拉应力的作用下使裂纹逐渐扩大，最终导致零件断裂。

从提高零件抵抗疲劳破坏能力的角度考虑，最终工序应选择能在加工表面（尤其是应力集中区）产生残余压应力的加工方法。

2）*滑动磨损*

两个零件做相对滑动，滑动面将逐渐磨损。滑动磨损的机理十分复杂，它既有滑动摩擦的机械作用，又有物理化学方面的综合作用（如粘接磨损、扩散磨损、化学磨损）。滑动摩擦工作应力分布如图 7-9（a）所示，当表面层的压缩工作应力超过材料的许用应力时，将使表面层金属磨损。

从提高零件抵抗滑动摩擦引起的磨损考虑，最终工序应选择能在加工表面上产生拉伸残余应力的加工方法。

3）滚动磨损

两个零件做相对滚动，滚动面会渐渐磨损。滚动磨损主要来自滚动摩擦的机械作用，也有来自粘接、扩散等物理、化学方面的综合作用。滚动摩擦工作应力分布如图 7-9（b）所示，引起滚动磨损的决定性因素是表面层下 h 深处的最大拉应力。

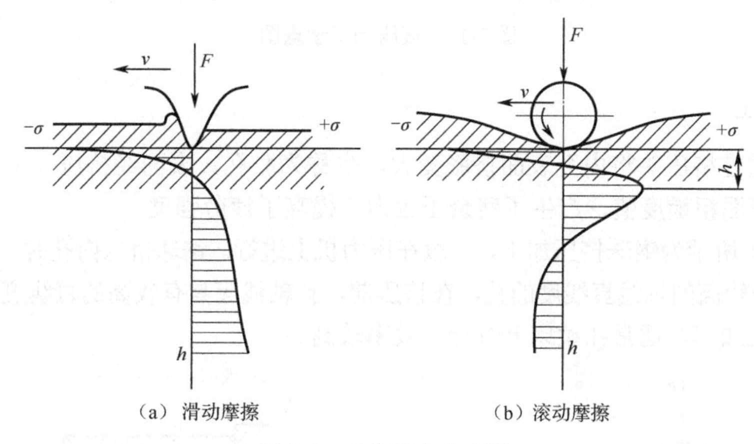

图 7-9　工作应力分布图

7.4.4　表面强化工艺

表面强化工艺是指通过冷压加工方法（如滚压、喷丸），使表面层金属发生冷态塑性变形，使表面层产生一定冷作硬化和残余压应力，以达到提高零件使用性能的目的。采用强化工艺时应注意不要造成过度硬化，否则会使表面层完全失去塑性甚至引起显微裂纹和材料剥落，带来不良后果。

1. 滚压加工

滚压加工利用经过淬硬和精细研磨过的滚轮或滚珠，在常温状态下对金属表面进行挤压，使受压点产生弹性和塑性变形，使表面层凸起部分向下压，凹下部分向上挤，使凸起部分填充到相邻的凹谷中（见图 7-10），逐渐修正工件表面的微观几何形状，降低表面粗糙度；同时，它还能使工件表面产生硬化层和残余压应力。

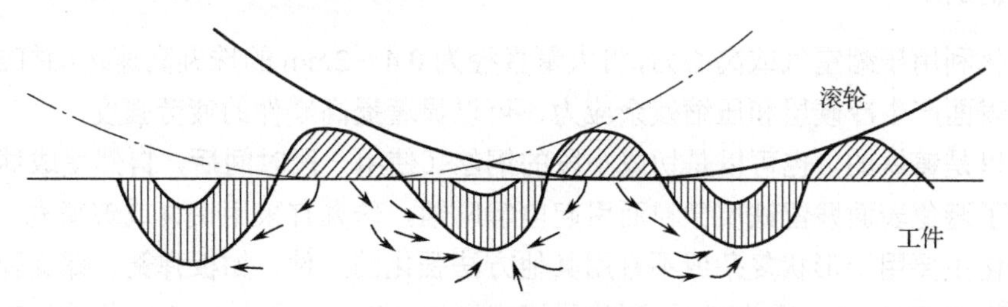

图 7-10　滚压加工原理图

滚压加工可以加工外圆、孔、平面及成形表面，图 7-11 所示为典型的滚压加工示意图。经滚压加工的表面，表面粗糙度可由 *Ra* 1.25μm 减小到 *Ra* 0.8～0.63μm，表面硬化层深度达 0.2～1.5mm，表面金属的耐疲劳强度一般可提高 30%～50%。

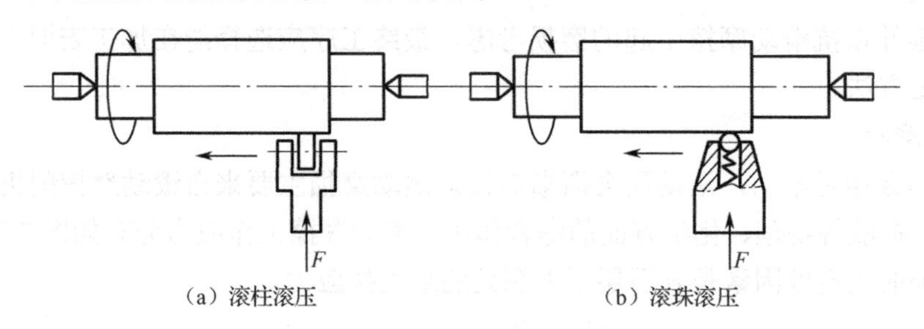

图 7-11 滚压加工示意图

2. 挤压加工

挤压加工通过挤压头将内孔表面挤胀变大，也称为胀孔。表面经挤压加工后微观凸峰被挤平，降低了表面粗糙度值，产生了残余压应力，提高了疲劳强度。

图 7-12（a）所示为钢珠挤压加工，一般在压力机上进行。钢球挤压内孔时，因钢球本身不能导向，为获得较高的轴线直线度的孔，在挤压前，孔轴线应具有较高的直线度。图 7-12（b）所示为挤刀挤压加工，通常在拉床上进行，效率较高。

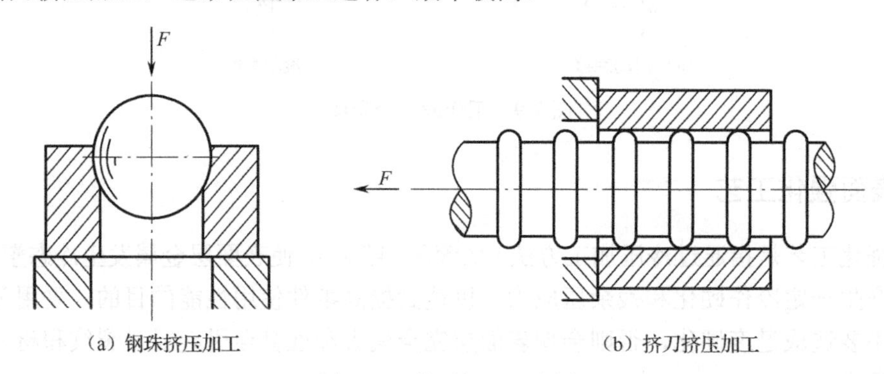

图 7-12 挤压加工示意图

对于硬度小于 38HRC 的工件，常用 GCr15、W18Cr4V 或 T10A 等材料制作挤压工具；对于热处理后硬度在 55HRC 以上的工件，可使用硬质合金、金刚石等材料制作挤压工具。

经金刚石压光后的工件表面产生压应力，工件的疲劳强度显著提高，表面粗糙度值可达 *Ra* 0.025～0.2μm。

3. 喷丸强化

喷丸强化利用压缩空气或离心力，将大量直径为 0.4～2mm 的珠丸高速运动打击工件被加工表面，使表面产生冷硬层和压缩残余应力，可以显著提高零件的疲劳强度。

珠丸可以是铸铁的，也可以是切成小段的钢丝（使用一段时间后，自然变成球状）。对于铝工件，为了避免表面残留铁质微粒而引起电解腐蚀，珠丸宜采用铝丸或玻璃丸。

喷丸强化主要用于形状复杂或不宜用其他方法强化的工件，如板弹簧、螺旋弹簧、连杆、齿轮、焊缝等。经喷丸强化后的表面，硬化层深度可达 0.7mm，表面粗糙度值可由 *Ra* 5～2.5μm

减小到 Ra 0.63～0.32μm，可几倍甚至几十倍地提高零件的使用寿命。

7.5　机械加工过程中的振动及其控制

7.5.1　机械加工过程中的振动

机械加工过程中的振动有两类：强迫振动和自激振动。

机械加工过程中的强迫振动是指在外界周期性干扰力的持续作用下，振动系统受迫产生的振动。强迫振动的振源有来自机床内部的机内振源和来自机床外部的机外振源。机外振源甚多，但它们都是通过地基传给机床的，可以通过加设隔振地基来隔离外部振源，消除其影响。机内振源主要包括机床上的带轮、卡盘或砂轮等高速回转零件因旋转不平衡引起的振动，机床传动机构因缺陷引起的振动；液压传动系统压力脉动引起的振动；断续切削引起的振动等。

机械加工中的自激振动是指在没有周期性外力（相对于切削过程而言）干扰下产生的振动运动。机床加工系统是一个由振动系统和调节系统组成的闭环系统，激励机床系统产生振动运动的交变力是由切削过程产生的，而切削过程同时又受到工艺系统振动运动的控制，机床振动系统的振动运动一旦停止，交变切削力便随之消失。自激振动的频率接近于工艺系统某一薄弱振型的固有频率。

机械加工过程中产生的振动对于加工质量和生产效率都有很大影响，具体包括：

（1）刀具相对于工件振动会使加工表面产生波纹，这将严重影响零件的使用性能。

（2）刀具相对于工件振动，切削截面、切削角度等将随之发生周期性变化，工艺系统将承受动态载荷的作用，刀具易于磨损（有时甚至崩刃），机床的连接特性会受到破坏，严重时甚至使切削加工无法进行。

（3）为了避免发生振动或减小振动，有时不得不降低切削用量，致使机床、刀具的工作性能得不到充分发挥，限制了生产效率的提高。

7.5.2　机械加工过程中振动的控制

机械加工过程中控制振动的途径有以下几个方面：消除或减弱产生机械振动的条件，改善工艺系统的动态特性，增强工艺系统的稳定性，采取各种消振、减振装置。

1．消除或减弱强迫振动

1）强迫振动的诊断方法

在着手消除机械加工中的振动之前，首先应判别振动是属于强迫振动还是自激振动。强迫振动的频率与激振力的频率相等或是它的整数倍，可根据这个规律去查找振源。查找振源的基本途径就是测出振动的频率。

测定振动频率最简单的方法是数出工件表面的波纹数，然后根据切削速度计算出振动频率。测量振动频率较完善的方法是对机床的振动信号进行功率谱分析，功率谱中的尖峰点对应的频率就是机床振动的主要频率。

一般诊断步骤如下。

（1）拾取振动信号，作机床工作时的频谱图。

（2）做环境试验，查找机外振源。在机床处于完全停止的状态下拾取振动信号，进行频谱分析。此时所得到的振动频率成分均为机外干扰力源的频率成分。然后将这些频率成分与现场加工的振动频率成分进行对比，如两者完全相同，则可判定机械加工中产生的振动属于强迫振动，且干扰力源在机外环境中。如现场加工的主振频率成分与机外干扰力频率不一致，则需继续进行空运转试验。

（3）做空运转试验，查找机内振源。机床按现场所用运动参数进行空运转，拾取振动信号，进行频谱分析，然后将这些频率成分与现场加工的频谱图进行对比。如果两者的谱线成分完全相同，除机外干扰力源的频率成分外，则可判断切削加工中产生的振动是强迫振动，且干扰力源在机床内部。如果切削加工的谱线图上有与机床空运转试验的谱线成分不同的频率成分，则可判断切削加工中除有强迫振动外，还有自激振动。

2）消除或减弱产生强迫振动的条件

（1）减小激振力。对于机床上转速在 600r/min 以上的零件，如砂轮、卡盘、电动机转子及刀盘等，必须进行平衡以减小和消除激振力，提高带传动、链传动、齿轮传动及其他传动装置的稳定性，如采用完善的带接头、以斜齿轮或人字齿轮代替直齿轮等；将动力源与机床本体放在两个分离的基础上。

（2）调整振源频率。在选择转速时，尽可能使引起强迫振动的振源的频率避开共振区，使工艺系统部件在准静态区或惯性区运行，以免发生共振。

（3）采取隔振措施。隔振有两种方式，一种是阻止机床振源通过地基外传的主动隔振；另一种是阻止外干扰力通过地基传给机床的被动隔振。不论哪种方式，都是用弹性隔振装置将需防振的机床或部件与振源分开，使大部分振动被吸收，从而达到减小振源危害的目的。常用的隔振材料有橡皮、金属弹簧、空气弹簧、泡沫、乳胶、软木、矿渣棉及木屑等。

2. 消除或减弱产生自激振动的条件

1）合理选择切削用量

图 7-13 所示是切削速度与振幅的关系曲线，可以看出，在低速或高速切削时，振动较小。图 7-14 和图 7-15 所示分别是进给量和切削深度与振幅的关系曲线，它们表明，选较大的进给量和较小的切削深度有利于减小振动。

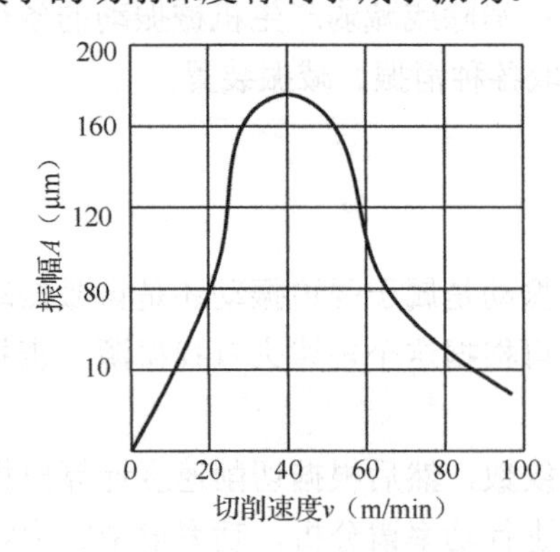

图 7-13 切削速度与振幅的关系曲线

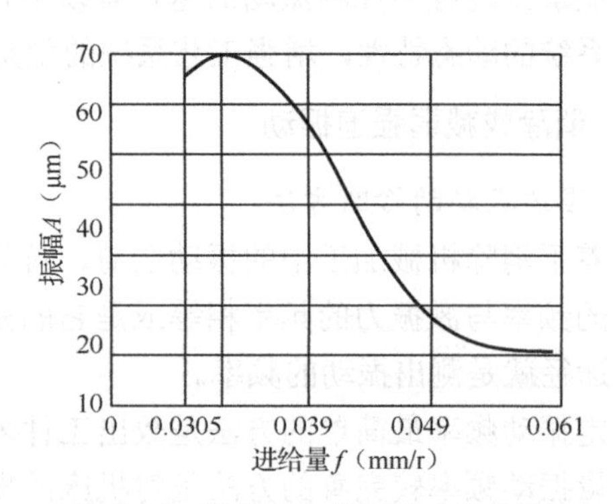

图 7-14 进给量与振幅的关系曲线

2）合理选择刀具几何参数

刀具几何参数中对振动影响最大的是主偏角 κ_r 和前角 γ_o。

主偏角 κ_r 增大，则垂直于加工表面方向的切削分力 F_y 减小，实际切削宽度减小，故不易自振。如图 7-16 所示，$\kappa_r = 90°$ 时，振幅最小；$\kappa_r > 90°$ 时，振幅增大。前角 γ_o 越大，切削力越小，振幅也越小，如图 7-17 所示。

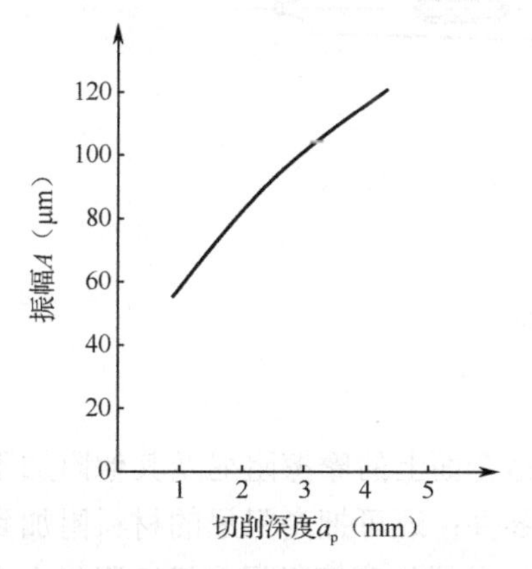

图 7-15　切削深度与振幅的关系曲线

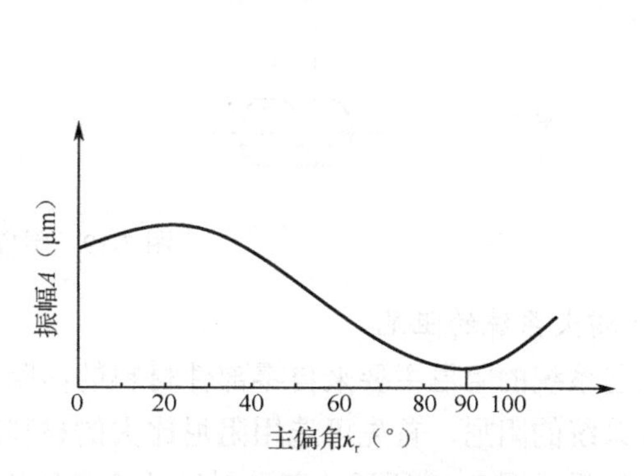

图 7-16　主偏角 κ_r 对振幅的影响

3）增大切削阻尼

适当减小刀具后角（$\alpha_o = 2° \sim 3°$），可以增大工件和刀具后刀面之间的摩擦阻尼；还可以在后刀面上磨出带有负后角的消振棱，如图 7-18 所示。

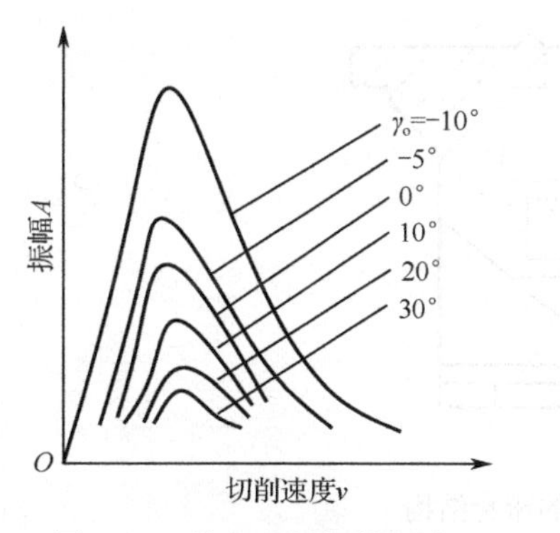

图 7-17　前角对振幅的影响

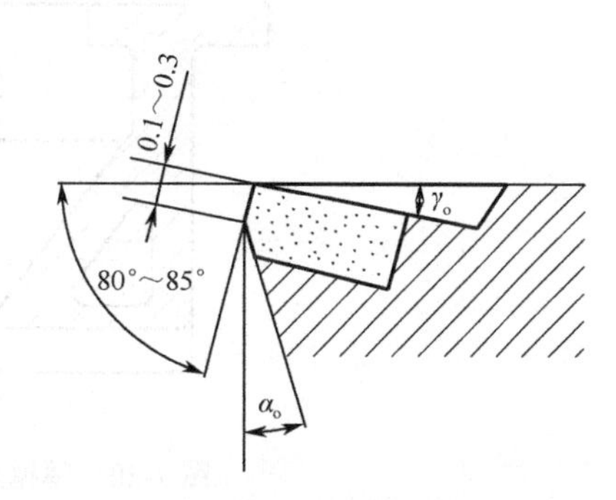

图 7-18　车刀消振棱

3．增强工艺系统抗振性和稳定性的措施

1）提高工艺系统的刚度

首先要提高工艺系统薄弱环节的刚度，合理配置刚度主轴的位置，使小刚度主轴位于切削力和加工表面法线方向的夹角范围之外。例如，调整主轴系统、进给系统的间隙，合理改变机床的结构，减小工件和刀具安装中的悬伸长度，车刀反装切削，以及如图 7-19 所示削扁镗刀杆等。其次是减轻工艺系统中各构件的质量，因为质量小的构件在受动载荷作用时惯性力小。

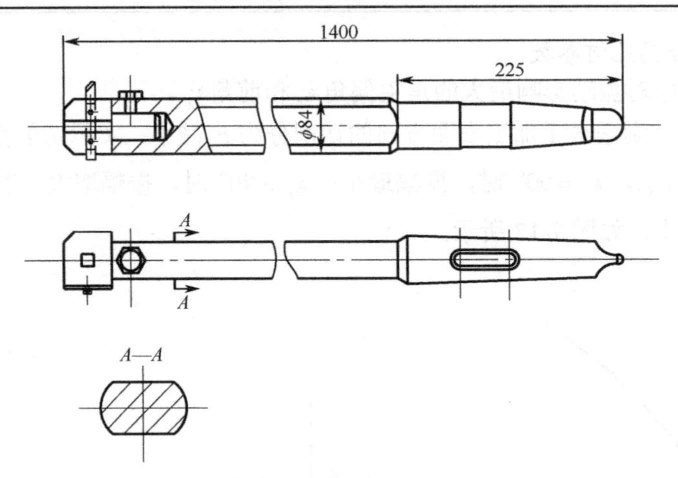

图 7-19 削扁镗刀杆

2）增大系统的阻尼

工艺系统的阻尼主要来自零部件材料的内阻尼、结合面上的摩擦阻尼及其他附加阻尼。要增大系统的阻尼，首先可选用阻尼比大的材料制造零件；还可把高阻尼的材料附加到零件上去，如采用图 7-20 所示的薄壁封砂的床身结构。其次是增加摩擦阻尼，机床阻尼大多来自零部件结合面间的摩擦阻尼，有时它可占到总阻尼的 90%。对于机床的活动结合面，要注意间隙调整，必要时施加预紧力增大摩擦；对于固定结合面，可通过选用合理的加工方法、表面粗糙度等级、结合面上的比压及固定方式等来增大摩擦阻尼。

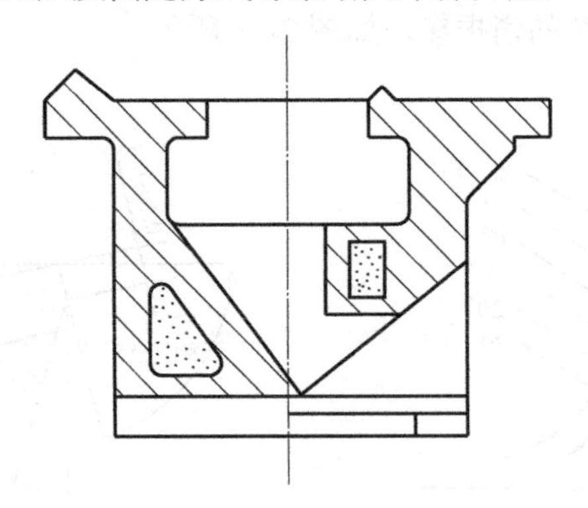

图 7-20 薄壁封砂的床身结构

4．其他消振、减振措施

如果不能从根本上消除产生机械振动的条件，又不能有效地提高工艺系统的动态特性，则为了保证加工质量和生产率，就要采用消振、减振装置。常用减振装置包括摩擦式减振器、动力式减振器和冲击式减振器等。

习题与思考题

7-1 为什么机器零件总是从表面层开始破坏的？加工表面质量对机器使用性能有哪些影响？

7-2 车削一铸铁零件的外圆表面，若进给量 f=0.4mm/r，车刀刀尖圆弧半径 r_{ε}=3mm，试估算车削后零件表面粗糙度的数值。

7-3 高速精镗 45 钢工件的内孔时，采用主偏角 κ_r=75°、副偏角 κ_r'=15° 的锋利尖刀，当加工表面粗糙度要求为 Ra 3.2～6.3μm 时，问：

（1）在不考虑工件材料塑性变形对表面粗糙度影响的条件下，进给量 f 应选择多大合适？

（2）实际加工表面粗糙度值与计算值是否相同？为什么？

（3）进给量 f 越小，表面粗糙度值是否越小？

7-4 采用粒度为 36 号的砂轮磨削钢件外圆，其表面粗糙度要求为 Ra 1.6μm；在相同的磨削用量下，采用粒度为 60 号的砂轮可使 Ra 降低为 0.2μm，这是为什么？

7-5 为什么提高砂轮转速能降低磨削表面的粗糙度数值，而提高工件速度却得到相反的结果？

7-6 为什么刀具的切削刃钝圆半径 r_{ε} 增大及后刀面磨损 VB 增大，会使冷作硬化现象增强，而刀具前角 γ_o 增大，却使硬化现象减弱？

7-7 在相同的切削条件下，为什么切削钢件比切削工业纯铁冷硬现象少，而切削钢件却比切削有色金属工件的冷硬现象多？

7-8 为什么磨削加工容易产生烧伤？如果工件材料和磨削用量无法改变，减轻烧伤现象的最佳途径是什么？

7-9 为什么磨削高合金钢比普通碳钢容易产生烧伤现象？

7-10 磨削外圆表面时，如果同时提高工件和砂轮的速度，为什么能够减轻烧伤且又不会增大表面粗糙度值？

7-11 为什么采用开槽砂轮能够减轻或消除烧伤现象？

7-12 机械加工中，为什么工件表面层金属会产生残余应力？磨削加工工件表面层产生残余应力的原因与切削加工产生残余应力的原因是否相同？为什么？

7-13 磨削淬火钢时，因冷却速度不均匀，其表面层金属出现二次淬火组织（马氏体），里层金属出现回火组织（近似珠光体的托氏体或索氏体）。试分析二次淬火层及回火层各产生何种残余应力？

7-14 试解释磨削淬火钢时，磨削表面层的应力状态与磨削深度的试验曲线（见图 7-21）。

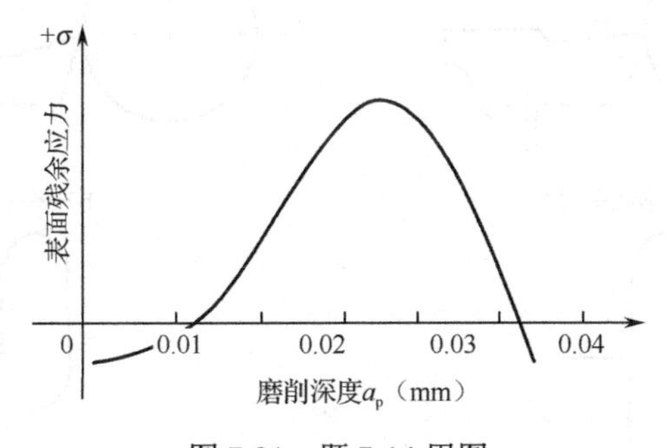

图 7-21　题 7-14 用图

7-15 一长方形薄板钢件（假设加工前工件的上、下面是平直的），当磨削平面 A 后，工件产生弯曲变形（见图 7-22），试分析工件产生凹变形的原因。

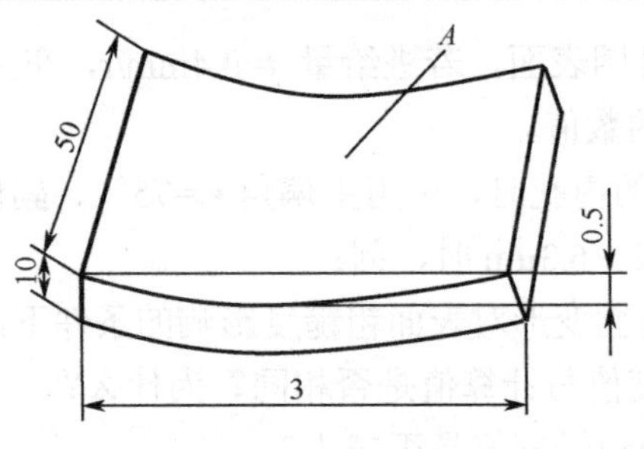

图 7-22 题 7-15 用图

7-16 在车削时，当刀具处于水平位置时振动较强，如图 7-23（a）所示；若将刀具反装（如图 7-23（b）所示），或采用前后刀架同时切削（如图 7-23（c）所示），或设法将刀具沿工件旋转方向转过某一个角度（如图 7-23（d）所示），则振动可能会减弱或消失。试分析上述四种情况下的原因。

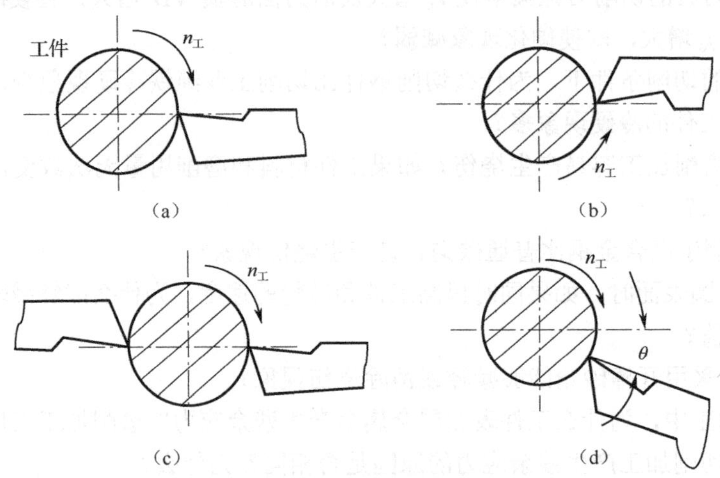

图 7-23 题 7-16 用图

7-17 试分析比较如图 7-24 所示刀具结构中哪一种对减振有利？为什么？

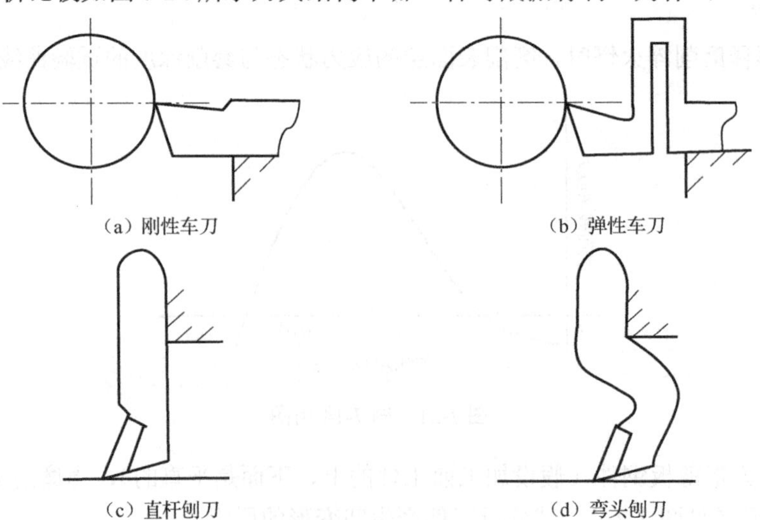

图 7-24 题 7-17 用图

第8章　机械装配工艺

机器的质量是以机器的工作性能、使用效果、可靠性和寿命等综合指标来评定的，除了与产品的设计及零件的制造质量有关外，还取决于机器的装配质量。按照规定的技术要求，将零件或部件进行配合和连接，使之成为半成品或成品的过程，称为装配。机器的装配是机器制造过程中的最后一个环节，它包括装配、调整、检验和试验等工作，它将最终保证机械产品的质量。在机器装配中，还可以发现产品设计上的缺陷，以及零件加工中存在的质量问题。因此，装配也是机器生产的最终检验环节。

目前，装配工作的机械化、自动化水平低，劳动量大，为了保证产品的质量、提高装配的生产效率和降低成本，必须研究装配工艺，选择合适的装配方法，制定合理的装配工艺规程。只有做好装配的各项准备工作，选择适当的装配方法，才能高质量、高效率、低成本地完成装配任务。

8.1　装配与装配尺寸链

8.1.1　装配的概念及装配精度

1．装配的概念

为保证有效地进行装配工作，通常将机器划分为若干个能进行独立装配的装配单元。零件是组成机器的最小单元；套件是在基准件上装上一个或若干个零件构成的；组件是在基准件上装上若干个零件和套件构成的。例如，车床主轴箱中的主轴组件就是在主轴上装上若干齿轮、套、垫、轴承等零件的组件，为此而进行的装配工作称为组装。部件是在基准件上装上若干个组件、套件和零件构成的，为此而进行的装配工作称为部装。例如，车床主轴箱的装配就是部装，主轴箱箱体是进行主轴箱部件装配的基准件。一台机器则是在基准件上装上若干个部件、组件、套件和零件构成的，为此而进行的装配工作称为总装。

在装配工艺设计中，常用装配工艺系统图表示零部件的装配流程和零部件间的相互装配关系。在装配工艺系统图上，每一个单元用一个长方形框表示，表明零件、套件、组件和部件的名称、编号及数量，图8-1～图8-3分别表示了组装、部装和总装工艺系统图。在装配工艺系统图上，装配工作由基准件开始沿水平线自左向右进行，一般将零件画在上方，套件、组件、部件画在下方，其排列次序就是装配工作的先后次序。

2．装配精度

装配精度是产品设计时根据使用性能规定的装配时必须保证的质量指标。正确地规定机器和部件的装配精度是产品设计的重要环节之一，它不仅关系到产品质量，也影响产品制造的经济性。装配精度是制定装配工艺规程的主要依据，也是选择合理的装配方法和确定零件加工精度的依据。所以，应正确规定机器的装配精度。

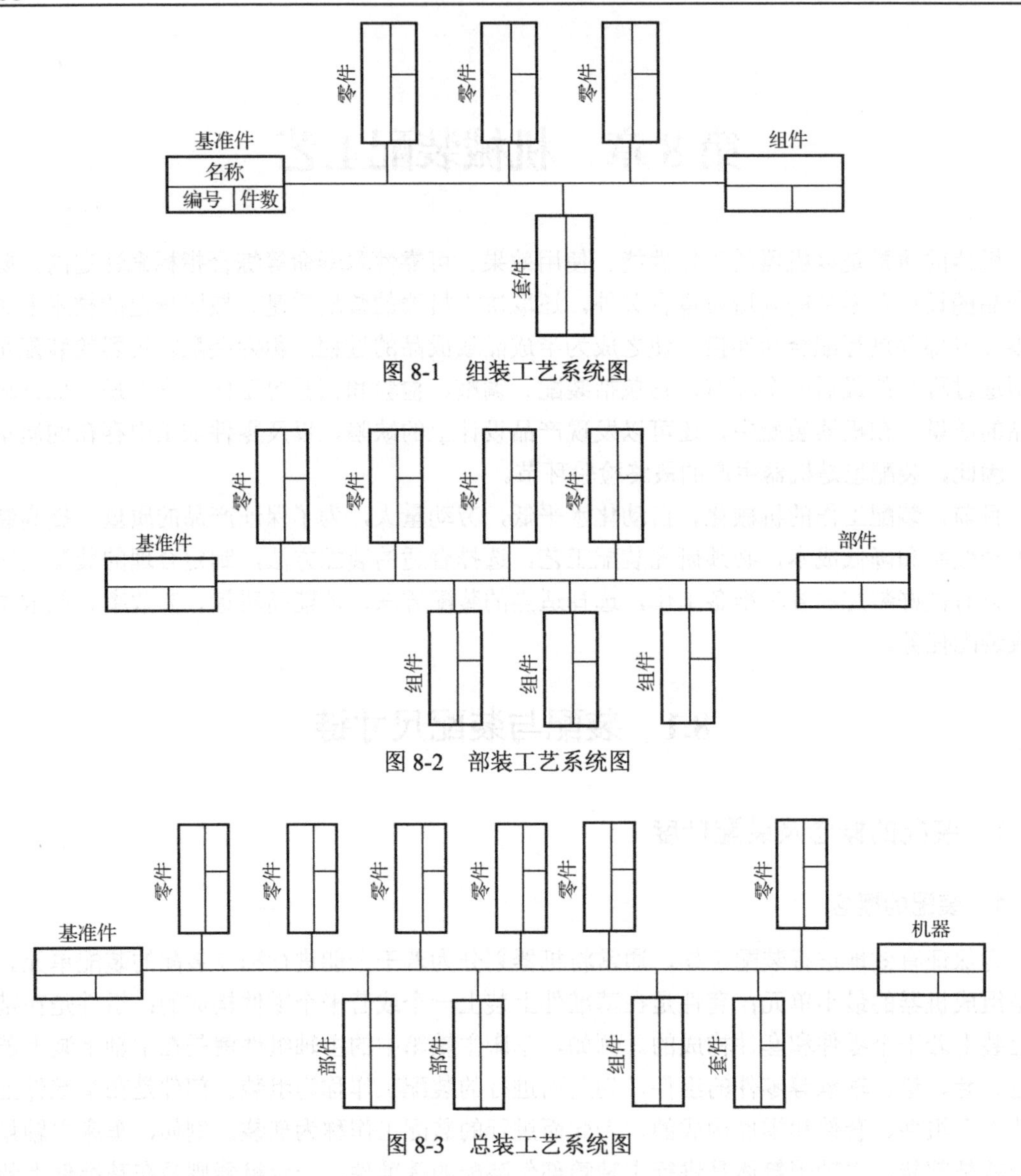

图 8-1 组装工艺系统图

图 8-2 部装工艺系统图

图 8-3 总装工艺系统图

装配精度一般包括：

（1）尺寸精度。尺寸精度是指装配后相关零部件间应该保证的距离和间隙，包括配合精度和距离精度，如轴、孔的配合间隙或过盈，车床床头和尾座两顶尖的等高度等。

（2）位置精度。位置精度是指装配后零部件间应该保证的平行度、垂直度、同轴度和各种跳动等，如普通车床溜板移动对尾座顶尖套锥孔轴心的平行度要求等。

（3）相对运动精度。相对运动精度是指装配后有相对运动的零部件间在运动方向和运动准确性上应保证的要求，如普通车床尾座移动对溜板移动的平行度，滚齿机滚刀主轴与工作台相对运动的准确性等。

（4）接触精度。接触精度是指相互配合表面、接触表面间接触面积的大小和接触点分布的情况。它影响到部件的接触刚度和配合质量的稳定性。例如，齿轮啮合、锥体配合、移动导轨间均有接触精度的要求。

不难看出，上述各装配精度之间存在一定的关系，如接触精度是尺寸精度和位置精度的基础，而位置精度又是相对运动精度的基础。

8.1.2　装配精度与零件精度间的关系

机器及其部件都是由零件组成的，因此，机器的装配精度和零件的精度有着密切的关系。零件特别是关键零件的加工精度，对装配精度有很大影响。

如图 8-4 所示，普通车床尾座移动对溜板移动的平行度要求主要取决于床身上溜板移动导轨 A 与尾座移动导轨 B 的平行度。这种由一个零件的精度来保证某项装配精度的情况，称为“单件自保”。

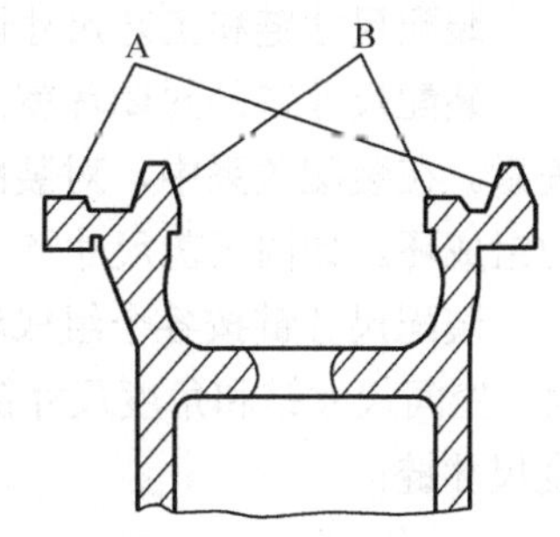

A—溜板移动导轨；B—尾座移动导轨

图 8-4　床身导轨简图

一般而言，多数的装配精度与和它相关的若干个零部件的加工精度有关，所以应合理地规定和控制这些相关零件的加工精度，在加工条件允许时，它们的加工误差累积仍能满足装配精度的要求。但是，当遇到某些要求较高的装配精度时，如果完全靠相关零件的制造精度来直接保证，则要求的零件加工精度会很高，将给加工带来较大的困难。

如图 8-5 所示，普通车床床头和尾座两顶尖的等高度要求主要取决于主轴箱 1、尾座 2、底板 3 和床身 4 等零部件的加工精度。该装配精度很难由相关零部件的加工精度直接保证。在生产中，常按较经济的精度来加工相关零部件，而在装配时则采用一定的工艺措施（如选择、修配、调整等措施），从而形成不同的装配方法，来保证装配精度。本例中，采用修配底板 3 的工艺措施来保证装配精度，这样做，虽然增加了装配的劳动量，但从整个产品制造的全局分析，仍是经济可行的。

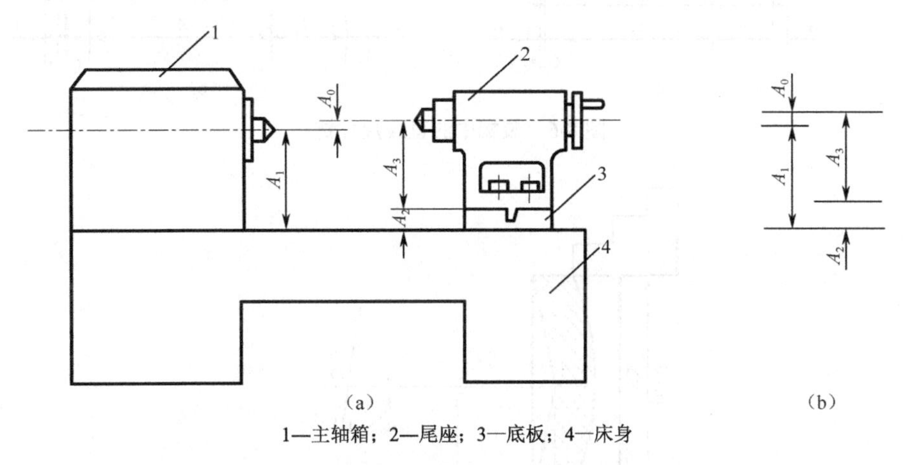

1—主轴箱；2—尾座；3—底板；4—床身

图 8-5　床头箱主轴与尾座套筒中心线等高示意图

综上所述，产品的装配精度和零件的加工精度有密切的关系，零件精度是保证装配精度的基础，但装配精度并不完全取决于零件的加工精度，还取决于装配方法。如果装配方法不同，则对各个零件的精度要求也不同。同样，即使零件的加工精度很高，如果装配方法不当，也保证不了高的装配精度。

8.1.3 装配尺寸链的概念

在机器装配中，由相关零件的尺寸或相互位置关系所组成的尺寸链，称为装配尺寸链。

装配尺寸链与工艺尺寸链有所不同，工艺尺寸链中所有尺寸都分布在同一个零件上，主要解决零件加工精度问题；而装配尺寸链中每一个尺寸都分布在不同零件上，每个零件的尺寸是一个组成环，装配尺寸链主要解决装配精度问题。

装配尺寸链和工艺尺寸链都是尺寸链，有共同的形式与计算方法。

装配尺寸链的封闭环就是装配所要保证的装配精度，是零件装配后才形成的尺寸或位置关系。在装配关系中，对装配精度有直接影响的零部件的尺寸和位置关系，都是装配尺寸链的组成环。如同工艺尺寸链一样，装配尺寸链的组成环也分为增环和减环。

装配尺寸链按各个组成环和封闭环的相互位置分布情况，可分为直线尺寸链、平面尺寸链、空间尺寸链和角度尺寸链。图 8-6 所示为装配中的直线尺寸链，图 8-7 所示为装配中的角度尺寸链。

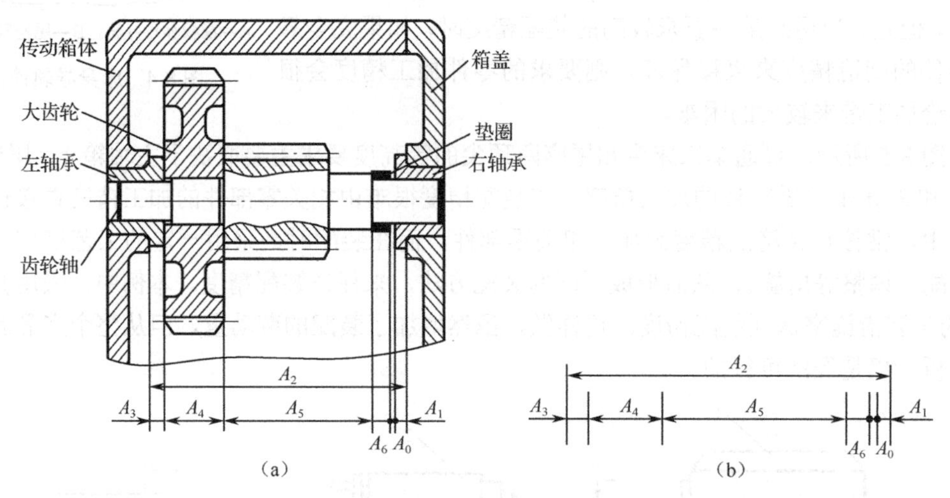

图 8-6 装配中的直线尺寸链

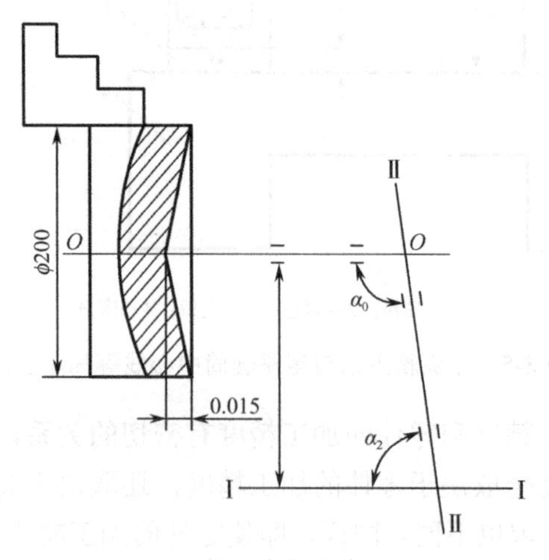

图 8-7 装配中的角度尺寸链

8.1.4　装配尺寸链的建立及计算

1. 装配尺寸链的建立

装配尺寸链的建立就是在装配图上，根据装配精度的要求，找出与该项精度有关的零件及其相关的尺寸，最后画出相应的尺寸链图。装配尺寸链的建立是解决装配精度问题的第一步，只有建立的尺寸链正确，求解尺寸链才有意义。因此，在装配中，如何正确地建立尺寸链是一个十分重要的问题。

下面以直线尺寸链为例来介绍装配尺寸链的建立。

1）封闭环与组成环的查找

装配尺寸链的封闭环多为产品或部件要保证的装配精度，凡对某项装配精度有影响的零部件的有关尺寸或相互位置精度，即为装配尺寸链的组成环。查找组成环的方法为：从封闭环两边的零件或部件开始，沿着装配精度要求的方向，以相邻零件装配基准间的联系为线索，分别由近及远地去查找装配关系中影响装配精度的有关零件，直至找到同一基准零件的同一基准表面为止，这些有关尺寸或位置关系，即为装配尺寸链中的组成环。然后画出尺寸链图，判别组成环的性质。如图 8-6 所示装配关系中，轴向间隙 A_0 为封闭环，按上述方法查找出相关零件为右轴承、传动箱体、左轴承、大齿轮、齿轮轴和垫圈六个零件，相应的组成环尺寸为 A_1、A_2、A_3、A_4、A_5、A_6，画出的装配尺寸链如图 8-6（b）所示。

2）建立装配尺寸链的注意问题

（1）封闭的原则。尺寸链的封闭环和组成环一定要构成一个封闭的链环，在判别组成环时，从封闭环出发寻找相关零件，一定要回到封闭环。

（2）按一定层次分别建立产品与部件的装配尺寸链。机械产品通常都比较复杂，为便于装配和提高装配效率，整个产品多划分为若干部件，装配工作分为部件装配和总装配，因此，应分别建立产品总装尺寸链和部件装配尺寸链。产品总装尺寸链以产品精度为封闭环，以总装中有关零部件的尺寸为组成环。部件装配尺寸链以部件装配精度为封闭环（总装时则为组成环），以有关零件的尺寸为组成环。这样分层次建立的装配尺寸链比较清晰，表达的装配关系也更加清楚。

（3）确定相关零件的相关尺寸应采用“最短路线”原则。在装配精度一定的情况下，组成环数目越少，分配到各组成环的公差就越大，零件的加工就越容易、越经济。在结构设计时，应当遵循装配链最短原则，使组成环最少，即要求与装配精度有关的零件只能有一个尺寸作为组成环加入装配尺寸链。这个尺寸就是零件两端面的位置尺寸，应作为主要设计尺寸标注在零件图上，使组成环的数目等于有关零件的数目，即“一件一环”。

例如，图 8-8 所示是一车床尾座顶尖套装配图，装配时，要求后盖 3 装入后螺母 2 在尾座套筒内的轴向窜动不大于某一数值。如果后盖尺寸标注不同，就可建立两个不同的装配尺寸链。图 8-8（c）较图 8-8（b）多了一个组成环，其原因是和封闭环 A_0 直接有关的凸台高度 A_3 由尺寸 B_1 和 B_2 间接获得，即相关零件上同时出现两个相关尺寸，这是不合理的。

（4）当同一装配结构在不同位置方向有装配精度要求时，应按不同方向分别建立装配尺寸链。例如，常见的蜗杆副结构，为保证正常啮合，对蜗杆副中心距、轴线垂直度及蜗杆轴线与蜗轮中心平面的重合度均有一定的精度要求，这是三个不同位置方向的装配精度，因而需要在三个不同方向建立尺寸链。

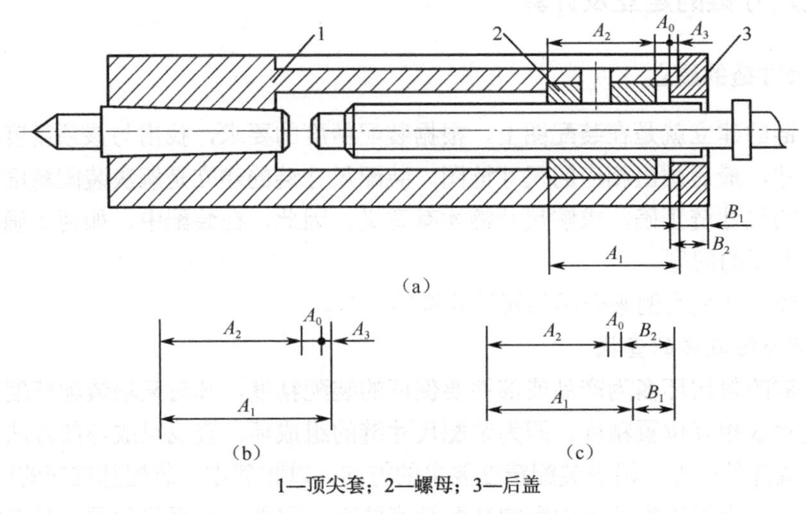

1—顶尖套；2—螺母；3—后盖

图 8-8 车床尾座顶尖套装配图

2. 装配尺寸链的计算

装配方法与装配尺寸链的计算方法密切相关。同一项装配精度，采用不同装配方法时，其尺寸链的计算方法也不相同。

装配尺寸链的计算分为正计算和反计算。已知与装配精度有关的各零部件的基本尺寸及其偏差，求解装配精度要求（封闭环）的基本尺寸及偏差的计算称为正计算，它用于对已设计的图样进行校核验算。已知装配精度要求（封闭环）的基本尺寸及偏差，求解与该项装配精度有关的各零部件基本尺寸及偏差的计算称为反计算，它用于产品设计过程中，以确定各零部件的尺寸加工精度。

8.2 保证装配精度的装配方法及其选择

机械产品的精度要求最终要靠装配工艺来保证。因此用什么装配方法能够以最快的速度、最小的装配工作量和较低的成本来达到较高的装配精度要求，是装配工艺的核心问题。生产中保证产品精度的方法有许多种，可分为互换法、选配法、修配法和调整法四大类。而且同一项装配精度，因采用的装配方法不同，其装配尺寸链的计算方法也不相同。

8.2.1 互换法

互换法即零件具有互换性，在装配时，各配合零件不经任何选择、调整或修配，安装后就能达到装配精度要求的一种方法。产品采用互换法装配时，装配精度主要取决于零件的加工精度。其实质就是用控制零件的加工误差来保证产品的装配精度。按互换程度的不同，互换法又分为完全互换法和大数互换法两种。

1. 完全互换法

在全部产品中，装配时各零件无须挑选、修配或调整就能保证装配精度的装配方法称为完全互换法。

选择完全互换法时，其装配尺寸链采用极值法计算，即各有关零件的公差之和小于或等于装配公差：

$$\sum_{i=1}^{m} T_i \leqslant T_0 \tag{8-1}$$

式中　T_0——封闭环极值公差；

T_i——第 i 个组成环的公差；

m——组成环环数。

故装配中零件可以完全互换。当遇到反计算形式时，可按“等公差”原则先求出各组成环的平均公差：

$$T_{\mathrm{M}} \leqslant \frac{T_0}{m} \tag{8-2}$$

再根据生产经验，考虑到各组成环尺寸的大小和加工难易程度进行适当调整。如尺寸大、加工困难的组成环应给以较大公差；反之，尺寸小、加工容易的组成环就给以较小公差。如果组成环是标准件，则其公差值按标准确定；当组成环是几个尺寸链中的公共环时，其公差值由要求最严的尺寸链确定。

确定好各组成环的公差后，按“入体原则”确定极限偏差，即组成环为包容面时，取下偏差为零；组成环为被包容面时，取上偏差为零。若组成环是中心距，则偏差选择对称分布。按上述原则确定偏差后，有利于组成环的加工。

但是，当各组成环都按上述原则确定偏差时，按公式计算的封闭环极限偏差通常不符合封闭环的要求值。因此就需选取一个组成环，它的极限偏差不是事先定好的，而是经计算确定，以便与其他组成环协调，最后满足封闭环极限偏差的要求，这个组成环称为协调环。一般协调环不能选取标准件或几个尺寸链的公共组成环。其余计算公式的解算同工艺尺寸链，不再赘述。

完全互换法的特点是：装配容易，对工人技术水平要求不高，装配生产率高，装配时间定额稳定，易于组织装配流水线生产，也便于采用协作方式组织专业化生产。但是当装配精度要求较高，尤其组成环较多时，零件就难以按经济精度制造。因此，这种装配方法多用于高精度的少环尺寸链或低精度多环尺寸链的大批大量生产装配中。

完全互换法举例如下。

【例 8-1】 图 8-9 所示为一齿轮的装配关系简图。要求齿轮 3 右端面与挡圈 2 之间留有一定的间隙。已知齿轮 3 轮毂宽度为 A_1=35mm，轴套 4 厚度 A_2=14mm，轴 1 两台肩的长度 A_3=49mm，若要求装配后齿轮间隙控制在 0.10～0.35mm 之间，现采用完全互换法满足装配精度要求，试确定各组成环尺寸及其极限偏差。

解：（1）画出尺寸链简图。由于齿轮右端间隙是在装配后形成的，所以它是封闭环 A_0，经查找，影响封闭环大小的尺寸包括 A_1、A_2、A_3，尺寸链如图 8-9 下方所示。

（2）计算封闭环的基本尺寸 A_0。

$A_0 = A_3 - (A_1 + A_2) = 0\text{mm}$，所以封闭环的尺寸为 $A_0 = 0^{+0.35}_{+0.10}\text{mm}$，公差为 0.25mm。

（3）确定各组成环公差。封闭环公差 $T_0 = 0.25\text{mm}$，要求各组成环的公差之和不应超过封闭环的公差值 0.25mm，即

$$\sum_{i=1}^{m} T_i = T_1 + T_2 + T_3 \leqslant T_0 = 0.25\text{mm}$$

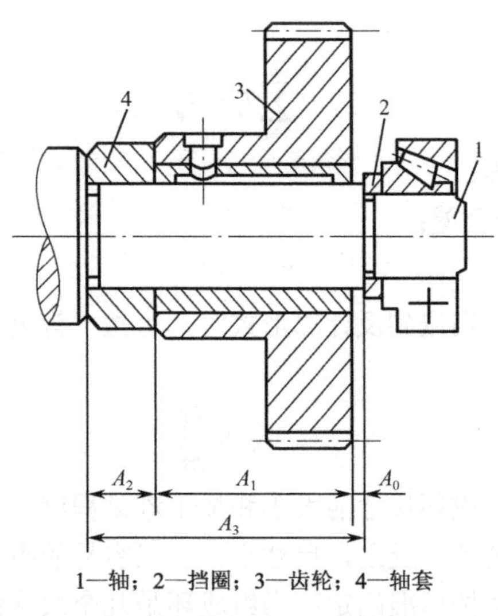

1—轴；2—挡圈；3—齿轮；4—轴套

图 8-9　齿轮装配关系简图

在具体确定各 T_i 值时，首先应按“等公差”法计算各组成环分配到的平均公差 T_M 的数值，即 $T_M = T_0/m = 0.25/3 \approx 0.083\text{mm}$。

考虑到各组成环基本尺寸的大小及制造难易程度各不相同，各组成环制造公差应在平均公差值的基础上做适当调整。因为 A_1 与 A_3 在同一尺寸分段范围内，平均公差接近该尺寸的分段范围的 IT10 级精度公差，A_1 和 A_3 的公差值确定为

$$T_1 = T_3 = 0.10\text{mm}\ （按 IT10 级精度取值）$$

因此，A_2 可作为协调环，有

$$T_2 = T_0 - T_1 - T_3 = 0.05\text{mm}$$

（4）确定各组成环的极限偏差。组成环的极限偏差一般按“入体原则”标注，因此

$$A_1 = 35_{-0.10}^{\ 0}\ \text{mm},\quad A_3 = 49 \pm 0.05\text{mm}$$

对于协调环 A_2，按照尺寸链的极限偏差计算公式计算。

$$\text{EI}_0 = \text{EI}_3 - (\text{ES}_1 + \text{ES}_2)$$

得

$$\text{ES}_2 = -0.15\ \text{mm}$$

$$\text{ES}_0 = \text{ES}_3 - (\text{EI}_1 + \text{EI}_2)$$

得

$$\text{EI}_2 = -0.20\ \text{mm}$$

故

$$A_2 = 14_{-0.20}^{-0.15}\ \text{mm}$$

上述计算表明，只要 A_1、A_2、A_3 分别按尺寸要求制造，就能做到完全互换装配。

2. 大数互换法

用完全互换法进行装配，装配过程虽然简单，但它是根据增环、减环同时出现极值情况来建立封闭环与组成环之间的尺寸关系的，由于组成环分配得到的制造公差过小，常使零件加工产生困难。实际上，在一个稳定的工艺系统中进行成批和大量生产时，零件尺寸出现极值的可能性很小，装配时，所有增环同时接近最大（或最小），而所有减环又同时接近最小（或

最大）的可能性极小，可忽略不计。完全互换法以提高零件加工精度为代价来换取完全互换装配，有时是不经济的。

大数互换法又称统计互换法或不完全互换法，其实质是将组成环的制造公差适当放大，使零件容易加工，这会使极少数产品的装配精度超出规定要求，但这是小概率事件，很少发生。从总的经济效果分析，仍然是经济可行的。

机械制造中的尺寸链大多数为正态分布，但也有非正态分布的，非正态分布又有对称分布与不对称分布之分。

用概率统计的方法求解尺寸链，除可应用极值法解直线尺寸链的基本公式外，还有以下两个基本计算公式。

（1）封闭环中间偏差

$$\Delta_0 = \sum_{i=1}^{m} \xi_i (\Delta_i + e_i T_i / 2) \tag{8-3}$$

（2）封闭环公差

$$T_0 = \frac{1}{k_0} \sqrt{\sum_{i=1}^{m} \xi_i^2 k_i^2 T_i^2} \tag{8-4}$$

式中　e_i ——第 i 组成环尺寸分布曲线的相对不对称系数；

$e_i T_i / 2$ ——第 i 组成环尺寸分布中心相对于公差带的偏移量；

k_0 ——封闭环的相对分布系数；

k_i ——第 i 组成环的相对分布系数；

ξ_i ——传递系数，当组成环为增环时，$\xi_i=1$，当组成环为减环时，$\xi_i=-1$；

Δ_i ——第 i 组成环中间偏差，$\Delta_i = (\mathrm{ES}_i + \mathrm{EI}_i)/2$。

e、k 的取值与分布形式有关，分别表示相对不对称系数和相对分布系数，具体数值参见表 8-1。

表 8-1　不同分布形式对应的 e、k 值

分布特征	正态分布	三角分布	均匀分布	瑞利分布	偏态分布	
					外尺寸	内尺寸
分布曲线	-3σ　3σ			$eT/2$	$eT/2$	$eT/2$
e	0	0	0	−0.28	0.26	−0.26
k	1	1.22	1.73	1.14	1.17	1.17

k_0 也表示大数互换法的置信水平 P，当组成环尺寸呈正态分布时，封闭环也呈正态分布，此时相对分布系数 $k_0=1$，置信水平 P=99.73%，产品装配后不合格率为 0.27%。在某些生产条件下，要求适当放大组成环公差，或当组成环公差为非正态分布时，置信水平 P 则降低，装配产品不合格率则大于 0.27%，P 与 k_0 的对应关系见表 8-2。

表 8-2 P与k_0的对应关系

置信水平P（%）	99.73	99.5	99	98	95	90
封闭环的相对分布系数k_0	1	1.06	1.16	1.29	1.52	1.82

下面仍以图 8-9 中所示的齿轮装配间隙要求为例进行说明。

【例 8-2】 如图 8-9 所示，已知：A_1=35mm，A_2=14mm，A_3=49mm，齿轮装配间隙要求$A_0 = 0_{+0.10}^{+0.35}$mm，设A_1、A_2、A_3的尺寸符合正态分布，且尺寸分布中心与公差带中心相重合，即$k_1 = k_2 = k_3 = 1$，$e_1 = e_2 = e_3 = 0$，试以大数互换法解算各组成环的尺寸及极限偏差。

解：（1）计算封闭环的基本尺寸和公差。其计算方法与例 8-1 相同，得$A_0 = 0$mm，$T_0 = 0.25$mm。

（2）计算各组成环的平均公差T_M。由于该尺寸链为直线尺寸链，所以$\xi_1 = 1$；由于各组成环的尺寸符合正态分布，所以$k_0 = 1$，$k_1 = k_2 = k_3 = 1$，代入式（8-4）得

$$T_0 = \sqrt{mT_M^2}$$

所以

$$T_M = \frac{T_0}{\sqrt{m}} = \frac{0.25}{\sqrt{3}} \approx 0.144\text{mm}$$

与用极值法计算得到的各组成环平均公差 0.083mm 相比，这里的平均公差放大了 73.5%，组成环的制造变得容易了。

（3）确定组成环的制造公差。与例 8-1 组成环计算方法类似，参考各组成环的大小和加工难易程度，确定各组成环的制造公差。因为A_2容易加工，故取A_2为协调环。A_1、A_3的平均公差T_M接近该尺寸分段范围的 IT11 级精度公差，本例按 IT11 级精度确定A_1和A_3的公差，查公差标准得

$$T_1 = T_3 = 0.160\text{mm}\ （按\ IT11\ 级精度取值）$$

由式（8-3）得

$$T_2 = \sqrt{T_0^2 - T_1^2 - T_3^2} = 0.106\text{mm}$$

考虑到A_2易于制造，按 IT10 级精度取T_2=0.07mm。

（4）确定A_1、A_2、A_3的极限偏差。按"入体标注"原则，取$A_1 = 35_{-0.16}^{\ 0}$mm，$A_3 = 49 \pm 0.08$mm，最后确定协调环A_2的极限偏差。由于A_3为增环，A_1、A_2为减环，所以$\xi_3 = 1$，$\xi_1 = \xi_2 = -1$，已知$e_1 = e_2 = e_3 = 0$，根据式（8-3）得

$$\Delta_0 = \Delta_3 - (\Delta_1 + \Delta_2)$$

所以

$$\Delta_2 = \Delta_3 - (\Delta_1 + \Delta_0)$$

已知

$$\Delta_1 = (\text{ES}_1 + \text{EI}_1)/2 = (0 - 0.16)/2 = -0.08\text{mm}$$

$$\Delta_3 = (\text{ES}_3 + \text{EI}_3)/2 = (0.08 - 0.08)/2 = 0\text{mm}$$

$$\Delta_0 = (\text{ES}_0 + \text{EI}_0)/2 = (0.35 + 0.10)/2 = 0.225\text{mm}$$

代入得

$$\text{ES}_2 = \Delta_2 + T_2/2 = -0.145 + 0.07/2 = -0.11\text{mm}$$

$$\text{EI}_2 = \Delta_2 - T_2/2 = -0.145 - 0.07/2 = -0.18\text{mm}$$

所以A_2的尺寸及极限偏差为$A_2 = 14_{-0.18}^{-0.11}\text{mm} = 13.89_{-0.07}^{\ 0}$mm。

可见，大数互换法的实质是使各组成环的公差比完全互换法所规定的公差大，从而使组

成环的加工比较容易，降低了加工成本。但是，封闭环公差在正态分布下的取值范围为 6σ，对应此范围的概率为 0.9973，即合格率并非 100%，结果会使一些产品装配后超出规定的装配精度，但在实际生产中可忽略。

大数互换法的特点和完全互换法的特点相似，只是互换程度不同。大数互换法采用概率法计算，因而扩大了组成环的公差，尤其是在环数较多，组成环尺寸又呈正态分布时，扩大的组成环公差更显著，因而对组成环的加工更为方便。但是，会有少数产品超差。大数互换法常应用于生产节拍不是很严格的成批生产，如机床和仪器仪表等产品中，封闭环要求较宽的多环尺寸链应用较多。

8.2.2 选配法

在批量或大量生产中，对于组成环少而装配精度要求很高的尺寸链，若采用完全互换法，则对零件精度要求很高，给机械加工带来困难，甚至超过加工工艺实现的可能性。在这种情况下可采用选择装配法（简称选配法）。该方法是将组成环的公差放大到经济可行的程度，然后选择合适的零件进行装配，以保证规定的装配精度。

选配法有三种：直接选配法、分组选配法和复合选配法。

1. 直接选配法

直接选配法就是从配对的两种零件群中，选择符合规定要求的两个零件进行装配。这种方法能达到很高的装配精度，但劳动量大，装配质量取决于工人的技术水平和测量方法，装配时间不易控制，因此不宜用于生产节拍要求较严的大批大量流水作业中。

此外，采用直接选配法对一批零件按照同一精度要求进行装配时，最后可能出现无法满足要求的剩余零件，而当各零件加工误差分布规律不同时，剩余零件可能更多。

2. 分组选配法

当封闭环的精度要求很高时，采用完全互换法或大数互换法求解尺寸链，组成环的公差非常小，使加工困难且不经济。这时，常将各组成环的公差相对完全互换法所求数值放大数倍（一般为 2～6 倍），使其能按经济精度加工，再按实际测量尺寸将零件分为数组，按对应组分别进行装配，以达到装配精度要求，称为分组选配法。由于同组零件可以互换，故又称分组互换法。

采用分组选配法必须保证在装配中各组的配合精度和配合性质与原来的要求相同，否则不能保证装配精度，这种方法也就失去了意义。

在大批大量生产条件下，当装配尺寸链的组成环数较少时，采用分组选配法可达到很高的装配精度。例如，滚动轴承、发动机汽缸活塞环、活塞与活塞销的装配都采用这种方法。下面以活塞与活塞销的装配为例说明分组选配法的原理。

图 8-10 所示为活塞与活塞销的装配关系。活塞销直径 $d=\phi 28_{-0.0025}^{\ 0}$ mm，相应的销孔直径 $D=\phi 28_{-0.0075}^{-0.0050}$ mm。根据装配技术要求，活塞销孔与活塞销在冷态装配时应有 0.0025～0.0075mm 的过盈，与此相应的配合公差仅为 0.005mm。若活塞与活塞销采用完全互换法装配，销孔与活塞销直径的公差按“等公差”分配时，则它们的公差只有 0.0025mm。显然，制造这样精确的销和销孔都是很困难的，也是很不经济的。

实际生产中则是先将上述公差值放大 4 倍，这时销的直径 $d=\phi28_{-0.010}^{\ \ 0}$ mm，销孔的直径 $D=\phi28_{-0.015}^{-0.005}$ mm，这样就可以采用高效率的无心磨和金刚镗分别加工活塞销外圆和活塞销孔，然后用精密仪器进行测量，并按尺寸大小分成四组，涂上不同的颜色加以区别（或装入不同的容器内）。最后按对应组进行装配，即大的活塞销配大的活塞销孔，小的活塞销配小的活塞销孔，装配后仍能保证过盈量的要求。具体分组情况见图 8-10（b）和表 8-3。同样颜色的活塞销与活塞可按互换法装配。

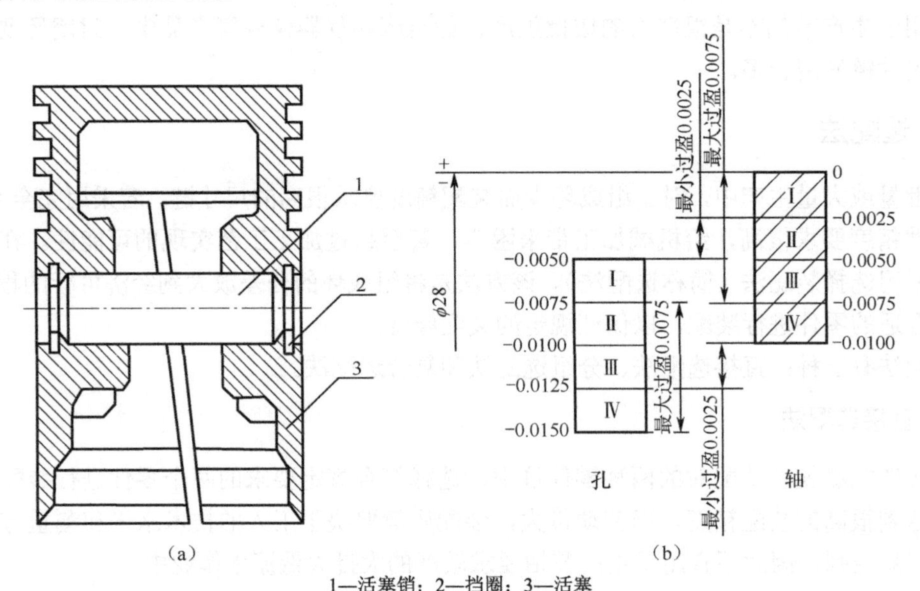

1—活塞销；2—挡圈；3—活塞

图 8-10 活塞与活塞销的装配关系

表 8-3 活塞销和活塞销孔的分组尺寸 （单位：mm）

组　别	活塞销直径 $d=\phi28_{-0.010}^{\ \ 0}$	活塞销孔直径 $D=\phi28_{-0.015}^{-0.005}$	配合情况	
			最小过盈量	最大过盈量
Ⅰ	$\phi28_{-0.0025}^{\ \ 0}$	$\phi28_{-0.0075}^{-0.0050}$	−0.0025	−0.0075
Ⅱ	$\phi28_{-0.0050}^{-0.0025}$	$\phi28_{-0.0100}^{-0.0075}$		
Ⅲ	$\phi28_{-0.0075}^{-0.0050}$	$\phi28_{-0.0125}^{-0.0100}$		
Ⅳ	$\phi28_{-0.0100}^{-0.0075}$	$\phi28_{-0.0150}^{-0.0125}$		

采用分组装配时，关键要保证分组后各对应组的配合性质和配合公差满足设计要求，所以应满足以下条件。

（1）为保证分组后各组的配合性质及配合精度与原装配要求相同。配合件的公差范围应相等；公差应同方向增大；增大的倍数应等于以后的分组数。

从本例销轴与销孔配合来看，它们原来的公差相等：$T_{轴}=T_{孔}=T=0.0025\text{mm}$。采用分组选配法后，销轴和销孔的公差同时在相同方向上扩大 n=4 倍：$T'_{轴}=T'_{孔}=nT=0.010\text{mm}$，加工后再将它们按尺寸大小分为四组。装配时，各组内的销轴与销孔对应装配，从而保证了销轴和销孔配合的最小过盈量与最大过盈量都符合装配精度要求，如图 8-10（b）所示。

现以轴、孔配合为例加以说明。

如图 8-11 所示，设轴的公差为T_s，孔的公差为T_h，$T_s = T_h = T$，即轴、孔公差相等。这是一个最简单的三环尺寸链，封闭环表示配合性质，轴、孔尺寸为组成环。图中左边为过盈配合的情况，右边为间隙配合的情况。在间隙配合情况下，原来最大间隙为X_{max}，即X_{max1}，最小间隙为X_{min}，即X_{min1}。现采用分组选配法，将T_s和T_h同方向增大 n 倍，则分别为$T_s' = nT_s$，$T_h' = nT_h$，再将T_s'和T_h'分成 n 组，相应组的T_s和T_h进行装配，取任一组 k 来看，只要证明其配合精度和配合性质与原来一致，则这种方法就可行。由图看出第 k 组的最大间隙为

$$X_{maxk} = X_{max1} + (k-1)T_h - (k-1)T_s = X_{max1} = X_{max}$$

最小间隙为

$$X_{mink} = X_{min1} + (k-1)T_h - (k-1)T_s = X_{min1} = X_{min}$$

配合精度为

$$T_k = \frac{X_{maxk} - X_{mink}}{2} = \frac{X_{max1} - X_{min1}}{2} = \frac{T_s + T_h}{2} = T$$

可见配合精度和性质都不变。同理，可证明过盈配合时配合精度和性质也都不变。因此，当两配合件公差相等时，同向增大它们的公差后再按公差分组进行分组装配是可行的。

图 8-12 表示轴与孔公差不相等时的情况，即$T_s \neq T_h$，$T_h > T_s$。由图中看出第 k 组的最大间隙为

$$X_{maxk} = X_{max1} + (k-1)T_h - (k-1)T_s = X_{max1} + (k-1)(T_h - T_s)$$

最小间隙为

$$X_{mink} = X_{min1} + (k-1)T_h - (k-1)T_s = X_{min1} + (k-1)(T_h - T_s)$$

配合精度为

$$T_k = \frac{X_{maxk} - X_{mink}}{2} = \frac{[X_{max1} + (k-1)(T_h - T_s)] - [X_{min1} + (k-1)(T_h - T_s)]}{2} = \frac{X_{max1} - X_{min1}}{2} = \frac{T_h + T_s}{2} = T$$

可知，这时配合精度不变，但配合性质改变了。同理，可证明过盈配合时情况也一样。所以一般来说，当两配合件公差不相等时，不能用分组选配法。

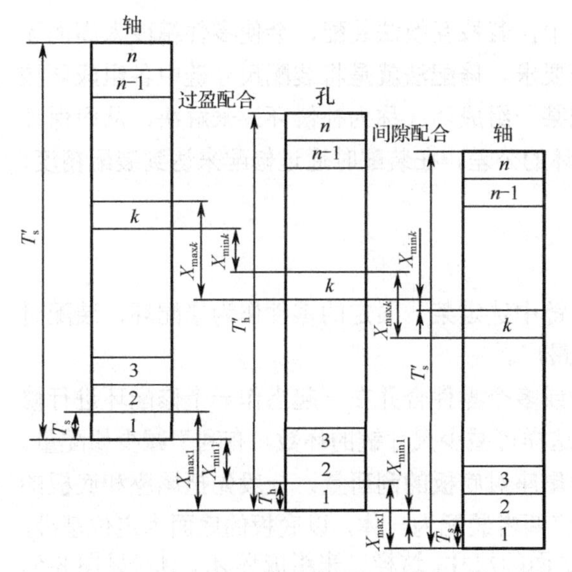

图 8-11　轴、孔公差相等时的分组选配法

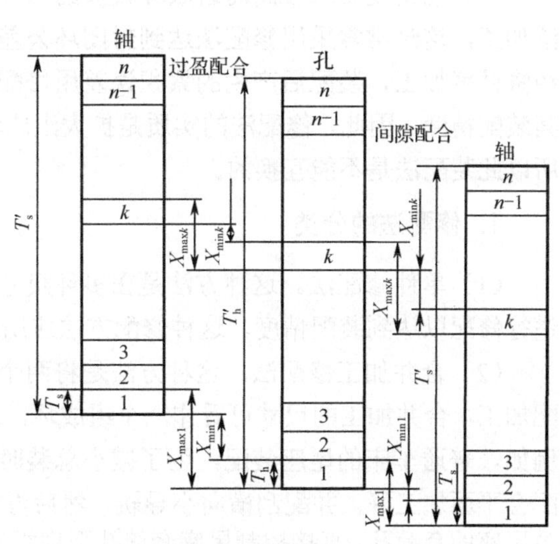

图 8-12　轴、孔公差不相等时的分组选配法

（2）为保证零件分组后数量相匹配，应使配合件的尺寸为相同的对称分布（如正态分布）。如果分布曲线不相同或为不对称分布曲线，将使各组相配零件数量不等，造成一些零件的积压浪费，如图 8-13 所示。图中第一组与第四组中的轴与孔零件数量相差较大，在生产实际中，常常专门加工一批与剩余零件相配的零件，以解决零件配套问题。

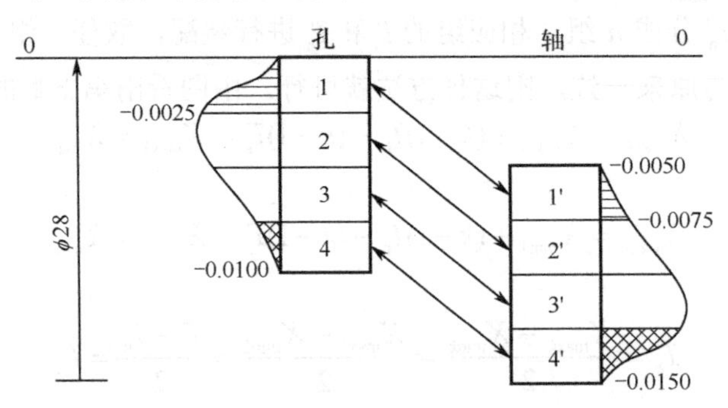

图 8-13 活塞销与活塞销孔的各组数量不等

（3）分组数不宜太多。分组数就是公差扩大的倍数，分组数多表示公差扩大倍数大，这将使装配组织工作变得复杂。因此，分组数只要使零件制造精度达到经济加工精度就可以了。

3．复合选配法

复合选配法是上述两种方法的复合，即把零件预先测量分组，装配时再在各对应组中直接选配。这种装配方法的特点是：配合件的公差可以不等，装配效率高，能满足一定生产节拍的要求。

上述几种装配方法，无论是完全互换法、大数互换法还是选配法，其特点都是零件能够互换，这对于大批大量生产的装配来说是非常重要的。

8.2.3 修配法

在装配精度要求较高而组成环较多的部件中，若按互换法装配，会使零件精度太高而无法加工，这时常常采用修配法达到封闭环公差要求。修配法就是将装配尺寸链中各组成环按经济精度加工，装配后产生的累积误差用修配某一组成环（称为补偿环）来解决，从而保证其装配精度。因此，修配法的实质是扩大组成环的公差，在装配时通过修配来达到装配精度，所以此装配法是不能互换的。

1．修配法的分类

（1）单件修配法。这种方法是在多环尺寸链中选定某一固定的零件作为修配环，装配时进行修配以达到装配精度。这种修配方法应用最广。

（2）合并加工修配法。这种方法是将两个或多个零件合并在一起当作一个修配环进行修配加工。合并加工的尺寸可看作一个组成环，这样可减少尺寸链的环数，有利于减少修配量。例如，普通车床的尾座装配，为了减小总装时尾座对底板的刮研量，一般先把尾座和底板的配合平面加工好，并配刮横向小导轨，然后再将两者装配为一体，以底板的底面为定位基准，镗尾座的套筒孔，直接控制尾座套筒孔至底板底面的尺寸，这样一来组成环 A_2、A_3（见图 8-5）合并成一环 $A_{2,3}$，使加工精度容易保证，而且可以给底板底面留较小的刮研量（0.2mm 左右）。

（3）自身加工修配法。在机床制造中，有一些装配精度要求，总装时用自己加工自己的方法去保证比较方便，这种方法即自身加工修配法。例如，牛头刨床总装时，用自刨工作台面来达到滑枕运动方向对工作台面的平行度要求。

2．修配环的选择及其尺寸与极限偏差的确定

采用修配法，关键是正确选择修配环和确定其尺寸及极限偏差。

1）修配环的选择

选择修配环应满足以下要求。

（1）要便于拆装、易于修配。一般应选形状比较简单、修配面较小的零件。

（2）尽量不选公共组成环。因为公共组成环难以同时满足几个装配要求，所以应选只与一项装配精度有关的环。

2）修配环尺寸及极限偏差的确定

确定修配环尺寸及极限偏差的出发点是，要保证装配时的修配量足够和最小。修配环修配后对封闭环尺寸变化的影响有两种情况：一是使封闭环尺寸变大；二是使封闭环尺寸变小。因此，用修配法解算装配尺寸链时，可分别根据这两种情况进行计算。

为了保证修配量足够和最小，放大组成环公差后实际封闭环的公差带和设计要求的封闭环公差带之间的对应关系如图 8-14 所示，图中 T_0 、 $A_{0\max}$ 和 $A_{0\min}$ 分别表示设计要求的封闭环公差、最大极限尺寸和最小极限尺寸； T_0' 、 $A_{0\max}'$ 和 $A_{0\min}'$ 分别表示放大组成环公差后实际封闭环的公差、最大极限尺寸和最小极限尺寸； $C_{\max}$ 表示最大修配量。

（1）修配环被修配使封闭环尺寸变大，简称“越修越大”。由图 8-14（a）可知，无论怎样修配总应满足

$$A_{0\max}' \leqslant A_{0\max}$$

根据修配量足够且最小原则，应有

$$A_{0\max}' = A_{0\max} \tag{8-5}$$

（2）修配环被修配使封闭环尺寸变小，简称“越修越小”。由图 8-14（b）可知，应满足

$$A_{0\min}' \geqslant A_{0\min}$$

根据修配量足够且最小原则，应有

$$A_{0\min}' = A_{0\min} \tag{8-6}$$

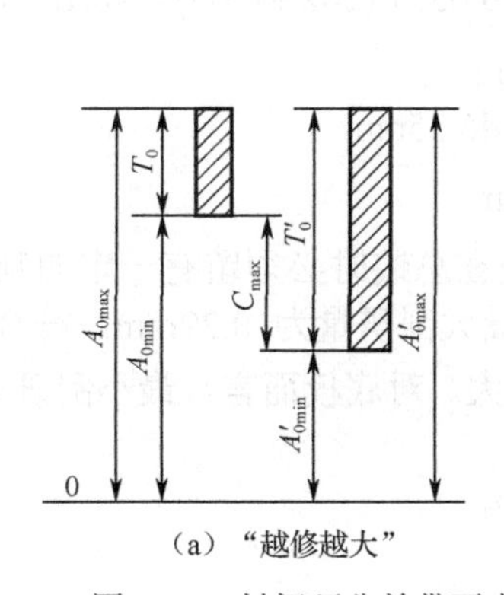

（a）“越修越大”

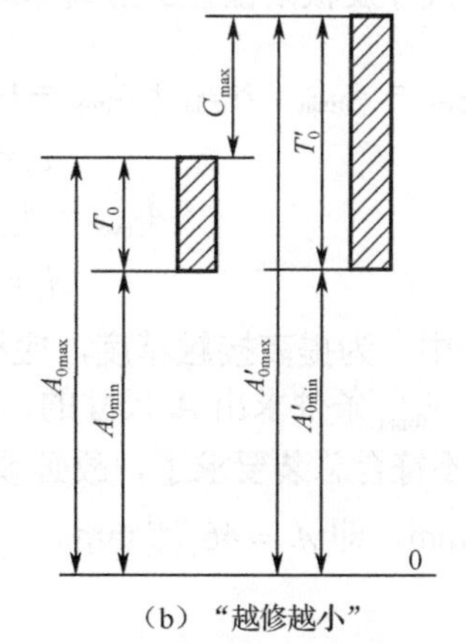

（b）“越修越小”

图 8-14　封闭环公差带要求值和实际封闭环公差带的对应关系

当已知各组成环放大后的公差，并按“入体原则”确定组成环的极限偏差后，就可按式（8-5）或式（8-6）求出修配环的某一极限尺寸，再由已知的修配环公差求出修配环的另一极限尺寸。

按照上述方法确定的修配环尺寸装配时出现的最大修配量为

$$C_{\max}=T_0'-T_0=\sum_{i=1}^{m}T_i-T_0 \tag{8-7}$$

3）尺寸链的计算步骤和方法

下面举例说明采用修配法时尺寸链的计算步骤和方法。

【例 8-3】 如图 8-5 所示，普通车床床头和尾座两顶尖等高度要求为 0～0.06mm（只许尾座高）。设各组成环的基本尺寸 $A_1=202$mm，$A_2=46$mm，$A_3=156$mm，封闭环 $A_0=0$mm。此装配尺寸链如采用完全互换法解算，则各组成环公差平均值为

$$T_{\mathrm{M}}=\frac{T_0}{m}=\frac{0.06}{3}=0.02\text{mm}$$

如此小的公差会给加工带来困难，因而不宜采用完全互换法，现采用修配法。请给出尺寸链的计算步骤和方法。

解： 计算步骤和方法如下。

（1）选择修配环。因尾座底板的形状简单，表面面积小，便于刮研修配，故选择 A_2 为修配环。

（2）确定各组成环公差。根据各组成环所采用的加工方法的经济精度确定其公差。A_1 和 A_3 采用镗模加工，取 $T_1=T_3=0.1$mm；底板采用半精刨加工，取 $T_2=0.15$mm。

（3）计算修配环 A_2 的最大修配量。由式（8-7）得

$$C_{\max}=T_0'-T_0=\sum_{i=1}^{m}T_i-T_0=0.1+0.15+0.1-0.06=0.29\text{mm}$$

（4）确定各组成环的极限偏差。A_1 与 A_3 是孔轴线和底面的位置尺寸，故偏差按对称分布，即 $A_1=202\pm0.05$mm，$A_3=156\pm0.05$mm。

（5）计算修配环 A_2 的尺寸及极限偏差。判别修配环 A_2 修配时对封闭环 A_0 的影响。从图 8-5 中可知，是“越修越小”的情况。

计算修配环尺寸及极限偏差。由式（8-6）$A_{0\min}'=A_{0\min}=\sum_{i=1}\overrightarrow{A}_{i\min}-\sum_{i=1}\overleftarrow{A}_{i\max}$ 代入数值后可得

$$A_{2\min}=A_{0\min}-A_{3\min}+A_{1\max}=0-(156-0.05)+(202+0.05)=46.1\text{mm}$$

又 $$T_2=0.15\text{mm}$$

则 $$A_{2\max}=A_{2\min}+T_2=46.25\text{mm}$$

所以 $$A_2=46_{+0.10}^{+0.25}\text{mm}$$

在实际生产中，为提高接触精度，底板的底面在总装时必须留有一定的刮研量。而上述计算是按 $A_{0\min}'=A_{0\min}$ 条件求出 A_2 尺寸的，此时，最大刮研量为 0.29mm，符合要求，但最小刮研量为 0，就不符合总装要求了，故必须将 A_2 加大。对底板而言，最小刮研量可留 0.1mm，故 A_2 应加大 0.1mm，即 $A_2=46_{+0.20}^{+0.35}$ mm。

3. 修配法的特点及应用场合

修配法可降低对组成环的加工要求，利用修配组成环的方法能获得较高的装配精度，尤其是尺寸链中环数较多时，其优点更为明显。但是，修配工作需要由技术熟练的工人完成，且大多是手工操作、逐个修配，所以生产率低，没有一定的节拍，不易组织流水装配，产品没有互换性。因而，在大批大量生产中很少采用修配法，它广泛用于单件小批量生产中；在中批量生产中，一些封闭环要求较严的多环装配尺寸链也大多采用修配法。

8.2.4 调整法

修配法一般要在现场进行修配，这就使得它的应用受到一定的条件限制。调整法是将尺寸链中各组成环按经济精度加工，装配时将尺寸链中某一预先选定的环，采用调整的方法改变其实际尺寸或位置，以达到装配精度要求。预先选定的环称为调整环（或补偿环），它用于补偿其他各组成环由于公差放大所产生的累积误差。

调整法与修配法的实质相同，即各零件公差仍按经济加工精度的原则确定，并且仍选择一个组成环为调整环，但在改变补偿环尺寸的方法上有所不同：修配法采用机械加工方法除去零件上的金属层；调整法采用改变补偿环零件的位置或更换新的补偿环零件的方法来满足装配精度要求。两者的目的都是补偿由于各组成环公差扩大后产生的累积误差，以满足最终装配精度的要求。

调整法通常采用极值法计算。根据调整方法的不同，调整法分为固定调整法、可动调整法和误差抵消调整法三种。

1. 固定调整法

在尺寸链中选定一组成环为调整环，该环按一定尺寸分级制造，装配时根据实测累积误差选定合适尺寸的调整零件（常为垫圈或轴套）来保证装配精度，这种方法称为固定调整法。该方法的主要问题是确定调整环的分组数及尺寸，下面举例说明。

如图 8-15（a）所示为齿轮在轴上的装配关系，要求保证轴向间隙为 0.05～0.2mm，即 $A_0 = 0^{+0.20}_{+0.05}$ mm，已知 A_1=115mm，A_2=8.5mm，A_3=95mm，A_4=2.5mm。尺寸链图如图 8-15（b）所示。若采用完全互换法，则各组成环的平均公差应为

$$T_M = \frac{T_0}{m} = \frac{0.2-0.05}{5} = 0.03\text{mm}$$

显然，因组成环的平均公差太小，加工困难，不宜采用完全互换法，现采用固定调整法。

组成环 A_k 为垫圈，其形状简单，制造容易，装拆也方便，故选其为调整环。其他各组成环按经济精度确定公差，即 T_1 = 0.15mm，T_2 = 0.10mm，T_3 = 0.10mm，T_4 =0.12mm，并按“入体原则”确定极限偏差分别为 $A_1 = 115^{+0.20}_{+0.05}$mm，$A_2 = 8.5^{\ 0}_{-0.10}$mm，$A_3 = 95^{\ 0}_{-0.10}$mm，$A_4 = 2.5^{\ 0}_{-0.12}$mm。四个环装配后的累积误差 T_s（不包括调整环）为

$$T_s = T_1 + T_2 + T_3 + T_4 = 0.15+0.10+0.10+0.12 = 0.47\text{mm}$$

为满足装配精度 T_0 = 0.15mm，应将调整环 A_k 的尺寸分成若干级，根据装配后的实际间隙大小选择装入，即间隙大的装上厚一些的垫圈，间隙小的装上薄一些的垫圈。如调整环 A_k 做得绝对准确，则应将调整环分成 $\frac{T_s}{T_0}$ 级；但实际上调整环 A_k 本身也有制造误差，故也应给出一

定的公差，这里设T_k=0.03mm。这样调整环的补偿能力有所降低，此时分级数m为

$$m=\frac{T_s}{T_0-T_k}=\frac{0.47}{0.15-0.03}\approx 3.9$$

m应为整数，取m=4。此外分级数不宜过多，否则会给调整件的制造和装配带来麻烦。求得每级的级差为：$T_0-T_k=0.15-0.03=0.12\text{mm}$。

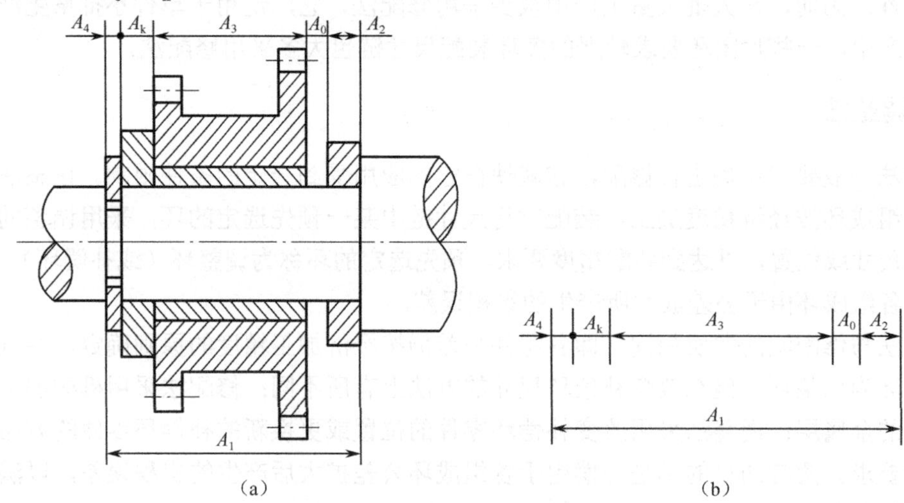

图 8-15 固定调整法装配图示例

设A_{k1}为调整后最大调整件尺寸，则各调整件尺寸计算如下。

因为

$$A_{0\max}=A_{1\max}-(A_{2\min}+A_{3\min}+A_{4\min}+A_{k\min})$$

所以

$$A_{k1\min}=A_{1\max}-A_{2\min}-A_{3\min}-A_{4\min}-A_{0\max}$$
$$=115.2-8.4-94.9-2.38-0.2=9.32\text{mm}$$

已知T_k=0.03mm，极差为0.12mm，偏差按“入体原则”分布，则四组调整垫圈尺寸分别为

$$A_{k1}=9.35_{-0.03}^{\ 0}\text{mm},\quad A_{k2}=9.23_{-0.03}^{\ 0}\text{mm},\quad A_{k3}=9.11_{-0.03}^{\ 0}\text{mm},\quad A_{k4}=8.99_{-0.03}^{\ 0}\text{mm}$$

固定调整法的特点是可以降低对组成环的加工要求，装配比较方便，可以获得较高的装配精度，所以应用比较广泛。但是固定调整法要预先制作许多不同尺寸的调整件并将它们分组，这会给装配工作带来一些麻烦，所以一般多用于大批大量和中批生产，而且封闭环要求较严的多环尺寸链中。

2. 可动调整法

采用改变调整件的相对位置来保证装配精度的方法称为可动调整法。在机械产品的装配中，零件可动调整的方法很多，图 8-16 所示为车床中可动调整应用实例。图 8-16（a）中通过调整套筒的轴向位置来保证齿轮的轴向间隙；图 8-16（b）中机床滑板通过采用调节螺钉使楔块上下移动来调节丝杠和螺母的轴向间隙；图 8-16（c）中主轴箱用螺钉来调整轴承外环相对于内环的轴向位置，从而使滚动体与内环、外环间具有适当的间隙；图 8-16（d）中在小滑板上通过调整螺钉来调节镶条的位置以保证导轨副的配合间隙。

3. 误差抵消调整法

在产品或部件装配时，通过调整有关零件的相互位置，使其加工误差相互抵消一部分，

以提高装配的精度，这种方法称为误差抵消调整法。这种方法在机床装配时应用较多，如在装配机床主轴时，通过调整前、后轴承的径向圆跳动方向来控制主轴的径向圆跳动；在滚齿机工作台分度蜗轮装配中，通过调整二者的偏心方向来抵消误差，最终提高分度蜗轮的装配精度。

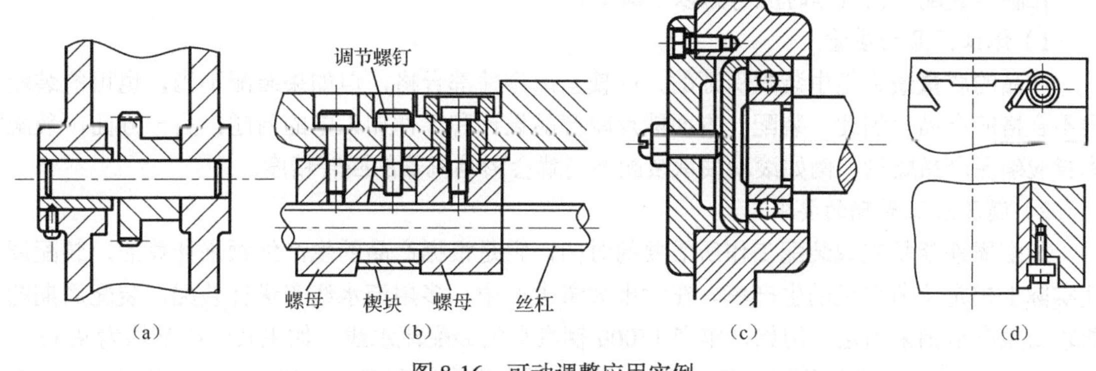

图 8-16　可动调整应用实例

8.2.5　装配方法的选择

上述装配方法各有特点。其中有些方法对组成环的加工要求不严，但装配时就要求较严格；相反，有些方法对组成环的加工要求较严，而在装配时就比较方便简单。选择装配方法的出发点是使产品制造过程达到最佳效果。具体考虑的因素有装配精度、结构特点（组成环环数等）、生产类型及具体生产条件。

一般来说，当组成环的加工比较经济可行时，就要优先采用完全互换法。成批生产、组成环又较多时，可考虑采用大数互换法。

当封闭环公差要求较严，采用互换装配法会使组成环加工比较困难或不经济时，就采用其他方法。大量生产时，环数少的尺寸链采用选配法；环数多的尺寸链采用调整法。单件小批生产时，则常用修配法。成批生产时可灵活应用调整法、修配法和选配法。

一种产品究竟采用何种装配方法来保证装配精度，通常在设计阶段即应确定。因为只有在装配方法确定后，通过尺寸链的解算，才能合理地确定各个零部件在加工和装配中的技术要求。但是，同一种产品的同一装配精度要求，在不同的生产类型和生产条件下，可能采用不同的装配方法。例如，在大量生产时采用完全互换法或调整法保证的装配精度，在小批生产时可用修配法。因此，工艺人员特别是主管产品的工艺人员必须掌握各种装配方法的特点及其装配尺寸链的解算方法，以便在制定产品的装配工艺规程和确定装配工序的具体内容，或在现场解决装配质量问题时，根据工艺条件审查或确定装配方法。

8.3　装配工艺规程制定

装配工艺规程是指用文件、图表等形式将装配内容、顺序、操作方法和检验项目规定下来，作为指导装配工作和组织装配生产的依据。装配工艺规程对保证产品的装配质量、提高装配生产效率、缩短装配周期、降低工人的劳动强度、缩小装配车间面积、降低生产成本等都有重要作用。制定装配工艺规程的主要依据有产品装配图、零件的工作图、产品的验收标准和技术要求、生产纲领和现有的生产条件等。

8.3.1 制定装配工艺规程的原则

在制定装配工艺规程时应考虑以下原则。

1）保证产品的质量

产品的质量最终是由装配保证的，即使全部零件都合格，但如果装配不当，也可能装配出不合格的产品。因此，装配一方面能反映产品设计和零件加工中的问题；另一方面，装配本身应确保产品质量，例如滚动轴承装配不当就会影响机器的回转精度。

2）满足装配周期的要求

装配周期就是完成装配工作所需要的时间，它是根据产品的生产纲领来计算的，装配周期实际上规定了所要求的生产率。在大批大量生产中，多用流水线来进行装配，装配周期的要求由生产节拍来满足。例如，年产 15000 辆汽车的装配流水线，如果其生产节拍为 9min，则表示每隔 9min 就要装配出一辆汽车。当然这要由许多装配工位的流水作业来完成，装配工位数与生产节拍有密切关系。

3）减少手工装配劳动量

大多数工厂目前仍采用手工装配方式，有的实现了部分机械化。装配工作的劳动量很大，也比较复杂，如装卸、修配、调整和试验等，有些工作实现自动化和机械化还比较困难。实现装配机械化和自动化是一个方向，近年来这方面发展很快，出现了装配机械手、装配机器人，甚至由若干工业机器人等所组成的柔性装配工作站。

4）降低装配成本

要降低装配工作所占的成本，必须考虑减少装配的投资，如装配生产面积、装配流水线或自动线等的设备投资、装配工人技术水平和数量等。另外，装配周期的长短也直接影响成本。

8.3.2 制定装配工艺规程的原始资料

在制定装配工艺规程时，应事先具备一定的原始资料，才便于进行这项工作。

1）产品图和技术性能要求

产品图包括全套总装图、部装图和零件图，从产品图可以了解产品的全部结构与尺寸、配合性质、精度、材料和重量等，从而可以制定装配顺序、装配方法和检验项目，设计装配工具，购置相应的起吊工具和检验、运输等设备。

技术性能要求是指产品的精度、运动行程范围、检验项目、试验及验收条件等。其中精度一般包括机器几何精度、部件之间的位置精度、零件之间的配合精度和传动精度等。而试验一般包括性能试验、温升试验、寿命试验和安全考核试验等方面。可见技术性能要求与装配工艺有密切关系。

2）生产纲领

生产纲领就是年生产量，它是制定装配工艺和选择装配生产组织形式的重要依据。对于大批大量生产，可以采用流水线和自动线的生产方式，这些专用生产线有严格的生产节拍，被装配的产品或部件在生产线上按生产节拍连续移动或断续移动，在行进的过程中或停止的装配工位上进行装配，组织十分严密。装配过程中，可以采用专用装配工具及设备。例如，汽车、轴承等的装配采用的就是流水线和自动线的生产方式。

对于成批或单件生产的产品，多采用固定生产地的装配方式，产品固定在一块生产地上装配完毕，试验后再转到下一工序，如机床装配。

3）生产条件

在制定装配工艺规程时，要考虑工厂现有的生产和技术条件，如装配车间的生产面积、装配工具和装配设备、装配工人的技术水平等，使所制定的装配工艺能够切合实际，符合生产要求，这是十分重要的。对于新建厂，要注意调查研究，设计出符合生产实际的装配工艺。

8.3.3 制定装配工艺规程的内容及步骤

1. 产品分析

从产品的总装图、部装图和零件图了解产品的结构和技术要求，审查结构的装配工艺性，研究装配方法，并划分装配单元。

2. 确定装配方法和装配组织形式

选择合理的装配方法是保证装配精度的关键。要结合具体生产条件，从机械加工和装配的全过程出发应用尺寸链理论，同设计人员一起确定最终装配方法。

装配组织形式的选择主要取决于产品的结构特点（包括尺寸、重量和复杂程度）、生产纲领和现有的生产条件。装配组织形式按产品在装配过程中是否移动分为固定式和移动式两种，如图 8-17 所示。

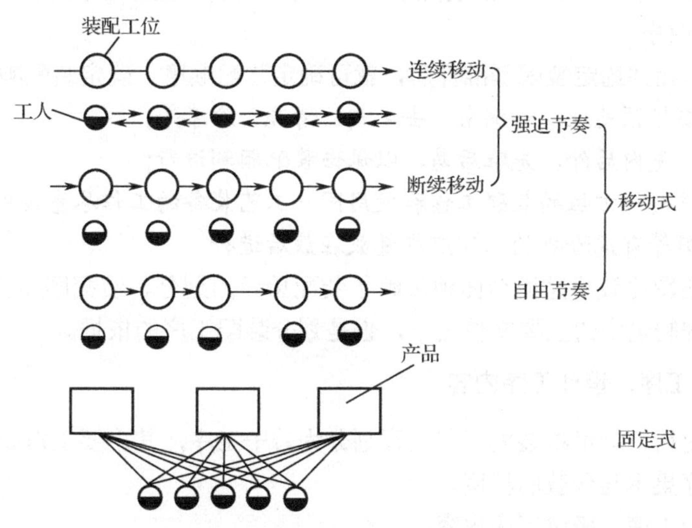

图 8-17　各种装配组织形式

固定式装配是指全部装配工作在一个固定地点进行，产品在装配过程中不移动，多用于单件小批生产或重型产品的成批生产，如机床、汽轮机的装配。

移动式装配是将零部件用输送带或小车按装配顺序从一个装配地点移到下一个装配地点，各装配点完成一部分装配工作，全部装配点完成产品的全部装配工作。

移动式装配有强迫节奏和自由节奏两种形式，前者节奏是固定的，又可分为连续移动和断续移动两种方式，各工位的装配工作必须在规定的节奏时间内完成，进行节拍性的流水生产，装配中如出现装配不上或不能在节奏时间内完成装配工作等问题，则应立即将装配对象调至线外处理，以保证流水线的流畅，避免产生堵塞。连续移动装配时，装配线做连续缓慢的移动，工人在装配时随装配线走动，一个工位的装配工作完毕后工人立即返回原地。断续移动装配时，装配线在工人进行装配时不动，到规定时间，装配线将带着被装配的对象移到下一工位，工人在原地不动。移动装配流水线多用于大批大量生产，产品可大可小，较多地用于仪器仪表等的装配，汽车、拖拉机等大产品也可采用。

3. 划分装配单元，确定装配顺序

1）划分装配单元

将产品划分为可进行独立装配的单元是制定装配工艺规程最重要的一个步骤，这对于大批大量生产结构复杂的产品尤为重要。任何产品或机器都是由零件、合件、组件、部件等装配单元组成的。零件是组成机器的最基本单元。若干零件永久连接或连接后再加工便成为一个合件，如镶了衬套的连杆、焊接成的支架等。若干零件与合件组合在一起成为一个组件，它没有独立、完整的功能，如主轴和装在其上的齿轮、轴、套等构成主轴组件。若干组件、合件和零件装配在一起，成为一个具有独立、完整功能的装配单元，称为部件，如车床的主轴箱、溜板箱、进给箱等。

2）选择装配基准件

上述各装配单元装配时都要首先选择某一零件或低一级的单元作为装配基准件。基准件应当体积（或重量）较大，有足够的支承面以保证装配时的稳定性。例如，主轴是主轴组件的装配基准件，主轴箱体是主轴箱部件的装配基准件，床身部件又是整台机床的装配基准件等。

3）确定装配顺序

划分好装配单元并选定装配基准件后，就可确定装配顺序。确定装配顺序的原则是：

- 工件要先安排预处理，如倒角、去毛刺、清洗、涂漆等；
- 先下后上，先内后外，先难后易，以保证装配顺利进行；
- 位于基准件同一方位的装配工作和使用同一工艺装备的工作尽量集中进行；
- 易燃、易爆等有危险性的工作应尽量放在最后进行。

装配单元系统图比较清楚而全面地反映了装配单元的划分、装配顺序和装配工艺方法。它是装配工艺规程制定中的主要文件之一，也是划分装配工序的依据。

4. 划分装配工序，设计工序内容

装配顺序确定后，就可将装配工艺过程划分为若干工序，其主要工作如下。

（1）确定工序集中与分散的程度。

（2）划分装配工序，确定工序内容。

（3）确定各工序所需的设备和工具，如需专用夹具与设备，则应拟定设计任务书。

（4）制定各工序装配操作规范，如过盈配合的压入力、变温装配的装配温度及紧固件的力矩等。

（5）制定各工序装配质量要求与检测方法。

5. 填写工艺文件

单件小批生产时，通常只绘制装配单元系统图。成批生产时，除绘制装配单元系统图外，还应编制装配工艺卡，在其上写明工序次序、工序内容、设备和工装名称、工人技术等级和时间定额等。大批大量生产中，不仅要编制装配工艺卡，还要编制装配工序卡，以便直接指导工人进行装配。

8.4　机器结构的装配工艺性

机器结构的装配工艺性和零件结构的机械加工工艺性一样，对生产过程有较大影响，也是评价机器设计的指标之一，在一定程度上决定了装配周期的长短、耗费劳动量的大小、成本的高低及机器使用质量的优劣等。

机器结构的装配工艺性是指机器结构能保证装配过程中使相互连接的零部件不用或少用修配和机械加工，用较少的劳动量，花费较少的时间按产品的设计要求顺利地装配起来。

可以从以下几个方面对机器设计的装配工艺性进行评价。

1．机器结构应能划分为几个独立的装配单元

机器结构如能被划分为几个独立的装配单元，则对生产好处很多，主要是：①便于组织平行装配作业，以缩短装配周期；②便于组织厂际协作生产及专业化生产；③有利于机器的维护修理和运输。

图 8-18 给出了两种传动轴结构的对比，图 8-18（a）所示结构齿轮顶圆直径大于箱体轴承孔孔径，轴上零件须逐一装到箱体中；图 8-18（b）所示结构齿轮顶圆直径小于箱体轴承孔孔径，轴上零件可以在箱体外先组装成一个组件，然后再将其装入箱体中。这就简化了装配过程，缩短了装配周期。

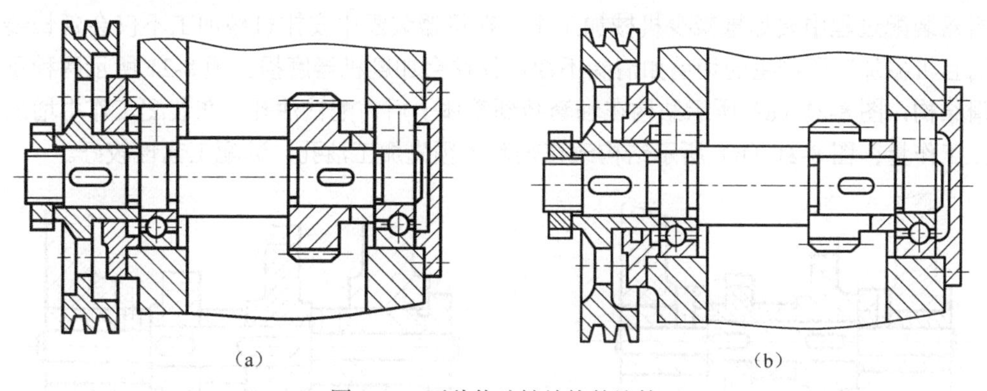

图 8-18　两种传动轴结构的比较

2．尽量减少装配过程中的修配量和机械加工量

图 8-19（a）所示结构，车床主轴箱以山形导轨作为装配基准装在床身上，装配时，装配基准面的修刮量大；图 8-19（b）所示结构，车床主轴箱以平导轨作为装配基准，装配时，装配基准面的修刮量显著减少，是一种装配工艺性较好的结构。

在机器设计中，用调整法代替修配法装配可以从根本上减少修配工作量。图 8-20 给出了两种车床横刀架底座后压板结构，图 8-20（a）所示结构用修刮压板装配面的方法使横刀架底座后压板和床身下导轨间具有规定的装配间隙，图 8-20（b）所示结构采用可调整结构使后压

板与床身下导轨间具有规定的装配间隙，后者的装配工艺性较好。

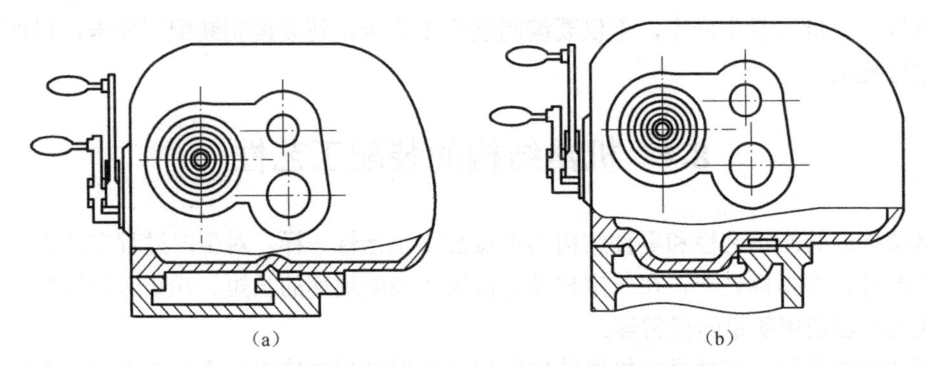

图 8-19　车床主轴箱与床身的两种不同装配结构形式

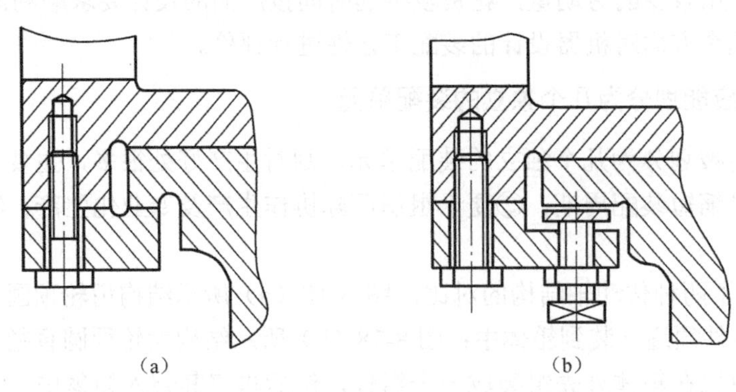

图 8-20　两种车床横刀架底座后压板结构

机器装配过程中要尽量减少机械加工量。在机器装配中安排机械加工不仅会延长装配周期，而且机械加工所产生的切屑如清除不净，往往会加剧机器磨损。图 8-21 所示两种不同的轴润滑结构，图 8-21（a）所示结构在轴套装到箱体上后需配钻油孔，在装配工作中增加了机械加工工作量；图 8-21（b）所示结构改在轴套上预先加工油孔，装配工艺性较好。

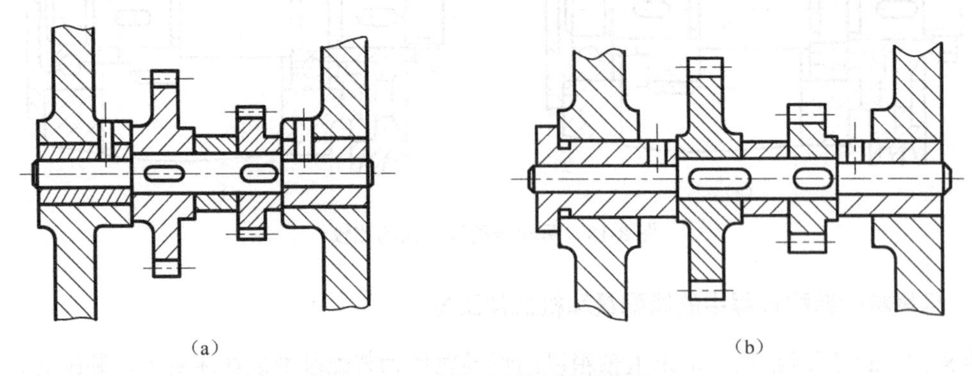

图 8-21　两种不同的轴润滑结构

3．机器结构应便于装配和拆卸

图 8-22 给出了轴承座组件装配基面的两种不同设计方案。图 8-22（a）所示结构，装配时轴承座 2 两段外圆表面同时装入壳体 1 的配合孔中，既不好观察，也不易同时对准；图 8-22（b）

所示结构，装配时先让轴承座 2 前端装入壳体 1 配合孔中 3mm 后，轴承座 2 后端外圆才开始进入壳体 1 配合孔中，容易装配。

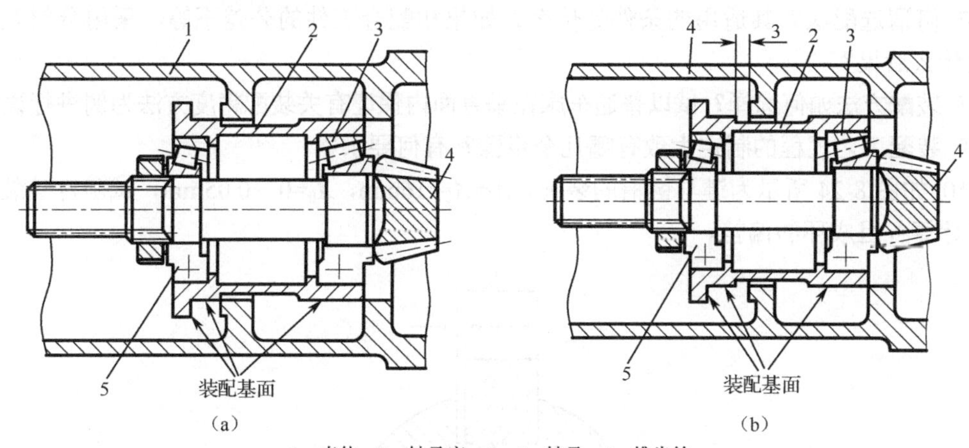

图 8-22　轴承座组件装配基面的两种不同设计方案

图 8-23 所示为轴承座台肩和轴肩结构，给出了轴承外圈装在轴承座内和轴承内圈装在轴颈上的两种结构方案。图 8-23（a）所示结构轴承座台肩内径等于或小于轴承外圈内径，而轴承内圈外径又等于或小于轴肩直径，轴承内、外圈均无法拆卸，装配工艺性差；图 8-23（b）所示结构，轴承座台肩内径大于轴承外圈的内径，轴肩直径小于轴承内圈外径，拆卸轴承内、外圈都十分方便，装配工艺性好。

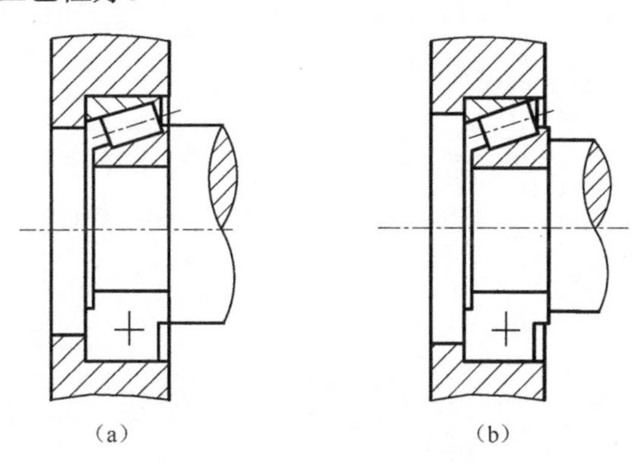

图 8-23　轴承座台肩和轴肩结构

习题与思考题

8-1 什么叫装配？装配的基本内容有哪些？

8-2 保证装配精度的工艺方法有哪些？各有何特点？

8-3 用极值法解尺寸链与用概率法解尺寸链有何不同？各用于何种情况？

8-4 试将装配尺寸链与工艺过程尺寸链进行比较，试述其异同。

8-5 装配尺寸链的建立通常分为几步？需注意哪些问题？

8-6 何谓修配法？其适用的条件是什么？采用修配法获得装配精度时，选取修配环的原则是什么？若修配环在装配尺寸链中的性质（指增环或减环）不同，计算修配环尺寸的公式是否相同？为什么？

8-7 何谓选配法？其适用的条件是什么？如果相配合工件的公差不等，采用分组互换法将产生什么后果？

8-8 装配方法如何选择？试以普通车床在垂直面内保证有关装配精度方法为例进行说明。

8-9 装配工艺规程的制定大致有哪几个步骤？有何要求？

8-10 如图 8-24 所示为键与键槽的装配，A_1=A_2=16mm，A_0=0～0.05mm，试确定其装配方法，并计算各组成环的偏差。

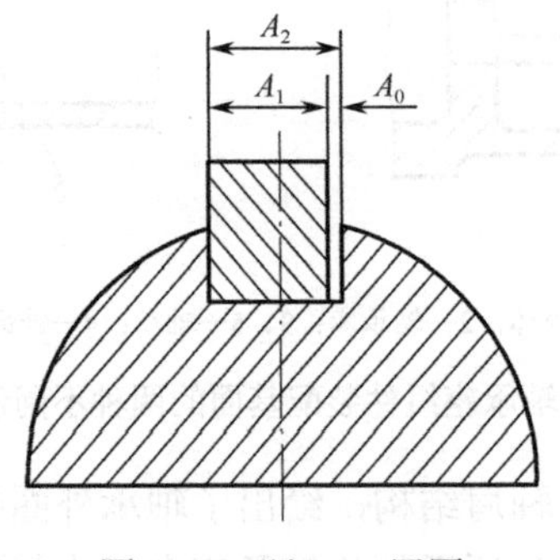

图 8-24 题 8-10 用图

第 9 章　先进机械制造技术

9.1　机械制造工艺的发展特征

1．数字化

计算机技术的普遍应用推动机械制造工艺朝数字化的方向发展。机械制造工艺的数字化包括以下三个组成部分。

1）设计环节数字化

利用计算机的强大计算功能，模拟机械制造的过程和零件的使用情况，以此对零件结构和工艺进行合理化设计及改进，大大缩短了设计周期。此外，还可利用数字化传输和处理系统，将设计数据直接应用到生产过程中，保证生产的准确性。

2）生产过程数字化

利用计算机实现生产流程全部自动化，将整个生产系统和物料运输系统结合起来，完成机械制造的整个生产过程。

3）生产过程管理数字化

数字信号成为生产和管理的重要基础，利用数字信号的传输和处理，管理者可以实现对整个生产过程甚至整个企业的全面管理，并且能够将内、外部的信息结合起来，为企业的长远发展做出正确的决策。

2．智能化

智能化是 21 世纪机械制造工艺技术发展的主要方向，遍布生产制造的各个环节。在机械制造过程中，通过智能化技术将系统整合并模拟人类的智能化活动，取代传统制造系统中的脑力劳动部分，实现自动化监测过程，并可自动优化参数，使机械运行始终处于最佳状态，提高产品的质量和生产效率，同时又可降低成本，减轻工人的劳动强度。

3．精密化

精密化对机械制造尖端技术的发展起着非常重要的作用。20 世纪所谓的超精密加工使误差降低到 10μm，随后达到 1μm，进而是 0.1μm，20 世纪末达到了 0.01μm，如今已经达到了 1nm。未来随着纳米技术的不断发展，机械制造工艺将进入纳米时代，而超精密加工水平也成为衡量一个国家制造工业水平的重要指标之一。

4．集成化

集成化是机械制造高度自动化的产物。机械制造工艺由原来的分散型逐级加工转化为连续型的集成化加工。现阶段，机械制造工艺集成主要是设备、技术的集成，即利用机电一体化技术，一次性完成某个零部件的生产；而未来的集成化将是整个成品的集成化生产，即使产品的设计、生产、装配、成品检验、出厂的全过程都在一个自动化系统内完成。

5. 网络化

网络通信技术的迅速发展和普及为企业的生产、经营等活动带来了新的变革，零件制造、产品设计、产品销售与市场开拓都可在异地或不同国家进行。同时，网络通信技术的发展也加快了技术信息的交流，加强了企业之间产品开发的合作和经营管理模式的学习，在一定程度上推动了企业向竞争与合作并存的方向发展。

6. 绿色化

21 世纪的主题词是“环境保护”，绿色化是时代的趋势。在传统机械制造工艺中，毛坯尺寸大，大部分能量由于机械加工过程中的摩擦挤压被转化为内能及其他形式的能量而消耗掉，这不仅导致了机械磨损严重、加工效率低，同时还造成了能源、资源浪费和环境污染。绿色制造工艺就是针对以上这些问题，在机械制造过程中，通过提高毛坯质量、适当利用可再生资源、使用绿色设备等措施，实现资源节约、能源节约、环境保护的目的。

9.2 增材制造技术

9.2.1 增材制造的原理、优势及局限

1. 增材制造的原理

自 20 世纪 80 年代开始，增材制造技术（Additive Manufacturing，AM）逐步发展起来，期间也被称为快速原型技术（Rapid Prototyping），现俗称 3D 打印。增材制造技术是依据三维 CAD 设计数据，采用离散材料（液体、粉末、丝、片、板、块等）逐层累加原理制造实体零件的技术，相对于传统的材料去除（如切削等）技术，增材制造技术是一种自下而上材料累加的制造工艺。

增材制造技术是数字化技术、新材料技术、光学技术等多学科发展的产物。其工作原理可以分为两个过程：其一是数据处理过程，利用三维计算机辅助设计（CAD）数据，将三维 CAD 图形分切成薄层，完成将三维数据分解为二维数据的过程；其二是制作过程，依据分层的二维数据，采用所选定的制造方法制作与数据分层厚度相同的薄片，每层薄片按序叠加起来，就构成了三维实体，实现了从二维薄层到三维实体的制造过程。从原理上来看，数据从三维到二维是一个“微分”过程，依据二维数据制作二维薄层叠加成三维实体的过程是一个“积分”的过程。这一过程是将三维复杂结构降为比较容易制作的二维结构，然后再由二维结构叠加为三维结构。这一制造思想相对于传统的制造模式是一种变革，然而这一思想很早就有，只是在近 30 年数字化技术的不断发展下才逐渐成熟。

2. 增材制造的优势

1）适合复杂结构的快速制造

与传统机械加工和模具成型等制造工艺相比，增材制造技术将三维实体加工变为若干二维平面加工，大大降低了制造的复杂度。就原理而言，只要在计算机上设计出结构模型，无须刀

具、模具及复杂工艺条件，就可以应用该技术快速地将设计变为现实。制造过程几乎与零件的结构复杂性无关，可实现“自由制造”，这是传统加工无法比拟的。利用增材制造技术可制造出传统方法难加工（如自由曲面叶片、复杂内流道等）甚至是无法加工（如内部镂空结构等）的复杂结构，因而它在航空航天、汽车、模具及生物医疗等领域具有广阔的应用前景。

2）适合个性化定制

与传统大规模、批量生产需要做大量的工艺技术准备，以及需要大量的工装、复杂而昂贵的设备和刀具等制造资源相比，增材制造在快速生产和灵活性方面极具优势，适合于珠宝、人体器官、文化创意等个性化定制生产、小批量生产及产品定型之前的验证件制造，可大大降低个性化定制生产和创新设计制造成本。

3．增材制造的局限

从国内外的研究和应用情况看，增材制造较传统机加工、铸、锻、焊及成型工艺的技术成熟度低，离大范围应用尚有一定差距。目前，增材制造工艺存在加工速率较低（如单位时间内制造的体积或重量）、零件加工尺寸受限（最大约为 2m）、材料种类有限、制件精度比较低、后处理比较烦琐等问题，主要应用于单件、小批量和常规尺寸产品制造，在大规模生产、大尺寸和微纳尺度制造等方面不具备优势。应该说，增材制造目前还难以替代传统制造工艺，它是传统技术的一个发展和补充。

9.2.2　增材制造的工艺方法

根据采用的材料形式和工艺实现方法的不同，目前广泛应用且较为成熟的典型增材制造技术主要有以下四大类。

1．光固化成型（Stereo Lithography Apparatus，SLA）

光固化成型又称光敏液相固化法、立体印刷和立体光刻。其原理是将对紫外光非常敏感的液态树脂材料（性能类似于塑料）利用紫外激光固化技术予以成型，工艺过程如图 9-1 所示。树脂槽中盛满液态光敏树脂，在计算机控制下经过聚焦的紫外激光束按照零件各分层的截面信息，对液态树脂表面进行逐点逐线扫描。被扫描区域的树脂产生光聚合反应瞬间固化，形成零件的一个薄层；当一层固化后，工作台下移一个层厚，液体树脂自动在已固化的零件表面覆盖一个工作层厚的液体树脂；紧接着进行下一层扫描固化，新的固化层与前面已固化层黏合为一体，如此反复直至整个零件制作完成。

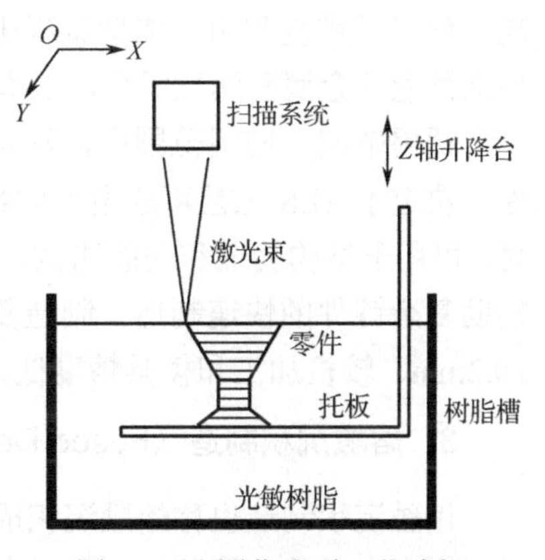

图 9-1　光固化成型工艺过程

工艺特点：制件精度高，表面质量好，能制造特别精细的零件（如戒指模型，需配合的手机上、下盖等）；原材料利用率接近 100%，且不产生环境污染；加工过程无须看管，一旦开动后，整个加工过程自动完成。最大的不足是设备和材料成本较昂贵，复杂制件往往需要添加辅助结构（称为支撑），加工后需去除。

适用范围：应用于航空航天、工业制造、生物医学、大众消费、艺术等领域的精密复杂结构零件快速制作，精度可达±0.05mm，较机加工精度略低，但接近传统模具的工艺水平。

2. 激光选区烧结（Selective Laser Sintering，SLS）

激光选区烧结也叫选择性激光烧结、选区激光烧结等。利用高能激光束的热效应使粉末材料软化或熔化，粘接成一系列薄层，并逐层叠加获得三维实体零件，工艺过程如图 9-2 所示。首先，在工作台上铺一薄层粉末材料，高能激光束在计算机控制下根据制件各层截面的 CAD 数据，有选择地对粉末层进行扫描，被扫描区域的粉末材料由于烧结或熔化粘接在一起，而未被扫描区域的粉末仍呈松散状，可重复利用。一层加工完后，工作台下降一个层厚的高度，再进行下一层铺粉和扫描，新加工层与前一层黏结为一体，重复上述过程直到整个零件加工完为止。最后，将初始成型件从工作缸中取出，进行适当后处理（如清粉和打磨等）即可。如需进一步提高零件强度，可采取后烧结或浸渗树脂等强化工艺。

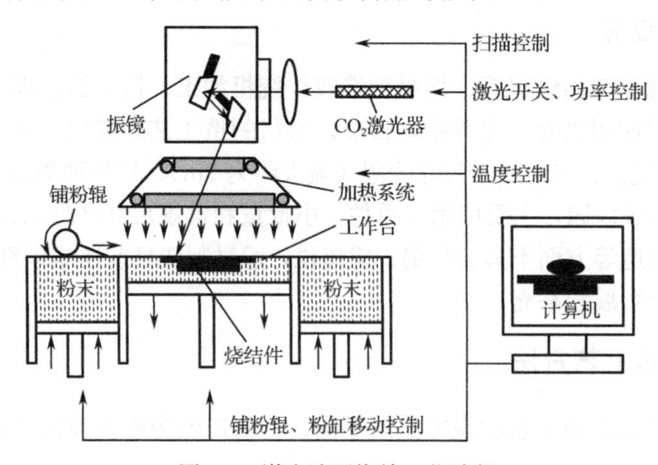

图 9-2　激光选区烧结工艺过程

工艺特点：成型材料广泛，包括高分子、金属、陶瓷、砂等多种粉末材料；材料利用率高，粉末可重复利用；成型过程中无须特意添加支撑等辅助结构。最大的不足是无法直接成型高性能的金属和陶瓷零件，成型大尺寸零件时容易发生翘曲变形，精度较难控制。

适用范围：应用范围广，涉及航空航天、汽车、生物医疗等领域。由于成型材料的多样性，决定了 SLS 工艺可成型不同特性、满足不同用途的多类型零件。例如，成型塑料手机外壳，可用于结构验证和功能测试，也可直接作为零件使用；制作复杂铸造用熔模或砂型（芯），辅助复杂铸件的快速制造；制造复杂结构的金属和陶瓷零件，作为功能零件使用。精度可达 ±0.2mm，较机加工和模具精度低，与精密铸造工艺相当。

3. 熔融沉积制造（Fused Deposition Manufacturing，FDM）

熔融沉积制造也称熔融沉积成型，是目前 3D 打印机使用的方法，该方法使用塑料作为原料，利用电加热方式将塑料丝熔化成熔融状态，由喷嘴喷到指定的位置黏结，冷却后固化，一层层地加工出零件。其工作原理如图 9-3 所示。

工艺特点：熔融沉积制造的桌面系统能在办公室环境下运行，使用非常方便；加工过程干净、简单、容易操作，无材料浪费；加工薄壁空心零件时加工速度较快；材料价格比较便宜；材料有一定的选择范围，如可着色的 ABS（丙烯腈）、医用 ABS、PLA（生物降解塑料聚乳酸）等。缺点是加工精度相对较低，主要取决于喷嘴孔直径，一般为 0.2mm，加工大的零件时速度较慢。

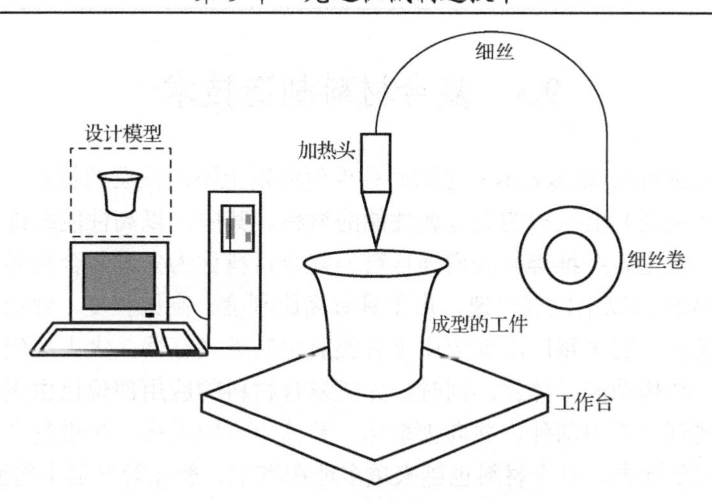

图 9-3　熔融沉积制造工作原理

适用范围：产品设计概念模型加工；产品装配和功能测试；可作为模具；可以直接作为类似工程塑料的工件使用；采用 MABS（甲基丙酸烯 ABC）材料能够适应医疗产品的加工。

4．分层实体制造（Laminated Object Manufacturing，LOM）

分层实体制造以片材（如纸片、塑料薄膜、复合材料）为材料，用激光束切割片材的边界线，形成某一层的轮廓。各层间利用加热、加压的方法进行黏结，最后生成零件的形状。其工作原理如图 9-4 所示。

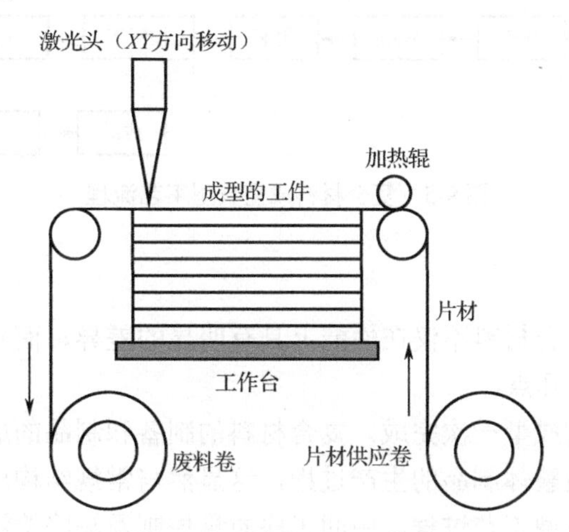

图 9-4　分层实体制造工作原理

工艺特点：因为激光束只走轮廓，而不需要扫描整个截面，产品成型速度快；在完成加工后，零件可以直接使用；零件加工时不需要支撑结构，加工工艺简单；加工设备使用简单。缺点是对于纸质材料，所加工的零件容易吸收潮气而引起零件的变形，因此加工后要立即进行上漆处理；产品加工完成后，从零件内部去除材料很困难，因此不能用于向内部凹入的零件的加工；当加工空间太热时，容易起火。

适用范围：产品设计概念模型加工；可以作为砂模模型。

9.3 复合材料制造技术

复合材料（composite materials）是由两种或两种以上不同性质的材料，通过物理或化学的方法，在宏观（微观）上组成的具有新性能的材料。其中，以高性能纤维（如碳纤维、硼纤维、芳纶纤维、碳化硅纤维等）为增强材料的复合材料称为先进复合材料。先进复合材料自 20 世纪 60 年代问世以来发展迅速，由于具有高比刚度、高比强度、性能可设计、抗疲劳性和耐腐蚀性等优点，越来越广泛地应用于各类航空航天飞行器，大大地促进了飞行器的轻量化、高性能化、结构功能一体化。同时，先进复合材料的应用部位已由飞机的非承力部件及次承力部件发展到主承力部件，并向大型化、整体化方向发展，先进复合材料的用量成为航空器先进性的重要标志。复合材料也越来越多地在汽车、船舶等产品上得到应用。

9.3.1 复合材料成型工艺原理与特点

1. 基本原理

复合材料成型工艺的基本原理是：在一定的温度、压力、时间条件下，实现高性能树脂基体对高性能增强纤维及其成型体的浸渍和复合，并在模具中经过复杂的物理、化学变化过程而固化成型为所需形状的制品。复合材料成型典型工艺流程如图 9-5 所示。

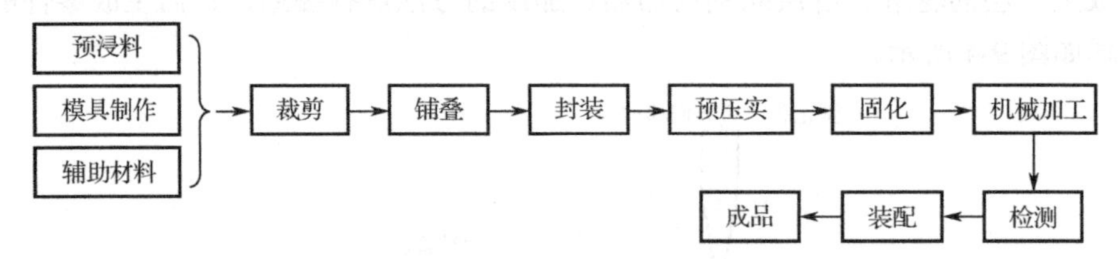

图 9-5 复合材料成型典型工艺流程

2. 特点

与传统材料相比，复合材料不仅在性能上具有明显的差异，而且在成型技术上也有显著的不同，主要表现在以下几点。

（1）材料成型与结构成型一次完成。复合材料的制备和制品的成型是同时完成的，材料的制备过程也就是其大型整体制品的生产过程，这显然与常规结构成型方法存在显著差异。复合材料的结构设计、成型工艺过程、中间工序质量控制及缺陷检测与修补后处理等过程，均会对材料和制品的性能有较大的影响。

（2）材料、设计和制造技术的选用有较大的自由度。可以根据制品结构、功能、特性、产量、成本及使用时的受力状况等综合考虑，来选择不同的材料体系、设计方法和制造技术，以实现复合材料制造生产低成本化和性能质量高品质化的完美统一。

（3）成型工艺比较简单。部分大型复合材料构件的制造可以采用成本低的模具、设备和成型技术，不需要加热和加压，节省能源成本，并且复杂制品往往不需要再进行机加工和胶合连接，而对有缺陷的制品还可以实行快速修理，因此可提高生产效率和制品利用率，降低制造成本。

9.3.2　复合材料的典型成型工艺

1．热压罐成型

热压罐成型（autoclave forming）是用真空袋密封复合材料坯件组合件后将其放入热压罐中，在加热、加压的条件下进行固化成型制备复合材料制件的一种工艺方法。热压罐成型是制造连续纤维增强热固性复合材料制件的主要方法，目前广泛应用于先进复合材料结构、蜂窝夹层结构及金属或复合材料胶接结构的成型中，它是国内外航空航天领域中生产复合材料主承力和次承力构件最成熟的成型方法之一。如图 9-6 和图 9-7 所示，热压罐是一个具有整体加热系统和加压系统的大型圆柱形金属容器，一般为卧式装置。其作用原理是：利用热空气、蒸汽或内置加热元件对预浸料进行加热，并经压缩空气加压到 1.5～2.5MPa 固化成型。热压罐成型工艺过程主要包括预浸料的下料、剪裁和铺叠毛坯；预浸料的装袋及进模；加热、加压固化和出罐脱模。

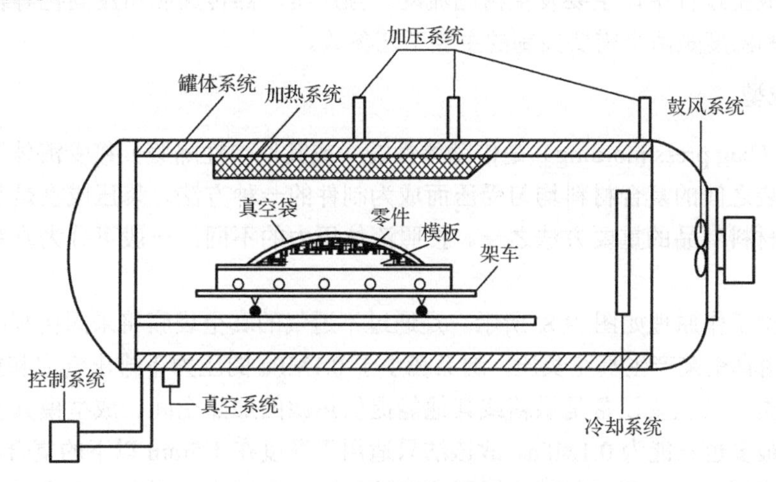

图 9-6　热压罐装置示意图

图 9-7　热压罐装置

与其他工艺相比，热压罐成型工艺主要具有以下优点。

（1）罐内温度场和压力场均匀，可使真空袋内的构件均匀固化；树脂含量均匀，纤维体积含量较高，空隙率较低，因此可保证成型或胶接的构件性能稳定、质量可靠。

（2）适用范围较广，可用于多种复合材料的生产，其中热压罐的温度和压力条件几乎可满足所有先进树脂基复合材料的成型工艺要求，并且可用于制造多种大面积、复杂型面结构的蒙皮、壁板和壳体，以及具有层合结构、夹芯结构、胶接结构、缝纫结构等多种结构的整体成型。

（3）成型模具简单，对复合材料构件的加压方式灵活多样，既可抽真空又可加压，从而一方面有利于抽取预浸料中含有的低分子挥发物和夹杂在预浸料中的气体，另一方面则有利于压实预浸料，获得结构致密的制件。

热压罐成型的最大缺点是设备投入昂贵，能源利用率较低，并且每次固化时都需要制备真空密封系统，将耗费大量价格昂贵的辅助材料，提高了制造成本。此外，热压罐成型还存在制件尺寸受热压罐尺寸限制、超大容积热压罐内部加热和加压速度缓慢、温度场分布不均匀等问题。

在热压罐成型过程中，主要发生树脂流动、预压实、热传递和树脂固化等物理和化学过程，因此压力和温度是两个需要控制的主要工艺参数。

2. 袋压成型

袋压成型（bag press molding）是借助弹性袋（或其他弹性隔膜）接受流体压力而使介于刚性模和弹性袋之间的复合材料均匀受压而成为制件的一种方法。袋压成型是制备热固性材料及大型复合材料制品的重要方法之一。按照流体压力的不同，一般可分为真空袋成型和压力袋成型。

真空袋成型工作原理如图 9-8 所示，是通过不透气的真空袋膜将未固化制品密封在成型模具上，然后用真空泵产生真空负压，制品在小于 0.1MPa 的压力下排出气泡和挥发物，而被压实并固化成型。其主要设备是烘箱或其他能提供热源的加热空间、成型模具及真空系统。由于大气压力最多也只能为 0.1MPa，故该法只适用于厚度在 1.5mm 以下的复合板材，以及蜂窝夹层结构的成型，前者要求其基体树脂能在较低压力下固化，后者由于蜂窝夹层结构的自身特点，为了防止蜂窝芯子压塌而只能在低压下成型。成型蜂窝结构时通常是首先将面板压制出来，然后与蜂窝芯子胶接成一整体。

压力袋成型是在真空袋成型的基础上发展起来的，可以成型一些压力需要大于 0.1MPa 而又不必太大的结构件，薄蒙皮的成型和蜂窝结构的成型是该方法的主要应用对象。压力袋成型工作原理如图 9-9 所示，其与真空袋成型一样，只不过除了真空压力外，还加有由压缩空气产生的 0.1～0.2MPa 的压力，因此总压力达到 0.2～0.3MPa，这一范围的压力适用性相当大。

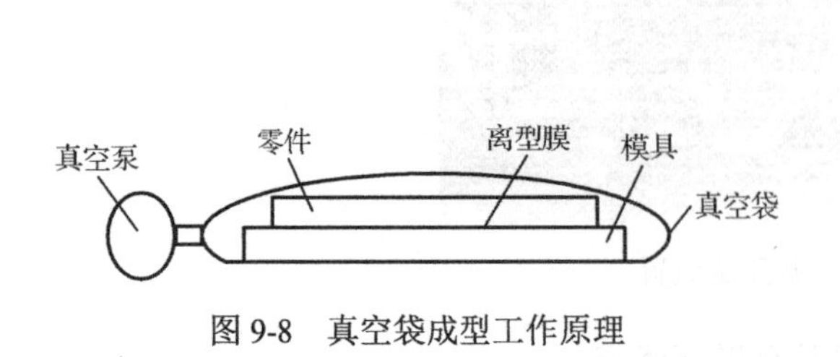

图 9-8　真空袋成型工作原理

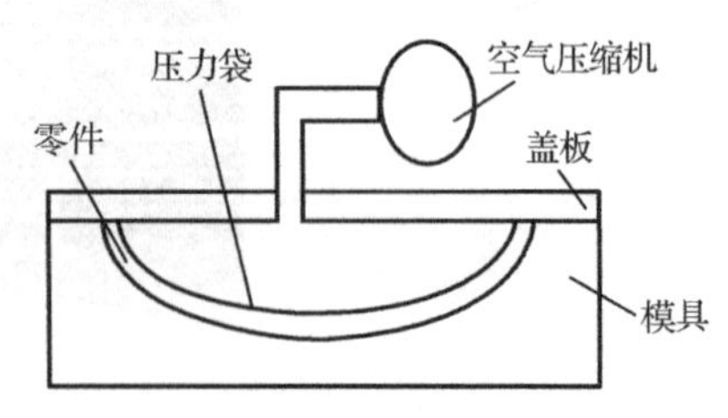

图 9-9　压力袋成型工作原理

袋压成型作为一种新型的大尺寸复合材料制件的低成本液体模塑成型工艺，具有其自身的特殊性和技术优势，主要有：①设备简单，投资较少，只需要单面刚性模具，模具要求及制造成本低，且便于开发大型模具；②柔性真空袋膜封装，制品尺寸和形状不受限制；③属于闭模成型工艺，具有易于操作、挥发物少和工作环境好等特点。袋压成型的主要缺点是需要脱模布、高渗透导流介质、剥离层介质、真空袋膜等昂贵的辅助材料，且消耗量大，利用率低，易产生大量的固体废弃物。

袋压成型已广泛应用于航空航天、国防工程、交通运输、风力发电等领域，如飞机舱门、整流罩、机翼、导弹、卫星、船艇、高速列车、风电叶片等。

3．缠绕成型

缠绕成型（winding forming）的工作要点是将浸渍树脂的连续纤维（或布带、预浸纱）在张力控制下，按预定路径高速而精确地缠绕在转动的模芯上，按一定的规范固化，固化后脱模即可，其工作原理如图 9-10 所示。就缠绕方式而言，可分为极向缠绕、螺旋缠绕和周向缠绕。就工艺方法上，又可分为干法、湿法和半干法三种，其中以湿法缠绕应用最为普遍，而干法缠绕仅用于高性能、高精度的尖端技术领域制品。

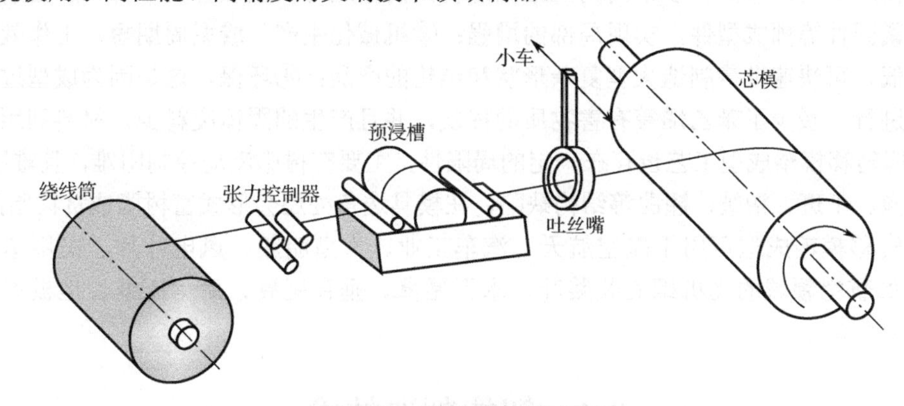

图 9-10　缠绕成型工作原理

缠绕成型的优点包括：①产品质量高，可以根据产品的受力状况设计缠绕方式，实现等强度结构产品的制造，并且制件纤维含量高，纤维直径小，使得纤维表面的微裂纹的尺寸较小、数量较少，避免了布纹交织点和短切纤维末端的应力集中，能够充分发挥连续纤维增强材料的强度；②可靠性高，缠绕机可以根据设计的工艺程序将浸渍纤维精确地缠绕在芯模上，属于机械化和自动化生产方式；③可整体成型，生产效率高，缠绕速度快，并且需要的操作人员少，生产成本低。

其主要缺点有：①适用范围窄，仅适用于具有规则外形的简单制件的成型，不适合制造外形复杂的大型复合材料制件；②设备投资大，需要配备缠绕机、固化加热炉、脱模机及芯模等设备；③技术要求高，纤维缠绕过程要合理设计牵引工艺、缠绕方式、缠绕张力等，而固化过程还需考虑固化工艺与残余热应力对制件的影响。

随着原材料、设备和缠绕技术的发展，已从一维缠绕机发展到多维缠绕机。目前，该法已广泛用于压力容器、大型储罐、化工管道及火箭发动机壳体与发射管等产品的制造。

4．树脂转移模塑成型

树脂转移模塑成型（Resin Transfer Moulding，RTM）是一种闭合模塑技术，其工作原理如图 9-11 所示。首先将增强材料织物或预成型件放入成型模腔中，再将混合后的树脂、固化剂及添加剂注入模腔中并流动浸润增强材料，然后在一定温度下，树脂发生交联化学反应而固化成型。这是一种可不采用预浸料从而大大降低制造成本的方法。

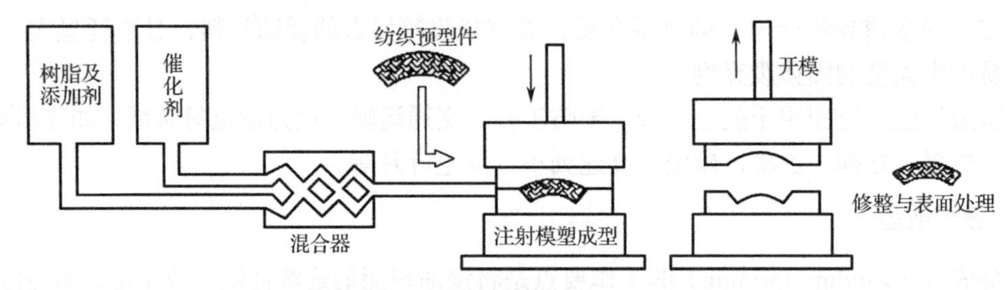

图 9-11 树脂转移模塑成型工作原理

与其他工艺相比，树脂转移模塑成型具有以下一些优点：①制件孔隙率小，尺寸精度高，成型公差可精确控制，并且产品表面质量好，可获得双面光滑表面；②材料可选择范围广，不仅可以使用单向、双向和多轴向的三维编织物，而且还可以预埋各类芯材、加强肋、嵌入件、连接紧固件等预成型件，实现局部的增强；③机械化生产，成型周期短，工作效率高，劳动强度低，可快速批量制造大型复杂形状和结构的产品；④环保，这是因为成型过程在密闭条件下进行，减少了苯乙烯等有害物质的挥发，并且产生的固体废料少，材料利用率高。当然，树脂转移模塑成型工艺也存在一定的局限性，主要有树脂流动控制困难，且难以监控，易形成气泡、干斑、褶皱、翘曲等结构缺陷，在模具边角处还会形成富树脂或贫树脂区域。

树脂转移模塑成型可用于航空航天、汽车工业、大型船舶、风电叶片、民用基础设施等领域，如航空领域的飞机螺旋桨桨叶、水平尾翼、垂直尾翼、后承压框、地板梁和机身壁板等。

9.4 智能制造技术

1．智能制造的内涵

智能制造（Intelligent Manufacturing，IM）通常泛指智能制造技术和智能制造系统，它是人工智能技术和制造技术相结合的产物。智能制造是基于新一代信息技术，贯穿设计、生产、管理、服务等制造活动各个环节，具有信息深度自感知、智慧优化自决策、精确控制自执行等功能的先进制造过程、系统与模式的总称。

智能制造具有以下三大特点。

（1）生产过程高度智能。智能制造在生产过程中能够自我感知周围环境，实时采集、监控生产信息。智能制造系统中的各个组成部分能够依据具体的工作需要，自我组成一种超柔性的最优结构并以最优的方式进行自组织，以最初具有的专家知识为基础，在实践中不断完善知识库，遇到系统故障时，系统具有自我诊断及修缮能力。智能制造能够对库存水平、需求变化、运行状态进行反应，实现生产的智能分析、推理和决策。

（2）资源的智能优化配置。信息网络具有开放性、信息共享性，由信息技术与制造技术融合产生的智能化、网络化的生产制造可跨地区、跨地域进行资源配置，突破了原有的本地化生产边界。制造业产业链上的研发企业、制造企业、物流企业通过网络衔接，实现信息共享，能够在全球范围内进行动态的资源整合，生产原料和部件可随时随地送往需要的地方。

（3）产品高度智能化、个性化。智能制造产品通过内置传感器、控制器、存储器等技术，具有自我监测、记录、反馈和远程控制功能。智能产品在运行中能够对自身状态和外部环境进行自我监测，并对产生的数据进行记录，自动将运行期间产生的问题向用户反馈，使用户可以对产品的全生命周期进行控制管理。产品智能设计系统通过采集消费者的需求进行设计，用户在线参与生产制造全过程成为现实，极大地满足了消费者的个性化需求。制造生产从先生产后销售转变为先定制后销售，避免了产能过剩。

2．智能制造十大关键技术

智能制造有十项关键技术，形成了四层的金字塔，如图 9-12 所示。其中，智能产品与智能服务可以帮助企业实现商业模式的创新；智能装备、智能产线、智能车间与智能工厂可以实现生产模式的创新；智能研发、智能管理、智能物流与供应链可以实现运营模式的创新；而智能决策则可以帮助企业实现科学决策。

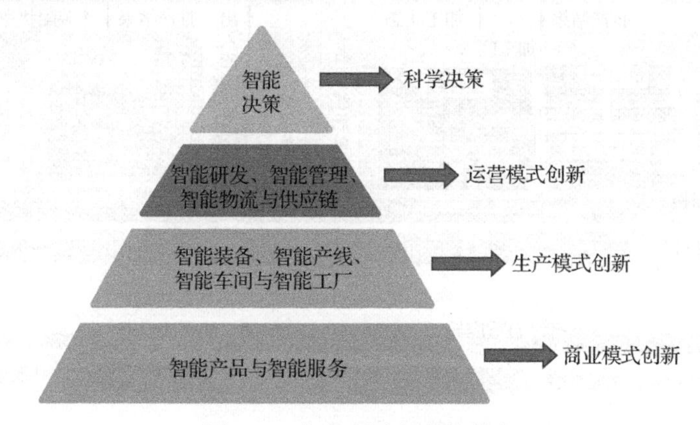

图 9-12　智能制造的关键技术

3．智能制造系统案例——直升机旋翼系统制造智能工厂

中国航空工业昌河飞机工业（集团）有限责任公司（以下简称“昌飞公司”）智能制造系统以直升机旋翼系统核心部件制造与装配为对象，以贯通全厂的工业互联网为基础，具有机械加工生产线、部件装配生产线、复材桨叶数字化生产线等三条智能化生产线，构建了具有国际领先水平的直升机旋翼系统智能工厂，解决了旋翼系统产品高质高效制造和按需配套生产的突出问题，同时着力打造具有典型航空制造特征的智能制造工厂示范工程，与空客公司规划的未来工厂具有相似的功能。智能工厂的生产设备数控化率达到 80%以上，产品设计的数字化率达到 100%，产品研制周期缩短 20%，生产效率提高 20%，生产人力资源减少 20%，产品零部件不良品率降低 10%，实现单线年产 50 架的批生产能力。

直升机旋翼系统制造智能工厂融入了状态感知、实时分析、自主决策、精确执行的理念，结合直升机旋翼系统核心部件制造及装配中的业务流程特征，搭建企业层、车间层、单元层的三层构架智能工厂：由物流配送系统、制造过程管理、工艺设计管理等高度集成的制造执行系统构成企业层；由机械加工生产线（由四个单件流线加工单元、一个单向流线加工单元、一条柔性加工单元、一个线前及应急单元构成）、一条复合材料桨叶生产线、旋翼装配生产线

（由四个装配单元构成）、三个数字化库房及物流配送系统等构成车间层；由数字化控制设备、感应元件构成单元层。借助车间级的工业互联网桥梁，以业务流程来驱动各执行终端的精确执行，实现产品的制造全生命周期，助推企业旋翼系统高效、稳定的批量生产。直升机旋翼系统制造智能工厂架构如图9-13所示。

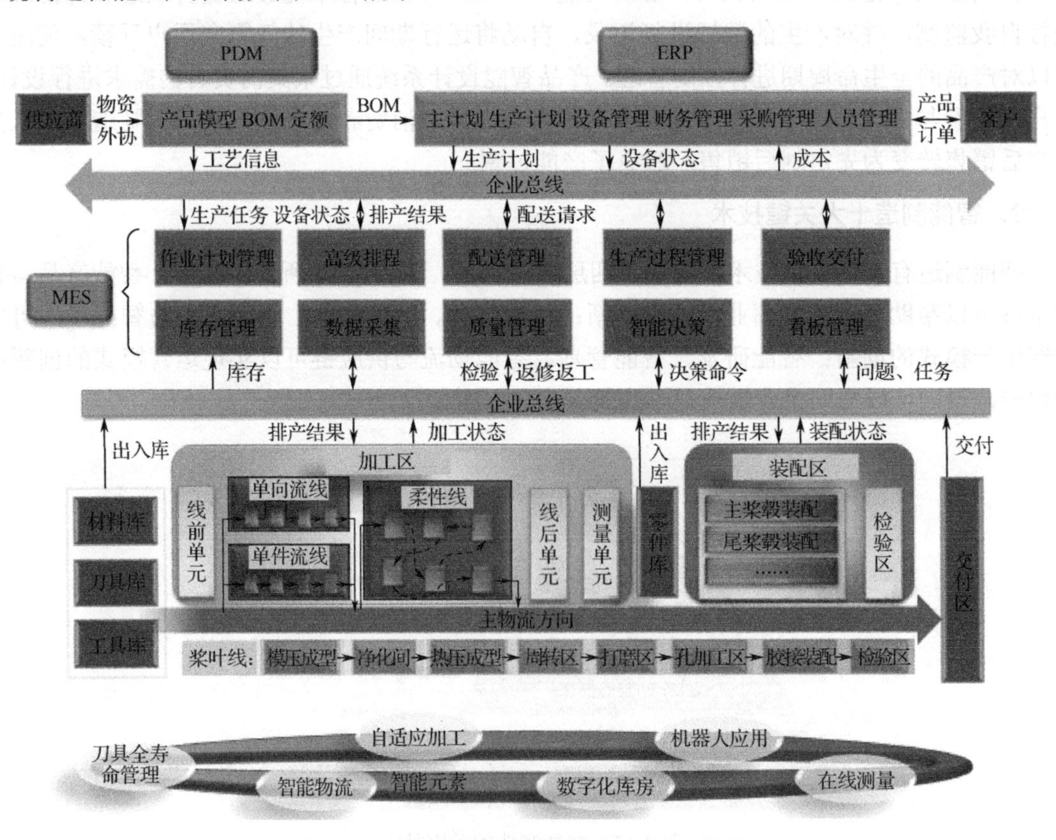

图9-13 直升机旋翼系统制造智能工厂架构

习题与思考题

9-1 简述机械制造工艺的发展特征。

9-2 什么是快速成型？简述3D打印快速成型的工作原理、主要特点和应用。

9-3 简述复合材料成型典型工艺流程及其特点。

9-4 简述热压罐成型工艺的主要特点和应用。

9-5 什么是智能制造？智能制造与传统制造有哪些区别？智能制造的关键技术有哪些？

9-6 昌飞公司的直升机旋翼系统制造智能工厂中，智能化主要体现在哪些方面？

参 考 文 献

[1] 卢秉恒. 机械制造技术基础[M]. 3 版. 北京：机械工业出版社，2007.

[2] 于骏一，邹青. 机械制造技术基础[M]. 3 版. 北京：机械工业出版社，2009.

[3] 王先逵. 机械制造工艺学[M]. 3 版. 北京：机械工业出版社，2013.

[4] 李硕，栗新. 机械制造工艺基础[M]. 北京：国防工业出版社，2008.

[5] 张建华，张勤河，贾志新，等. 复合加工[M]. 北京：化学工业出版社，2014.

[6] 刘星星. 智能制造：内涵、国外做法及启示[J]. 河南工业大学学报（社会科学版），2016，12（2）：52-56.

[7] 庄万玉，丁杰雄，凌丹，等. 制造技术[M]. 2 版. 北京：国防工业出版社，2008.

[8] 中国机械工程学会. 3D 打印：打印未来[M]. 北京：中国科学技术出版社，2013.

[9] 辛国斌，田世宏. 智能制造标准案例集[M]. 北京：电子工业出版社，2016.

[10] 黄培. 对智能制造内涵与十大关键技术的系统思考[J]. 中兴通讯技术，2016，22（5）：7-10+16.

[11] 袁哲俊，王先逵. 精密与超精密加工技术[M]. 北京：机械工业出版社，2007.

[12] 吴新佳. 机械制造工艺与装备[M]. 西安：西安电子科技大学出版社，2006.

[13] 邹方. 柔性工装关键技术与发展前景[J]. 航空制造技术，2009（10）：34-38.

[14] 门延武，周凯. 飞行器智能柔性工装无线控制系统[J]. 航空学报，2010，31（2）：377-386.

[15] 丁韬. TORRESMILL 和 TORRESTOOL 系统蒙皮切边钻铣床及柔性夹具装置[J]. 航空制造技术，2007（2）：108-109.

[16] 张璇，沈真. 航空航天领域先进复合材料制造技术进展[J]. 纺织导报，2018（S1）：72-79.

[17] 王聪梅. 航空发动机典型零件机械加工[M]. 北京：航空工业出版社，2014.

[18] 李勇峰，陈芳. 机械工程导论：基于智能制造[M]. 北京：电子工业出版社，2018.

[19] 鞠鲁粤. 机械制造基础[M]. 4 版. 上海：上海交通大学出版社，2007.

[20] 陈磊，吴暐，缪燕平. 机械制造工艺[M]. 北京：北京理工大学出版社，2012.

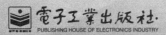